高等院校石油天然气类规划教材

世界油气分布概论

高　岗　陈振林　主编

石油工业出版社

内 容 提 要

本书在全球基本大地构造特征与含油气盆地介绍的基础上,依次介绍了欧洲、亚洲、北美洲、中南美洲、大洋洲与非洲的油气发现与生产概况、基本构造特征、地质演化简史、地层与沉积特征、盆地类型与典型含油气盆地基本油气地质特征、油气藏与油气分布规律等,各大洲的剩余探明油气储量、已发现油气资源的分布和待发现油气资源潜力。最后,对全球不同类型的油气资源进行了介绍。

本书可作为高等院校资源勘查工程专业、地质工程专业的教学用书,也可以作为油气勘探与开发相关专业的教学参考书或选修教材,还可供从事国内外油气勘探与开发工作的技术人员参考。

图书在版编目 (CIP) 数据

世界油气分布概论/高岗,陈振林主编. —北京:
石油工业出版社,2021.6

高等院校石油天然气类规划教材

ISBN 978 – 7 – 5183 – 4632 – 5

I. ①世⋯ Ⅱ. ①高⋯②陈⋯ Ⅲ. ①油气藏–分布–世界–高等学校–教材 Ⅳ. ①P618.130.2

中国版本图书馆 CIP 数据核字 (2021) 第 092258 号

出版发行:石油工业出版社
　　　　　(北京市朝阳区安定门外安华里 2 区 1 号楼　100011)
　　　　　网　　址:www.petropub.com
　　　　　编辑部:(010) 64251362
　　　　　图书营销中心:(010) 64523633
经　　销:全国新华书店
排　　版:三河市燕郊三山科普发展有限公司
印　　刷:北京中石油彩色印刷有限责任公司

2021 年 6 月第 1 版　2021 年 6 月第 1 次印刷
787 毫米×1092 毫米　开本:1/16　印张:19.5
字数:499 千字

定价:45.00 元
(如发现印装质量问题,我社图书营销中心负责调换)

《世界油气分布概论》
编写人员

主　编：高　岗　中国石油大学（北京）

　　　　陈振林　中国地质大学（武汉）

参加人员：（按姓氏汉语拼音排序）

　　　　陈冬霞　中国石油大学（北京）

　　　　范广娟　东北石油大学

　　　　时保宏　西安石油大学

　　　　宋立军　西安石油大学

　　　　孙明亮　中国石油大学（北京）

　　　　肖　晖　西安石油大学

　　　　张利萍　长江大学

　　　　左银辉　成都理工大学

前　言

　　人类对油气的发现和利用有悠久的历史，在全球 100 多年的油气工业发展过程中，已在各种不同的地质环境中发现了各种不同类型的油气资源。进入 21 世纪，油气勘探、开发和利用的全球化进程不断加快。油气作为现代工业的命脉已经成为影响地区稳定与安全的重要战略资源。油气供应的安全问题已成为国家在考虑经济和国防安全时最先关注的问题之一。不可再生的油气资源是国家经济持续发展不可或缺的重要基础。1993 年，我国石油消费量开始大于生产量，成为石油净进口国，当年生产石油 $1.440×10^8$ t，消费石油 $1.458×10^8$ t，对外依存度为 0.62%，之后对外依存度持续增加，到 2019 年对外依存度已接近 70%。我国天然气生产量一直自我消费，从 2009 年开始天然气消费量开始大于生产量，成为天然气进口国，当年生产天然气 $853×10^8$ m^3，消费天然气 $895×10^8$ m^3，对外依存度为 2.40%，之后对外依存度不断攀升，到 2019 年对外依存度已接近 50%。可见，国内油气生产早已不能满足国内消费需求。石油安全正成为关系到我国全面发展的重要战略内容，更广泛地开发海外油气勘探开发市场已成为解决我国石油安全问题的一项重要举措。这就要求在油气勘探与开发领域，不但要学习油气地质的基础理论知识，更要了解全球的油气资源分布格局，这样才能为我国寻求海外石油勘探、开发、炼化市场等提供地质依据，培养学生走出国门到海外寻找油气资源的意识。

　　全球油气勘探情况繁杂，涉及大小 1000 多个盆地，资料更新非常迅速，各种参考资料、书籍内容庞杂，只能作为课程的参考。为了更好地教学和方便学生学习，有必要编写一本适合于全球油气资源分布特征学习的教材。鉴于此，石油工业出版社组织了国内石油、地质类院校的资深教师，通过大量油气勘探资料与相关数据的收集、整理和归纳，结合前人已发表的论文、专著等成果，编写了本教材。本书首先从全球大地构造特征与含油气基本分布特征出发，依次介绍了欧洲、亚洲、北美洲、中南美洲、大洋洲与非洲的油气发现与生产概况、基本地质演化特征、盆地类型与典型盆地油气地质特征、油气藏与油气分布规律等；此外，还分别介绍了各大洲的剩余探明油气储量、已发现油气资源的分布和待发现油气资源潜力；最后，介绍了全球不同类型油气的资源潜力和分布特征。

　　全书共分 8 章，其中绪论和第一章由高岗编写，第二章由高岗、孙明亮编写，第三章由陈冬霞、高岗编写，第四章由张利萍、高岗编写，第五章由范广娟、高岗编写，第六章由陈振林编写（高岗进行了补充），第七章由左银辉编写（高岗补充了部分内容），第八章由时保宏、宋立军、肖晖、高岗编写，部分图件由张有锦、马学文、樊柯廷、刘振宇等清绘。全书由高岗、陈振林主编，由高岗统稿。

　　由于编者水平有限，书中难免存在错误和欠妥之处，欢迎广大读者批评指正。

编者

2021 年 2 月

目　　录

绪 论

第一节　全球油气发现历史

石油和天然气是人类最早发现并加以利用的矿产之一。早在人类开始利用金属和煤以前，就已利用石油了。油气一般都是埋藏在地下的，但由于地质历史中频繁的地壳运动，地下的石油和天然气会因地层抬升而暴露地表或沿断裂渗漏到地表或近地表，从而为人们所发现。早在公元前 10 世纪之前，古埃及、古巴比伦和印度等文明古国已经采集天然沥青，用于建筑、防腐、装饰、制药等，古埃及人甚至估算了油苗中渗出石油的数量。楔形文字中也有关于在死海沿岸采集天然石油的记载。公元前 5 世纪时，石油和天然气与拜火教徒的宗教信仰也有着密切的联系，古波斯（今伊朗）的拜火教利用石油燃烧"神火"。某些石油含有防腐的硫化物，也就是含有杀菌的硫化物，公元前 4 世纪，古希腊、古罗马人开始用原油治疗创伤、疥癣。公元前 3 世纪，中国四川已钻井引天然气熬盐。石油与战争也有着密切关系，11 世纪时中国开始加工石油作为武器原料。俄国于 18 世纪初期在巴库附近成批凿井采油，1848 年用钻机钻了第一口油田。到 1859 年，德雷克井钻探成功，这被认为是全球第一口以工业及商业为目的的油气井，这也标志着全球石油工业的开端。1885 年，美国有人发明了橡胶密封管道连接器，不久后在美国建成了较长距离的"高压"输气管道，之后天然气工业开始缓慢发展。综合石油产品用途、油气勘探进程、原油产量、石油科学技术发展阶段等因素，可将全球石油工业分为四个阶段。

第一阶段：1859 年至 1921 年。该时期以勘探石油、蒸馏法加工石油为主。人们用蒸汽机带动的冲击钻机替代手工来钻井，用由螺栓连接铁管的管道来输送石油、天然气，用蒸馏和分馏的方法来加工原油。在这段时期，首先在美国，然后在阿塞拜疆、罗马尼亚、墨西哥等国家形成了比较完整的从勘探开采到运输、加工和销售的石油工业体系。该时期的主要产油国是美国，当时大量的石油于美国的俄克拉荷马、加利福尼亚、得克萨斯等多个州被发现。在石油勘探的早期，主要是在油气苗附近找油，1861 年，人们开始将地质学知识用于石油勘探。美国地质学家怀特第一次明确提出了石油聚集于背斜构造顶部的认识，主要依据地面地质测量寻找背斜构造。1873 年，阿塞拜疆巴库石油开始开发，而同年诺贝尔家族进入俄国石油产业，标志着俄罗斯石油已成为全球石油产业的重要组成部分（此后的第二次世界大战期间，巴库的石油一直是斯大林和希特勒争夺的焦点）。阿塞拜疆的产量一度（1899—1901）超过美国。墨西哥也接二连三出现万吨高产井，轰动一时，在 20 世纪初期成为全球第二大产油国。1917 年，美国石油地质学家协会（AAPG）宣告成立，这标志着石油地质学作为一门学科诞生了。

第二阶段：1922年至1945年。全球石油产量逐步增长，后期也开始生产天然气。20世纪20年代，各种物理技术广泛应用于石油勘探，地球物理勘测技术诞生，地震和测井的方法被提出并逐渐得到完善，人们不再依赖地面油气苗找油，主要开始利用各种物探技术和重力等勘测工具发现地下背斜构造。内燃机、电动机驱动应用于钻井，旋转钻井取代了冲击钻井而成为主要钻井技术。主要产油国仍然是美国，全球发现石油的地区更多了，苏联、墨西哥、委内瑞拉、伊朗、沙特阿拉伯、科威特、伊拉克、中国等国家都有石油发现。1930年美国发现东得克萨斯油田（可采储量 6.8×10^8 t）和多个大油田后，雄踞世界第一石油生产大国多年。苏联石油年产量在1920年为 2500×10^4 bbl，到1941年已达 2.38×10^8 bbl。南美洲北部的委内瑞拉马拉开波湖区油田群的发现，使委内瑞拉成为全球第二大石油生产国和出口国。1921年，墨西哥石油生产迅速获得惊人的地位，成为全球上重要的石油生产国，当年产量为 1.93×10^8 bbl。波斯湾盆地范围内的中东多个国家相继发现大型、特大型油田。全球主要石油产区都修建了长距离的输油管线。在石油炼制方面，催化裂化、催化重整等技术已经得到应用，已经出现了炼制高辛烷值汽油的技术，汽油产品已经成为主要的石油产品，广泛应用于汽车、飞机、轮船、军舰等。1939年至1945年的第二次世界大战期间，石油在战争格局和扭转战局方面发挥了决定性作用。

第三阶段：1945年至1980年。全球石油与天然气勘探、生产活动进一步增强。该阶段是由背斜理论找油快速发展到圈闭找油气的阶段。全球石油和天然气产量迅速攀升，是全球石油天然气工业急速增长的"黄金时期"。中东地区发现了一系列大型、特大型油田（沙特阿拉伯的加瓦尔油田，伊拉克的萨法尼亚油田，科威特的大布尔甘油田、劳扎塔因油田和伊朗的鲁迈拉油田等），随着这些油田的陆续开发，石油产量不断上升。1970年仅中东地区的石油产量已接近 7×10^8 t，1980年超过了 9×10^8 t。苏联伏尔加盆地、蒂曼—伯朝拉盆地、西西伯利亚盆地等先后发现了大批大型油气田，这使得苏联石油产量超过美国而成为全球第一大石油生产国。1955年，苏联石油产量为 0.7×10^8 t，到1960年达到 1.48×10^8 t，1970年达到 3.5×10^8 t，1980年增加到 6.03×10^8 t。美国于1970年达到石油产量顶峰（ 5.3×10^8 t）后开始走下坡路。中国、印度尼西亚、利比亚、阿尔及利亚、尼日利亚等先后进入产油大国的行列。中国在这一时期发现了克拉玛依油田、大庆油田、胜利油田、大港油田、辽河油田、江汉油田、长庆油田、华北油田、江苏油田、中原油田等大批油气田。北非的利比亚于1964年开始生产石油。东非的尼日利亚于1956年发现第一个油田。阿尔及利亚于1956年发现可采储量 12.6×10^8 t 的哈西·迈萨乌德大油田。整个非洲在1970年产油 2.92×10^8 t，1980年为 3.01×10^8 t。墨西哥于20世纪50年代至60年代先后发现新黄金带、海上黄金带等油田群。欧洲的北海油气区先后发现了格罗宁根气田，艾科菲斯克、福蒂斯（可采储量 24.7×10^8 t）、布伦特、尼尼安、斯坦德福约特等大型油田，这使挪威、英国成为年产量超亿吨的产油国。20世纪60年代中期到70年代末期是全球油气大发现的重要时期，此后被发现的大油田的数量逐年减少，主要是由于1986年之后，石油价格崩溃，限制了全球的石油开采，此外绝大多数OPEC国家害怕造成新的过剩产能，担心它会进一步降低价格。这样，产油国更倾向于全力开发它们现存的油田，而不是去寻找新油田；同时，由于国际石油公司的财务谨慎性以及无法介入全球最大的石油储存，产油国的投资计划也受到压制。到1980年，各大洲都在不同程度地生产石油和天然气，但不同地区不均衡，中东、北美洲和欧洲与苏联是主要产油区，北美洲和欧洲与苏联为主要产气区。

第四阶段：1980年至今。全球油气生产持续发展，勘探理论、方法和技术取得了长足进步。计算机应用于石油工业的各个领域，大大促进了石油工业的发展，但石油产量总体增长幅度降低。该时期的勘探区域进一步扩大，遍及全球五大洲100多个国家，全球剩余油气可采储量继续缓慢增长。非洲和南美洲的广大地区勘探活动逐渐活跃起来，陆续发现了一些大油田。成熟产区的勘探和生产活动进一步加强，20世纪末在中东卡塔尔和伊朗南部波斯湾海域发现了北方—南帕斯气田，可采储量超过$30\times10^{12}\,m^3$，成为全球可采储量最大气田。由于较长的勘探历史和过高的勘探程度，美国油气生产开始下滑，成为净进口大国。非洲石油生产持续上升，苏丹、加纳、安哥拉、突尼斯等多个国家加入产油国行列。中亚里海地区，西非几内亚湾，美国墨西哥湾，巴西坎波斯湾深水区，中国南海、东海、渤海湾成为新的找油热点地区，勘探、开发的水深已经突破1500m。资源量巨大的加拿大油砂和委内瑞拉超重油由于开发技术基本成熟，成为全球石油产量增长的又一新热点。进入21世纪，煤层气、致密砂岩气、页岩气、页岩油、致密油等非常规油气的勘探也取得了重要进展，美国的煤层气、致密砂岩气和页岩气勘探在全球处于领先地位，这使得美国在2018年又成为世界第一产油国。固态天然气水合物也进行了大量的前期调研工作，将成为未来重要勘探领域。全球已加紧对深水区油气进行勘探，并且取得了重要发现；深层油气藏也进入勘探阶段，是近期和中长期规划中重要的勘探领域。

第二节　全球油气生产概况

从1859年8月29日美国宾夕法尼亚泰特斯维尔的德雷克井出油以来，全球石油工业已走过160多年的发展历程。全球第一个有石油产量记录的国家是罗马尼亚。1856年罗马尼亚已开始在普罗耶什蒂地区生产石油，1857年政府有了石油年产量记录（275t）。据统计，1860年全球石油产量为7×10^4t，1880年为411×10^4t，1900年为2043×10^4t，1910年为4600×10^4t。20世纪早期全球石油开发进入逐步扩大增长阶段，1920年为9437×10^4t，到1921年末，全球石油年产量超过了1×10^8t。这一阶段，美国是最主要的产油国；南美洲的委内瑞拉产油区在马拉开波湖岸边；俄国（苏联）的产油区在巴库。1900年，全球共有11个国家产油。这一时期，灯用煤油是石油工业的主导产品。人们用蒸汽机带动的冲击钻机替代手工来钻井，用由螺栓连接铁管的管道来输送石油、天然气，用蒸馏方法来加工原油。比较完整的石油工业体系（包括勘探、开采、运输、加工和销售各环节）首先在美国形成，然后在阿塞拜疆、罗马尼亚、墨西哥等国家形成。该时期全球石油生产主要集中在美国，其原油产量占全球总产量的50%以上。阿塞拜疆（当时属于俄国）的石油产量在1899年至1901年曾超过美国。墨西哥接连出现万吨高产井，在19世纪初期即成为全球第二大产油国。1920年的全球石油总产量中，美国占64.3%，墨西哥占22.8%，苏联占3.7%。从1920年到第二次世界大战结束，全球石油产量逐步增长，1930年接近1.98×10^8t。尤其是20世纪20年代，各种物理技术应用于石油工业，催生出折射地震、反射地震、电法、磁法、电阻率测井、固井、录井等技术；石油地质学理论开始应用于实际中指导找油，人们不再依赖地面油气苗找油。内燃机、电动机应用于钻井，旋转钻井取代冲击钻井而成为主要钻井技术，钻井深度达到2000m以上。1930年美国发现东得克萨斯油田（可采储量6.8×10^8t）和多个大油田，在20世纪30年代一直是第一石油生产大国，1940年产量1.83×10^8t，占全球产量的 62%。美国在二战中供应了盟军 80% 左右的油品。苏联的年产量从 1920 年的 2500×10^4 bbl 增加到 1941 年的 2.38×10^8 bbl。南美洲马拉开波湖地区一系列大油田的发现，使委内瑞拉成为全球第二大石油生产国和出口国（1929 年产量达到 1.37×10^8 bbl）。中东相继发现大型、特大型油田，如伊朗的阿加贾里油田（可采储量 13.8×10^8 t）、伊拉克的基尔库克油田（可采储量 27×10^8 t）、科威特的大布尔甘油田（可采储量 94.5×10^8 t）、沙特阿拉伯的达兰油田，展示出中东石油勘探的广阔前景。从 20 世纪 30 年代开始，全球石油产量直线上升。1930 年石油产量接近 2×10^8 t，1940 年石油产量接近 3×10^8 t。1940 年全球产油 2.86×10^8 t，其中美国 1.85×10^8 t，苏联 3100×10^4 t，委内瑞拉 2500×10^4 t，中东地区 1300×10^4 t。1945 年全球石油产量增长到近 3.66×10^8 t。1950 年全球石油产量为 5.38×10^8 t，1960 年全球石油产量为 10.8×10^8 t，1970 年全球石油产量为 23.2×10^8 t，1979 年全球石油产量达到 32.37×10^8 t，40 年间产量增长了近 10 倍。

20 世纪 60 年代至 70 年代，中东成为全球石油产量飞速增长的中心。中东的产量 1970 年已接近 7×10^8 t，1980 年超过了 9×10^8 t（图 1）。美国于 1970 年达到产量顶峰（5.3×10^8 t）后开始降低。这一时期，苏联先后在乌拉尔山脉以西的伏尔加—乌拉尔盆地发现并开发了罗玛什金大油田（原始可采储量 24×10^8 t）等，在西西伯利亚盆地发现并开发了萨莫特洛尔油田（可采储量 24×10^8 t）等，于 1975 年取代美国成为全球第一大石油生产国。1955 年，苏联的石油产量仅 0.7×10^8 t，1960 年增至 1.48×10^8 t，1970 年达到 3.5×10^8 t，1980 年增加到 6.03×10^8 t。同时，亚洲的中国、印度尼西亚和非洲的利比亚、阿尔及利亚、尼日利亚进入产油大国的行列。1956 年尼日利亚发现第一个油田，1973 年产量 1 亿余吨。1956 年阿尔及利亚发现哈西·迈萨乌德大油田，可采储量 12.6×10^8 t。整个非洲 1970 年产油近 3×10^8 t。在 20 世纪 50 年代至 60 年代墨西哥相继发现新黄金带、海上黄金带等石油富集区，1980 年产量超过 1×10^8 t，1984 年超过 1.5×10^8 t。中国 1958 年发现大庆油田，1978 年石油产量超过 1×10^8 t（1.04×10^8 t）。1964 年利比亚开始产油，1970 年该国产量猛增到 1.598×10^8 t。这一时期石油工业的大发展得益于以电子信息技术为核心的科技革命。计算机的应用导致了石油工程技术（物探、测井等）的数字化，大大提高了勘探、开发的能力，为此后海上油气开发打下了基础。欧洲北海盆地的艾科菲斯克、福蒂斯（可采储量 24.7×10^8 t）、布伦特、尼尼安、斯坦德福约特等大型油田陆续发现并投入开发，使得挪威和英国分别于 1992 年和 1993 年成为年产量超亿吨的国家。北海油田产量 1986 年达到 1.83×10^8 t，1996 年达到 3.06×10^8 t。

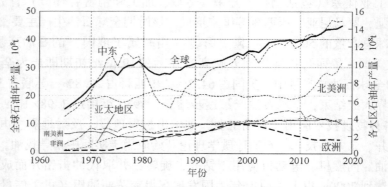

图 1　全球石油年产量变化图（据 BP 公司，2019）

1979 年至 1983 年，由于中东地区产量降低而使得全球油气产量有一段时间的降低趋势（图 1）。1979 年全球原油产量为 32.37×10^8t，到 1983 年已降到 27.63×10^8t。1983 年后全球原油产量稳步上升，整个 80 年代原油产量先跌后涨，呈"V"字形变化趋势（图 1）。1983 年以来，全球原油产量呈稳步上升态势。1991 年至 1998 年的产量基本处于稳中有升的状态，未出现明显的大起大落。进入 21 世纪后，全球石油产量总体上不断增长，从 1998 年的 35.48×10^8t 增长到 2010 年的 39.76×10^8t，到 2018 年已增加到 44.7×10^8t。

从 1965 年开始，北美洲石油产量先迅速增长至 1973 年，随后开始下降，1976 年到达低谷，之后上升至 1985 年再持续下降，到 2009 年后才重新迅速增长起来，尤其 2010 年以来为快速增长阶段（图 1），这与非常规页岩油、致密油的勘探开发有密切关系。南美洲总体来说呈平缓增长趋势，在 1973 年到 1975 年有所下降之后基本持续增加，2015 年至今有所下降（图 1）。非洲在 2008 年之前总体上增长，在 1979 年到 1981 年有较大下降，2010 年之后持续下降（图 1）。亚太地区基本呈上升趋势，2015 年至今有所下降（图 1）。欧洲及苏联地区在 1988 年至 1993 年产量迅速下降，近年基本稳定在 8.6×10^8t 左右。中东在 20 世纪 80 年代中期出现低谷，之后虽偶尔下降，但整体呈上升趋势（图 1）。全球石油产量总体呈上升趋势，20 世纪 70 年代是快速上升时期，从 70 年代晚期到 80 年代中期有一段时间持续下降，之后以上升为主（图 1）。

全球天然气产量的开始统计时间比石油要晚。虽然全球天然气工业的发展只有不到 100 年的时间，但是人类利用天然气已有 2000 多年的历史（据《华阳县志》记载公元前三世纪人们就开始用天然气煮盐了）。商业性开采的页岩气井被认为最早可追溯到 1821 年美国纽约州的 Chautauqua，该井于 27ft 深处采出了可用于照明的天然气，比公认的石油工业开始时间（1859 年）早了 38 年。1930 年，美国就已开始天然气的生产和贸易。全球 1936 年才有天然气产量记录，当年为 $710\times10^8m^3$。1936 年至 1940 年间，美国已找到大型和较大型气田 220 个。1940 年全球天然气产量为 $870\times10^8m^3$。1945 年美国的天然气可采储量已高达 $41850\times10^8m^3$，年产天然气 $1145\times10^8m^3$，占当时全球天然气总产量的 90% 以上。第二次世界大战后，全球天然气储量和产量迅速增长。到 50 年代中期，美国已发现大小气田 4395 个，其中大型和较大型气田 189 个，1972 年其天然气产量达到 $6208\times10^8m^3$。苏联在该时期也发现了一批大型、超大型气田，开始了天然气大规模生产，其 1970 年的产量为 $1979\times10^8m^3$，成为天然气生产大国。欧洲的北海盆地也发现了格罗宁根气田等一批大气田，成为重要的天然气生产区。从 1970 年开始，全球天然气产量呈持续上升态势（图 2）。1970 年全球天然气产量为 $9743\times10^8m^3$。1980 年全球天然气产量为 $1.434\times10^{12}m^3$，1992 年全球天然气产量突破 $2\times10^{12}m^3$，达到 $2.003\times10^{12}m^3$。1996 年至 2005 年的 10 年间，全球天然气产量增长了 $5300\times10^8m^3$，伊朗、挪威、俄罗斯、沙特阿拉伯分别增长了 $480\times10^8m^3$、$476\times10^8m^3$、$370\times10^8m^3$ 和 $251\times10^8m^3$，其他国家如加拿大、英国、印度尼西亚、阿尔及利亚等国天然气产量虽然都在增长，但增幅不大，而美国和荷兰的天然气产量处于减少之中。从 1970 年至今，中南美洲、非洲、亚太地区和中东地区天然气产量持续上升；欧洲及苏联在持续上升背景上于 1990 年到 1997 年出现一低谷，之后持续上升到 2008 年，随后下降至今。北美洲天然气产量在波动过程中呈上升态势，到 2018 底达到最高值 $1.05\times10^{12}m^3$（图 2）。2008 年全球天然气产量突破 $3\times10^{12}m^3$（$3.03\times10^{12}m^3$），比上年增长 3.6%，与 10 年前相比增长了 35.5%。2009 年天然气产量有所下降，之后一直升高（图 2）。

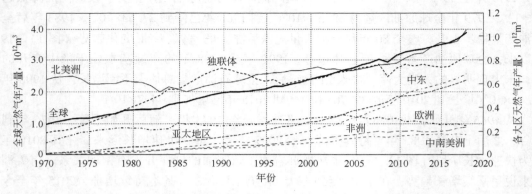

图 2　全球及其各大区天然气年产量变化图（据 BP 公司，2019）

第三节　全球油气资源消费历史

从石油工业开始至今，全球油、气消费量总体呈上升趋势。1965 年至 1973 年，全球原油消费量增长势头迅猛，在 1974 年至 1975 年除非洲外消费量皆短暂下降，随后持续增长直到 1979 年（图 3）。1979 年至 1983 年，除中东与非洲外，原油消费量皆下降，导致全球原油消费量有一段时间的降低趋势。1979 年原油消耗量为 $31.07 \times 10^8 t$，到 1983 年已降低至 $27.65 \times 10^8 t$。1983 年后全球原油消费量呈稳步上升阶段，整个 80 年代的原油消费量先跌后涨，呈"V"字形变化趋势（图 3）。1983 年以来，全球原油消费量呈稳步上升态势，未出现明显的大起大落，仅在 1993 年及 2009 年出现微弱下降。近年来全球石油消费量总体上不断增长，至 2016 年已达 $44.18 \times 10^8 t$（图 3）。从 1965 年至今，北美洲石油年消费量在 20 世纪 80 年代出现低谷，现基本稳定在 $10 \times 10^8 t$；中南美洲、非洲、中东地区和亚太地区基本呈上升趋势（表 1）；欧洲及苏联石油年消费量在 20 世纪 80 年代至 90 年代出现高峰，近年基本稳定在 $8.6 \times 10^8 t$ 左右（表 1）。1993 年开始，我国石油生产量低于石油消费量，成为石油进口国。这一年生产石油 $1.440 \times 10^8 t$，消费石油 $1.458 \times 10^8 t$。

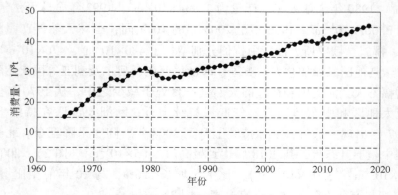

图 3　全球原油消费量变化图（据 BP 公司，2019）

表 1 全球各大区原油年消费量统计表（据 BP 公司，2019）　　单位：$10^{12} m^3$

年份 地区	1965	1970	1980	1990	2000	2010	2018
北美洲	6.20	7.98	9.28	9.23	10.61	10.45	10.77
中南美洲	0.81	1.03	1.73	1.78	2.37	3.00	3.16
欧洲	4.22	6.82	7.86	8.00	7.76	7.50	7.22
俄罗斯	1.68	2.45	4.21	3.35	1.57	1.66	1.86
中东地区	0.44	0.52	0.94	1.66	2.39	3.57	3.96
非洲	0.28	0.35	0.70	0.96	1.18	1.64	1.84
亚太地区	1.63	3.38	5.15	6.63	9.99	13.04	16.48
全球	15.26	22.53	29.88	31.62	35.87	40.86	45.29

全球天然气消费总量呈持续上升趋势（图 4）。1965 年天然气消费量为 6306.3×$10^8 m^3$，1971 年天然气消费量突破 10000×$10^8 m^3$ 达到 10292.3×$10^8 m^3$，1980 年天然气消费量为 14237.5×$10^8 m^3$，1993 年天然气消费量突破 20000×$10^8 m^3$，达到 20270×$10^8 m^3$（图 4）。2000 年天然气消费量为 23991.1×$10^8 m^3$。2009 年天然气消费量略有下降，但 2010 年突破 30000×$10^8 m^3$ 达到 31567.0×$10^8 m^3$，与上年相比增长了 2189.3×$10^8 m^3$。2018 年到达 38488.6×$10^8 m^3$（图 4）。从 1965 年至今，南美洲、非洲、亚太和中东地区天然气消费量持续上升（表 2）。欧洲及原苏联地区在持续上升背景上于 20 世纪 90 年代出现低谷，1997 年之后持续上升至 2008 年到达峰值，之后逐渐下降。北美洲天然气消费量在波动过程中呈上升态势，20 世纪 70 年代到 80 年代呈现下降趋势，之后缓步上升，到 2016 年仍未到峰值（表 2）。中国天然气生产量一直自我消费，从 2009 年开始天然气消费量开始大于生产量，成为天然气进口国。这一年生产天然气 853×$10^8 m^3$，消费天然气 902.2×$10^8 m^3$。

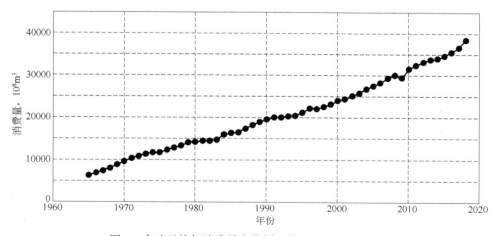

图 4 全球天然气消费量变化图（据 BP 公司，2019）

表2 全球各大区天然气年消费量统计表（据BP公司，2019）　单位：$10^8 m^3$

地区 \ 年份	1965	1970	1980	1990	2000	2010	2018
北美洲	4456.5	6194.7	6057.9	6076.4	7535.2	8025.2	10223.4
中南美洲	148.3	188.1	360.4	595.6	976.7	1436.8	1683.7
欧洲	379.1	1085.4	2808.8	4827.6	5583.1	6225.8	5489.6
俄罗斯	1216.8	1894.8	3770.8	5109.8	4522.3	5312.8	5807.8
中东地区	39.8	94.0	317.0	956.8	1832.9	3801.0	5531.0
非洲	9.5	15.5	186.9	398.6	556.8	989.2	1499.9
亚太地区	56.2	142.3	735.7	1520.0	2984.1	5776.2	8253.2
全球	6306.3	9614.9	14237.5	19484.9	23991.1	31567.0	38488.6

2018年底，全球不同国家的石油消费量数据表（表3）中，有10个国家超过$1 \times 10^8 t$，前20位国家均超过了$0.5 \times 10^8 t$。美国仍以每年$8.93 \times 10^8 t$的消费量占据第一原油消费国的位置。中国已成为全球仅次于美国的第二大原油消费大国。

表3 全球2018年石油消费量前20国家统计表（据BP公司，2019）　单位：$10^8 t$

排序	国家	消耗量	排序	国家	消耗量
1	美国	8.93	11	伊朗	0.82
2	中国	6.28	12	印度尼西亚	0.80
3	印度	2.37	13	墨西哥	0.79
4	日本	1.76	14	法国	0.76
5	沙特阿拉伯	1.56	15	新加坡	0.75
6	俄罗斯	1.46	16	英国	0.74
7	巴西	1.41	17	西班牙	0.66
8	韩国	1.22	18	泰国	0.63
9	德国	1.09	19	意大利	0.59
10	加拿大	1.05	20	澳大利亚	0.51

2018年底，全球不同国家的天然气消费量数据表（表4）中，位于前15位的国家或地区主要都超过了$500 \times 10^8 m^3$，有7个国家超过了$1000 \times 10^8 m^3$，其中美国超过年消费天然气超过$8000 \times 10^8 m^3$，为天然气消费第一大国；俄罗斯年消费天然气也超过了$4500 \times 10^8 m^3$。中国年消费量超过$2800 \times 10^8 m^3$，成为第三大天然气消费国（表4）。

表 4　全球 2018 年天然气消费量前 16 国家统计表（据 BP 公司，2019）　单位：$10^8 m^3$

排序	国家	消耗量	排序	国家	消耗量
1	美国	8171.1	9	德国	882.9
2	俄罗斯	4545.0	10	英国	789.0
3	中国	2830.0	11	阿拉伯联合酋长国	765.6
4	伊朗	2255.6	12	意大利	692.1
5	加拿大	1157.4	13	埃及	595.5
6	日本	1157.1	14	印度	580.9
7	沙特阿拉伯	1121.2	15	韩国	559.4
8	墨西哥	894.9	16	泰国	499.3

20 世纪末至今，世界能源消费呈现上升趋势。能源结构中，石油、天然气与煤炭仍是能源消费主体。其中近 20 年来，石油在能源结构中所占比例逐年下降，天然气呈增加态势（图 5）。但从消费占比的变化来看，在相当长的一段时间内，石油与天然气仍是能源消费结构的主要部分，天然气将在未来超过石油成为主要部分。

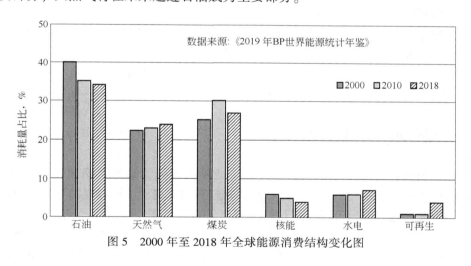

图 5　2000 年至 2018 年全球能源消费结构变化图

第四节　与本书内容关系密切的基本概念

油气资源是指天然生成的、赋存于地壳或近地表的、目前或将来具有经济开采价值而技术上又能够开采的油气。在实际工作中，油气资源量是指在某一特定时间，估算出的地层中已发现（含采出量）和待发现的油气聚集量。根据是否已发现、把握程度、能否采出等将油气资源量可以再进一步划分。已发现的油气田储量规模有大有小，可以据储量大小进行分类。

一、总（原地）资源量

总（原地）资源量是指根据不同勘探开发阶段所提供的地质、地球物理与分析化验资料，采用各种资源评价方法估算的已发现和未发现的储集体中原始储藏的总油气量，包括未发现（原地）资源量与地质储量。

二、未发现（原地）资源量

未发现（原地）资源量是赋存于储集层中但目前尚未找到或未发现的资源量。该资源量的多少通常代表一个勘探盆地或勘探区块油气资源勘探潜力，其多少与勘探程度有关。未发现（原地）资源量也叫远景资源量或待发现资源量。根据把握程度不同，将其分为潜在（原地）资源量和推测（原地）资源量。

（一）潜在（原地）资源量

潜在（原地）资源量是指在圈闭预探阶段前期或区带勘探阶段，对已发现的有利含油气圈闭或油气田的临近区块，根据石油地质条件分析与类比估算得到的（原地）油气总量。潜在资源量一般可作为编制圈闭预探部署的依据。

（二）推测（原地）资源量

推测（原地）资源量指主要在区域普查阶段或其他勘探阶段，对有含油气远景的盆地、坳陷、凹陷或区带等推测的油气储集体，根据地质分析，物理、化学探测及区域探井等资料估算的未发现的（原地）油气总量。实际工作中，推测（原地）资源量一般用总（原地）资源量减去地质储量和潜在（原地）资源量的差值而求得。

三、已发现（原地）资源量

已发现（原地）资源量又称（原地）储量或地质储量，是指在圈闭钻探发现油气后，根据已发现油气藏的地震、钻井、测井和测试等资料估算得到的已发现油气藏中原始储量的油气总量。所以，地质储量实际上就是已发现（原地）资源量。具体包括已开采的资源量和未开采的资源量。已开采的资源是已生产出的资源。未开采的资源是已发现但还未生产的资源，根据把握程度可进一步分为预测地质储量、控制地质储量和探明地质储量。这三类储量在我国俗称为三级储量。

（一）预测地质储量

预测地质储量是指在圈闭预探阶段预探井获得油气流或是解释有油气层存在时，对有进一步勘探价值的、可能存在的油（气）藏（田）估算得到的、确定性较低的地质储量。预测地质储量是制定评价勘探方案的依据。相当于可能（possible）储量（P3）。

（二）控制地质储量

控制地质储量是指圈闭预探阶段获得工业油（气）流，并经过初步钻探认为可提供开采后，以建探明储量为目的，估算求得的、确定性较大的地质储量。控制地质储量相对误差不得超过50%，具有中等地质可靠程度，可作为进一步评价勘探、编制中期和长期开发规划的依据。相当于概算（probable）储量（P2）。

（三）探明地质储量

探明地质储量是指在油气藏评价阶段或开发过程中，经评价钻探证实油气藏（田）可提供开采并能获得经济效益后，估算求得的、确定性很大的地质储量，相对误差不得超过20%。应查明油气藏类型、储层类型、流体性质及分布、产能等信息，并通过钻井测井资料确定流体界面，各项参数具有较高的可信度。探明地质储量是编制油气田开发方案，进行油气田开发建设投资决策、油气田开发分析与管理的依据。相当于证实（proved/proven）储量（P1）。

就全球油气资源来说，由于每年勘探投入等各种因素的综合影响，各类探明油气资源量是在不断变化的。

四、可采资源量

已发现的资源并非全部都能开采出来，能够开采出来的资源才是有用资源。油气田最终的可采储量与原始地质储量的比值称为采收率。可采资源量是指在现有的经济技术条件下从（原地）资源量中可采的油气数量。

各类资源量都是（原地）资源量，不同级别的资源量可采出的程度不同，对应的可采量就不同，所以，不同资源量之间不能同等对比，只有将不同类型的资源量换算为可采资源量才可大致进行对比。

在各种文献中，全球不同地区油气资源量的内涵有时会有所不同，有的是不同级别的探明地质储量，有的是可采地质资源量，有的是（原地）资源量，所以，在对比全球不同地区的油气资源量时，最好换算为可采资源量，这样就便于对比分析。可采资源量一般通过采收率乘以（原地）资源量得到。

五、常规与非常规油气资源

常规油气资源主要是指分布在一定范围内、储集层物性相对较好、油气聚集状态符合油气水密度分异原理而不需要储集层改造就可以采出的油气资源。非常规油气资源是指储集层物性差、用传统技术无法获得自然工业产能而需用新技术改善储层渗透率或流体黏度等才能经济开采、连续或准连续型聚集的油气资源。非常规油气资源包括稠油/重油、致密气、致密油、页岩气、煤层气、水溶气、天然气水合物（可燃冰）等。常规与非常规油气资源均包含已开发、探明和待发现的资源。石油工业发展至今已开发的主要是常规油气资源，非常规油气资源的开发起步较晚。

六、油气田规模

不同的油气田储量规模各不相同，为便于对比、分析和交流，根据其储量规模把油气田划分为巨型、特大型、大型、中型和小型5个级别（表5）。在利用此标准进行油气田规模划分时要注意地质储量和可采储量的差别。

表5 油气田规模划分标准对比表

规模	油田		气田	
	地质储量，10^8t	可采储量，10^8t	地质储量，10^8m^3	可采储量，10^8m^3
巨型	>15	>4.5	>10000	>6000
特大型	5~15	1.5~4.5	3000~10000	1800~6000
大型	1~5	0.3~1.5	500~3000	300~1800
中型	0.1~1	0.03~0.3	100~500	50~300
小型	<0.1	<0.3	<100	<50

第一章
全球大地构造与油气区分布

第一节　全球大地构造基本特征

　　大地构造条件对含油气盆地形成和油气的"生、排、运、聚"过程等都具有重要的控制作用，要了解全球含油气盆地的分布特征，首先要搞清楚全球大地构造基本特征。大地构造学领域出现过许多不同学说，如槽台学说、多旋回构造运动说、地质力学、地洼学说、板块构造学说等，不同的大地构造学理论的目的主要都是为了说明大地构造现象、解释地球海陆演化规律等。目前广泛为大家所接受的主要是板块构造理论。该理论可追溯到德国人魏格纳（Wegener）于1915年提出的大陆漂移说。但直到20世纪60年代，大陆漂移的动力学问题一直没有得到令人满意的解释。由于地球物理学、海洋地质学的发展，人们开始认识了海底洋中脊、转换断层的特征及其分布。1962年Hess提出了海底扩张和俯冲机制；1965年，威尔逊（Wilson）对大陆漂移特征进行了再次分析和总结，并于三年后提出了洋盆发展演化的旋回，即威尔逊旋回。与此同时，1968年，法国地质学家勒·皮雄（Le Pechon）把全球岩石圈划分为六大板块（甘克文等，1990）。后来不同的学者都对全球板块进行过解释，划分的板块数量也不同。目前，划分的板块数量大致为12个，分别是欧亚、非洲、印度—澳大利亚、太平洋、北美、南美、南极洲、菲律宾、科科斯、加勒比海、纳兹卡和阿拉伯板块（图1-1）。

　　大洋中脊、转换断层、深海沟和地缝合线是板块间4种不同的分界线（车自成等，1987）。不同的板块边界代表不同的板块相对运动方式，具体可以分为三种：第一种为离散型板块边界，主要反映区域拉张应力，造成洋底扩张，形成转换断层系统，以大洋中脊为代表；第二种为汇聚型板块边界，主要反映区域挤压应力，造成俯冲带或地缝合带，常形成逆断层/逆冲断层系统，以俯冲带、深海沟、地缝合线/造山带为代表；第三种为转换型板块边界，主要反映区域剪切应力特征，形成拉张、水平剪切滑移的转换断层。

　　各种地缝合线、造山带、海沟、火山岛弧、洋中脊、地震带的存在表明板块处于不断的相对运动和相互作用过程中。板块构造理论认为岩石圈板块是不可压缩的刚性体，各种地球动力学活动主要都发生在各板块边界上，大陆岩石圈板块内部较复杂，且存在多级别的断裂系统，板块边界的各种地球动力学活动，都会通过地壳、地幔和软流层以及各级断裂系统传递到板块内部，使板内地壳与沉积盖层也产生相应的振荡运动、水平位移和构造变动，它直

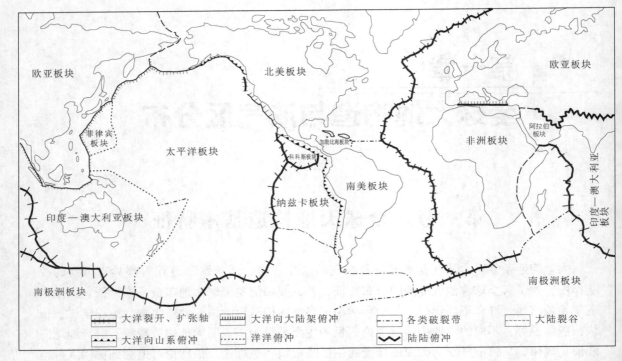

图 1-1 全球板块构造型式（据 Stoke，1982）

接联系着板内含油气盆地的发生与发展。

从板块运动的地质历史来看，板块在演化过程中可以分出稳定区（克拉通）和活动区（裂陷带、褶皱带），稳定区与活动区可以相互转化，构成板块的陆壳区与洋壳区也可以相互转化。板块可以裂开，也可以拼合。板块的相对运动既有水平运动，也有垂直运动，动力学性质既有挤压，也有张裂和剪切，由此造成了同一部位在不同地质历史时期的沉积盖层发生变化，区域构造复杂化。就陆壳区与洋壳区来看，其组成和构造特征不同，所形成的含油气盆地的动力学特征、类型与油气丰富程度也不同。

一、陆壳区

陆壳具双层结构，即在玄武岩层之上有花岗岩层（表层的大部分地区有沉积岩层）。总的来看，硅铝层好像浮在硅镁层之上，地表隆起幅度越大（如高山、高原），莫霍面的位置越深，地壳越厚。陆壳厚度较大（30~70km），在褶皱带厚度可达 70~80km，在大陆裂谷带、大陆边缘厚度仅 15~30km。根据其活动性可以分为稳定区和活动区。

（一）稳定区

由前震旦纪或前寒武系基底组成的稳定区被称为克拉通，包括地盾（shield）和地台（platform）两部分。地盾（shield）是克拉通内前震旦纪或前寒武纪结晶、已变质的沉积岩系与火山岩基底大面积出露的地区。从形态上来说，地盾具平坦但凸出的地表形态，其周围被有平缓盖层的地台围绕而呈现出盾状形态。由于地盾出露的岩石均属太古宙和元古宙，对地盾岩石组分、变形和变质作用、岩浆活动及成矿作用等方面的研究，可以提供地球演化早期历史的信息。地盾上缺失沉积盖层多是后期剥蚀的结果，所以，地盾在构造性质上与地台无本质差别，代表地台中相对隆起部分，且两者的关系是过渡的。世界各大陆都有地盾分布，欧洲有波罗的地盾、乌克兰地盾；亚洲有阿娜巴尔地盾（东西伯利亚）、阿尔丹地盾、中朝地盾、印度地盾和阿拉伯地盾；北美洲有加拿大地盾和格陵兰地盾；非洲有非洲地盾；大洋洲有西澳大利亚地盾；南美洲有圭亚那地盾、中巴西地盾和大西洋地盾（又称圣弗朗西斯科地盾、巴西滨海地盾），南极洲有南极洲地盾。地盾区一般无沉积盆地分布。

地台由类似于地盾上出露的前震旦纪或前寒武纪结晶、已变质的沉积岩系与火山岩基底及其上覆沉积盖层组成的稳定区。所以，地台具有双层结构，基底构造复杂，一般遭受过较强的区域变质作用，岩石建造序列属地槽型。盖层由震旦纪或寒武纪以来的沉积岩系组成，其厚度差别较大，未经受区域变质作用，其沉积物组成地台型建造序列。沉积盖层与基底以角度不整合接触。地台的主要特征表现在形态上呈等轴状，面积一般超过数十万平方千米，地貌反差小。沉积地层由海相或陆相地层组成，分布广泛，对比性良好；岩浆活动微弱，以大面积的陆相溢流玄武岩为特征；构造变形弱，多发育短轴背斜和盆地；富集石油、煤等能源和其他沉积矿产。全球的主要地台有中欧地台、东欧地台、俄罗斯地台、西伯利亚地台、中朝地台、北美地台、南美地台、北非地台、阿拉伯地台、澳大利亚地台和南美地台等。

按照褶皱基底的形成时代，地台可划分为古老地台和年轻地台两类。前者指地台的基底在前寒武纪时已经形成。年轻地台是由寒武纪以后地层作为基底的稳定区，形成时代晚，盖层相对不发育，有些甚至还未出现盖层。地台是沉积盆地发育的主要陆壳区域。

（二）活动区

陆壳活动区包括张裂沉降期的裂谷、地槽和褶皱回返期的褶皱，最终形成褶皱带。褶皱带是指地槽中的沉积岩层经过剧烈的地壳运动后，由线型褶皱组合上升形成的强烈构造变形地带（车自成等，1987）。在强大的侧向挤压力作用下，褶皱带的构造相当复杂，形成的褶皱常由等斜、倒转、平卧等形态组成，伴随产生的断裂有低角度的逆断层、逆掩断层、推覆构造等。上升的后期也能产生高角度的逆冲断层和正断层。在该地带内常有同造山期的大规模酸性岩浆侵入和广布的区域变质作用。褶皱带可以发育于不同的地质时期，为了表明褶皱带的形成时间，习惯上在褶皱带前冠以构造旋回的名称，如加里东褶皱带、海西褶皱带等。相邻地台或中间地块边缘的盖层常被卷入褶皱带之中，因此，褶皱带和地槽的边界可能不一致；褶皱带也可出现在稳定地台内部，此时，盖层也可因强烈的造山作用而形成褶皱带（如燕山褶皱带）。现存的褶皱带主要包括古生代褶皱带和中—新生代褶皱带。古生代褶皱带主要包括加里东期和海西期褶皱带，中—新生代褶皱带也称为阿尔卑斯期褶皱带（包括印支期、燕山期和喜马拉雅期）。前寒武纪褶皱带均已硬化为稳定区，有的古生代、中生代和新生代褶皱带也部分硬化为年轻地台区。现今陆壳上欧亚大陆南部、东部与中心地带，非洲大陆中部贯穿南北的东非大裂谷，南北美洲大陆西侧边缘都存在裂陷和褶皱性质的活动带（图1-2）。

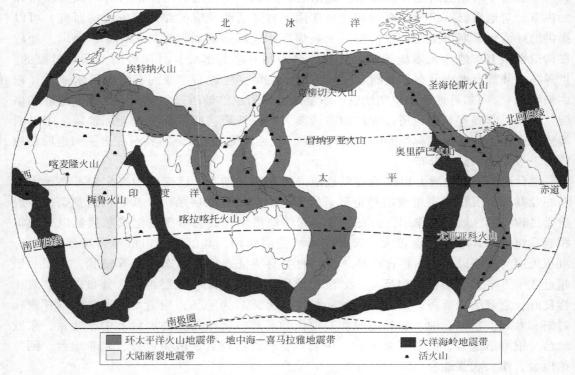

图 1-2　全球陆壳与洋壳主要活动区分布示意图

1. 古生代褶皱带

全球范围内，古生代褶皱带从南到北主要有三条纬向带和若干个经向带（车自成等，1987）。第一条纬向褶皱带大致环北冰洋分布，从格陵兰、加拿大北极群岛的富兰克林褶皱带，向西延伸入波弗特海中，被北极海岸盆地覆盖，后又于西西伯利亚北缘泰梅尔半岛出现，再向西出现于挪威西北海岸，向西伸入英国（图 1-3）。该带在早古生代为地槽带，加里东期褶皱，多已变质硬化。第二条纬向褶皱带大致为东西向横贯欧亚大陆，开始于中国东北，向西包括蒙古萨彦岭、中国的阴山、天山、昆仑山至中亚—北高加索，被年轻沉积覆盖。在波兰苏台德山和捷克的波希米亚地块再次出现，组成西欧的莱茵、阿摩里康、法国的中央地块等，直到爱尔兰南部；以海西期褶皱为主，部分为加里东期，中段东欧—西亚已硬化为年轻地台，西端西欧也已硬化，但呈断裂块状起伏特征；东段亚洲部分更复杂，起伏相间。该褶皱带在北美相当于阿巴拉契亚褶皱带。第三条纬向褶皱带主要分布在非洲南端的开普敦山—南极大陆（图 1-3）。

古生代经向褶皱带中最重要的是乌拉尔山脉及其以东的西伯利亚，后者已硬化为年轻地台；其次为澳大利亚东部褶皱带。南美洲科迪勒拉山脉西侧也分布有古生代褶皱带。非洲西北海岸的毛里塔尼亚、地中海的科西嘉、撒丁岛也有局部的古生代褶皱带。中国东南部和东南半岛上也存在古生代褶皱带（图 1-3）。

2. 中—新生代褶皱带

中—新生代褶皱带可以分为特提斯（古地中海）和环太平洋两个带（车自成等，

1987）。特提斯（古地中海）褶皱带主要分布在大西洋至太平洋之间的欧亚大陆南部到东南亚，西起北非的阿特拉斯山和欧洲比利牛斯山，经亚平宁山—阿尔卑斯山—喀尔巴阡山—巴尔干山—高加索山—托罗斯山—厄尔布士山—扎格罗斯山—克什米尔—唐古拉山—喜马拉雅山，再向东南折向东南半岛—东南亚。中美洲的加勒比海的圣安德烈斯褶皱带也属于该带的一部分（图1-3）。环太平洋褶皱带主要分布在环太平洋周围，东岸从阿拉斯加山到科迪勒拉山系，一直延伸到拉丁美洲南端；南岸沿南极半岛沿岸分布；西岸从阿拉斯加半岛，经白令海—俄罗斯维尔霍斯克山—日本—琉球群岛—菲律宾—所罗门群岛至新西兰，发育火山岛弧和边缘海（图1-3）。

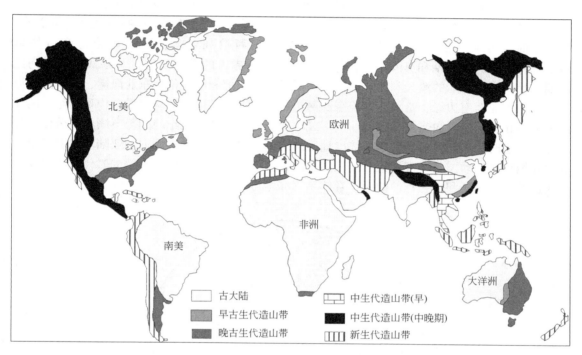

图 1-3　全球不同时期褶皱带分布图（无南极洲）

二、洋壳区

洋壳厚度较小，最薄的地方不到 5km，最厚一般都低于 15km。洋壳一般为单层结构，即主要为玄武岩层或硅镁质岩层，表层为较薄的海洋沉积层所覆盖。洋壳多形成于侏罗纪之后，洋中脊是新洋壳的生长区。自洋中脊向两侧的扩展区，沉积物基本未变形，沉积时代逐渐变老，沉积盖层厚度一般介于 0~500m，洋中脊处为 0m（车自成，1987）。边缘海的小洋盆可能与地幔上隆引起的洋壳破裂有关，局部可能出现新洋壳。新洋壳继续扩张则可能形成小洋盆或新大洋（如红海、日本海、中国南海等）。洋壳区的洋中脊和海沟地区是现今最为活动的地带，其他地区为相对稳定区。

在陆壳和洋壳交会处可以分出过渡型地壳，又称次大陆型地壳，其特点介于以上两种地壳之间。

第二节 全球大陆与古地理演化特征

元古宙后期（700Ma前至1000Ma前），全球各陆块聚结在一起组成超级罗丁尼亚大陆（图1-4）。冈瓦纳古陆内部如非洲西部、中西部（刚果）、南部（卡拉哈里），以及印度、澳大利亚、南美、南极等已形成若干相对稳定的地台。震旦纪时期，超级罗丁尼亚大陆北缘逐渐裂解，形成了非洲、东欧、西伯利亚、华北、北美洲、南美洲等前寒武纪陆块。古生代早期，上述各陆块分别汇聚为东冈瓦纳（南极洲、大洋洲与印度）和西冈瓦纳（南美洲与非洲）两大部分，各具自己特殊的地质演化历史。在前寒武纪晚期，这些各大陆逐渐破裂。寒武纪时，劳亚大陆分裂为中国、哈萨克斯坦、西伯利亚、波罗的和劳伦舍等块体（图1-5），寒武纪晚期和奥陶纪时，各大陆都处于近赤道的低纬度地区。寒武纪和奥陶纪时期，沿冈瓦纳大陆的澳大利亚—新西兰—南极洲的东部和沿劳伦舍东北海岸、波罗的西海岸、西伯利亚西南边缘、哈萨克斯坦东西两边缘，均存在汇聚型板块边界。中奥陶纪，冈瓦纳大陆停止向南极方向运动，致使非洲形成大面积冰川。从寒武纪晚期至奥陶纪，劳伦舍陆块经历了逆时针旋转，但仍处于低纬度地区。志留纪时，波罗的和西伯利亚陆块向着劳伦舍和冈瓦纳陆块运动，基本都聚集在南极陆块附近。志留纪是一个广泛海侵的时代，主要反映了快速的海底扩张和广为延伸的大洋脊体系（张恺等，1997）。

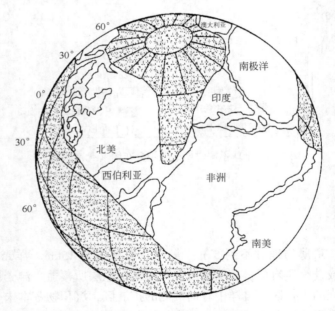

图1-4 新元古代（约700Ma前）超级大陆分布图（据何登发，1996）

泥盆纪早期，欧洲北部和北美东部的加里东和阿卡德发生碰撞造山运动，波罗的陆块在比中生代大西洋张裂时它的位置更南的地方碰撞，沿波罗的陆块东北和东南海岸也发生了板块汇聚作用。石炭纪时，冈瓦纳大陆向北漂移，与劳亚大陆西南部碰撞，哈萨克斯坦陆块与西伯利亚陆块相碰撞，同期，南部冈瓦纳陆块与北部劳亚、西伯利亚和中国陆块之间的特提

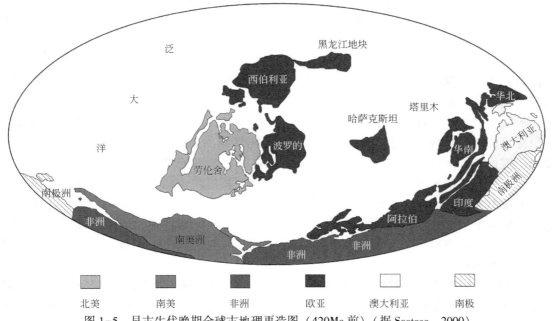

图 1-5　早古生代晚期全球古地理再造图（420Ma 前）（据 Scotese，2000）

斯洋开始出现（图 1-6）。石炭纪晚期——二叠纪时，各大陆最后碰撞形成了统一的劳亚古陆。在亚洲区域内大陆大体呈北东——南西向展布。由于大陆汇聚碰撞时，陆块不规则的边缘难以完全吻合接触，所以在大陆之间的裂隙中保留有残余洋壳，如滨里海盆地现在仍保存着泥盆纪时期的洋壳。二叠纪晚期，我国西藏地区、伊朗与土耳其发生张裂作用而漂移远离冈瓦纳大陆。冈瓦纳大陆内部开始出现大范围的冰川活动。沿海西期造山带隆升的山脉将潮湿大气挡住，使它不能到达劳亚——波罗的大陆内部，致使二叠纪和中生代

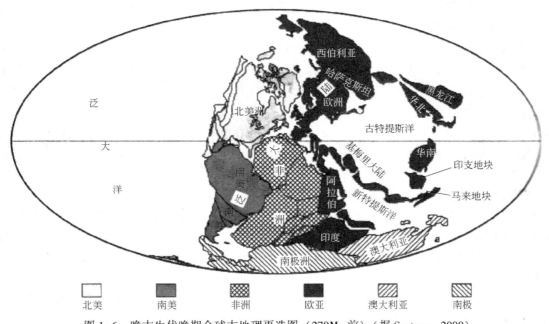

图 1-6　晚古生代晚期全球古地理再造图（270Ma 前）（据 Scotese，2000）

早期这些大陆形成了广泛的干旱气候，发育了大量干旱气候条件下的沉积。二叠纪时期，沿南美—南极洲—澳大利亚汇聚板块边缘也发育了显著的造山作用（张恺等，1997）。晚二叠世—三叠纪时，古特提斯洋北侧洋支如准噶尔—巴尔喀什盆地闭合，古特提斯板块发生向劳亚大陆的持续碰撞汇聚，使增生拼接陆块和哈萨克斯坦大陆一起，在东欧和西西伯利亚大陆之间的区域内形成了在乌拉尔褶皱带、Irtysh-saisan带地区的海西期褶皱带和西西伯利亚盆地的基底。

晚二叠世时，土耳其、伊朗、阿富汗、中帕米尔、羌塘、甜水海、中缅马苏等地块从冈瓦纳分离，形成中生代新特提斯洋，新特提斯洋的南、北两侧均为被动大陆边缘。随着新特提斯洋的进一步扩展、加宽，洋壳被进一步消减至欧亚大陆边缘之下。古特提斯洋洋壳连同塔里木地块、华北大陆一同运动到欧亚板块南缘。大规模的冲断—褶皱作用发生在劳亚大陆内部，使陆块汇聚到一起，欧亚大陆边缘与卡拉库姆—塔里木地块间的准噶尔—巴尔喀什盆地全部关闭，形成准噶尔—兴安岭褶皱带，劳亚古陆迅速向南增生。三叠纪—侏罗纪早期，东部阿穆尔陆块与西伯利亚大陆发生碰撞，蒙古—鄂霍次克洋盆地从顶端逐渐趋于关闭。

三叠纪时，伴随着超级古大陆的不断挤压，劳亚大陆南缘的陆壳被撕裂形成一系列右旋走滑断裂，中哈萨克斯坦和天山山系发生变形改造而弯曲。劳亚大陆北部发生了裂谷作用，内部以张裂为特征，于西西伯利亚内部形成大陆裂谷和鄂毕泛大洋，溢流相玄武岩大面积覆盖于西伯利亚和楚科奇等盆地内。裂谷带不断沉降而形成西西伯利亚沉积盆地。晚三叠世时，华北陆块早已与欧亚陆块碰撞，古特提斯洋逐渐关闭；在欧亚内部的伸展作用加强而代替了挤压造山作用。

侏罗纪时，古特提斯洋的东段和中段相继分段关闭，形成了基梅里造山带。古特提斯洋西段大洋宽度进一步缩小，土耳其地块等与欧亚大陆之间仍存在有狭长的黑海—里海古特提斯残余洋盆，与新特提斯洋及地中海连通。滨里海—里海一带发育广泛的陆表海相沉积与煤系地层。在基梅里大陆南侧，中生代新特提斯洋逐渐张开变宽。新特提斯洋北缘和太平洋西缘全部为洋壳消减带岛弧边界。

中侏罗世时，新特提斯洋东段的羌塘地块与欧亚板块拼接而合成为新特提斯洋的北部被动陆缘，广泛沉积了海相碎屑岩和碳酸盐岩。晚侏罗世早期，非洲—阿拉伯与欧亚板块发生进一步板块汇聚（图1-7）。到早白垩世，新特提斯洋壳开始向伊朗地块之下俯冲，使伊朗地块成为活动大陆陆缘。至中侏罗世末—晚侏罗世，东部鄂霍次克洋盆已关闭，太平洋板块开始向西快速运动，沿着太平洋边缘形成了大洋内俯冲带。总之，侏罗纪时，超级大陆已开始开裂，北极洋的加拿大盆地开始张开，劳亚大陆东部太平洋陆缘开始伸展，形成裂陷型盆地。

早白垩世时，新特提斯洋壳开始向北侧俯冲，滨里海地区海侵范围逐渐扩大，致使在北缘的卡拉库姆盆地、塔吉克盆地、费尔干纳盆地、塔里木盆地的塔西南和库车地区等从白垩系到古近系依次发育不同类型的海相沉积。南美洲与非洲也开始逐渐分离，南大西洋逐渐形成。白垩纪晚期—始新世，新特提斯洋关闭，阿拉伯与欧亚大陆开始发生碰撞。

新生代晚期，印度陆块与欧亚大陆持续碰撞。亚洲中、南部地区形成高原，造山带复活形成山脉。太平洋板块的俯冲作用形成了亚洲东部的海沟—岛弧边缘海盆体系（图1-8）。

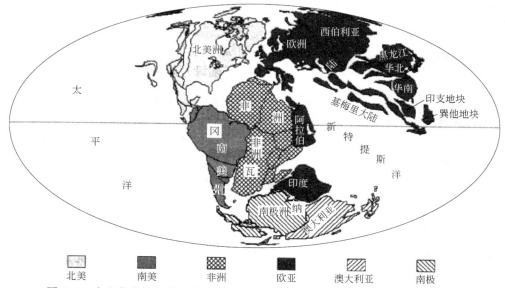

图 1-7 中生代中侏罗世全球古地理再造图（约 150Ma 前）（据 Scotese，2000）

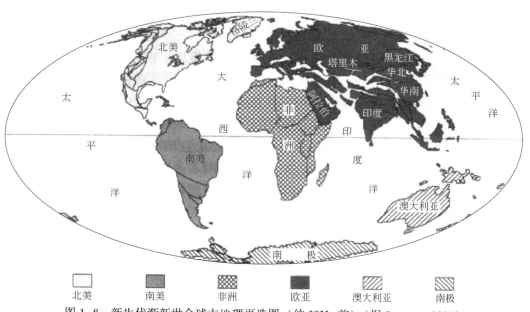

图 1-8 新生代渐新世全球古地理再造图（约 30Ma 前）（据 Scotese，2000）

第三节 含油气盆地的成因类型

油气主要分布在不同大地构造背景下的含油气盆地中。含油气盆地是指烃源岩发生过油气生成、运移，并能聚集形成工业性油气藏的沉积盆地。所以，含油气盆地是油气生成、运移和聚集的地质单元，作为含油气盆地，首先应是沉积盆地；其次是在漫长的地质历史时期中，曾经一段地质时期内不断沉降并接受沉积，具备油气生成和聚集的条件；再次是要有工业性油气田存在。

一、盆地的分类

为了分析、对比盆地的油气分布规律，常常需要对含油气盆地进行分类（童崇光，1990）。由于含油气盆地本身就是沉积盆地，所以，对含油气的分类主要是对沉积盆地的分类，即沉积盆地分类也适用于含油气盆地分类。盆地分类可以有不同依据，如盆地的形态、结构、规模、平面形态、基底构造变形和沉积盖层关系等（表1-1）。

表1-1　不同含油气盆地的划分依据和划分结果对比表

划分依据	盆地类型
沉降或沉降速率	快速下沉盆地、慢速下沉盆地、高聚集速率盆地、低聚集速率盆地等
盆地下沉和填充补偿关系	过补偿盆地、补偿盆地和欠补偿盆地等
沉积系统与沉积环境等	大陆环境盆地、过渡环境盆地和海洋环境盆地
沉积盆地的含油气性等	含油盆地、含气盆地和含油气盆地
主力烃源岩演化程度	未成熟盆地、成熟盆地或过成熟盆地
地壳结构	陆壳盆地或克拉通壳盆地、洋壳盆地、残余洋壳盆地、过渡洋壳盆地
基底性质	结晶基底盆地、变质基底盆地、变形基底盆地
变质基底褶皱时代	前寒武纪盆地、加里东期盆地、海西期盆地和阿尔卑斯系褶皱基底盆地等
基底构造变形和沉积盖层关系	地堑盆地、箕状盆地和坳陷盆地等
沉积盖层形成时间	古生代盆地、中生代盆地和新生代盆地等；复合盆地
盆地规模	超巨型盆地（$>100\times10^4km^2$）、巨型盆地［$(50\sim100)\times10^4km^2$］、大型盆地［$(10\sim50)\times10^4km^2$］、中型盆地［$(1\sim10)\times10^4km^2$］和小型盆地（$<1\times10^4km^2$）
平面形态	圆形盆地、椭圆形盆地、长条形盆地、三角形盆地、菱形盆地等
大地热流或地温梯度值	高温盆地、低温盆地等
基底埋藏深度或盖层厚度	浅盆地、深盆地和超深盆地等

沉积盆地可以发育在不同地壳表层，依据地壳结构划分为陆壳盆地或克拉通壳盆地、洋壳盆地、残余洋壳盆地、过渡洋壳盆地等（Halbouty M. T.，1970）。依据基底性质可划分为结晶基底、变质基底和变形基底盆地等。据变质基底褶皱时代可划分为前寒武纪、加里东期、海西期和阿尔卑斯系褶皱基底盆地等；若盆地基底存在多时代褶皱变形、叠加，则称为复合基底盆地。依照基底埋藏深度或盖层厚度，可将其划分为浅盆地、深盆地和超深盆地等。根据盆地基底构造变形和沉积盖层关系可以划分为坳陷盆地、地堑盆地和箕状盆地等（图1-9）。依据沉积盖层形成时间，可以分为古生代盆地、中生代盆地和新生代盆地等；若不同时代盆地沉积垂向叠加，则称为叠合盆地或复合盆地。盆地沉降或沉降速率等参数也可作为盆地分类依据，如快速下沉盆地、慢速下沉盆地、高聚集速率盆地、低聚集速率盆地等；根据盆地下沉和填充补偿关系可分为过补偿盆地、补偿盆地和欠补偿盆地等；根据盆地内发育的沉积系统、沉积环境和沉积相等特点可以将其划分为大陆环境盆地、过渡环境盆地和海

洋环境盆地等。根据含油气性等，可以划分为含油盆地、含气盆地和含油气盆地。依照主力烃源岩演化程度可以划分为未成熟盆地、成熟盆地或过成熟盆地。依据盆地规模可以划分为超巨型盆地、巨型盆地、大型盆地、中型盆地和小型盆地。根据盆地的平面形态可将其分成圆形盆地、椭圆形盆地、长条形盆地、三角形盆地、菱形盆地（Chapman R. E.，1983）。

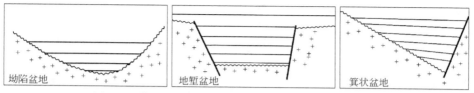

图1-9　依据盆地基底与沉积盖层关系的沉积盆地分类

以上主要是依盆地的一些具体特征进行的类型划分。油气地质更注重从大地构造角度和地球动力学对盆地进行的分类。早期主要依据槽台学说等大地构造理论进行分类，近年来学界倾向于依据板块构造理论进行的盆地分类，也有依据地球动力学进行的分类。

依据槽台学说（Umbgrove J. H. F.，1947；Dallmus K. F.，1958；Weeks L. G.，1952，1958）主要将盆地分为地台内部坳陷型、山前坳陷型、山间坳陷型、山前坳陷—地台边缘斜坡型和山前坳陷—中间地块型（图1-10）。依据地球动力学（Fischer A. G.，1975；Bott M. P. H.，1976；Bally A. W.，1980；叶连俊等，1980；刘和甫等，1983）可将沉积盆地分为挤压环境盆地、张裂环境盆地、剪切环境盆地和重力环境盆地（表1-2）。

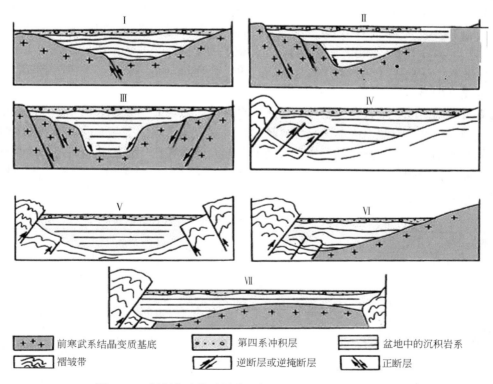

图1-10　沉积盆地类型划分（据Umbgrove J. H. F.，1947）

Ⅰ、Ⅱ、Ⅲ—地台内部坳陷型；Ⅳ—山前坳陷型；Ⅴ—山间坳陷型；
Ⅵ—山前坳陷—地台边缘斜坡型；Ⅶ—山前坳陷—中间地块型

表 1-2　以地球动力学为基础的含油气盆地分类（据刘和甫，1983）

环境	盆地类型	盆地举例
张裂环境	大陆裂谷盆地	北海盆地
	陆间裂谷盆地	红海盆地
	大陆边缘盆地	尼日尔盆地
	边缘海盆地	日本海盆地
挤压环境	山前盆地	酒泉盆地
	山间盆地	准噶尔盆地
	弧前盆地	库克湾盆地
	弧后盆地	台湾西部盆地
	前陆盆地	塔里木盆地
剪切环境	张扭性盆地	死海盆地
	压扭性盆地	圣华金盆地
重力环境	克拉通内部盆地	密执安盆地
	克拉通边缘盆地	北里海盆地

自 20 世纪 70 年代开始，板块构造首先在沉积盆地的分类上得到试用。目前板块构造理论在石油、天然气地质学中的应用研究已渗透到石油、天然气地质学的各个领域，并取得一定的进展。盆地的形成往往与板块的离散和下沉密切相关，板块间的聚敛、拼合主要形成褶皱造山带，总体对于盆地的形成不利，但褶皱带内一些微板块也可以形成盆地。沉积盆地是板块演化过程中的产物，板块构造从形成到消亡成为造山带是自然规律（甘克文等，2009）。许多学者都依据板块构造学说对沉积盆地进行过分类（Halbouty M. T.，1970；Klemme H. D.，1974；Bally A. W.，1975，1980；Dickinson W. R.，1976；Miall A. D.，1984；朱夏，1983）。

随着地质学研究和油气勘探的不断深入，对含油气盆地的分类越来越需要考虑盆地形成的主要环境和因素，应重点考虑的是地球动力作用和大地构造位置，所以，在具体划分类型时，首先将含油气盆地划分为裂陷构造环境的盆地、聚敛构造环境的盆地、走滑断裂构造环境的盆地和克拉通构造环境的盆地四大类。然后，再根据盆地所处地壳结构和大地构造位置，进一步划分类型，共计 4 大类 16 亚类（表 1-3）。

表 1-3　含油气盆地类型划分表（据田在艺等，1996；岳来群等，2010）

构造环境	盆地分类	地质时代	举例
裂陷构造环境的盆地	大陆内部裂谷盆地	晚古生代	湘桂一带
	大陆边缘裂谷盆地	侏罗纪—古近纪	渤海湾
	大陆间裂谷盆地	晚二叠世—三叠纪	理塘地区
	拗拉谷盆地	中、新元古代—早古生代	燕山、贺兰山
		古近—新近纪	南海西北部
	被动大陆边缘盆地	早古生代	华南地区

构造环境	盆地分类		地质时代	举例
聚敛构造环境的盆地	俯冲大陆边缘	海沟盆地		
		弧前盆地	晚白垩世—古近纪	雅鲁藏布江仲巴—日喀则一带
		弧间盆地	晚二叠世—三叠纪	义敦地区
		弧后盆地	古近—新近纪	南海
	碰撞挤压造环境盆地	残留洋盆地	早古生代	华南地区
		周缘前陆盆地	古近—新近纪	喜马拉雅山南侧
		陆内前陆盆地	中生代	鄂尔多斯、四川
		山前挠曲盆地	中新生代	库车、准噶尔、喀什—和田、河西走廊
		山间盆地	中新生代	吐鲁番—哈密
走滑断裂构造环境的盆地	走滑盆地		古近—新近纪	滇西、藏东、川西一带、阿尔金山地区
克拉通构造环境的盆地	克拉通内及边缘坳陷隆—断陷盆地		古生代	华北地台、扬子地台、塔里木地台

二、裂陷构造环境盆地

裂陷构造环境盆地是在拉张应力下，地壳发生张裂、断陷而形成的（车自成等，1987）。主要有两种地球动力机制：一种是与地幔软流泉岩浆上涌，导致地壳变薄而水平拉张应力有关，主要形成大陆内部裂谷盆地（主动裂谷）（图 1-11）；另一种是与大洋板块俯冲或大陆板块碰撞作用有关，因大洋板块向下俯冲，致使大陆边缘张性变形或板块碰撞时在大陆内部诱导张性变形，产生新的裂谷，形成大陆内碰撞裂谷或大陆边缘裂谷盆地。依据地壳裂陷性质、大地构造位置及演化阶段，可将裂陷构造环境盆地分为以下五种。

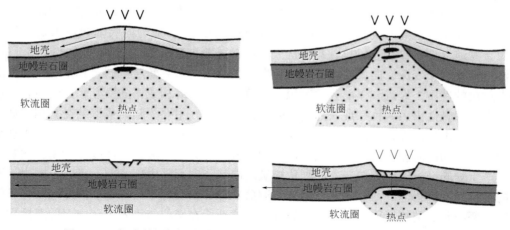

图 1-11　主动裂谷与被动裂谷的初始阶段—发育阶段（据刘和甫，2005）

（一）大陆内部裂谷盆地 （continental rift basin）

该类盆地形成机理为：地幔软流圈岩浆上涌使地壳大面积抬升，形成岩浆热底辟作用，由于区域拉张，大陆地壳张裂、变薄，形成以断层为边界的大陆内部裂谷盆地。该类盆地常由一系列近平行对称或非对称地堑或半地堑群组成。盆内的沉积物主要为陆相河流—湖泊相沉积，晚期可能伴有海侵，形成海陆交互相碳酸盐岩/碎屑岩沉积，也可能只有陆相河—湖沉积。碎屑沉积物主要为来自裂谷周缘隆起的风化产物，在沉积过程中常伴有大陆火山喷发，并可含膏盐、泥灰岩、碳酸盐岩、含有机质的泥岩、碳质泥岩和煤等，烃源岩发育，油气富集程度不同。莱茵盆地、汾渭盆地和贝加尔盆地即为这样的盆地。

（二）大陆边缘裂谷盆地 （continental margin rift basin）

该类盆地一般规模较大，沉积盖层厚，与大洋板块向大陆板块的俯冲作用有关。由于大陆板块消减及洋壳俯冲方式的改变，在不同地质时期，产生上地幔对流调整，岩石圈拱升拉薄，地壳裂陷，形成被动裂谷盆地。初始阶段主要为裂陷作用，常发育一系列单断的箕状凹陷或双断的地堑凹陷，滚动背斜、犁式正断层广泛发育，构成凸、凹陷相间的构造格局。岩浆通过断层活动频繁，常表现为高地温特征，利于烃源岩热成熟生烃；晚期由于热衰减和岩浆冷却作用，导致地壳区域性沉降，早期裂谷期沉积物被晚期坳陷式沉积盖层覆盖，盆地整体下沉，褶皱与断层不发育，主要为平缓的披覆构造。大陆边缘裂谷盆地的沉积岩性主要为河流相粗碎屑岩、湖相暗色泥岩、油页岩、粒屑灰岩（滩），并可含有盐、石膏等蒸发岩与煤层，夹有碱性玄武岩和拉斑玄武岩，油气资源丰富。我国松辽、渤海湾、江汉、苏北盆地，北非的三叠盆地，欧洲的北海盆地、俄罗斯的西西伯利亚盆地等都属于大陆边缘裂谷盆地。

（三）大陆间裂谷盆地 （intercontinental rift basin）

该类盆地所在部位地壳属于过渡性质，即减薄的陆壳和部分新生的洋壳，地温梯度较高，沉积物来源于两侧隆起的陆块。沉积早期以陆相河流相粗碎屑物质为主，中期为湖相泥岩、碎屑岩和蒸发岩组合，晚期可以发育海陆交互相，海相泥质岩、碎屑岩、蒸发岩、火山碎屑岩，并夹带玄武岩、辉绿岩和辉长岩组成的新生洋壳成分。非洲与阿拉伯半岛之间的红海裂谷盆地、墨西哥湾岸盆地即属于此类。可见，该类盆地是由大陆内部裂谷盆地演化而来的（原洋裂谷盆地）。

（四）拗拉谷盆地 （Aulacogen basin）

拗拉谷盆地与三叉裂谷系的发展密切相关。三叉裂谷中的两支不断扩张，向原洋裂谷或窄大洋方向演化，最终形成海洋，另一支发育中断（废弃），成为向大陆板块内延伸的凹陷即拗拉谷盆地（图1-12）。拗拉谷盆地从大陆内向外延伸，其走向与海岸斜交或近于垂直，向海洋方向变宽、变深，向大陆内部变窄、变浅，两侧受边界断层限制。其基底具有由陆壳向洋壳过渡的性质。靠近海洋部分的沉积物较厚，主要为海相或海陆交互相粗碎屑岩、浊积岩和碱性—偏碱性火山岩；靠近大陆部分的沉积物较薄，主要为陆相或海陆交互相砂泥岩及碳酸盐岩，火山活动亦减弱。盆地内不同发展阶段的沉积物也有差异，早期和晚期以陆相碎屑岩为主，中期以海相、海陆过渡相碎屑岩和碳酸盐岩为主。最终海洋收缩封闭，褶皱成造山带，产生隆起区，沉积物搬运方向则从褶皱隆起区指向大陆内部方向。世界范围内，不同时期的拗拉谷发育普遍。西非的尼日尔三角洲盆地即开始发育于拗拉谷。该盆地发育于冈瓦纳大陆白垩纪开始裂解形成的中、西非裂谷系，盆地所在部位与深入大陆内部的海槽构成三叉裂谷系，深入大陆的北西比达海槽、北东东向的贝努埃海槽逐渐废弃，三角洲所在部位海槽随着大西洋的裂开不断接受沉积而形成盆地现在的特征（图1-14）。

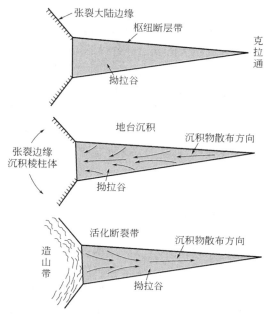

图1-12　拗拉谷盆地演化图（据Dichinson，1976）

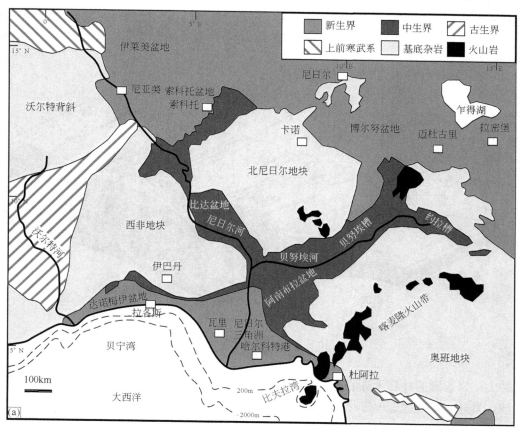

图1-13　尼日尔三角洲盆地构造图（据苏玉山等，2019）

（五）被动大陆边缘盆地（passive continental margin basin）

该类盆地产生于海底扩张后期，由大陆边缘或陆间裂谷不断扩张、逐渐张开加宽而形成。大陆裂开后随时间逐渐发生热冷却沉降，在此过程中，由于上覆沉积物负荷作用，进一步发生区域性挠曲沉降，形成具宽阔大陆架、平缓大陆坡和大陆隆的被动大陆边缘盆地。一般从大陆壳边缘向海洋方向发生阶梯状断陷，形成边缘裂陷槽。在沉积巨厚的大陆架陆坡上，因沉积物重力滑塌及沉积作用，多形成同生断层和逆牵引构造，若蒸发岩发育，则会发生盐底辟或刺穿上覆地层，发生褶皱和断层。沉积盖层下部为陆内或陆间裂谷阶段形成的沉积岩系，上部为大陆分离后随着岩石圈沉降而堆积的海陆交互相碎屑岩、碳酸盐岩及蒸发岩，油气资源富集程度不同。桑托斯盆地、坎波斯盆地、南巴伊亚盆地等都属于大陆边缘裂谷盆地。

三、聚敛构造环境的盆地

聚敛构造环境的盆地由于处于挤压环境，区域构造隆起幅度大，构造圈闭明显，油苗丰富，常为早期勘探油气的有利地区，西亚阿塞拜疆巴库地区、美国阿巴拉契亚地区和中国酒泉盆地酒西坳陷石油沟构造、准噶尔盆地克—乌断褶带等都为聚敛构造环境。不同的板块聚敛边界，常形成不同类型的沉积盆地（Kevin T. Biddle，1999）。B 型俯冲大陆边缘由大陆向大洋方向在平面上形成盆—弧—沟体系，分别发育弧后盆地、弧内盆地、弧前盆地、斜坡盆地和海沟盆地（Ziegler 等，1989）（图 1-14）。弧后盆地、弧内盆地、弧前盆地、斜坡盆地油气富集程度不同。该类盆地在太平洋东西海岸均很发育，帕里西维拉盆地和马里亚纳海盆属于该类盆地。

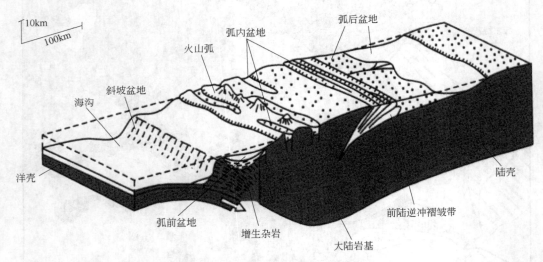

图 1-14　安第斯型俯冲有关盆地位置图

若大陆岩石圈俯冲到大陆岩石圈/大洋岩石圈之下，则形成 A 型俯冲带及有关的周缘前陆盆地。另外，在碰撞造山带形成过程中，常有残留大洋盆地形成。在挤压带周缘形成山前挠曲盆地。在挤压带内，常形成挤压后效拉张断陷型的山间盆地。

（一）海沟盆地（trench basin）

海沟盆地发育在岛弧前缘，由大洋板块俯冲而形成，两侧不对称。靠岛弧的一侧坡度较陡，向海延伸的一侧坡度较缓（图1-14）。由于洋壳俯冲作用，海沟盆地的沉积物被拖曳入地幔而消耗。其沉积物一部分为半深海、深海相浊积物沉积，主要为砂泥岩和火山灰；另一部分是俯冲板块带来的深海沉积物，多为钙质和硅质软泥或红土。另外，由于俯冲作用导致大洋板块上的沉积物或仰冲板块产生的破碎岩块混合起来形成性质不同、时代不同的混杂岩体，或由于水下重力滑动而造成的滑塌复理石堆积。海沟沉积物一般时代新、厚度薄，有时会有浊积岩及深海沉积物，但受到变形与消减杂岩体的掩覆，因而缺乏石油地质意义。

（二）弧前盆地（fore-arc basin）

该类盆地位于岛弧与海沟之间。主要是在洋壳俯冲过程中，增生的俯冲（消减）杂岩体不断扩大，使沟弧间隙下部岩石圈挠曲下沉而形成弧前盆地（图1-14）。盆地沉积物主要是来自岩浆弧的碎屑沉积。一般情况下，由于构造不稳定，盆地时代新，沉积物厚度变化大，油气富集程度有差异。在美国的库克湾盆地、大谷盆地，秘鲁—厄瓜多尔的普洛格里索—塔拉拉盆地均有油气发现。中国西藏仲巴—日喀则地区也发现有上白垩统—古近系弧前盆地。

（三）弧内盆地（inter-arc basin）

弧内盆地分布在残留弧与火山弧之间（图1-14）。地貌上类似于深海平原（Karig L. E.，1978）。盆地两侧常为正断层所限，基底地壳类型为大洋型。沉积物源不充足，因而沉积厚度较薄。沉积物主要来自火山弧或火山岛链的火山碎屑物、远洋碳酸钙质软泥和大陆的风成黏土或硅质软泥。沉积分布不对称，靠近火山弧发育由火山碎屑扇形浊积岩，远离火山的地区依次为细质砂泥、远海软泥及硅质软泥堆积。具有高地温特征。马里亚纳、新赫布里底、汤加、克马德克等盆地均属于新近纪的弧间盆地。

（四）弧后盆地（back-arc basin）

该类盆地发育于火山岛弧之后的靠近大陆一侧，发育在俯冲带之上的仰冲板块上（图1-14）。若俯冲速度加快，则软流圈加热增温，由此在弧后地区诱发小型热对流，使部分上地幔物质底辟上升运动，上部岩石圈产生拉张作用，从而形成弧后盆地。沉积物源为大陆和岛弧。陆源物质与大洋中的沉积类似，因弧后盆地被大陆及岛弧环绕，通常缺少大洋底流沉积，而含有较多的火山碎屑物和火山灰，同时浊流沉积也很发育。现代弧后边缘海盆地主要分布于太平洋西岸的边缘，鄂霍次克海、白令海、日本海、菲律宾海及中国南海均属于此类盆地（图1-15）。该类盆地具有较丰富的油气资源，目前勘探程度还比较低。

（五）残留洋盆地（remnant oceans basin）

当两个大陆板块相碰撞时，首先是在一个两大陆相距最近的点段或某些点段按地壳运动序列先发生褶皱作用或逆冲作用，造成褶皱隆起，使两个大陆壳碰撞缝合，而未碰撞接触部位仍为洋盆，即为残留洋盆地。该类盆地一般发育大型三角洲沉积体系，向海洋中心发育海底扇浊积岩，并覆于洋底远洋沉积之上。随着俯冲作用逐渐加强，残留洋盆不断缩小，直至封闭消失。如孟加拉湾盆地即为现代残留洋盆地的典型实例。该类盆地通常应具有较好的油气远景。

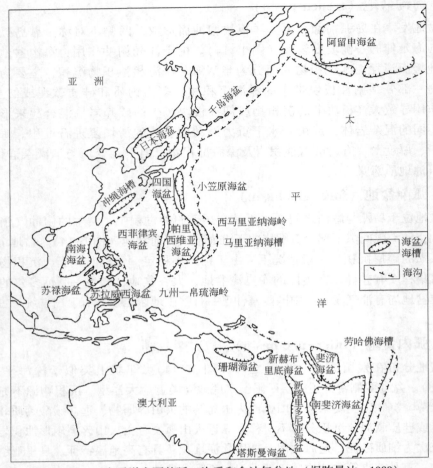

图 1-15　西太平洋主要的弧—沟系和含油气盆地（据陈景达，1989）

（六）周缘前陆盆地（peripheral foreland basin）

该类盆地构造上位于造山带的褶皱—冲断带与克拉通之间，是在缝合带的俯冲板块基础上发展起来的（图 1-16）。当陆块插入俯冲带时，在陆块之上就形成周缘前陆盆地。盆地沉积横剖面不对称，靠造山带一侧沉积厚，构造变形强烈；靠大陆一侧，地层厚薄，变形弱。沉积特征主要为造山期或造山前形成的复理石沉积，上部一般为造山后或造山期的磨拉石沉积；下部多为海相、海陆交互相及三角洲相，向上则主要为陆相的冲积扇、河流—湖沼—三

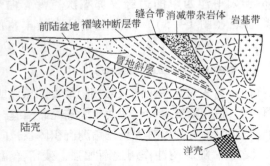

图 1-16　周缘前陆盆地示意图（据 Dichinson W R，1976）

角洲沉积。沉积物源为褶皱带和克拉通剥蚀区。该类盆地在古生代、中生代和新生代褶皱带附近广泛分布。

（七）陆内前陆盆地（intracontinental foreland basin）

该类盆地是大陆板块碰撞致使大陆边缘在构造负荷作用下发生弯曲沉降而形成的一种盆地。盆地沉积横剖面不对称，与周缘前陆盆地类似。沉积物源主要为自造山带或克拉通。沉积特征既可以是河流三角洲相、浅海陆架相沉积体系，也可是冲积扇、河—湖相沉积体系。如美国西岸的科迪勒拉山脉—落基山脉以东的中—新生代沉积盆地即属于该类盆地的代表。

（八）山前挠曲盆地（piedmont flexure basin）

该类盆地主要位于造山带褶皱—冲断带与微型大陆或稳定地块之间。盆地横剖面不对称，靠近造山带的地层变形强，逆冲断层发育，沉积地层厚度大；靠近微大陆或中间地块的地层变形弱，褶皱平缓或发育少量小型正断层，沉积地层厚度较小。该类盆地主要是由于构造与沉积负荷共同作用产生的地壳下沉而形成的山前沉降区。若挠曲的刚度较大，则凹陷浅而宽，反之则深而窄。沉积物源主要为造山带褶皱隆起或中间地块隆起区，沉积特征表现为造山期或造山后形成的冲积扇—河流—三角洲—湖沼相沉积体系。如塔里木盆地北缘的南天山冲断带及其西南缘的西昆仑冲断带、准噶尔盆地南缘的北天山冲断带、酒泉盆地南缘的北祁连冲断带、柴达木盆地北缘的南祁连冲断带及其南缘的东昆仑冲断带等均属此类盆地。

（九）山间盆地（intermountain basin）

该类盆地主要分布于古生代褶皱断裂带之间，是在大陆板块碰撞后期因应力消退而在构造负荷作用下发生沉降所形成的盆地。基底主要为海西期/加里东期/古元古代褶皱变质岩系。盆地边界一般为断层，早期为高角度正断层，晚期构造翻转为高角度逆断层，以中小面积为主。盆地横剖面大致对称或不对称。盆地充填的沉积物主要来自周缘隆起的山系，自盆地边缘到中心依次发育冲积—河流相—三角洲相—滨浅湖相—深湖相。沉积特征具多旋回性，多含煤和蒸发岩类。如伊犁、焉耆、三塘湖、吐哈、民和等属此类盆地，只是盆地发育的时代不完全相同。

四、走滑断裂构造环境的盆地（strike-slip fault tectonic basin）

该类盆地的形成与走滑断层有关，可以表现出张性、压性和扭性等多重性质。但走滑断裂作用能否形成盆地，则与断层的型式密切相关。如果走向滑动断层只作直线平移运动，若其两端与扩张中心或消减带相连，因平移量被"吸收"，则不会形成直接与之相联系的盆地或隆起。一般而言，位于大陆内部的走滑断层会产生对水平位移有效调节和补偿的挤压区和拉张区。当走滑断层有弯曲或断面偏离，甚至呈锯齿状时，就会产生局部离散区和聚敛区，从而使得地壳拉伸下沉和挤压上升，出现成对的下沉断块盆地和隆起断块。该类盆地在形成、演化过程中伴随扭性作用的改造，走滑断层的规模、形式可以多样，可左旋也可右旋平移，并可相互转化，常伴有火山活动。该类盆地规模一般较小，油气富集程度差异大。中国东北位于走滑性质断裂带内的伊通盆地等即属于该类盆地（图1-18）。

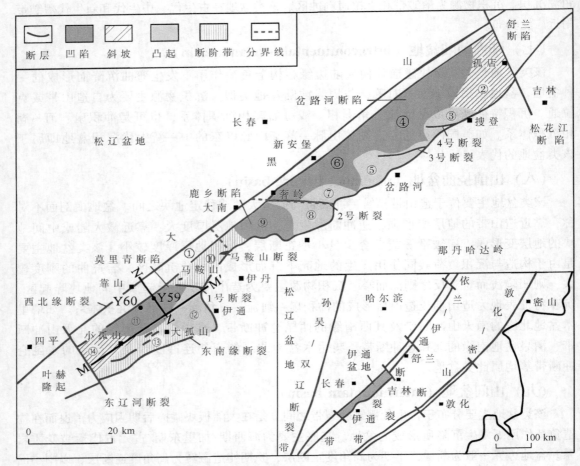

图 1-17　伊通地堑构造简图（据唐大卿等，2013）

①—西北缘断褶带；②—孤店斜坡；③—搜登构造带；④—波—太凹陷；⑤—万昌构造带；⑥—新安堡凹陷；
⑦—梁家构造带；⑧—五星构造带；⑨—大南凹陷；⑩—马鞍山断阶带；⑪—靠山凹陷；
⑫—尖山构造带；⑬—大孤山断阶带；⑭—小孤山斜坡

五、克拉通构造环境的盆地（craton basin）

克拉通盆地是在稳定的克拉通内由于岩石圈变冷，因重力负荷作用而缓慢下沉，或因地慢隆起或因相邻板块的挤压作用，使古老地台逐渐下降而接受沉积的坳陷区。该类盆地一般都具有区域变质或花岗岩化的坚硬基底，很少遭受变形（Sloss，1988；车自成等，1987）。依据大地构造位置，克拉通盆地分为克拉通内部盆地和克拉通边边缘盆地。克拉通内部盆地位于克拉通内部，常呈碟状大面积稳定下沉，构造变动微弱，倾角平缓，如北美洲的密执安盆地（图 1-19）、密歇根盆地、伊利诺伊盆地、威利斯顿盆地等，南美洲的马拉尼安盆地、巴拉那盆地，欧洲的巴黎盆地、波罗的盆地，中国的鄂尔多斯盆地等均属于克拉通内部盆地。克拉通边缘盆地位于克拉通边缘，向海域方向逐渐下倾，如北里海盆地、尼日尔三角洲盆地等都属于克拉通边缘坳陷盆地。

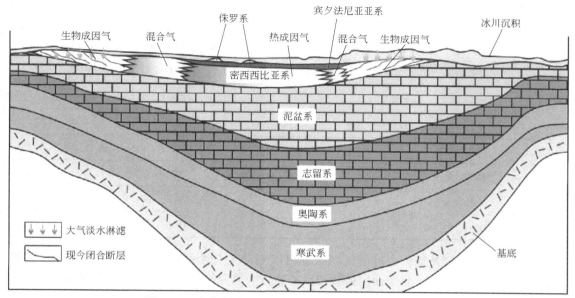

图 1-18 密执安盆地地质剖面图（据杨振恒等，2013）

第四节 全球含油气盆地分布

全球可供寻找油气的沉积岩面积约 $1 \times 10^8 km^2$，其中陆上约 $7000 \times 10^4 km^2$，海上约 $3000 \times 10^4 km^2$。有关全球到底有多少个含油气盆地，不同研究者的统计结果有较大出入。严格来说，沉积盆地、含油气盆地、产油气盆地的概念各不相同，但又相互联系。油气勘探与开发是一种商业活动，从沉积盆地到含油气盆地再到产油气盆地，勘探与开发工作的广度和深度在不断加强，直到最终生产油气。所以，含油气盆地的数量既与沉积盆地数量有关，也与勘探程度有关。全球含油气盆地个数不同研究者统计结果差别大。最少的认为是 269 个，最多的认为是 1486 个。根据最新的资料统计来看，全球共有 974 个沉积盆地，其中北美洲 190 个、中南美洲 123 个、欧洲 84 个、亚洲 375 个、大洋洲 86 个、非洲 95 个和南极洲 21 个。勘探范围越广，勘探程度越高，含油气盆地和产油气的盆地就越多，直到所有沉积盆地最终勘探清楚。中国沉积岩面积 $>670 \times 10^4 km^2$，沉积盆地约 500 个，其中面积 $>200 \times 10^4 km^2$、沉积厚度 $>1000m$ 的中—新生代盆地 424 个，总面积 $527 \times 10^4 km^2$。已对大多数盆地进行过油气勘探，勘探面积 $=320 \times 10^4 km^2$，其中发现油气的盆地 76 个。中国最大的含油气盆地是面积 $56 \times 10^4 km^2$ 的塔里木盆地。

含油气盆地的分布与大地构造单元、沉积地层和烃源条件有密切关系，是大地构造单元及其沉积特征和烃源条件决定了含油气盆地的分布。稳定的地台区、活动的褶皱（地槽）区与过渡区都有含油气盆地的分布（李国玉，2003）。不同的大地构造环境沉积盆地与含油气盆地的发育程度有较大差别（甘克文，2007）。克拉通边缘沉积盆地和产油气盆地数量最多，存在大油气田的盆地数量也最多；其次是褶皱活动带沉积盆地数量较多，但存在大油气田的盆地数量少；克拉通内部坳陷区沉积盆地数量较多，但产油气的盆地和含大油气田的盆地相对要少，克拉通内部裂谷区沉积盆地数量较少，但产油气的盆地和含大油气田的盆地相对要多（表1-4）。

表1-4　全球不同构造环境的沉积盆地与含油气盆地数量统计表（据甘克文，2007）

构造区		产油气盆地数	盆地数	大油气田盆地数
克拉通内部	坳陷区	15	156	4
	裂谷区	38	61	8
克拉通边缘		191	252	38
褶皱活动带		72	202	1
复合区		31	34	11
合计		347	705	62

根据构造和地理特征，全球的沉积盆地可以划分为7个盆地群，主要包括北冰洋盆地群、北地台盆地群、东半球东西向褶皱带盆地群、南地台盆地群、环西太平洋盆地群、环东太平洋盆地群和南极洲盆地群。

北地台带盆地群主要包括西伯利亚地台—东欧地台—北美地台，盆地主要为地台内部及其临近褶皱带盆地，盆地类型有克拉通内坳陷盆地和部分山前、山间盆地，如：北美的密歇根盆地、伊利诺伊盆地，欧洲的别乔拉吉曼盆地、北里海盆地、德聂伯罗—顿涅次盆地、波罗的盆地、巴黎盆地，亚洲的西西伯利亚盆地、通古斯盆地、雷宾斯克盆地和伊尔库茨克盆地等克拉通盆地；阿巴拉契亚盆地等山前盆地；北美的加拿大盆地，欧洲的苏格兰盆地、西英国盆地，亚洲的腾吉斯盆地、库兹涅茨盆地、米努辛斯克盆地等山间盆地，欧洲的利马盆地、莱茵盆地和丘林吉尔盆地等地堑型山间盆地。

南地台盆地群包括南美洲巴西地台、非洲地台、澳大利亚地台，主要分布克拉通盆地、山间盆地、裂谷盆地等。克拉通盆地主要包括南美洲的亚马孙盆地、东巴西盆地和巴拉那盆地，非洲的撒哈拉盆地，西非盆地、南非盆地，中澳洲盆地和西澳洲盆地（卡尔纳尔旺盆地）等；山间盆地包括非洲的埃及盆地、索马里盆地、马达加斯加盆地与南澳洲盆地（泽普斯兰德盆地）等。

东半球东西向褶皱带自西向东从欧洲的西班牙—非洲的摩洛哥经法国南部、意大利、西亚、中亚、印度、中国西部—西南部，再到中南半岛，含油气盆地数量最多。主要盆地类型为山间盆地和山前盆地。山间盆地包括西摩洛哥盆地、中阿尔及利亚盆地、北阿尔及利亚盆地、突尼斯盆地和西西里岛盆地、葡萄牙盆地、厄布鲁河盆地、新卡斯吉尔盆地、格瓦达尔克维尔盆地、北意大利盆地、东意大利盆地、瓦列拉丁娜盆地、阿尔巴尼亚盆地、富拉基盆地、维也纳—摩拉瓦盆地、盘诺盆地、特兰西瓦尼亚盆地、东黑海盆地、南里海盆地、中伊朗盆地、楚河盆地、伊犁盆地、伊塞克库尔盆地、费尔干纳盆地、塔吉克盆地、塔里木盆地、准噶尔盆地、吐鲁番盆地、柴达木盆地、前南山盆地（酒泉盆地）、民和盆地、潮水盆地、西藏盆地和缅甸盆地等；山前盆地包括阿克维坦盆地、兰盖达克盆地、前阿尔卑斯盆地、前喀尔巴阡盆地、西黑海盆地、亚速—库班盆地、中里海盆地、卡拉库姆盆地、东地中海盆地、波斯湾盆地、巴基斯坦盆地、前喜马拉雅山盆地、孟加拉盆地、阿萨姆盆地等。

环西太平洋盆地群主要由太平洋西岸的俄罗斯东部向南到朝鲜半岛、日本、中国东部、中国南海、中南半岛、伊利安岛、澳大利亚东北部，最后到新西兰。有两个盆地群，即东亚中生代褶皱带中的盆地群和太平洋西岸亚洲—印度尼西亚半岛弧和岛弧带的盆地群。其盆地类型主要包括山间盆地、弧后盆地、裂谷盆地、克拉通盆地等。主要的盆地有勒拿—威吕河盆地、克雷姆盆地、阿纳德尔盆地、贝加尔裂谷系的盆地、吉雅—布列亚盆地、科曼多尔盆地、上布列亚盆地、东萨哈林—鄂霍次克盆地、松辽盆地、二连盆地、海拉尔盆地、三江盆地、渤海湾盆地、鄂尔多斯盆地、四川盆地、东海盆地、台西盆地、珠江口盆地、北部湾盆地、莺琼盆地、巴布亚盆地、塔拉纳基盆地等（李国玉，2003，2005）。

环东太平洋盆地群主要由太平洋东岸的阿拉斯加南部到加拿大西部海岸、美国、墨西哥、中南美洲西部海岸，最后到火地岛。盆地类型主要为山前盆地、山间盆地，还有岛弧盆地、地台性质的盆地。山前盆地包括北阿拉斯加盆地、西加拿大盆地、威利斯顿盆地、东委内瑞拉山前盆地、马拉开波盆地、上亚马孙河山前盆地和中苏班的山前盆地、涅乌金山前盆地、巴塔哥尼亚山前盆地和南苏班的山前盆地等。西内部盆地、二叠纪盆地和墨西哥湾盆地具有地台性质。山间盆地包括落基山山间盆地、南阿拉斯加盆地、圣朝金盆地、库雅马盆地和西加利福尼亚盆地、北古巴盆地、南古巴盆地、海地盆地、巴拿马盆地、哥伦比亚盆地、马拉开波盆地、托库奥河盆地，南美西部的古亚吉尔盆地、的的喀喀盆地与门多萨山间盆地等。南科迪勒拉褶皱带还存在具有弧前、弧后与弧间特征的盆地。

北冰洋盆地群位于北地台以北的北冰洋区。目前主要划分出4个面积较大的盆地，分别是巴伦支海盆地、拉普捷夫海盆地、东西伯利亚海盆地和北极海岸盆地（图1-20）。

南极洲盆地群目前未进行油气资源的勘探与开发。但南极大陆及其周边海域初步划分出了18个沉积盆地，主要属于克拉通内及大陆边缘盆地，主要有南极点盆地、维多利亚盆地、威尔科斯蒂盆地、威德尔海盆地等（图1-21）。

第五节　全球油气区分布

油气区是在一定的地质或地理范围内油气分布的区域。一个盆地也可以作为一个油气区，盆地的一个坳陷也可以作为一个油气区。油气区实际上是一个泛指性地理术语，范围可大可小。这些油气区的特点主要表现为：（1）一个与地理、行政区域甚至是经济条件有关的单元。可以是全球性大区域，也可以是一个地理区域，如藏北地区、新疆北部地区等。（2）由一系列盆地构成的盆地群，其盆地结构、含油气层系具有一定的共性，如下扬子地台。（3）一个特大型的复合含油气盆地，如渤海湾盆地（由不同的坳陷组成），也可是一个盆地/盆地的一级构造单元，如西西伯利亚油气区就是西西伯利亚盆地、特提斯油气区就是特提斯构造带相关的盆地群，东西伯利亚油气区就是西伯利亚地台东部盆地群等。BP石油公司将全球油气大区分为北美油气大区、欧亚油气大区、中东油气大区、亚太油气大区、非洲油气大区和中南美洲油气大区（图1-19），该级别油气区内包含了不同级别的油气区。本教材在分析全球大区油气资源统计数据时主要按照图1-19划分的大区进行分析。

图1-19 全球油气大区分区图

复 习 题

1. 简述全球大地构造基本单元与含油气盆地分布的关系。
2. 简述含油气盆地基本成因类型及其地质特征。
3. 简述全球含油气盆地分布的基本特点。

参 考 文 献

Biddle K T, 1999. 活动大陆边缘盆地. 穆献中, 杨金凤, 李剑, 译. 北京: 石油工业出版社.

车自成, 姜洪训, 1987. 大地构造学概论. 西安: 陕西科学技术出版社.

陈景达, 1989. 板块构造, 大陆边缘与含油气盆地. 北京: 石油工业出版社.

甘克文, 2007. 概论全球油气分布. 石油科技论坛, 26 (3): 27-32.

甘克文, 高正原. 2009. 板块构造理论及其与油气聚集的关系. 石油科技论坛, 28 (2): 31-37.

何登发, 董大忠, 吕修祥, 等, 1996. 克拉通盆地分析. 北京: 石油工业出版社.

李国玉, 2003. 世界石油地质. 北京: 石油工业出版社.

李国玉, 金之钧, 2005. 世界含油气盆地图集. 北京: 石油工业出版社.

刘和甫, 1983. 含油气盆地的地球动力学环境分析. 中国中新生代盆地构造和演化. 北京: 科学出版社.

刘和甫, 陆伟文. 王玉新, 1990. 鄂尔多斯西缘冲断—褶皱带形成与形变//衡俊杰, 等, 鄂尔多斯盆地西缘掩
    冲带构造与油气. 兰州: 甘肃科学技术出版社.

刘和甫, 等, 2005. 伸展构造与裂谷盆地成藏区带. 石油与天然气地质, 26 (5): 537-552.

苏玉山, 王桐, 李程, 等, 2019. 尼日尔三角洲的沉积构造特征. 岩石学报, 35 (04): 1238-1256.

唐大卿, 陈红汉, 江涛, 等, 2013. 伊通盆地新近纪差异构造反转与油气成藏. 石油勘探与开发, 40 (6):

682-692.

田在艺，张庆春，1996. 中国含油气沉积盆地论. 北京：石油工业出版社.

童崇光，1990. 油气地质学. 北京：石油工业出版社.

WEGENER A L，1915. 海陆的起源. 李冠旦，译. 上海：商务印书馆.

杨振恒，韩志艳，李志明，等，2013. 北美典型克拉通盆地页岩气成藏特征、模式及启示. 石油与天然气地质，34（4）：463-470.

叶连俊，孙枢，1980. 沉积盆地的分类. 石油学报，1（3）：1-6.

岳来群，甘克文，夏响华，2010. 沉积盆地分类及相关问题探讨. 海洋地质动态，26（3）：53-59.

张恺，1997. 板块构造与油气成因二元论. 北京：石油工业出版社.

朱夏，1983. 试论古全球构造与古生代油气盆地. 石油与天然气地质，4（1）：1-12.

Сизых В И，Семенов Р М，Павленов В А，2004. 油气田的全球分布规律.《新疆石油地质》编辑部译. 新疆石油地质，25（1）：106-109.

BALLY A W，SNELSON S，1980. Reams of subsidence//MIALL A D，Facts and principles of world petroleum occurrence. Calgary：Can. Soc. Petro. Geol. ，9-94.

BALLY A W，1975. Aerodynamic scenario for hydrocarbon occurrences. Proceedings of the 9th World Petroleum Congress，Essex：Applied Science Publishers. Ltd. ，2：33-44.

BAMBACH R K，SLOSS I I，1988. Tectonic Evolution of the Craton in Phanerozoic Time//Sloss I I，Sedimentary Cover：North American Craton. Geological Society of America，The Geology of North America.

BOTT M H P，1976. Sedimentary basins of continental margins and cratons. New York：Elsevier，1976.

BOTT M H P，1980. Mechanisms of subsidence at passive continental margins//BALLY A W，BENDER P L，et al. Dynamics of plate interiors. Washington D. C. ：American Geophysical Union，27-35.

DALLMUS K F，1958. Mechanics of basin evolution and its relation to the habitat of oil in the basin. Habitat of Oil，883-931.

DICKINSON W R，1976. Plate tectonics and hydrocarbon accumulation. New Orleans：AAPG Continuing Education Course Note Series 1，1-56.

FISCHER A G，1975. Origin and growth of basins//FISCHER A G，JUDSON S，Petroleum and global tectonics，Princeton：Princeton University Press，47-82.

KARIG D E，ANDERSON R N，BIBEE L D，1978. Characteristics of back - arc spreading in the Mariana Trough. Jour. Geophy. Res. ，83：1213-1226.

MIALL A D，1990. Principles of Sedimentary basin analysis. 2nd ed. New York：Springer Verlag.

UMBGROVE J H F，1947. The pulse of the earth. Hague：Martinus Nijhoff.

WEEKS L G，1952. Factors of sedimentary basin development that control oil occurrence. AAPG Bulletin，36（11）：2071-2124.

TUZO W J，1965. A new class of faults. Nature，207：343-347.

ZIEGLER P A，1989. Evolution of the Arctic-North Atlantic and the Western Tethys，AAPG Memoir，43：100-198.

第二章
欧洲油气分布特征

第一节　概况

欧洲大陆西至大西洋，西北隔格陵兰海、丹麦海峡与北美洲相对，北临北冰洋，南隔地中海与非洲相望，东以乌拉尔山脉、乌拉尔河、大高加索山脉、博斯普鲁斯海峡、达达尼尔海峡同亚洲分界。欧洲共有 44 个国家，面积 $1016 \times 10^4 km^2$，人口 7.33 亿，占世界总人口的 9.6%。

中世纪以来，德国的巴伐利亚、意大利的西西里岛和波河河谷、波兰的加利西亚以及罗马尼亚的人们就有关于石油从地面渗出的记载。加利西亚和罗马尼亚等地的人们早就在挖井采油。18 世纪中期法国已经在巴黎盆地打井开发佩谢尔布龙油田了。19 世纪 40 年代至 50 年代，欧洲人就做出了煤油灯。1853 年，波兰科学家阿格纳斯·卢卡西维奇（Ignacy Lukasiewicz）通过蒸馏，从原油中得到了煤油。这项发明迅速地传遍了世界各地。1861 年，梅尔佐夫（Meerzoeff）在巴库的成熟油田上建造了第一家俄罗斯炼油厂。罗马尼亚是全球第一个有石油产量记录的国家，1856 年已开始在普罗耶什蒂地区生产石油，1857 年政府有了石油年产量记录（275t）。1859 年，欧洲开采了 $3.6 \times 10^4 bbl$ 原油，主要产自加利西亚和罗马尼亚。法国的巴黎盆地、罗马尼亚的特兰西瓦尼亚盆地、北高加索盆地等都是油气开发较早的地区。第一次世界大战前，罗马尼亚是世界排名在美国、俄罗斯、墨西哥和印度尼西亚之后的世界主要产油国，当时德国、意大利仅产少量石油。第一次世界大战时石油生产遭到破坏，但到 1935 年罗马尼亚又恢复到战前水平，1936 年达到 $854 \times 10^4 t$。这一时期欧洲石油产量大致能占世界份额的 3.5%。第二次世界大战期间，欧洲的石油工业受到严重破坏，产量急剧下降。20 世纪 50 年代由于勘探开发工作的投入使得石油储产量大幅上升，1955 年越过千万吨后于 1976 年达到 $0.67 \times 10^8 t$。德国在 1959 年越过 $500 \times 10^4 t$ 后在 1967 年达到 $901 \times 10^4 t$。第二次世界大战后真正使欧洲油气工业振兴的是北海油气区的勘探开发。英国率先对北海盆地进行油气勘探与开发，进而带动了周边国家进行勘探。历经 1959 年至 1970 年的艰难勘探，终于发现了埃克菲斯克（挪威）、约瑟芬（英国）和福蒂斯（英国）等 3 个大油田。1970 年欧洲的石油产量为 $4199 \times 10^4 t$（图 2-1、表 2-1）。1971 年欧洲各国继续加大勘探力度并进行规模开发，使英国石油产量于在 1971 年达到 $20 \times 10^4 t$，从此进入迅速上升阶段。1972 挪威、丹麦也开始海上石油开发。1987 年英国成为原油净出口国。北海石油的特征是品质好、低硫轻质，特别适合于生产中间馏分和汽油。最典型的是产自布伦特（Brent）油田的原油，在世界石油市场上为高质高价石油的代表。北海盆地周边的英国、挪威、荷兰、丹麦和比利时等国都在该地区进行油气勘探与开发,尤其荷兰1959年开发了格罗宁根巨型气田。英国和荷兰的石油产量在1999年达到峰值,挪威的石油产量也在2000年达到峰值。相应地,该年西欧乃至整个欧洲(独联体以外)的石油产量达到峰值,整个欧洲年产石油3.35×10^{8}t(图2-1、表2-1)。东欧的石油产量在北海未大规模投产前高于西欧,而这之后则低于西欧。东欧石油产量在20世纪80年代以来一直呈降低趋势。

欧洲的天然气产量在2004年之前一直总体呈上升趋势(图2-1)。1970年天然气年产量突破1000×10^{8}m^3,为1032×10^{8}m^3,2000年突破3000×10^{8}m^3(图2-1、表2-2),2004年达到最高,为3386.6×10^{8}m^3。2004年至今欧洲天然气产量主要呈降低态势,2010年为3107×10^{8}m^3,2018年产量降低到2507×10^{8}m^3(图2-1、表2-2),仅占全球的6.7%。20世纪70年代至90年代中期荷兰、英国、罗马尼亚是欧洲主要产气国,其中荷兰产气量最高。20世纪90年代中期直到现在,欧洲主要产气国为挪威、英国和荷兰。其中挪威天然气产量快速增加,1995年产气288.1×10^{8}m^3,2000年产气494×10^{8}m^3,2009年突破1000×10^{8}m^3,2010年为1064×10^{8}m^3(表2-2),2018年为1206×10^{8}m^3,是现今欧洲产气量最高的国家。英国天然气产量先增后减,到2000年达到最高产气量1135×10^{8}m^3,之后持续降低,到2010年降到579×10^{8}m^3,2018年为406×10^{8}m^3(表2-2)。

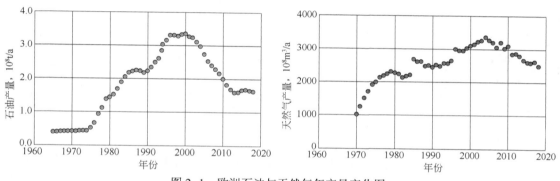

图2-1 欧洲石油与天然气年产量变化图

欧洲的主要油气生产国为挪威、英国、丹麦、意大利和罗马尼亚等。近20多年来,挪威和英国的产油量明显高于其他国家。从20世纪70年代初开始,主要产油国石油产量之和稳步上升,直到2000年达到最高产量,之后开始下降,到2010年产油量降到19996×10^{4}t(图2-1),2018年降到16294×10^{4}t,这与主要产油国油产量普遍下降有关(表2-1)。2018年末欧洲已经没有产油量超过亿吨的国家,最高产油量国家为挪威,产油量为8309×10^{4}t/a。其次英国,产油量为5078×10^{4}t/a,第三位为丹麦,产油量为567×10^{4}t/a,其他国家基本在500×10^{4}t/a以下(表2-1)。

表2-1 欧洲主要国家各年产油量统计表(据BP公司,2019)　　　　单位:10^{4}t/a

国家	年份						
	1965	1970	1980	1990	2000	2010	2018
罗马尼亚	1282	1368	1200	814	629	429	356
意大利	228	150	171	467	459	511	468
丹麦	—	—	29	590	1774	1216	567
英国	8	16	8047	9160	12629	6317	5078

国家	年份						
	1965	1970	1980	1990	2000	2010	2018
挪威	—	—	2505	8214	15991	9838	8309
其他欧洲国家	2382	2665	2386	3074	2063	1686	1516
总计	3901	4199	14338	22319	33545	19996	16294

表2-2 欧洲主要产气国年产气量统计表（据BP公司，2019） 单位：$10^8 \text{m}^3/\text{a}$

国家	年份					
	1970	1980	1990	2000	2010	2018
波兰	51	53	28	39	43	40
丹麦			33	85	85	43
意大利	126	119	163	160	80	52
德国	120	185	150	177	111	55
罗马尼亚	217	324	266	128	100	95
乌克兰	—	—	266	158	194	199
荷兰	279	799	634	614	753	323
英国	109	364	476	1135	579	406
挪威		249	253	494	1064	1206
其他欧洲国家	128	190	186	127	97	87
总计	1032	2284	2455	3114	3107	2507

第二节　区域构造特征

　　欧洲大陆是一个总体上以东欧地台为核心并向南增生的大陆，东侧以乌拉尔褶皱带与西伯利亚地台相邻，西侧以挪威—不列颠岛—阿巴拉契亚加里东褶皱带与北美地台邻接，南侧以阿尔卑斯—高加索中—新生代褶皱带为界（李国玉等，2005）。欧洲大陆北端的斯堪的纳维亚地盾由一个巨大的前寒武纪结晶基岩组成，仅在西北边缘部分出现加里东褶皱带；东欧为一个大地台，包括俄罗斯地台以及东北和东南的边山；中欧地台的基地是加里东期老地层，呈东西向，西部从英国开始，东部与东欧地台相接；西欧是晚海西期的地台，包括喀尔巴阡山脉，一大批基岩凸起以及一些盆地、坳陷和地堑；阿尔卑斯褶皱带由一系列山脉组成，如巴尔干、喀尔巴阡、阿尔卑斯、狄那里克等山脉，同时也出现一大批盆地。所以，欧洲的大地构造分为地台（地盾）、褶皱与地块三部分，东北部为古老的结晶基底，出露于波罗的地盾和乌克兰地盾（图2-2），大部分则被宽阔的古生代地台沉积所覆盖，称为俄罗斯地台或东欧地台。

　　围绕古老的稳定区则是古生代的地槽区，主体位于中欧，也可分为三部分。东侧为南北向的乌拉尔山脉，属海西期褶皱，后来持续上升，至今仍保持为山脉。西北侧为东北走向的斯堪的纳维亚山脉，西南延伸至英国北部的格兰扁山，属加里东期褶皱，晚古生代时硬化与波罗的地盾拼合。南侧为主体部分，从爱尔兰南部经法国阿莫利康和中央地块，包括伊比利亚地块，向东到波希米亚地块，为海西褶皱带，二叠纪前硬化成为年轻地台，称为中欧地台，可能更向东穿越前喀尔巴阡至前高加索北坡的斯基夫地台而与中亚的土兰地台相连。这一地台南半部在中生代时由于块断作用，隆起和洼陷相隔。隆起区为地块，洼陷区为盆地接受以海相为主的沉积。南部临地中海区为中—新生代地槽，属阿尔卑斯褶皱山系。西起西班牙南北两端的安达卢西亚和比利牛斯经阿尔卑斯、亚平宁、喀尔巴阡至巴尔干和高加索通向亚洲。这一体系的走向虽大致为东西向，但却弯曲多变，中间嵌入较稳定的亚得里亚海和莫埃西台地。在台地区发育有中生代的碳酸盐沉积。褶皱带山前区和阿尔卑斯山和喀尔巴阡山之间有以新近纪海相碎屑沉积为主的盆地。

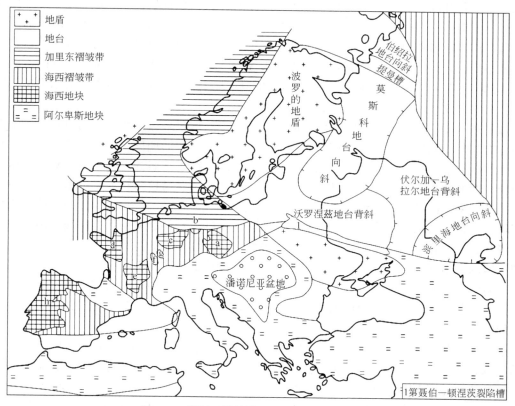

图 2-2　欧洲区域构造图（据李国玉，2005）

a—波希米亚地块；b—哈尔茨地块；c—阿登地块；d—阿莫利卡地块；

e—法国中央地块；f—孚日山；g—黑林山；h—伊比利亚地块

第三节　地层与地质发展历史

一、地层

波罗的地盾是欧洲大陆前寒武系的主要出露区（Bada 等，1999），地层总体成北西方向分布，从东北向西南由老变新，沿科拉半岛出露的太古宙萨姆群（＞25亿年前）和古元古代白海群（＞20亿年前）由花岗岩、片麻岩和低压麻粒岩组成。中—新元古代的瑞芬群（18.7亿~16.4亿年前）和哥特群（11亿~9亿年前）已是石英岩、叠层石灰岩、层状铁矿和基性火山岩等浅变质地层，为约特尼群红色陆相砂岩所覆盖。与约特尼群可对比的未变质河流相红色砂岩在苏格兰西北也大片出露，称为托里登群（9亿~7亿年前），厚度超过4000m，并直接不整合在下伏太古宇刘易斯片麻岩之上。

东欧地台下古生界为稳定的地台型盖层，时代大致与震旦系相当的文德系为碎屑沉积，下部有冰碛层，上部含丰富的埃迪卡拉动物群。下寒武统砂岩和蓝色黏土层覆盖其上；中—晚寒武世沉积间断，然后是奥陶系和志留系的砂岩、页岩和石灰岩。下古生界从彼得格勒地区往丹麦方向同一时代地层沉积岩相由浅水相向深水相变化，地层增厚，至西北欧加里东褶皱带范围内为地槽型沉积所取代。英国是寒武纪、奥陶纪和志留纪命名的地方，下古生界研究程度很高，它们实际上包括北美大陆南部陆缘，欧洲大陆北部陆缘和位于其间的古大西洋残余3部分，分别以苏格兰高地南部的达雷德群硬砂岩、细碧岩和泥质岩，威尔士末变质下古生界和格尔文地区的蛇绿岩为代表。

加里东运动以后，古大西洋封闭。欧洲大陆上新的海侵来自中欧洋和乌拉尔洋，上古生界的分布与相变趋向与下古生界有所不同。泥盆系在新隆起的加里东山系两侧，即西北欧和大不列颠岛大部分以及格陵兰和美洲北部为陆相红层，组成著名的老红砂岩大陆。向东从东欧地台中西部的含膏盐潟湖沉积到东部的陆架碳酸盐岩，西乌拉尔转为冒地槽型石灰岩和页岩。从英国南部泥盆纪命名地德文郡向东至莱茵山区，泥盆系已是含火山岩的陆源地槽型碎屑沉积。上覆下石炭统深水复理石。由于早石炭世末的苏台德运动使地槽褶皱成山，中—上石炭统和二叠系转变成位于新出现的海西山系北侧边缘坳陷中的海陆交互相沉积，从英国南部到法国的萨尔煤田、德国的鲁尔煤田等都是这一阶段的产物。上二叠统转为红色陆相磨拉石，表明海西褶皱山系的生成。与此同时，北部的德国和丹麦地区重新接受海侵，晚二叠世含膏盐的镁灰岩群不整合于海西褶皱基底之上，沉积作用一直持续到白垩纪，其中三叠系是命名的标准地点。

中—新生代是新特提斯带发育阶段，欧洲的中—新生界总的也有两种沉积型相。一种以德国盆地为代表，下三叠统斑砂岩为陆相杂色砂岩，中三叠统壳灰岩为海相蒸发岩，上三叠统为考依伯海陆交互相。侏罗系主体为浅海相灰岩和碎屑岩，分布范围比三叠系广，上统上部陆相夹层增多。下白垩统下部为陆相，富含化石，在英国南部为含恐龙化石的著名的韦尔登砂岩，向上变为海相层，晚白垩世的最大海侵形成了特征的白垩层。欧洲大陆的古近系仍保持海相沉积，海相渐新统可从巴黎盆地向东通往里海，上新统的沼泽褐煤表明到那时欧洲才普遍成陆。以阿尔卑斯为代表的特提斯构造域中—新生界是另一种情况：三叠系不整合于古生界之上，表现为以石灰岩为主的海进层序，中统含有基性海相火山岩。

侏罗纪和早白垩世是特提斯海强烈沉陷、洋壳出现的阶段，阿尔卑斯地区由北向南沉积深度增加，中—晚侏罗世和早白垩世的红色结核灰岩和放射虫硅质灰岩直接覆于浅水灰岩之上，上白垩统起转为复理石沉积，海相地层一直进入新生代初。始新世后，特提斯海闭合，阿尔卑斯山系形成，渐新统磨拉石出现在边缘坳陷中，并随着逆冲推覆作用向外侧迁移。上新世后出现冰川沉积。

二、地质发展历史

欧洲在地质上是一个以东欧地台为核心，总体上向南增生的大陆，东侧以乌拉尔褶皱带与西伯利亚地台相邻，西侧以挪威—不列颠岛—阿巴拉契亚加里东褶皱带与北美地台邻接，苏格兰最西北的赫布里底地区与格陵兰同属加拿大地盾。南侧以阿尔卑斯—高加索中、新生代褶皱带为界，意大利半岛等地的地块地史上与冈瓦纳古陆有亲缘关系（图2-3）。

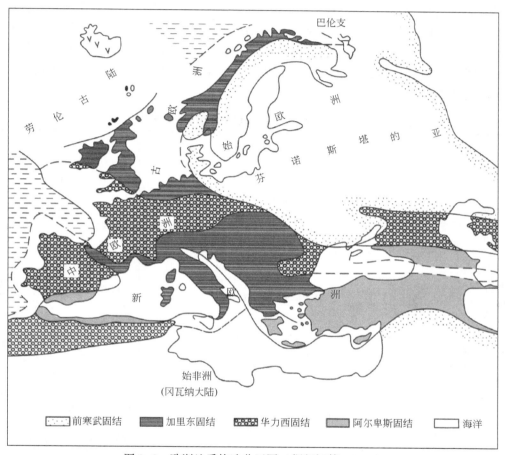

图2-3 欧洲地质构造分区图（据赵汀等，2003）

欧洲大陆的构造演化反映了北美大陆、劳亚古陆和冈瓦纳古陆（图2-3）地史上的几次重组。太古宙和古元古代时北美、格陵兰和东欧地台是一个克拉通，元古宙后期，在其间生成沿挪威至阿巴拉契亚分布的古大西洋，使两侧分离。寒武纪时欧洲型三叶虫群与美洲型三叶虫群的差异表明大洋已达相当的规模。自早奥陶世后期洋盆通过南北两侧的双向消减，最后在志留纪末闭合，北美和欧洲重新成为统一的大陆。但是那时欧洲大陆的南界只限于中欧海西地槽北部的阿登、莱茵片岩山一线。在南阿莫利卡和德国图林根等地的上奥陶统，发现可与非洲对比的冰成岩，说明它们当时可能还属于冈瓦纳古陆的北部陆缘。分割当时南北大陆的中欧地槽早古生代时即已存在，主体沿萨克森—图林根带分布，经泥盆纪末的布雷顿运动和早石炭世末的苏台德运动而封闭。东欧地台东缘的乌拉尔地槽也是在石炭纪后期基本

· 43 ·

闭合，使欧洲与西伯利亚地台拼合。到二叠纪时，除亚洲东部外，包括全球各主要大陆的联合大陆基本生成。作为现代地中海先驱的阿尔卑斯地槽，是通过早中生代的裂陷作用在大陆内部重新发育起来的。

三、盆地类型及其分布特征

欧洲大陆的大地构造特征显示东北部为地盾区，中部为古生代的坳陷区，主要包括莫斯科坳陷（台向斜）、沃罗涅兹隆起（台背斜）等；南部为中、新生代坳陷区，属阿尔卑斯褶皱山系。欧洲的含油气盆地主要分布在东部、西部和南部，包括蒂曼—伯朝拉盆地、伏尔加—乌拉尔盆地、滨里海盆地西部、北高加索盆地、第聂伯—顿涅茨盆地、北海盆地、潘诺盆地、喀尔巴阡盆地、中欧盆地、巴黎盆地等，共 84 个。这些盆地的类型各不相同（表 2-3）。

表 2-3 欧洲主要盆地油气地质信息表

盆地	面积 $10^4 km^2$	盆地类型	沉积盖层	储层时代及岩性	基底	主要油气田
北海（North Sea）盆地	57	古—中生代复合盆地	1. 上覆沉积；2. 上侏罗统泥岩（钦莫利阶黏土、Mandal - Farsund 组）；3. 下白垩统泥岩（Cromer Knoll 组）	Chalk 群、上侏罗统浅海砂岩和古近系浊积岩	加里东—海西期变质岩	格罗宁根气田、西索尔气田
伏尔加—乌拉尔（Volga-Urals）盆地	69	地台平原盆地	杜尔层泥岩和泥灰岩	泥盆纪、石炭纪、二叠纪	前寒武系褶皱岩系	罗马什金油田、奥伦堡凝析气田
蒂曼—伯朝拉（Timano-Pechora）盆地	30	前陆盆地	奥陶系—中泥盆统、上泥盆统—三叠系和中侏罗统—下白垩统三套大型构造层	泥盆纪、石炭纪、二叠纪	新元古界里菲—文德系变质岩组成	雅列格油田、武克蒂尔凝析气田
波兰（Poland）盆地	23	地台盆地	古生界至新生界；$10000 \sim 12000m$	二叠系	前寒武系地台、海西和部分加里东构造单元的古生界地台	卡缅波莫尔斯基油田
莱茵（Rhine）盆地		断陷盆地	二叠系至新近系	三叠纪、侏罗纪、渐新世	海西褶皱基底	佩歇尔布龙气田
莫埃西（Moesian）盆地		山前盆地	早古生界至新近系	泥盆纪、三叠纪、白垩纪、新近纪	莫埃西地台	科尔比玛利油田
第聂伯—顿涅茨（Dnept-Donets）盆地	14	山前盆地	晚古生界、中生界；6000m	泥盆纪、石炭纪、二叠纪；碳酸盐、砂岩	海西褶皱基底	谢别林卡气田、西克里斯蒂斯琴气田、叶夫列莫夫气田

盆地	面积 10⁴km²	盆地类型	沉积盖层	储层时代及岩性	基底	主要油气田
潘诺（Panonian）盆地	21	山间盆地	中生界、新近界；5000m	三叠纪、白垩纪、渐新世；碳酸盐岩、砂岩	古生界褶皱基底	阿尔戈耶、哈伊杜索博斯洛气田
德国（German）盆地		陆内克拉通盆地	石炭系至新近系	石炭纪、二叠纪、三叠纪、白垩纪	上古生界变质岩	萨尔茨韦德尔气田、鲁勒油田
维也纳（Vienna）盆地	0.6	山间盆地	石炭系至第四系	晚三叠世、始新世	海西褶皱基底	皮纳瓦斯油田、马岭油田
喀尔巴阡（Carpathian）盆地	8	山前盆地	中生界、新近系；5000m	晚白垩世、始新世、渐新世；砂岩	海西褶皱基底	莫雷尼、泽米斯、斯坦纳什蒂油田
巴黎（Paris）盆地	13	内克拉通盆地	三叠系至新近系；5000m	中侏罗世、早白垩世；砂岩	上古生界花岗岩、变质岩、沉积岩	帕朗蒂油田、拉克气田
磨拉石（Molasse）盆地		前陆盆地	晚古生界至新近系	侏罗纪、白垩纪、始新世	上古生界、中生界、新近界基底	沃茨村油田、韦尔登杜恩巴契气田
卡斯蒂利亚（Castilia）盆地	19	山间盆地	中生界、新近系；5000m	侏罗纪、白垩纪；碳酸盐岩	前寒武系、古生界变质褶皱基底	阿尤伦戈油田
阿基坦（Aquitaine）盆地	18	山前坳陷盆地	古近—新近系泥岩和泥灰岩；10000m	侏罗纪、白垩纪；石灰岩	海西褶皱基底	帕朗蒂油田；拉克气田
亚得里亚海（Adriatic）盆地	18	山前盆地	第四系泥岩夹砂岩	白垩纪石灰岩及中新世底部灰屑岩，上覆上新世和第四纪的砂岩	中生界地台型碳酸盐岩	马洛萨气田
波罗的海（Baltic Sea）盆地	4	克拉通盆地	古生界至新生界，500~4000m	奥陶纪；石灰岩	前寒武系结晶岩、变质岩	

欧洲的含油气盆地可以分为以下几类。

（1）前寒武纪稳定地台含油气盆地：从波罗的海沿岸至乌拉尔西麓，沉积岩覆盖面积不少于 $400×10^4km^2$，主要含油气盆地靠近边缘的活动带，其他大部分面积包括莫斯科向斜至今并未发现油气田。

伏尔加—乌拉尔油区是世界重要产油气区，也是世界最大的古生界产油气区，有罗马什金、阿尔兰、杜玛兹等世界著名的大油田和奥伦堡大气田。无论从沉积或构造上讲，并不构成独立的盆地，在区域构造上则为稳定区边缘沉降盆地的一部分。蒂曼—伯朝拉盆地在大地构造上与伏尔加—乌拉尔区属于同一地位，但由于受基底张性断裂影响，上古生界下伏的奥陶系、志留系较发育，上覆一套中生界碎屑岩，并构成一个独立的盆地。生产层同样是上古生界，亦有大油气田存在。滨里海盆地基底埋藏特别深，中—新生界很厚，二叠系盐层形成的刺穿盐丘发育，在盆地边缘已找到大油气田。第聂伯—顿涅茨盆地为上古生界的断陷盆地（表2-3），上覆古生界，有古生界的盐刺穿构造。这是乌克兰和白俄罗斯的重要产油气区，有若干大油气田。波罗的海盆地是欧洲唯一的下古生界产油气盆地，产油与下古生界的地堑构造有关，上覆有中—新生代沉积。

（2）古生界褶皱基底硬化区或中欧地台区的含油气盆地：最主要的是英国东部至波兰的广大地区，包括北海，可统称北海—中欧盆地，南界为华力西褶皱的山前带。全区二叠纪至中生代沉积发育，有上二叠统的厚蒸发岩形成的盐构造。油气的富集主要与盆地的断陷作用有关。全区包括两类油气目的层。一类与华力西山前带中—上石炭统厚2000~3000m以上的煤系沉积有关，经海西褶皱硬化以后，被二叠纪及中生代的沉积覆盖，煤系的生气层与二叠系底部的赤底组砂岩组成良好的生储旋回，形成从北海南部盆地经荷兰北部至西的下萨克森槽地的重要产气区和许多大气田。另一类是古生代褶皱基底块断区发育的中生代沉积坳陷或次级盆地，构成以中生界为主要生储组合的油气田。在北海盆地北部和中部，由于中央地堑发育的重要影响和后期新生界覆盖较厚的作用，形成一系列大油气田，包括部分储层为古近系底部的大油气田。其他大部分中欧地区，由于晚古生代的构造运动发生区域性的隆起和侵蚀，上覆古近—新近系又不发育，中生界的油气田都很小，产储量有限。

（3）古生代褶皱基底块断区：从英国南部经法国至德国的汝拉山地区，有两类含油气盆地。一类为中生代的坳陷盆地，如威萨克斯盆地、巴黎盆地和阿基坦盆地的帕朗蒂坳陷。另一类为古近—新近纪时的裂谷盆地，如莱茵盆地。这些盆地的生储油层除莱茵盆地部分属古近—新近系外，主要是中生界的碳酸盐岩及碎屑岩，产储量都很小。

（4）阿尔卑斯褶皱区的含油气盆地：主要包括两类，一类是稳定区边缘的沉积盆地，大致相当于边缘或山前坳陷，分布在阿尔卑斯褶皱体系的南北两侧：北侧的有阿基坦盆地南部的拉克坳陷、磨拉石盆地和喀尔巴阡盆地（表2-3）；南侧的有亚得里亚海盆地的边缘区。另一类为相对稳定的张裂断陷盆地，分布在褶皱带内较硬化的地区，新近纪时因基底张性断落形成盆地，相当于山间盆地，有维也纳盆地、潘诺盆地、特兰西瓦尼亚盆地等盆地，西班牙的卡斯蒂利亚盆地和希腊的梅斯特塔盆地也属于此类。

第四节　典型含油气盆地特征

一、北海盆地（North Sea Basin）

北海盆地主体位于西北欧的北海。海域介于斯堪的纳维亚半岛、日德兰半岛与大不列颠岛之间，南北介于多佛尔海峡和设得兰群岛之间；陆上包括挪威、丹麦、德国、荷兰、比利时、法国和英国等沿海陆地部分，面积为 $57×10^4 km^2$。北海是20世纪60年代中期开始发展起来的最活跃的海上油气勘探开发区之一。北海盆地涉及的两个主要产油国英国和挪威分别拥有 230 多个、50 多个油气田，其中英国 84% 的油气田分布在海上，挪威的油气田全部分布在海上。北海油区是指中部和北部以地堑构造为基础的油气田群，是欧洲重要的石油、天然气产区。北海盆地石油天然气工业的发展经历了十分曲折的过程。1959 年在荷兰北部发现巨型格罗宁根气田，是北海地区石油、天然气工业发展的第一次大转折。此前北海盆地的油气远景并未引起人们的重视。格罗宁根气田的发现与开发，使荷兰能源发生了重大变化。该气田发现前的 1958 年，荷兰年产气仅 $2×10^8 m^3$。1976 年产气量达 $973×10^8 m^3$，使荷兰从能源进口国一跃成为能源输出国。同时，格罗宁根气田的发现激起了北海大陆架周围的国家（如英国、德国和挪威）寻找天然气的热潮，并促进了苏联、澳大利亚等国煤层气的勘探，它们均获得较好的勘探成效。1965 年，在英国水域发现了海上第一个气田——西索尔气田，为北海盆地天然气勘探开拓了新局面，但 1965 年至 1969 年只在南北海发现了气田，尚未发现油田。1970 年，菲利普石油公司在北海中部挪威海域发现埃科菲斯克油田。这可算是北海盆地油气勘探的第三次大转折，进一步肯定了北海盆地的巨大含油气远景。此后，相继发现了一系列大油田。目前已经发现的可采油气储量约有 $55.6×10^8 m^3$，年产原油已超过 $8630×10^4 t$，另有凝析油和天然气液 $55.6×10^8 m^3$ 以及 $7.67×10^{12} m^3$ 天然气（$71.5×10^8 m^3$ 油当量）（Magoon 等，1996）。北海盆地现为世界第四大含气盆地，有巨型气田 14 个，储量占盆地储量的 85%，6 个巨型气田，储量占盆地储量的 34%。北海盆地是在勘探石油过程中逐渐发现含有大量天然气的。

（一）地质演化历史

北海盆地为加里东—海西期基底的年青地台上发育的台向斜盆地（图 2-4）。志留纪末，古北大西洋海槽关闭，褶皱固结，形成加里东基底。随后，在此基础上形成山间盆地，沉积了泥盆系老红色砂岩和南北海石炭纪海岸平原煤系地层，南部海西褶皱带前缘的上石炭统煤系特别发育，厚度近千米。石炭纪末，盆地南部海西期褶皱带形成。之后的二叠系不整合在各种前寒武系至石炭系之上。下部赤底统沉积以中部隆起区分隔为南北两个盆地。由于北大西洋海底扩张，深部地幔物质隆起，区域构造应力转为拉张，形成一系列张性断裂，主要方向为西北—东南向，部分近南北向，将盆地块断切割成若干隆起区和长条形断陷盆地。盆地南部处于褶皱带与芬挪地盾、俄罗斯地台之间的前陆部位，初期伴随短暂的拉张和火山喷发，形成了早二叠世赤底统。四周为冲积扇—河流相，盆地内为河流和风成相，至盆地中心为泥岩和盐沼相。中部隆起区（包括福斯盆地、中北海隆起和林克宾芬隆起）以南的沉积物主要来自南部海西褶皱山。盆地南部从荷兰格罗宁根至英国海上的大气田区都发生在赤底统分选好的边缘风成相中。晚二叠世区域下沉，发生海侵，形成了蔡希斯坦统（镁灰统）多个蒸发盐岩和碳酸盐岩沉积旋回。盆地中心区则为厚盐层，最厚超过 2000m。此时中央地堑继续断落，连接南北盆地，并在奥克附近有玄武岩流存在，中部隆起区大部沉没为浅滩旋回性沉积所超覆。已知油气层与碳酸盐岩相和盆地中部浅滩旋回性沉积有关。晚二叠世—三叠纪北大西洋裂谷开始形成，一枝裂谷分支深入北海，北海北部于三叠纪—侏罗纪产生强烈的拉张断陷和差异沉降。三叠系沉积最厚处超过 2000m，中部隆起区此时完全沉没。下统（斑砂岩）为最厚碎屑岩，厚 100~1200m。南部北海沉积来源主要是法国的中央地块，北部则为挪威的地盾和加里东褶皱区。中—上三叠统在经过构造变动后产生的许多隆起和注陷的地形背景上区域沉降。西荷兰盆地中统（壳灰岩）碳酸盐岩向西至英国沿海变为页岩。英吉利盆地和德国西北盆地为蒸发岩及盐岩夹页岩，广大地区则为杂色陆相泥岩。主要沉积来源为波罗的地盾，特别是晚期因海退上升。

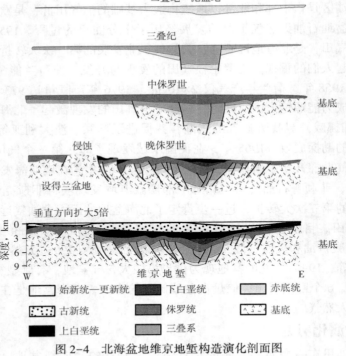

图 2-4　北海盆地维京地堑构造演化剖面图

从晚三叠世至早白垩世北海又经历多次裂谷作用，发生强烈的块断运动（图 2-4）。其中以中侏罗世晚期和晚侏罗世最为明显。在维京地堑和中央地堑继续发生块断差异性裂陷的同时，发生了海侵，这次海侵在晚侏罗世钦莫利期达到高潮。这时，维京地堑和中央地堑为深水环境。早白垩世时全盆地大面积坳陷热沉降，海侵广泛，沿北海边缘形成许多介于中部隆起间的沉积中心，形成上至上侏罗统为主要烃源岩的多套生储盖组合。晚白垩世海侵时，除盐运动外，构造活动进入静止期，欧洲全区覆盖浅海白垩沉积，只于维京地堑向北开口处渐变为页岩。古近—新近纪时盆地整体沉降一直至今，堆积很厚。沉积轴受近南北向的地堑区控制，最厚达 3000m。古新世和始新世碎屑主要来自西北，苏格兰沿岸成陆棚三角洲，在深水处发育为舌状或耳状浊积岩体。据上述特征，北海盆地为一古生代、中—新生代复合盆地，属大陆裂谷盆地，或称为克拉通内断陷—坳陷盆地，也有学者将它划分为克拉通内盆地。

（二）盆地地质特征

北海盆地是北海—中欧含油气盆地的一个组成部分，东界是芬诺—斯堪的亚地盾和俄罗斯地台，南界是被强烈侵蚀的近东西向的海西褶皱带，北界是北东—南西向的加里东褶皱带，两边为大不列颠岛上的一系列地堑和隆起高地（图 2-5）。

北海盆地的盆地基底主要由加里东期褶皱的变质岩系组成，仅在盆地西部和东部存在前寒武纪结晶基底。在加里东期基底之上沉积了泥盆纪—石炭纪—二叠纪地层，构成了晚古生代的盆地，或称二叠纪盆地，又经历了三叠纪、侏罗纪、白垩纪、古近—新近纪的漫长地质演化过程，形成了中—新生代沉积盆地，这两套沉积盆地，构成了区内油气勘探的多层系、多目标的特点。

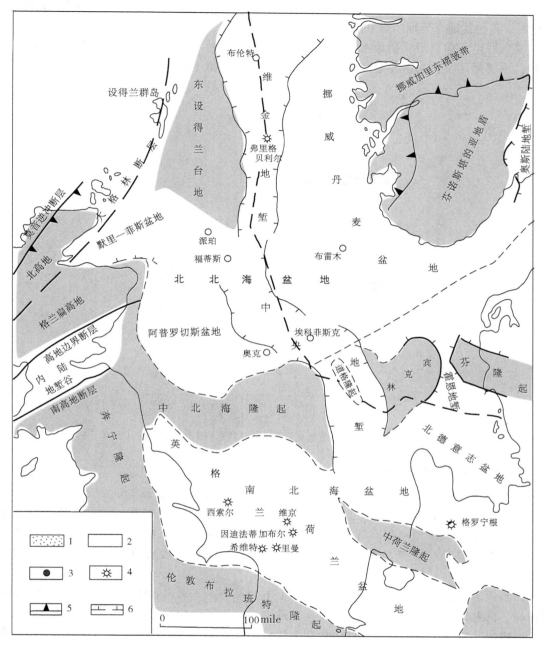

图 2-5　北海盆地区域构造单元划分图（据 F. B. Childs，1975）

1—隆起区；2—地堑或盆地；3—油田；4—气田；5—加里东褶皱带前缘；6—断层

　　根据地质演化历史和构造特点，将盆地构造单元划分为 6 个正向单元和 7 个负向单元，其中正向单元包括中北海隆起、林克宾芬隆起、荷兰中部隆起、伦敦布拉班特隆起、东设得兰台地和南部隆起；负向单元包括中央地堑、维京地堑、默里—菲斯（荷兰滩）坳陷、福斯—阿普罗切斯坳陷、英格兰—荷兰坳陷、西北德意志坳陷和挪威—丹麦坳陷（图 2-6）。其中的隆起主要形成于前二叠纪。前二叠系基底在东设得兰台地的埋深只有 1500m，中北海、林克宾芬和维斯特兰等隆起深约 2000m，维京地堑和中央地堑的埋深则为 4500～6000m，其他盆地介于地堑区和隆起区之间。

晚侏罗世—白垩纪晚期地层中，盆地中广泛存在着异常高压，总体发育两个明显的超压系统，下部超压系统的定界是穿时的，油气藏多分布在超压带内（图 2-6）。

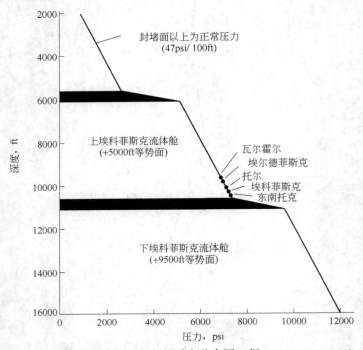

图 2-6　北海盆地中央地堑超压垂向分布图（据 J. M. Hunt，1990）

（三）地层与沉积特征

北海盆地的基底之上是泥盆系—新生界。最早的沉积是泥盆系老红色砂岩，在盆地南部为华力西前陆盆地。泥盆系之上沉积了石炭系砂岩、页岩和煤系，少量碳酸盐岩。北海盆地二叠系以前的地层仅在局部剖面中存在，石炭系主要分布于盆地南部。从二叠系开始，包括三叠系、侏罗系、白垩系、古近—新近系和第四系的地层在北海盆地较普遍（图 2-7）。

二叠系不整合在石炭系的岩石之上，分上下两部分。下部赤底统在盆地四周为冲积扇—河流相，向盆地过渡为河流和风成相，至盆地中心为泥岩和盐沼相，由砾岩、砂岩、粉砂岩和页岩组成，以红层为特征，盆地中盐沼沉积可达近千米。南北海盆地从荷兰格罗宁根至英国海上的大气区储集岩都是赤底统边缘风成砂层，最厚 300m，分选好，孔隙度为 8%～23%，渗透率为 1～1000mD。

上部泽希斯坦统（镁灰岩统）边缘有薄层碎屑岩，向盆地过渡为潮汐碳酸盐岩及陆棚浅滩蒸发岩，有四个旋回。盆地中心区则为厚盐层，最厚超过 2km，此时中央地堑继续裂陷延拓，南北地盆连通，并在奥克附近有玄武岩溢流。盐沉积区仍分南北两部分，发育盐构造。奥克油田的镁灰岩统碳酸盐岩储集岩孔隙度为 12.1%～12.7%。赤底统砂岩中的天然气来源于其下伏石炭系的煤层，是煤层气。镁灰岩统碳酸盐岩中的石油则来源于其上覆侏罗系的页岩。

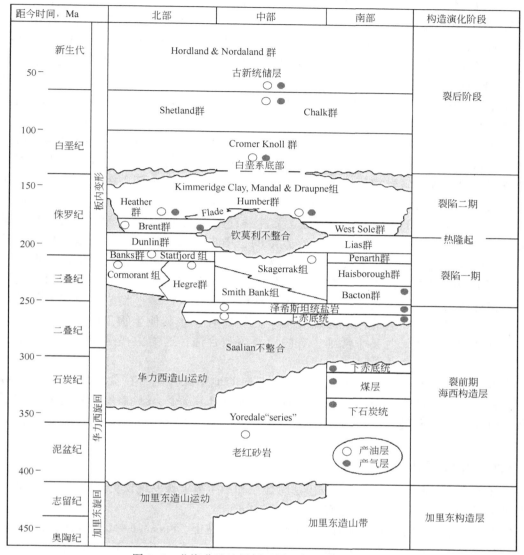

图 2-7　北海盆地地层剖面图（据 Gautier，2005）

　　三叠系是在干热气候条件下，在镁灰岩统准平原面之上的沉积，属湖相和浅滩相沉积。下部为红层夹鲕状灰岩。整个沉积在边缘主要为粗碎屑岩，向盆地过渡为页岩，也夹一些岩盐和石膏，有的含石灰岩和白云岩。英国海域的赫威特气田和中央地堑的约瑟芬油田以下三叠统砂岩为主要储集岩。维京地堑的三叠系厚度大于 3km，这使二叠系赤底统和镁灰岩统的盐层发生底辟作用。下统（斑砂岩）为最厚碎屑岩，厚 100~1200m。南部北海沉积来源主要是法国的中央地块，北部则为挪威的地盾和加里东褶皱区。中上统在经过构造变动后产生的许多隆起和洼陷的地形背景上区域沉降。西荷兰盆地中统（壳灰岩）碳酸盐岩向西至英国沿海变为页岩。英吉利盆地和德国西北盆地为蒸发岩及盐夹页岩，广大地区则为杂色陆相泥岩。

　　下侏罗统里阿斯阶为开阔海环境下的泥、页岩为主的沉积，主要分布在盆地北部维京地堑区和东南部丹麦—波兰凹槽中。盆地中部包括维京地堑南部、默里湾坳陷、中央地堑和挪威—丹麦坳陷北部。由于中侏罗世时上升剥蚀，上侏罗统缺失或不规则分布。中侏罗统盆地中部为陆相沉积，盆地南、北部保持海相环境的泥砂岩沉积，时而有滨海沉积（图 2-9）。上侏罗统在盆地的各构造单元均相对沉降，发生海侵，以钦莫利期为海侵高潮，在维京—中央地堑沉积富含有机物质的深水相泥、页岩和浅水砂岩储层。晚侏罗世的构造运动，使地层发生沉积间断或海底侵蚀，同时地壳发生张裂，走向滑动，块断升降活动和旋转作用，致使地堑或坳陷变宽阔，出现许多决断高地等相对于北海盆地发生相环境的变化。上侏罗统的深海泥岩是主要烃源岩。

白垩纪主要为平静广海环境；早白垩世海水在地堑和坳陷内，周围则为浅水相三角洲和湖泊相碎屑岩沉积。随着阿普特和阿尔布期海平面不断上升和扩大，沉积作用超出盆地范围，同时从碎屑岩相逐渐变为碳酸盐岩相，发育多套生储盖组合。晚白垩世在南部主要发育白垩或白垩灰岩沉积，向北白垩灰岩逐渐减少，碎屑比例增多，至北部主要为泥页岩相。盆地南部的上白垩统白垩灰岩一直发育至古新世，统称为达宁阶，厚达1200 余米，为主要产油气层系，然而在这期间，中央维京地堑只发生断陷或块断差异沉降，而设得兰台地上升和向东倾斜，成为物源供给区，使其以东地区发有 E_{1-2} 前积三角洲相和深水相碎屑岩沉积。丹麦湾和北海南部许多北西—南东向坳陷或凹槽则发生逆转。拉腊米构造运动后，北海主要沿中央—维京地堑轴向发生区域性拗陷。白垩是一种泥晶灰岩，大部分是沟鞭藻纲的浮游海藻骨骼，此外还有一些其他生物，成分多为低镁方解石，次生孔隙不发育。白垩非常细，有的白垩内却含油，这类白垩是在不整合面上筛选过或再沉积的白垩，物性变好。

古近—新近系堆积很厚，沉积轴受近南北向的地堑区控制，在盆地中心厚达 3500m，主要沉积泥质岩、砂岩、石灰岩和火山灰等，为盆地良好区域封盖层。古近系有广泛的凝灰岩分布。第四系是厚达 1000m 的未固结砂、砾石和黏土等沉积。整个盆地目前上覆新生界。

（四）生储盖及组合特征

盆地主要发育古生界上石炭统维士法阶煤系和中生界上侏罗统钦莫利阶海相黑色页岩两大套烃源岩。此外，K、E、P_2 也有部分烃源岩分布。

中生界在盆地中的主要烃源岩是侏罗系钦莫利阶黏土、Farsund—Mandal 组的深海泥岩，主要分布在盆地中部和北部。它们的 TOC 含量为 0.5%～15%（平均 3.5%）。盆地中的干酪根类型为易于生油的 II 型。下侏罗统 Fjerritslev 组泥岩 TOC 含量为 0.7%～9.6%（平均 2.1%），易生气，仅盆地深部成熟。下白垩统 Valhall 组 TOC 含量为 0.02%～3.6%（平均 1.1%），为次要烃源岩，仅在中央地槽深部生油。

上石炭统维士法阶煤系地层的厚度为 2000～2500m，煤系特别发育，厚度近千米，煤层总厚可达 60m，还有其他含炭质和有机质的层系，是重要的气源岩，成为二叠系天然气的主要来源。

该盆地的主要储层包括二叠系风成砂岩或河成砂岩储气，侏罗系河成砂岩、三角洲砂岩及边缘海砂岩储油，侏罗系浅海深海浊流砂岩储油和古近—新近系深海浊积扇沉积储油（图 2-8）。

盖层以泥岩为主，但致密碳酸盐岩也可作为盖层。整个盆地三叠系和侏罗系储存的有效盖层包括 P_2 盐岩、上侏罗统泥岩（钦莫利阶黏土、Mandal-Farsund 组）；下白垩统泥岩（Cromer Knoll 组）；上白垩统碳酸盐岩（白垩组）、E 泥岩等（图 2-8）。

主要的成藏组合类型是构造型成藏组合，往往含叠覆不整合（图 2-8），包括：（1）在岩底群构造之上的上白垩统、侏罗系和古近—新近系储层中发育穹窿背斜；（2）二叠系、三叠系和侏罗系储层的上侏罗统倾斜断块；③古近系储层倾斜断块上发育的挤压背斜。上白垩统型成藏组合包括 39 个油气田，古近系型成藏组合涉及 62 个油气田；侏罗系型成藏组合所涉及的油气田或发现有 92 个；三叠系型成藏组合包括 13 个油气田。

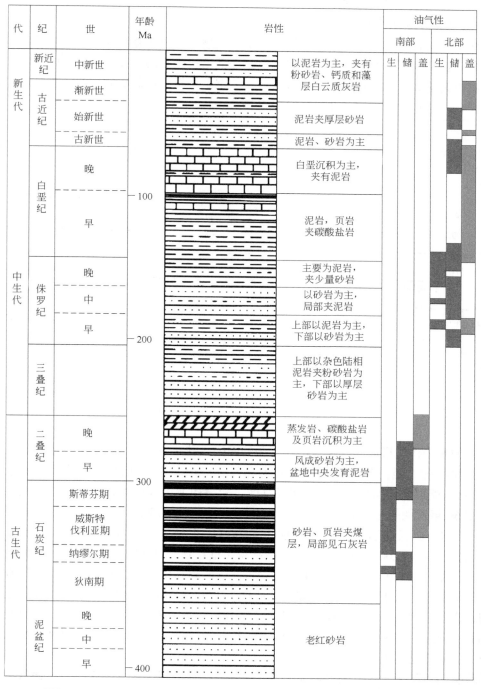

图 2-8　北海盆地地层系统与生储盖分布图（据刘政等，2011）

（五）圈闭与油气藏类型

北海盆地自二叠纪以来，在长期拉张应力作用下，由于多期构造运动和盐层的塑性流动，使该区具有复杂的地质构造历史和多旋回的沉积特征，从而也形成了多种圈闭和相应的油气藏，包括断层、背斜、地层、岩性与复合等类型。

1. 背斜圈闭与油气藏

北海盆地的背斜油气藏有不同成因，主要包括披覆—压实背斜油气藏、盐拱背斜、断块背斜三种。披覆—压实背斜油气藏一般发育在深部断块隆起的上覆年轻地层中。断块隆起的上覆沉积由披盖和压实作用而产生背斜构造，关键是要发育良好的储集岩，主要在中北海和北北海地区，如福蒂斯油田、弗里格气田（图2-9）。

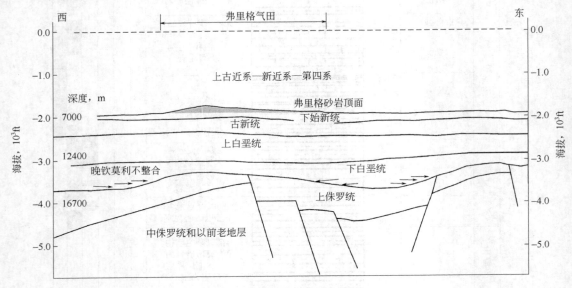

图2-9 弗里格气田构造剖面图

由盐的底辟作用形成的穹窿背斜及有关的圈闭，盐运动使物性差的沉积层（如白垩层）破碎，并使溶解加强，改进储集性能成为有效生产层。埃科菲斯克油田即为很好的实例（图2-10）。英国、德国和挪威等盐层发育区，盐撑构造仍有很大含油气潜能。埃科菲斯克油田是1969年发现的北海第一个油田，与附近的一些油田统称为大埃科菲斯克油田。储集层：K_2—下E_1白云质石灰岩。孔隙度可达30%；渗透率小于1mD。裂缝使渗透率可达12mD。生产层总厚200~230m。盖层：始新统—渐新统黏土和页岩。油气田可采储量为油$1.4×10^8$t，天然气为$930×10^8m^3$。油源岩是古新统的超高压页岩，有利于从上向下垂直运移到低压储集层中，高压层又为良好盖层。油藏为块状底水型。一般油柱高度等于甚至超过构造的闭合高度。例如埃科菲斯克油田闭合度为183m，油柱高213m，西埃科菲斯克油田相应为107m和183m，油柱高均超出闭合度。油藏除受背斜构造控制外，还应与储集层的孔隙、裂隙分布及其变化有关。

断块背斜典型例子为英国Bacton海岸外24km的赫威特气田（图2-11），该气田为两翼被断层所限的狭长背斜，轴向北西—南东向，长轴约29km，短轴约5km，两翼发育多条轴向断层，特别是东北翼，断层断开下白垩统以下地层，直到石炭系。

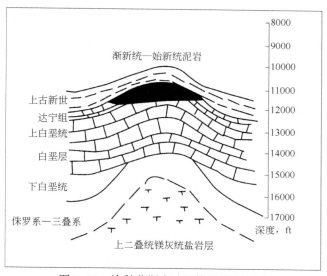

图 2-10 埃科菲斯克油田构造横剖面图

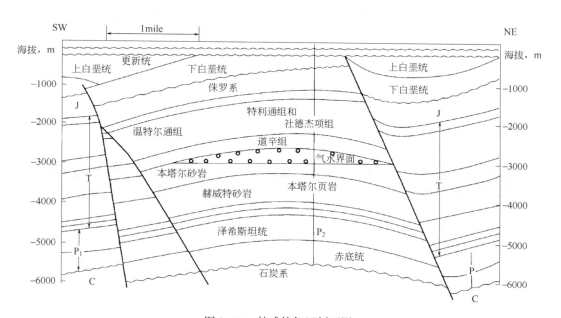

图 2-11 赫威特气田剖面图

格罗宁根气田处于上石炭世到下二叠世的海西造山运动形成的区域构造高部位不整合，将石炭系煤层和二叠系赤底统红层分开（图 2-12），是一个轻微褶皱的楔状构造，东、南、西均有大断层，北翼轻微下降。该气田发现于 1959 年，1963 年投产，面积 800km²，可采储量 2.7×10^{12}m³，是世界第七大气田。产气层为赤底统砂岩，厚 200m，平均埋深 2700m，孔隙度为 15%~20%，渗透率多为 0.1~1000mD，少数达 3000mD。气层含水饱和度为 25%；气层原始压力为 35.8MPa，平均温度为 107℃，天然气中含甲烷约为 82%，重烃约为 3%，氮气约为 14%，二氧化碳约为 1%。气水界面深度为 2800m，含气层高约 400m，气藏的原始地层原始压力 35MPa。盖层为上二叠统的蔡希斯坦统蒸发岩，有四个蒸发岩旋回，每个旋回或多或少是由上、下石膏到白云岩和中部盐岩占优势。由于盐运动强烈，目前盐的厚度在610～1463m。在长期的地史中从未遭受强烈破坏而成为良好的有效盖层。构造为向北缓倾斜的穹窿，北、西、南三面被断层切割，主要为西北—东南向。晚海西运动开始断裂，侏罗纪末构造形成，白垩系直接覆在三叠系之上（图2-12）。

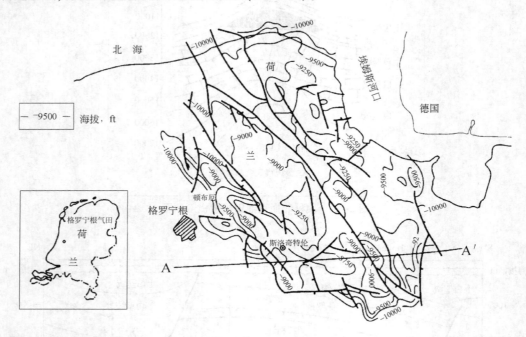

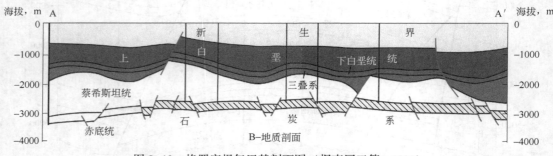

图2-12　格罗宁根气田某剖面图（据李国玉等，2003）

2.断层油气藏

作为裂谷盆地，断层油气藏非常发育。特洛尔油气田和阿尔文油田属于断层油气藏（图2-13）。其构造比较复杂，在白垩系底不整合面之下，侏罗系地层以7°～11°倾角向西倾斜，并为两个方向的明显断层所切割，一个为朝东下降的南北向断层系统，另一为多条成东西向或北东东—南西西向的横断层（图2-13），由于断层的切割，北阿尔文油田可分为5个石油聚集区。

3.地层圈闭与油气藏

地层油气藏多与区域拉张作用下的地垒、地堑断块的掀斜转动有关。由于掀斜程度的差异和侵蚀的不均一性而形成起伏不平的地貌景观。当被新的沉积覆盖后，便形成有效的圈闭。这种地层圈闭在北海北部盆地分布尤为广泛，如布伦特、奥克、尼尼安、当林和斯塔特

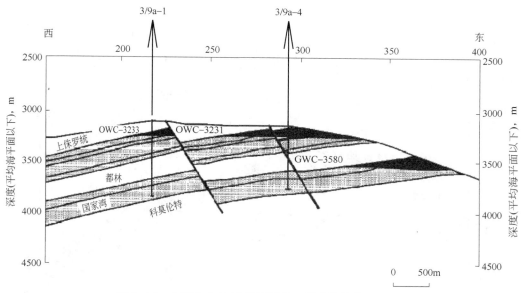

图 2-13　北阿尔文油田横剖面图（据叶德燎等，2004）

福约德等油田（童崇光，1985）。布伦特油田位于维京地堑轴西侧，是在地堑系统中，平行于地堑轴的两侧断块因受拉张应力而向地堑轴方向转动并向远离中心的方向掀斜。由于掀斜程度的差异和侵蚀的不均一性而形成起伏不平的地貌景观。当被新的沉积覆盖后，便形成有效的地层不整合圈闭（图 2-14）。油田主要发育近南北向的张性正断层，恰与区域性近纬向挤压应力方向相适应。断块向着地堑轴方向转动，地层平缓西倾，侵蚀后被早白垩世页岩封闭（童崇光，1985）。该油田发现于 1971 年，1976 年投产。水深 142m。含油面积 65km^2，石油地质储量 4.4×10^8t，可采储量 2.3×10^8t。油层为侏罗系砂岩。1989 年最高年产量 2200×10^4t。

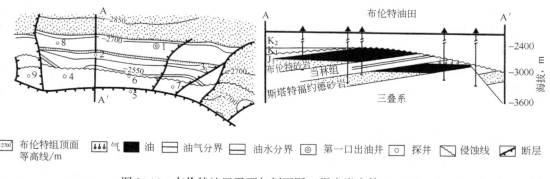

图 2-14　布伦特油田平面与剖面图（据童崇光等，1985）

4. 复合油气藏

构造—岩性油气藏比较发育，其中的埃达油田位于北海古近—新近纪盆地的中心，覆于中生代形成的中央地堑之上。埃达油田的圈闭（图 2-15）明显属于构造和地层相结合的类型，盖层为古近—新近系的厚页岩，油田至少含两个被致密带分开的石油聚集体。

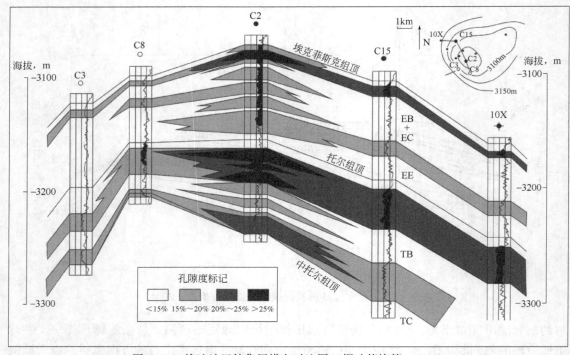

图 2-15 埃达油田储集层横向对比图（据叶德燎等，2004）

（六）油气分布特征

北海盆地是世界重要含油气盆地，油气田多集中在沿盆地轴线附近，已发现 150 多个油气田，几乎百分之八十以上集中分布在沿盆地轴线 80~100km 宽的范围内，正好在近南北和北北西向的北海中央地堑和维京地堑区。古生界、中生界和新生界均有油气分布。侏罗系是中生界最重要的储层，石油储量占全区的 59.3%。其中中侏罗统储层石油储量最多，占全区的 35.3%，其他石油储层还包括上侏罗统、上白垩统和古近—新近系。上二叠统是最重要的储气层，储存了盆地 50.8% 的天然气，其次是中侏罗统，储存了 21.1% 的天然气。所以，总体上，侏罗系成藏组合所涉及油气田最多，其次为古近系，再次为上白垩统。二叠系主要发育天然气田。盆地南部的上古生界主要是二叠系天然气聚集区，中、北部的中—新生代裂谷盆地为主要油气田分布区。根据构造、产层、圈闭等特征，划分为三个油气聚集区（图 2-16）。

1. 南北海天然气聚集区

该区北部以中北海—林格宾芬隆起为界，南界为伦敦—布拉班特隆起和雷尼什地块，其间的英国北海海域向东至荷兰和德国北部，南部为下萨克森盆地，为石炭系煤系地层组成的前渊，又是南二叠盆地区，发育许多断裂（北西西向）并切割一系列隆起、坳陷相或斜坡。石炭系煤系地层是主要烃源岩，下二叠统风成砂岩底为储层，上二叠统蒸发岩为盖层组成的含气层系是该区的主力气层和主要气田，属煤成因气。还发育一些上二叠统碳酸盐岩气层，它们多是小气田，并分布在陆地上，气田主要是多期断裂复杂切割的背斜圈闭和与盐运动有关的圈闭。大小气田 100 多个。气田主要呈北西向带状分布，可划分为 13 个气聚集带。

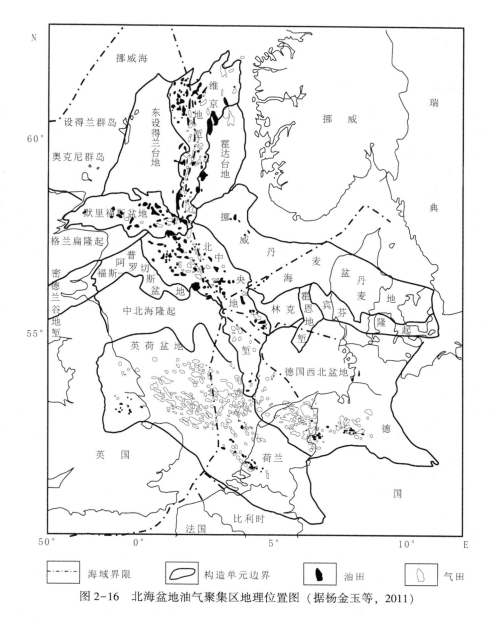

图 2-16 北海盆地油气聚集区地理位置图（据杨金玉等，2011）

2. 中北海油气聚集区

处于北海中部裂谷三联接点处，地堑呈北北西—南南东向，主体为中央地堑。西部包括默里湾—菲斯坳陷（盆地），还有福斯—阿普罗切坳陷（盆地），东部为挪威—丹麦坳陷和丹麦湾等。中央地堑主要发育犁式正断层，还有广泛的盐运动。油气藏形成、分布与地堑长期沉降密切相关，大量油气沿地堑分布，被称为石油走廊。在中央地堑南部埃科菲斯克油田及其以南地区，油气的聚集和盐的流动有关。在盐左构造上上拱，使上覆上白垩统至达宁阶白垩石灰岩层形成穹窿背斜构造，并使白垩石灰岩层产生许多直交或斜交的张性微裂缝，探井单井产量高，酸化后更高。盐丘对油藏存在和分布有直接的控制作用：①盐丘未刺穿，在弯窿顶部形成背斜油藏。②盐丘微刺穿，油藏主要形成于两翼，往往形成地层封闭油藏。

③盐丘全刺穿储集层，则构造不含油，如挪威在埃科菲斯克油区周围三个探区失利即是掩体刺穿破坏了构造圈闭条件。

3. 北北海油气聚集区

位于北海北部的设得兰群岛和斯堪的那维亚半岛之间，主体为维京地堑。从西到东为东设得兰台地、维京地堑和霍达台地。为侏罗统烃源岩发育区，此外下侏罗统、下白垩统及古近系的页岩均可能为生油层，油源丰富。该区主要产油气层为侏罗系和古近系砂岩，既有丰富的石油，又有大量天然气，主要沿地堑分布。维京地堑是下、中侏罗统里阿斯阶和道格阶砂岩发育区，发育许多包括侏罗系地层的翘倾断块与上部地层超覆不整合相结合的油田。尤其在地堑西侧，发育一系列北北东向雁行式排列的翘倾断块组成的大油田，包括斯塔特福约德、布伦特等，成为北海最丰富的产油区。这些大油田主要由位于下白垩统底部不整合面以下的，在侏罗纪—古生代翘倾断块的断块油藏组成。断块活动可能开始于中侏罗世末期，并一直持续到白垩纪，如布伦特油田，其他如默里盆地的派普尔油田、福思盆地的奥克油田，一都与翘倾断块有关。储集岩前者是上侏罗统砂岩，后者是上二叠统碳酸盐岩。

二、伏尔加—乌拉尔含油气盆地（Volga-Ural Basin）

伏尔加—乌拉尔含油气盆地是俄罗斯重要的含油气盆地，位于俄罗斯欧洲部分的东部。东面与乌拉尔山相连，属于于东欧平原的一部分；北部为北乌瓦累丘陵，西部为伏尔加丘陵，南部为奥勃施丘陵，盆地内部为平原；其北东面与乌拉尔山相连。盆地内平原区海拔平均170m左右，丘陵地区海拔300~400m，地形呈北高南低、东高西低的总趋势。总面积约为$70×10^4 km^2$。

1917年首次进行油气调查、勘探，1927年首次于该盆地二叠系地层发现工业油气流（彼尔姆地区）。20世纪30年代后，先后完成全区重力、磁力和电法勘探工作，进行了区域性和局部地震普、详查工作，在1929年首次在彼尔姆地区上丘索夫地区发现索利卡姆岩下生物礁油田，在伏尔加—乌拉尔地区突破古生界二叠系找油关。1941年至1945年巴什基里亚等地区发现杜玛兹等20多个上泥盆统砂岩油田。1941年首次在萨拉托夫地区找到了气田。1948年发现罗马什金大油田。之后，在该盆地建成了石油和天然气开采的重要基地。1977年找到奥伦堡特大凝析气田。截至1992年底，共建成钻探井25200口、生产井11.2万口。

经过几十年的油气勘探，伏尔加—乌拉尔盆地在上古生界泥盆系、石炭系和二叠系均有油气发现，共发现油气田1675个，3套油气层分别发现油气藏1322个、3204个和173个，主要来自泥盆系和石炭系的贡献。盆地石油、天然气、凝析油探明储量分别为$103×10^8 t$、$2.9×10^{12} m^3$和$1.4×10^8 t$。

（一）盆地地质特征

伏尔加—乌拉尔盆地位于俄罗斯陆台和乌拉尔褶皱带之间，是在太古宙—古元古代结晶基底断块隆起背景上发育的晚古生代—中生代盆地。其主体部分在俄罗斯陆台上属于稳定的陆台性质，其东部包括乌拉尔山前缘坳陷，属构造地台体系。东界为乌拉尔山褶皱，其南与滨里海盆地相连。北界以提曼山为界，与伯朝拉盆地相连。西与俄罗斯陆台上一些巨大隆起相接（图2-17）。

古生界沉积盖层中的巨型复式隆起区被基底深大断裂带切割的坳陷带所包围。根据基底及盖层构造状况，盆地可划分为隆起、坳陷等构造单元（图2-18）。在伏尔加—乌拉尔盆地与前乌拉尔坳陷的交界地带，有一个呈南北向分布的区域坳陷带，长达500多千米，基底埋深向东逐步下降至4000~10000m，构成俄罗斯地台的东南坡。盆地内的一级隆起一般呈浑圆状，面积可达10多万平方千米，翼部平缓，倾角在0.33°与1°之间。二级构造主要为长垣，长100~200km，高可达数百米。其形成与区域断裂有关。有些浑圆形二级构造与基底隆起有关。三级构造相当平缓，翼部倾角小于1°，典型地台特征，受基底断裂、沉积作用以及差异压实控制。

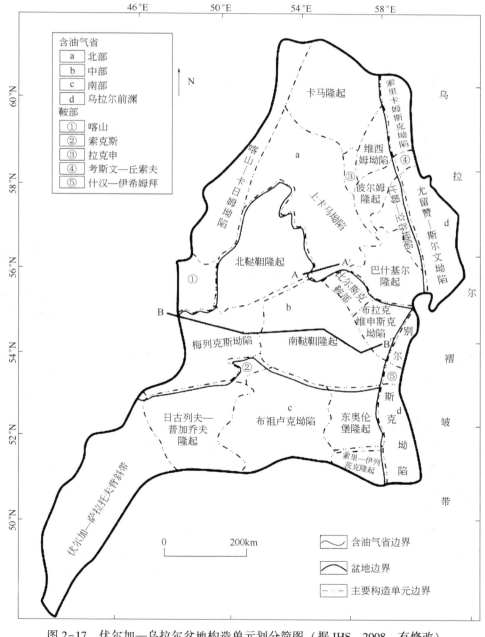

图2-17　伏尔加—乌拉尔盆地构造单元划分简图（据IHS，2008，有修改）

根据盆地地层的岩性、结构与构造特征，把盆地地层分为三个结构层。下结构层为太古宇和古元古界结晶基底，隆起区埋深 1400~4000m，坳陷区埋深 8000m。中结构层是由新元古界与下古生界组成的拗拉谷沉积（文德系），分布在结晶基底的坳陷或断陷内。早古生代末期全区地层抬升而遭受剥蚀，形成长时间沉积间断。所以，该构造层分布范围不很广，与上构造层呈不整合接触，岩性主要为陆相碎屑岩及陆源—碳酸盐岩（图 2-18）。中结构层构造层已显示了本区区域构造格架雏形。上结构层由广泛分布的上古生界及部分地区分布的中生界组成，为地台性质的沉积盖层，构造特征具有继承性（图 2-18）。内部存在地层不整合。一个重要特点是二叠系与下部地层构造形态不同，一些下部层位的隆起在二叠系仅表现为构造阶地或单斜。

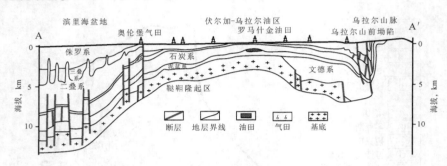

图 2-18　伏尔加—乌拉尔含油气盆地剖面图（据童崇光，1985）

（二）地层与沉积特征

伏尔加—乌拉尔盆地沉积地层在隆起区稍受剥蚀，地层厚度主要受早期构造背景控制。下结构层结晶基底主要由太古宇与部分古元古界片麻岩、结晶片岩、超变质岩类和侵入岩等各种岩石组成（图 2-19）。中构造层新元古界和下古生界分布在结晶基底的坳陷或断陷之中，由新元古界里菲系、文德系和下古生界奥陶—志留系组成，大部分地区缺失下古生界；里菲系主要由砂岩、砂砾岩组成，文德系岩性主要为砂岩、砂砾岩、碳酸盐岩与泥页岩。上构造层的泥盆系、石炭系、二叠系以及部分地区分布的中—新生界组成，上古生界最为发育，以近海相、浅海相和蒸发相为主，夹有陆源碎屑岩沉积，岩性主要为碳酸盐岩和砂岩、泥页岩；中生界主要为陆源沉积，岩性主要为泥页岩、砂岩和粉砂岩等（图 2-19）。

（三）生储盖及组合特征

伏尔加—乌拉尔盆地烃源岩主要分布在下石炭统、上泥盆统和下二叠统（图 2-19）。烃源岩岩性包括黑色泥岩和页岩、粉砂质页岩和粉砂岩等陆源沉积层，也有黑色石灰岩、泥质灰岩等碳酸盐岩，甚至还有燧石层作为烃源岩。不同岩性烃源岩有机碳含量都较高，其中暗色碎屑岩含量变化在 0.3%~3.7% 之间，碳酸盐岩烃源岩含量普遍大于 1%，主要变化范围介于 0.3%~1.8%。上泥盆统弗拉阶中段多马尼科（Domanike）沥青质泥岩和沥青质石灰岩是重要的区域烃源岩，下石炭统维宪阶暗色页岩、碳质页岩、泥灰岩利于生油。伏尔加—乌拉尔盆地多套储集层主要分布于上古生界，岩性主要为碳酸盐岩和砂岩，碳酸盐岩中以石灰岩为主。油气藏盖层主要是各沉积层中的泥岩、页岩、石灰岩。

根据油气分布层位储盖组合特征，可将该盆地划分为 8 套含油气组合。（1）中—上泥盆统含油气组合由碎屑岩组成，在凹陷带内部该组合发育较为齐全，储集层主要为砂岩与粉

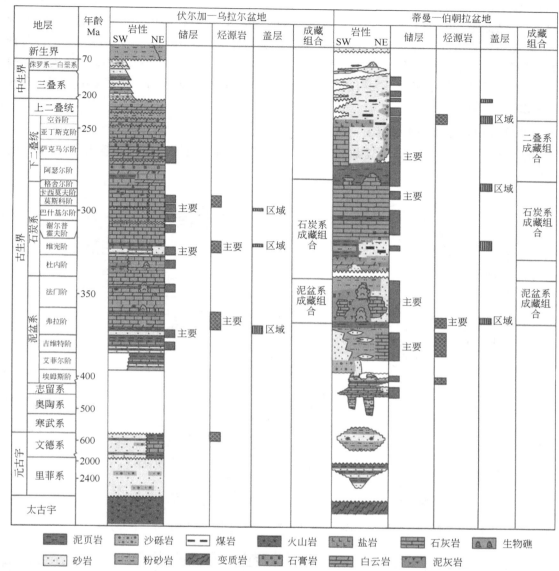

图 2-19　伏尔加—乌拉尔和蒂曼—伯朝拉盆地综合柱状剖面图（据梁英波等，2014）

砂岩，克诺夫组泥岩和部分泥质灰岩为该含油气组合盖层。（2）上泥盆统上弗拉组—下石炭统杜内阶碳酸盐岩含油气组合的储集层为一套裂缝、溶洞和孔隙性储层，岩性上以石灰岩和白云岩为主，埋藏深度 1000～3100m。（3）下石炭统下维宪组碎屑岩含油气组合包括耶尔霍夫层、拉达耶夫层、鲍伯里科夫层和杜尔层，储集层岩性为砂岩和粉砂岩，埋藏深度北部和中部地区为 1000～1300m，南部达 4000～4800m，区域性盖层为杜尔层泥岩和泥灰岩。（4）中下石炭统奥克斯克—巴什基尔亚阶碳酸盐岩含油气组合的储集层为石灰岩和白云岩，盖层主要为泥页岩和夹薄层石膏，主要分布在南部鞑靼隆起区斜坡带、上卡姆和比尔凹陷带。（5）中石炭统维宪阶和莫斯科阶碳酸盐岩—碎屑岩含油气组合，在东部和北部以生物碎屑岩和粒屑灰岩为主要储集层，而南部和西部以砂岩、粉砂岩为主，盖层主要为各类泥页岩。（6）中—上石炭统碳酸盐岩含油气组合包括中石炭统卡希尔、波多尔和米亚奇科层和上石炭统卡西莫夫阶和格舍尔阶等，储集层主要为石灰岩和白云岩，盖层为泥岩；该组合分布广泛，已探明大量油气藏。（7）下二叠统碳酸盐岩含油气组合包括亚丁斯克阶、阿瑟尔阶、萨克马尔阶与空谷阶油气层，储集层岩性主要为石灰岩、白云岩和少量砂岩，空谷阶膏岩为良好盖层，主要分布在地台东南部滨乌拉尔山前凹陷带。（8）上二叠统碎屑岩—碳酸盐岩含油气组合的储集层主要为石灰岩和白云岩，向东部相变为碎屑岩，其上部分布一套区域性泥岩和泥灰岩盖层。

（四）圈闭与油气藏类型

伏尔加—乌拉尔盆地的油气藏与圈闭类型包括构造、地层和岩性等类型（图 2-20；表 2-4）。

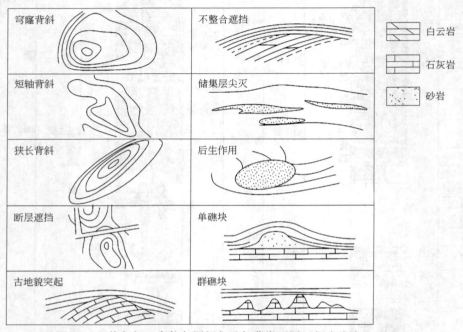

图 2-20　伏尔加—乌拉尔圈闭与油气藏类型图（据童崇光，1985）

表 2-4　俄罗斯伏尔加—乌拉尔盆地主要油气田统计表

油气田名称	发现年代	可采储量		产层深度	圈闭类型	产层时代	产层岩性
		油，10^6t	气，10^8m³				
罗马什金	1948	2031.0	—	1700	背斜	D	砂岩
穆哈诺夫	1945	214.0	—	2100	背斜	C	砂岩
新叶尔霍夫	1955	182.0	—	1660	断背斜	D	砂岩
什卡波夫	1944	175.0	—	2000	背斜	D	砂岩
图伊马济	1937	140.0	—	1200	背斜	D	砂岩
库列绍夫	1958	106.0	—	1600	背斜	C	砂岩
阿尔兰	1955	574.0	—	1200	背斜	C	砂岩
奥伦堡	1966	490.0	15998	1600	背斜	P	碳酸盐岩

1. 构造圈闭与油气藏

构造圈闭与油气藏是盆地的主要类型，主要的大油田圈闭都是此类型，可分为背斜型和断层型（表2-4）。背斜型包括穹窿、短轴背斜和狭长背斜三类（图2-20）。穹窿背斜圈闭一般面积大，构造平缓，幅度较小，油藏面积也大，但含油高度较小，主要分布在俄罗斯地台范围以内。如罗马什金油田就属于这种类型（图2-21）。该油田是伏尔加—乌拉尔盆地可采储量最大的油田，也是俄罗斯第二大油田。位于阿尔梅耶夫高点中部，1933年开始勘探，1948年发现泥盆系工业油流。油田略呈圆形，构造面积达4500km^2，含油面积达3800km^2，长短轴的比近于1；西翼突，别翼缓，角度小于0.15°~0.45°。可采储量21×10^{8}t。储集层岩性为粉砂岩、砂岩；物性好，孔隙度为15%~26%，渗透率可达2000mD。D油藏产量高，日产量可达100t，储量大，占84%，具有统一的水动力系统。C油藏含油少，油井产量不大，日产量10~20t，油质重，含硫率高。

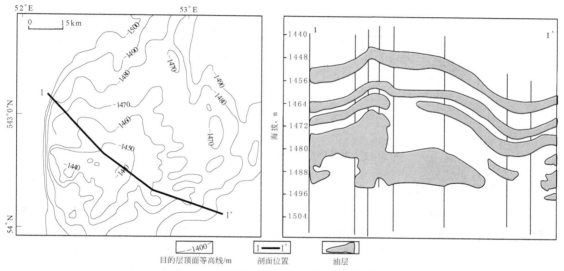

图2-21　罗马什金油田顶面构造图与剖面图

短背斜状的圈闭在本盆地中分布广泛，有大型的，但大多面积较小。大的有阿尔兰油田、新耶尔霍夫油田和奥伦堡气田，小的有巴依杜干油田、格涅拉尔气田等。奥伦堡凝析气田为一短轴背斜构造，缺失泥盆系（图2-22）。石炭—二叠系几乎全部为碳酸盐岩，二叠系为主要含气层，石炭系也产气。气藏类型主要为块状，气藏高度大于500m。储集层孔隙度在4%与25%之间，埋深1226~1750m，压力为210atm，温度为27℃。天然气可采储量为18600×10^{8}m^3，单井日产量可达（10.0~83.5）×10^{4}m^3。气藏盖层为石膏和硬石膏。

狭长背斜状的圈闭一般在滨乌拉尔前缘坳陷中，或者在俄罗斯陆台的边缘附近分布。一般面积较少，如阿尔切金—帕尼克油气田、希哈罗夫气田和萨拉托夫凝析气田等。

2. 断层圈闭与油气藏

断层圈闭与油气藏在盆地中不普遍。如萨拉托夫凝析气田，它是由若干个短背斜组成的长垣，在长垣西翼及北部发育有逆断层，其断层遮挡的凝析气藏在北部，而气田还包括几个短背斜气藏。

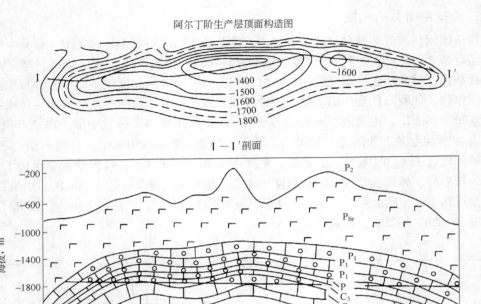

图 2-22 奥伦堡凝析气田顶面构造图

阿尔丁阶生产层顶面构造图

I—I′剖面

含气范围   岩盐   石灰岩   天然气

3. 地层圈闭与油气藏

由于地层沉积间断，特别是碳酸盐岩地层常因侵蚀作用形成古地貌凸起，可形成古潜山和不整合遮挡地层圈闭，但该类圈闭较少，仅在少数油气田中发现。古地貌突起以萨克申油田为代表。在巴什基尔乌菲姆地区，产油层杜内阶石灰岩被侵蚀，呈北东向的古地貌凸起，其上覆盖着下石炭统的泥岩（是油藏的盖层），石油储存在石灰岩的缝洞之中。不整合遮挡圈闭与油气藏主要发育在古比雪夫含油气地区泥盆系的中统、上统间及上统内部的几个不整合面之下，如叶卡捷列诺夫、加伊达洛夫、谢多洛夫和马雷谢夫等油田。这些油田的储集层都是砂岩，被泥岩和碳酸盐层所覆盖，形成明显的不整合遮挡封闭。

4. 岩性圈闭与油气藏

岩性圈闭包括岩性和生物礁等类型，分布比较广，但是规模一般较小。岩性圈闭主要有原生成因与后生成因。原生岩性圈闭主要是各种砂岩体在横向上变化发生尖灭，形成岩性圈闭，如德米特利耶夫油田维宪阶含油层中有明显的砂岩透镜体分布在泥岩之中。后生成因油气藏主要分布在中—上泥盆统砂岩中，油藏不受油层现代构造的控制，具有倾斜的油水界面，根据古构造分析的资料表明，这个地区早二叠世亚丁斯克期结束时，帕希组顶面曾被一系列隆起所复杂化，这些局部隆起即现今的油田所在地。礁块主要是生物礁灰岩块体。在碳酸盐岩地层中，在乌拉尔前缘坳陷的二叠系中广泛分布，一般规模不大。虽然礁块油藏一般分单礁和群礁的两种，但在本盆地分布上是有规律可循的，沿着坳陷带呈南北向分布，而且向南埋深越来越大，在圈闭中天然气的比例越来越多。

（五）油气分布特征与控制因素

伏尔加—乌拉尔盆地具多套含油气层。油藏和气藏主要分布在中上泥盆统、石炭系和二叠系，此外，三叠系及侏罗系也找到少量油气藏。已发现的油气中，天然气主要分布于二叠系，石油主要分布于石炭系和泥盆系。石油与天然气可采储量在泥盆系、石炭系与二叠系所占比例分别为30%、58%、12%和2%、8%、90%。

伏尔加—乌拉尔盆地有特大型和巨型油田43个，中型油田91个，小型油田854个（其中储量小于$100×10^4$t小油田453个），另外还有特大型和巨型气田3个，中型气田13个，小型气田242个（其中储量小于$10×10^8m^3$气田145个）。这些油气藏一般埋深在200~7000m，其中北部油气田埋深小于3km，南部地区油气田埋深达5km，布祖卢克和奥伦堡油气区油气田埋深最大达7km。绝大部分石油探明可采储量分布在埋深2000~3000m，占全区探明石油总储量的89%。据统计，石油储量丰度为$(0.2~2.7)×10^4t/km^2$，南鞑靼$(2.63×10^4t/km^2)$、布祖卢克$(2.28×10^4t/km^2)$、乌菲姆$(2.13×10^4t/km^2)$和彼尔姆—巴什基里亚$(2.28×10^4t/km^2)$ 4个含油气区最富，而滨卡姆和北鞑靼含油区单位面积资源量最低，仅为$(0.29~0.4)×10^4t/km^2$；天然气储量丰度在$(8~60)×10^6m^3/km^2$，其中奥伦堡$(56.9×10^6m^3/km^2)$、下伏尔加$(17.3×10^6m^3/km^2)$为富气区，彼尔姆—巴什基里亚、南滨乌拉尔和中伏尔加三个含油气区仅为$(8.0~9.3)×10^6m^3/km^2$。

总体上，油气聚集在整体上受一级构造单元的控制。油气田主要分布在一级隆起的边坡部位，一部分分布在盆地或坳陷的轴部。一级隆起的发育史及目前构造状况对油气分布有重要影响。泥盆纪时形成并在泥盆纪及石炭纪一直保持闭合的对称型一级隆起，如鞑靼隆起最有利于油气聚集。泥盆纪及石炭纪时曾受改造的不对称型隆起，如巴什基尔隆起不利于聚油。二级正向构造单元——长垣，控制区域性油气聚集带的分布。三级局部构造对油气藏类型起主要控制作用，储油气构造可分为三种类型：第一类为构造成因的局部隆起；第二类为构造及构造—沉积成因的局部隆起；第三类为沉积成因的局部隆起——即礁块及与其有关的披盖构造。

在隆起控制油气的背景上，局部油、气的聚集和保存受地质构造—热场旋回、古构造、断裂带、地层不整合、地层—岩性、区域含油建造带和有机质含量等多种因素控制。在伏尔加—乌拉尔含油气盆地中，隆起和坳陷的形成在各地质时代中既有继承性又有新生性，但是总的面貌是反映了结晶基底的起伏。油气藏的分布与古构造有比较密切的关系，如盆地南部艾菲尔阶至下弗拉阶中古隆起和古坳陷含有的地层显然不同；在古隆起区含油的层位是艾菲尔阶至下弗拉阶的全部剖面；在古坳陷中的含油层位仅为下弗拉阶的陆源沉积层，虽然中泥盆统也有可供储油的岩层，但不含油；在拉达耶夫古坳陷中含油层为克诺夫组和帕希组，而在布祖卢克古坳陷仅为帕希组。

本区深大断裂带对油气的分布有明显的控制作用，如古比雪夫地区的纬向日克列夫断裂带，横贯该地区中部，油田沿断裂带方向呈东西向分布。在乌拉尔前缘坳陷中，油田的分布也有沿断裂带分布的现象，不过在这里分布的方向则成南北向（图2-23）。在奥伦堡含油气地区内大基涅尔断裂带控制着油田呈东西向分布。

地层不整合对于油田的形成不仅是运移的通道，而且有丰富的石油储量聚集在不整合面的上下，因为地层不整合起着遮挡作用。古比雪夫地区叶捷列诺夫油田就是不整合形成的油田之一（图2-24）。

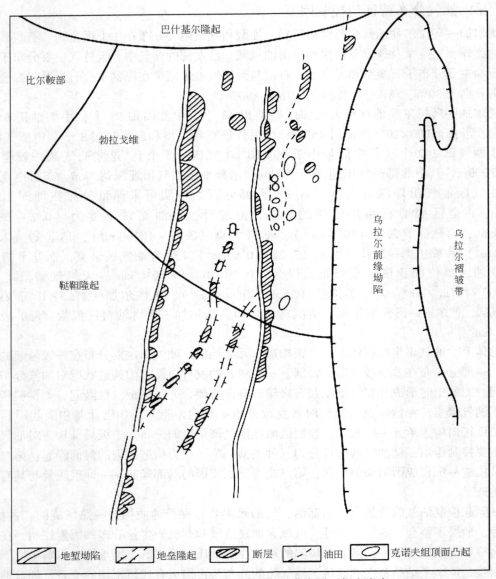

图 2-23　俄罗斯地台东南斜坡构造及油田分布图（据童崇光，1985）

　　在伏尔加—乌拉尔含油气盆地中，油气田绝大部分都是背斜构造所控制，但是也有地层岩性圈闭形成的油田。可见，地层—岩性也对油气藏具有控制作用，如彼尔姆滨卡姆区的马洛辛、谢尔万、卢热尔等油田就是由地层—岩性控制的。有机质含量也控制油气分布。据研究，俄罗斯地台上油气田的分布一般在有机碳含量高的地带，如上泥盆统沉积中油气田主要分布与有机碳含量 0.5%~5.0% 等值线区域有密切关系（图 2-25）。

　　此外，伏尔加—乌拉尔含油气盆地气田主要分布在东部的乌拉尔前缘坳陷和南部邻近滨里海盆地地带，而在鞑靼含油地区内没有气田，这主要与烃源岩层经历的温度有关。该盆地为高成熟油气勘探区，油气资源探明程度已超过 70%，油气采出程度大于 65%，目前仍有较大勘探潜力。据估算，仍有 $57×10^8$t 油气资源有待探明，有 1000 多个油气田还有待于开发，另外还有大约 $2×10^8$t 稠油可采储量有待开发（李国玉等，2005）。

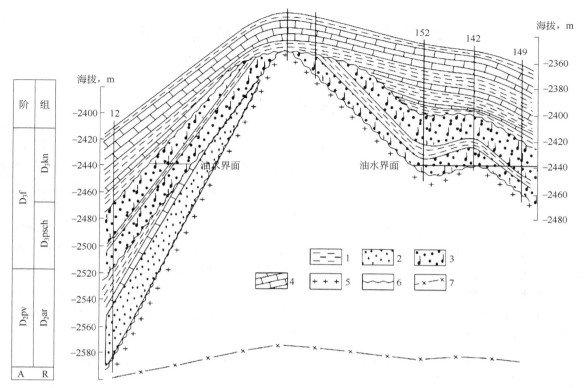

阶	组
D₃f	D₃kn
	D₃psch
D₂pv	D₂ar
A	R

图 2-24　叶捷列诺夫油田地质剖面图（据童崇光，1985）

1—页岩；2—含水砂岩；3—含油砂岩；4—石灰岩；5—结晶基岩；

6—不整合面；7—基岩顶面纵横比例按 1∶1 的起伏情况

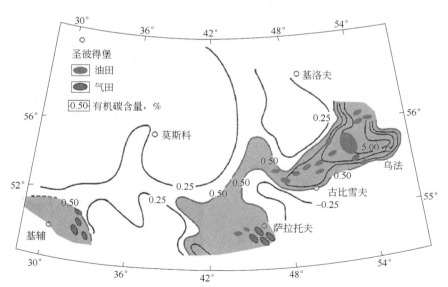

图 2-25　俄罗斯地台上泥盆统沉积有机碳含量与

油气田分布关系示意图（据 Hunt J M，1979）

第五节 欧洲的油气资源分布

一、剩余探明可采油气资源分布

欧洲有近150多年油气勘探开发历史。欧洲剩余石油可采储量较多的国家主要有丹麦、意大利、挪威、罗马尼亚和英国（表2-5）。1985年至1990年欧洲达到油气勘探高峰，直到1997年剩余探明储量总体呈增加趋势，从1997年到2001年呈缓慢下降，2002年之后直到2010年快速降低，之后波动式平稳变化（图2-26）。在欧洲，挪威与英国剩余石油探明储量居前两位，其中挪威在1985年前剩余石油探明可采储量低于英国，此前英国探明储量主要降低，挪威不断增加。之后挪威的剩余石油探明可采储量明显高于英国及其他欧洲国家，并且其变化趋势与整个欧洲的变化相似。英国剩余石油探明可采储量总体呈降低趋势。其他欧洲国家的剩余石油探明可采储量波动式变化（图2-26）。2018年底欧洲挪威剩余石油探明储量最多，为$11.79×10^8t$；其次是英国为$3.41×10^8t$，其他国家均不到$1×10^8t$；欧洲合计为$19.54×10^8t$，仅占全球的0.83%（表2-5）。

表2-5 欧洲各国剩余石油探明可采储量统计表（据BP公司，2019） 单位：10^8t

国家/地区 年份	1980	1985	1990	1995	2000	2005	2010	2015	2018
丹麦	0.6	0.6	0.8	1.2	1.5	1.7	1.2	0.7	0.58
意大利	0.5	0.9	1.0	1.1	0.8	0.6	0.8	0.8	0.78
挪威	5.4	8.1	11.8	14.7	15.5	13.2	9.3	10.9	11.79
罗马尼亚	1.5	2.0	2.1	1.4	1.6	0.6	0.8	0.8	0.82
英国	11.5	7.7	5.5	6.2	6.4	5.3	3.8	3.5	3.41
其他欧洲国家	3.1	3.1	2.7	2.7	2.8	2.7	2.6	2.3	2.15
欧洲	22.6	22.2	23.9	27.3	28.7	24.1	18.6	19.0	19.54

注：原始数据采自2019版BP世界能源统计，笔者计算编表，本表内和图2-26内的欧洲不包括独联体国家。

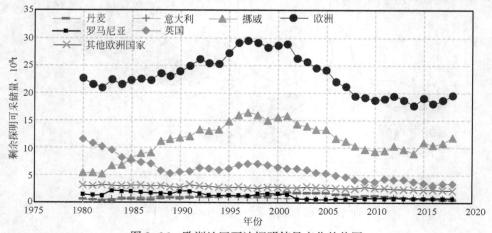

图2-26 欧洲地区石油探明储量变化趋势图

欧洲已发现的石油可采资源量的大部分都集中于大型油田中。欧洲前十位的大油田主要分布于北海盆地，其次是伏尔加—乌拉尔（伏—乌）盆地（表2-6）。这10个油田的探明石油储量为75.7×10^8t，比2018年欧洲剩余探明储量要高出2.9倍。

表2-6　欧洲前十位油田的基本特征表

油田名称	发现年份	国家/盆地	储层时代及岩性	盖层时代及岩性	源岩时代及岩性	探明油可采储量 10^8t
罗马什金（Romashkinskone）	1948	俄罗斯伏尔加—乌拉尔盆地	泥盆系 Pashiya 组石英砂岩	泥盆系 Kynovskiy 组致密石灰岩	泥盆系 Frasnian 阶 Domanik 组页岩及碳酸盐岩	24.0
斯塔福（Statfjord）	1974	挪威—英国北海盆地	中侏罗统 Brent 组和下侏罗统 Statfjord 组砂岩	上侏罗统和白垩系泥页岩	中侏罗统 Brent 群煤系烃源岩	13.1
奥斯堡（Oseberg）	1979	挪威北海盆地	中侏罗统 Brent 组砂岩	上侏罗统 Heather 组泥页岩	侏罗系 Draupne 组油页岩	8.4
古尔法克斯（Gullfaks）	1978	挪威北海盆地	中侏罗统 Brent 群 Cook 组和下侏罗统 Statfjord 组砂岩	中侏罗统 Cromer Knoll 群泥岩	侏罗系 Draupne 组油页岩	7.6
艾克菲斯克（Ekofisk）	1969	挪威北海盆地	白垩系 Tor 组和 Ekofisk 组粉砂岩	古近系 Rogaland 群泥岩	上侏罗统—下白垩统 Mandal 组页岩	6.2
阿尔兰（Arlan）	1955	俄罗斯伏尔加—乌拉尔盆地	石炭系 Visean 阶中下部碎屑岩及上石炭统 Bashkinan 阶碳酸盐岩	石炭系 Visean 阶上部及 Moscovian 阶页岩及碳酸盐岩	泥盆系 Frasnian 阶 Domanik 组页岩及碳酸盐岩	5.1
图伊马济（Tuymazy）	1937	俄罗斯伏尔加—乌拉尔盆地	泥盆系 Pashiya 组石英砂岩	泥盆系 Kynovskiy 组泥页岩	泥盆系 Domanik 组泥页岩	3.6
福提斯（Forties）	1970	英国北海盆地	古近系 Forties 组砂岩	古近系 Forties 组泥岩	侏罗系 Kimmeridge Clay 组黏土岩	2.8
布伦特（Brent）	1971	英国北海盆地	中侏罗统 Brent 群砂岩	上侏罗统 Heather 组泥页岩	中侏罗统 Brent 群煤系烃源岩	2.7
穆哈诺夫（Mukhanovo）	1945	俄罗斯伏尔加—乌拉尔盆地	石炭系 Bobrikov 组砂岩	石炭系 Tula 组泥岩	泥盆系 Domanik 组油页岩	2.2

欧洲天然气剩余探明可采储量主要分布在荷兰、挪威、乌克兰等（表2-6和图2-28）。
欧洲整体的天然气剩余探明可采储量变化趋势似乎与石油类似（图2-26和图2-27）。欧洲
的天然气剩余探明可采储量由1980年至2001年呈阶梯式增加，从2001年至2005年波动式
变化幅度较小，之后到现今持续降低（图2-28）。欧洲的产气大国荷兰剩余探明储量一直呈
降低趋势；挪威从1980年至2003年波动式增加，之后又不断降低。乌克兰从1997年至今
探明储量稳定小幅度增加（图2-27）。2018年底，欧洲天然气探明可采储量较多的国家主
要是挪威和乌克兰，剩余探明天然气可采储量分别为$1.6\times10^{12}m^3$和$1.1\times10^{12}m^3$，其余国家
均不到$0.21\times10^{12}m^3$；欧洲合计为$3.9\times10^{12}m^3$，占世界探明可采总储量的1.97%（表2-7）。

表2-7 欧洲各国剩余天然气探明可采储量统计表（据BP公司，2019）

单位：$10^{12}m^3$

年份 国家/地区	1980	1985	1990	1995	2000	2005	2010	2015	2018
丹麦	0.1	0.1	0.1	0.1	0.2	0.1	0.1	—	—
德国	0.2	0.3	0.2	0.2	0.2	0.1	0.1	—	—
意大利	0.2	0.2	0.3	0.3	0.2	0.1	0.1	—	—
荷兰	2.0	1.8	1.9	1.7	1.6	1.3	1.2	0.7	0.6
挪威	0.4	0.5	1.7	1.3	1.2	2.3	2.0	1.8	1.6
波兰	0.1	0.1	0.1	0.1	0.1	0.1	0.1	0.1	0.1
罗马尼亚	0.3	0.3	0.1	0.4	0.3	0.6	0.6	0.1	0.1
乌克兰	—	—	—	—	0.8	0.7	0.7	1.1	1.1
英国	0.7	0.6	0.5	0.7	0.7	0.5	0.3	0.2	0.2
其他欧洲国家	0.3	0.3	0.3	0.3	0.4	0.2	0.2	0.2	0.1
欧洲	4.2	4.2	5.2	5.1	5.5	6.2	5.1	4.3	3.9

注：原始数据采自2019版BP世界能源统计，笔者计算编表，本表内和图2-27中的欧洲不包括独联体国家。

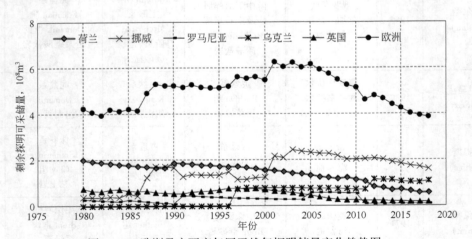

图2-27 欧洲及主要产气国天然气探明储量变化趋势图

欧洲已发现的天然气可采资源量的大部分也都集中于大气田中。欧洲前十位的大气田也
主要分布北海盆地和伏尔加—乌拉尔盆地（表2-8）。这十个气田的探明天然气可采储量为

$6.83×10^{12}m^3$，是 2018 年欧洲剩余天然气探明可采储量 1.76 倍。

表 2-8　欧洲前十位气田的基本特征表

气田名称	发现年代	国家/盆地	储层时代及岩性	盖层时代及岩性	源岩时代及岩性	探明气存储量 10^8m^3
奥伦堡（Orenburg）	1966	俄罗斯	下二叠统 Sakmarian 阶和 Artinskian 阶生物碎屑碳酸盐岩	下二叠统 Kungurian 阶蒸发岩	下二叠统 Asselian 阶、Sakmarian 阶和 Artinskian 阶页岩	17783.1
什托克曼（Shtokman）	1988	俄罗斯	中侏罗统 Aalenian 阶至 Callovian 阶多套砂岩	中上侏罗统上 Callovian 阶—Volgian 阶区域性页岩盖层、Bathonian 阶—Callovian 阶页岩盖层、白垩系 Neocomian 阶泥岩	中下侏罗统页岩	16990.2
格罗宁根（Groningen）	1959	荷兰	下二叠统 Slochteren 组砂岩	上二叠统 Zechstein 组石膏和灰岩	石炭系 Westphalian 阶煤和碳质页岩	12176.3
特里尔（Troll）	1979	挪威	中上侏罗统 Heather 组石英砂岩	上侏罗统与白垩系泥灰岩盖层	中上侏罗统 Heather 组泥页岩、下侏罗统 Statfjord 组和中侏罗统 Brent 群煤系烃源岩	6456.3
马祖宁（Mazunin）	1960	俄罗斯	石炭系 Visean 阶顶部—Bashkirian 阶浅海碳酸盐岩	上石炭统 Moscovian 阶泥岩和泥灰岩	上泥盆统 Frasnian 阶中部—Famennian 阶泥岩、泥灰岩和石灰岩	3822.8
勒曼（Leman）	1966	英国	下二叠统 Leman 组砂岩	中上二叠统 Zechstein 组蒸发岩	石炭系煤系地层	3114.9
奥门·朗（Ormen Lange）	1997	挪威	上白垩统 Cromer Knoll 群砂岩及中侏罗统 Viking—Brent 群砂岩层	白垩系 Cromer Knoll 群海相页岩及上侏罗统海相泥页岩	上白垩统 Cromer Knoll 群 Lange 组海相页岩及中上侏罗统海相泥岩、页岩及煤层	3114.9
斯莱普纳（Sleipner）	1974	挪威	中侏罗统 Hugin 组钙质砂岩	上侏罗统与白垩系泥灰岩盖层	侏罗系 Kimmeridgian 阶—Valanginian 阶富有机质泥页岩	1738.6
艾达（Edda）	1972	挪威	白垩系 Tor 组粉砂岩	白垩系泥灰岩盖层	侏罗系 Kimmeridgian 阶—Valanginian 阶富有机质泥页岩	1699.0
莫克姆（Morecambe）	1974	英国	三叠系 Sherwood 砂岩组	三叠系 Mercia 泥岩组粉砂质泥岩	石炭系 Sabden 页岩组	1415.9

二、已发现油气资源分布

欧洲已发现的油气主要分布于北海盆地、伏尔加—乌拉尔盆地、巴黎盆地、潘诺盆地、喀尔巴阡盆地。其中北海盆地油气资源最为丰富，欧洲最大的气田格罗宁根气田就位于该盆地南部的荷兰境内。伏尔加—乌拉尔盆地也有较多的油气资源，著名的奥伦堡气田就位于伏尔加—乌拉尔盆地南部。

三、待发现的油气资源

美国地质勘探局（USGS，2012）评价认为，欧洲待发现的常规石油资源量有 100×10^8 bbl，天然气有 270×10^8 bbl 油当量，分布占到全球的 1.7% 和 2.7%。据美国联邦地质调查局、美国能源部等的评估，欧洲拥有致密油、重质油与沥青/油砂分别为 19.5×10^8 t、7.4×10^8 t 与 0.3×10^8 t，还有 56.3×10^8 t 的油页岩油资源。另据油气杂志（2007）估算，欧洲拥有煤层气、页岩气与致密砂岩气分别为 12.2×10^{12} m^3、7.7×10^{12} m^3 与 15.5×10^{12} m^3，分别占全球的 5.82%、3.01% 与 3.40%。可见，欧洲油气资源占世界总资源量的比例较低，非常规油气资源量也相对较少。欧洲的重油和天然沥青资源量极少，均少于全球重油和天然沥青资源量的 1%；致密油主要分布于法国、波兰等国，欧洲致密油可采资源量约 19.5×10^8 t，占世界致密油可采资源量的 4.12%；油页岩油主要分布于法国、瑞典、波兰等国，欧洲油页岩油可采资源量约 56.3×10^8 t，占世界油页岩可采资源量的 3.75%。总的来说，欧洲非常规石油以致密油和油页岩油为主，重油和天然沥青较少，非常规石油可采总资源量约 83.5×10^8 t，占世界非常规石油可采资源量的 2.03%。欧洲非常规天然气（不包括天然气水合物）主要分布于波兰、意大利、乌克兰等国，其页岩气可采资源量占世界页岩气可采资源量的 9.94%，致密气可采资源量占世界致密气可采资源量的 5.88%。欧洲天然气水合物主要存在于黑海、里海及欧洲大陆边缘海域，目前尚未进行开发利用。

复 习 题

1. 举例说明欧洲有哪些不同的含油气盆地类型。欧洲油气有哪几个比较丰富的含油气盆地？
2. 欧洲主要的剩余探明石油与天然气储量较多的国家有哪几个？
3. 欧洲主要的油气生产国分别是哪几个？
4. 你认为欧洲的油气资源潜力如何？
5. 选择一欧洲含油气盆地，说明其基本石油地质特征和油气富集规律。

参 考 文 献

李国玉，2003.世界石油地质.北京：石油工业出版社，139–142.

李国玉，金之钧，2005.新编世界含油气盆地图集.北京：石油工业出版社.

梁英波，赵喆，张光亚，等，2014.俄罗斯主要含油气盆地油气成藏组合及资源潜力.地学前缘，21（3）：

38-45.

刘政, 何登发, 童晓光, 等, 2011. 北海盆地大油气田形成条件及分布特征. 中国石油勘探, 3: 31-44.

马丽芳, 刘训, 1989. 欧洲地质. 北京: 地质出版社.

童崇光, 1985. 油气田地质学. 北京: 地质出版社.

叶德燎, 易大同, 2004. 北海盆地石油地质特征与勘探实践. 北京: 石油工业出版社.

温泉波, 郑培玺, 刘永江, 等, 2011. 欧洲大陆含油气盆地基础地质研究. 海洋地质前沿, 27 (12): 70-76.

杨金玉, 杨艳秋, 赵青芳, 等, 2017. 北海盆地油气分布特点及石油地质条件. 海洋地质前沿, 1 (2): 1-9.

张抗. 2009. 中国和世界地缘油气. 北京: 地质出版社, 754-755.

赵汀, 赵逊, 2003. 欧洲地质公园的基本特征及其地学基础. 地质通报, 22 (8): 637-643.

BADA G, HORVATH F, UERNER P, et al., 1999. Review of the present-day geodynamics of the Pannonian basin: progress and problems. Journal of Geodynamics, 27: 501-527.

HUNT J M, 1979. PetrolenmGeochemistryandGeology, San Francisco: Freeman.

第三章

亚洲油气分布特征

第一节　概况

　　亚洲位于北半球东部，是全球最大的洲，面积为 $4380×10^4km^2$，占世界陆地总面积的29.4%。亚洲东、北、南三面分别濒临太平洋、北冰洋和印度洋，西部以乌拉尔山与欧洲相接。亚洲共有 48 个国家和地区，在地理上习惯分为东亚、东南亚、南亚、西亚、中亚和北亚。人口为 45.96 亿人，占世界人口的 59.9%。

　　亚洲是利用石油和天然气比较早的地区。公元前 10 世纪之前，中东古巴比伦和印度等地已经有人采集天然沥青加以利用。1900 多年前在中国就有有关石油的记载。"石油"一词就是宋代著名学者沈括（1031—1095）在《梦溪笔谈》中最先提出的。公元 5 世纪，在波斯帝国首都苏萨（Susa）附近已出现了手工挖成的石油井。公元 7 世纪，拜占庭人用原油和石灰混合，点燃后用弓箭远射或用手投掷以攻击敌人。公元 8 世纪，巴格达已用从该地域天然易采的石油中获取的柏油来铺设街道。在阿塞拜疆巴库地区有丰富的油苗，8 世纪初期人们在巴库附近成批凿井采油，19 世纪中期，巴库层钻出了世界第一口万吨井。这口井 1 天所生产的原油比世界上其余地区所有井的产量加起来还要高得多（造成该区油价有时近每桶 1 美分）。缅甸在 1735 年前后已在伊洛瓦底盆地有 300 来口人工凿成的采油井。亚洲现代石油工业的发展是 19 世纪从俄罗斯巴库地区开始的。1848 年俄罗斯帝国在巴库地区钻了第一口油井。之后巴库地区成为当时全球重要帝国的石油产区。俄罗斯帝国的石油年产量在1874 年为 60 万桶，1884 年上升到 1880 万桶，几乎为美国的三分之一。19 世纪末 20 世纪初是巴库地区最辉煌的时期，一度供应了世界一半的原油。1929 年，苏联在伏尔加—乌拉尔地区发现了石油。1960 年，苏联在西西伯利亚取得勘探突破。1965 年，苏联石油产量达$2.43×10^8t$。之后直到 70 年代末，苏联范围的石油产量都在逐年递增，80 年代平稳变化。由于 1990 年苏联解体，导致整个地区石油产量在 90 年代先降后增。20 世纪末至今，整个地区石油产量持续稳定上升（图3-1）。中亚哈萨克斯坦、阿塞拜疆和土库曼斯坦总体有增加态势，乌兹别克斯坦则于近 20 年呈下降趋势。

　　1927 年，伊拉克的巴巴古古 1 号井探井喜喷原油，这是中东阿拉伯地区的第一口喷油井，由此发现了第一个大油田——基尔库克大油田；1938 中东地区年陆续发现科威特大布尔干油田和沙特达曼油田。之后又不断发现大小各类油气田。20 世纪 50 年代前后，中东石油工业大发展，逐步取代美国成为世界上最大的产油地区。1945 年的石油年产量仅为 2565×

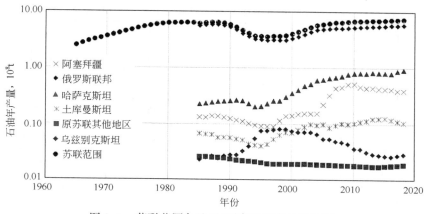

图 3-1　苏联范围各地区/国家石油产量变化图

10^4t，1970 年已高达 6.87×10^8t，在全球占比已经达到 37.82%。20 世纪 80 年代至今，中东地区的石油产量不断增加，是当今世界上油气资源最丰富的地区。

中国的石油工业起步较晚，中国第一口油井"延一井"完井于 1907 年，井深 81m，初日产量 1.5t。1939 年 8 月，钻探了"老君庙一号井"，到 1949 年，玉门油田产油 52×10^4t，占当时全国原油总产量的 95%。1957 年中国第一个石油基地在玉门建成。该年玉门产油 75.55×10^4t，占全国总产量的 87.78%。1955 年 10 月，克拉玛依第一口油井"克 1 井"喷油。到 1960 年，克拉玛依产油达 163.6×10^4t，占当年全国总产量的 39%。1958 年，青海冷湖打出一口油井——地中四井，初日产量高达 800t，青海油田到 1960 年成为当时中国第四大油田。同年在四川盆地发现了南充、桂花等 7 个油田。1959 年 8 月"松基三井"喷出油流，发现大庆油田。到 2007 年，大庆累计产油 18.21×10^8t，占同期全国陆上产油总量的 47%。1963 年，国产原油 648×10^4t，中国石油实现了原油基本自给自足。从 1969 年到 1978 年的原油产量年均增速达到 18.6%，1978 年产量突破了 1×10^8t（图 3-2）。中国海上石油勘探开始于 1967 年。20 世纪 70 年代末至 80 年代初，开始大规模海上油气勘探。1985 年，中国石油产量达到 1.25×10^8t，居世界第六。之后，中国油气生产快速发展（图 3-2）。从 2015 年开始，石油产量持续下降，2018 年产量为 1.89×10^8t。亚洲其他地区的石油勘探开发普遍开始较晚，越南和泰国油气勘探和生产主要在 20 世纪 80 年代以后（图 3-2）。2018 年亚洲（包括俄罗斯）的石油产量是 24.45×10^8t，占全球的 56.9%。石油产量超过 1×10^8t 的共有 7 个国家，除中国和俄罗斯外，其他 5 个都在中东地区（表 3-1）。

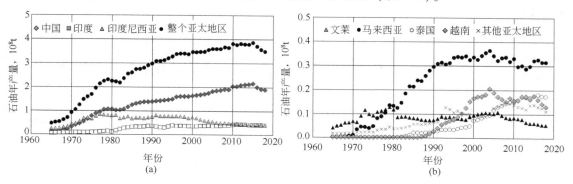

图 3-2　亚洲地区主要产油国石油产量变化图

表 3-1　亚洲部分产油国 2018 年石油产量统计表（据 BP 公司，2019）　单位：10^8t

排序	国家	产量	排序	国家	产量
1	沙特阿拉伯	5.78	12	印度尼西亚	0.4
2	俄罗斯	5.63	13	阿塞拜疆	0.39
3	伊拉克	2.26	14	马来西亚	0.31
4	伊朗	2.2	15	泰国	0.17
5	中国	1.89	16	越南	0.13
6	阿联酋	1.78	17	土库曼斯坦	0.11
7	科威特	1.47	18	文莱	0.05
8	哈萨克斯坦	0.91	19	乌兹别克斯坦	0.03
9	卡塔尔	0.78	20	也门	0.03
10	阿曼	0.48	21	叙利亚	0.01
11	印度	0.4	22	—	—

亚洲天然气的勘探和生产总体要晚。自早期进行天然气勘探和开发开始，亚洲天然气的产量不断上升。20 世纪中期到 70 年代是苏联天然气勘探的大发展时期，尤其是西西伯利亚等盆地的天然气生产使得苏联成为天然气生产大国。从 20 世纪 60 年代以后，其他亚洲国家也开始了天然气的勘探和生产。苏联天然气年产量从 1970 年的 $1875×10^8 m^3$ 快速增加到 1990 年的 $7319.9×10^8 m^3$。由于苏联解体，从 1990 年到 2008 年对应地区有一个产量先降后增的阶段，最低年产量出现在 1997 年，为 $5961.5×10^8 m^3$。2009 年产量又突然降低到 $6631.7×10^8 m^3$。之后又出现增加—平稳—增加的过程，这种变化与俄罗斯产量变化一致（图 3-3）。苏联范围中俄罗斯之外的其他亚洲国家的天然气年产量均低于 $1000×10^8 m^3$（图 3-3）。从 1970 以来，中东各国天然气均呈逐渐增加趋势，尤其进入 21 世纪，其天然气增加更为快速（图 3-4）。整个中东 1970 年的年产量只有 $103.4×10^8 m^3$，2000 年已达到 $2040.7×10^8 m^3$，2010 年为 $4746.6×10^8 m^3$，2018 年达到历史最高 $6872.7×10^8 m^3$（图 3-4）。亚洲的天然气产量也一直呈上升趋势，21 世纪的头十年是相对快速增长时期，第二个十年增长稍缓（图 3-4）。中国近年增长较快，印度尼西亚和马来西亚近年产量平稳（图 3-4）。

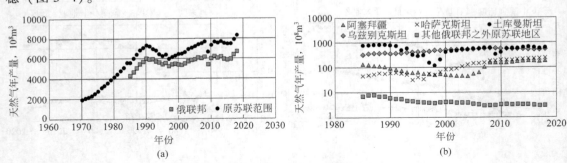

(a)　　　　　　　　　　　　　　(b)

图 3-3　原苏联地区各国天然气产量变化图

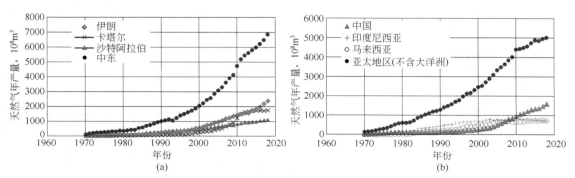

图 3-4　中东各国与亚洲主要国家及地区天然气产量变化图

近年来，亚洲产气国主要在中东地区，中国也有较高产量（表 3-2）。2018 年底亚洲包括俄罗斯在内天然气年产量超过 $5000×10^8 m^3$ 的只有俄罗斯，达到 $6694.8×10^8 m^3$；伊朗天然气年产量为 $2394.9×10^8 m^3$，明显高于亚洲其他国家。卡塔尔、中国和沙特阿拉伯的天然气年产量分别为 $1754.6×10^8 m^3$、$1615.3×10^8 m^3$ 和 $1121.2×10^8 m^3$；天然气年产量在（500～800）$×10^8 m^3$ 的有印度尼西亚、马来西亚、阿拉伯联合酋长国、土库曼斯坦和乌兹别克斯坦；其他亚洲国家天然气年产量均在 $400×10^8 m^3$ 以下（表 3-2）。

表 3-2　亚洲主要产气国 2018 年天然气产量统计表（据 BP 公司，2019）

单位：$10^8 m^3$

序号	国家	产量	序号	国家	产量
1	俄罗斯	6694.8	12	阿曼	359.5
2	伊朗	2394.9	13	巴基斯坦	341.9
3	卡塔尔	1754.6	14	孟加拉国	275.2
4	中国	1615.3	15	印度	274.9
5	沙特阿拉伯	1121.2	16	哈萨克斯坦	243.7
6	印度尼西亚	731.7	17	阿塞拜疆	187.6
7	马来西亚	724.9	18	缅甸	178.0
8	阿拉伯联合酋长国	646.8	19	科威特	174.8
9	土库曼斯坦	615.2	20	巴林	148.4
10	乌兹别克斯坦	566.4	21	伊拉克	129.9
11	泰国	377.3	22	文莱	125.7

第二节　区域构造特征

根据晚古生代以来亚洲地区构造演化及古陆区和各个构造活动带含油气盆地的发育特征，将亚洲南部的冈瓦纳古陆和北部的劳亚古陆划分为两个一级油气域，并将亚洲中部两个古陆区之间的造山区，按其演化时间从北向南划分为古亚洲洋、古特提斯和新特提斯三个油气域（金之钧等，2007；Klemme 等，1991）。另外，将受太平洋板块向西俯冲影响的亚洲东部陆缘，划分为另一个滨/环西太平洋边缘油气域（图 3-5）。按照亚洲大陆显生宙以来的构造演化和任纪舜等人（2000）的研究，亚洲可划分为两个克拉通区、三个造山区以及一个构造活动区（图 3-5）。

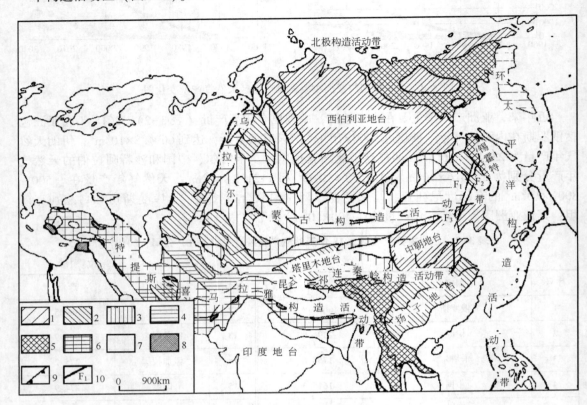

图 3-5 亚洲大地构造简图（据梁光河，2018）
1—太古宙或早元古代固结的地台；2—晚元古代固结的地位；3—早古生代造山带；
4—晚古生代造山带；5—早中生代造山带；6—晚中生代造山带；7—新生代
造山带；8—中新生代蛇绿岩、混杂堆积；9—海沟；10—郯庐断裂

一、克拉通区

亚洲地区南部、北部为古老克拉通区，中部为包裹在复杂褶皱区中的古老地块（群）区。亚洲北部为东欧地台和西伯利亚地台组成的劳亚克拉通区；南部为由阿拉伯、印度组成的冈瓦纳克拉通区（该区向东南一直延伸到澳大利亚，包括澳大利亚地台）。在南、北两大克拉通之间的显生宙复杂褶皱区内，分布着中朝（华北）、扬子（华南）、塔里木、卡拉库姆、哈萨克、阿穆尔等准地台和其他大量小地块，任纪舜（2000）称之为古中华陆块群。古中华陆块群的陆块散布在古亚洲和古特提斯洋造山区内。

二、构造活动带

在亚洲中部、南部冈瓦纳与北部劳亚两大克拉通区之间，为显生宙以来形成的复杂褶皱造山带以及包裹在其间的大量中间陆块。亚洲大陆是从北向南逐渐拼贴增生形成的（任纪舜，2000）。总体上，褶皱造山带的发育也是北早南晚。

亚洲构造域可划分为稳定区、造山带区和中—新生代构造活动区（图3-5）。稳定区主要有北部的俄罗斯地台与西伯利亚地台、塔里木准地台、华北准地台、华南准地台、印支-南海准地台、阿拉伯地台与印度地台。以主要缝合线为界可以划分出三大横向褶皱造山带区和受太平洋向西俯冲影响的中—新生代滨西太平洋纵向构造活动带。褶皱造山带区包括：

（1）古亚洲构造区（额尔齐斯—佐伦—黑河缝合线（东段）和乌拉尔—南天山缝合线（西段）以北，与西伯利亚、东欧克拉通之间的古生代造山区，以加里东造山作用为主。

（2）古特提斯构造区：两条缝合线以南，和沿黑海—大高加索—科佩特塔格—兴都库什—帕米尔—西昆仑—金沙江一线（古特提斯缝合线）以北的区域，主要活动时间为晚古生代—中生代早期，包括与早古生代构造带叠覆的古特提斯造山区。

（3）新特提斯构造区：沿黑海—大高加索—科佩特塔格—兴都库什—帕米尔—西昆仑—金沙江一线以南，与非洲—阿拉伯、印度—澳大利亚板块北缘（印度河—雅鲁藏布江缝合线）之间的新特提斯造山区，其主要活动时间为晚中生代—新生代。中—新生代滨西太平洋纵向构造活动带主要为亚洲东部受太平洋板块向西、向北俯冲影响形成的中—新生代构造活动区，沿着滨/环西太平洋边缘分布。

第三节　地层与地质发育历史

一、地层

亚洲地区地层出露齐全，厚度巨大，具有多层系、多旋回的特点。亚洲北部和西部含油气盆地发育具有相对固定的构造演化模式，从东、西西伯利亚，到中亚、里海、黑海以至阿拉伯半岛，在整个显生宙历史中，或为大型克拉通地块，或位于大陆边缘，一直处于稳定的构造背景之下。亚洲西北部的西西伯利亚盆地最深部为太古宇—元古宇组成的结晶岩盘；上覆古生界海西期褶皱基底。中古生代时发生断陷，构造上属中新生代年轻地台，主要由 T_3-J-K-Q 地层组成。盆地中部沉积盖层厚度为 3000~5000m，北部可达 5000~7000m。亚洲东南部的波斯湾盆地古生代时处于非洲—阿拉伯古大陆边缘，主要接受地台浅海—陆相碎屑岩沉积，沉积了古生界、中生界、新生界等，不整合于前寒武系阿拉伯地盾上。波斯湾盆地长期相对构造稳定，从古生代至新生代长期海侵沉积，阿拉伯地台一侧为浅海陆棚，邻扎格罗斯山一侧为较深海盆。亚洲腹地塔里木盆地的基底主要由褶皱强烈、变质很深的太古宇和褶皱、变质程度较低的元古宇组成，沉积盖层发育齐全。震旦系和古生界是地台型沉积盖层，以海相为主，其晚期火山喷发并渐变为陆相沉积。中—新生界是盆地型沉积，以陆相为主，晚白垩世—古近纪盆地西部为海相沉积。

亚洲大陆东缘的环太平洋构造活动带，是叠加在亚洲古生代、中—新生代板块之上的、以新生代盆地为主的构造活动带。其中的松辽盆地由于地壳大范围隆起，强烈岩浆喷发和大规模酸性岩浆岩侵入，古生界及前古生界都受到不同程度的变质。沉积盖层主要由侏罗系、白垩系、古近系、新近系与第四系组成，总厚度最大可达11000m以上。渤海湾盆地是一个叠置在华北地台古生界盖层之上的中—新生代裂谷盆地，盆地内发育有震旦亚界、古生界海相和中—新生界陆相沉积，累计厚度最大可达33000m。各断陷的早古近纪基底由不同时代的不同地层组成：太古宇和古元古界的混合花岗岩、石英岩和大理岩；中、新元古界和下古生界的白云岩和石灰岩；上古生界的含煤地层以及中生界的基性—中性火山岩和含煤地层。古近系和新近系主要由厚约10km的巨厚碎屑岩系组成。另外，大量其他含油气盆地发育有不同时代的地层。

二、地质发展历史

亚洲大陆是由无数不同大小的地块拼合形成的。显生宙以来，亚洲构造演化表现为南部冈瓦纳大陆逐渐解体和北部劳亚大陆的逐渐增生。中—新生代，欧亚大陆受东部太平洋板块向西俯冲和南部新特提斯洋向北部俯冲的双重影响。

（一）晚元古代—古生代

晚元古代（1000Ma至700Ma前），东欧、西伯利亚、中朝、塔里木、印度各陆块曾经聚集结在一起，是组成罗丁尼亚（Rodinia）超级大陆的一部分。震旦纪时，冈瓦纳大陆开始解体，形成了分散在古亚洲洋内的西伯利亚、东欧、华北等前寒武纪克拉通和一系列小陆块，它们是之后亚洲大陆的主要组成部分。古生代早期，诸陆块在南半球连成一个整体的巨型冈瓦纳大陆，从冈瓦纳分裂出来的北美、东欧（俄罗斯）、西伯利亚和中朝等陆块。在南半球赤道附近漂浮、增长，北半球以海洋为主，其中中寒武世早期，西伯利亚东侧打开形成了宽阔的古亚洲洋。志留纪时，塔里木—卡拉库姆微大陆与东冈瓦纳大陆之间扩张，产生了古特提斯洋。晚古生代，组成亚洲的主要陆块越过赤道向北半球移动并逐渐汇聚，形成统一的超级大陆，其中晚二叠世末期—三叠纪早期，古特提斯洋北侧洋支（准噶尔—巴尔喀什盆地）闭合。塔里木—卡拉库姆和塔吉克微陆块已经与哈萨克斯坦陆块碰撞，形成了天山冲断—褶皱带。古特提斯板块向劳亚大陆的持续汇聚，使增生拼贴陆块和哈萨克斯坦大陆一起，在东欧和西西伯利亚大陆之间的楔形区域内，形成了在乌拉尔山脉、伊尔蒂什—扎伊萨顿（Irtysh-Zaisatn）带地区的海西期造山带和西西伯利亚盆地的基底。

（二）中生代

华力西运动造山后，开始了新特提斯—古太平洋构造演化阶段。新特提斯打开是从联合大陆的东部裂开开始的，东部新特提斯带裂陷始于晚二叠世，从三叠纪开始出现大洋地壳。劳亚（Laurasia）大陆西部与西冈瓦纳大陆之间新特提斯带的裂开一般在晚三叠世，侏罗纪才出现真正的大洋地壳。东特提斯的演化可以概括为"冈瓦纳解体—亚洲增生"的模式。其中，三叠纪时期，随着超级大陆的继续挤压作用，在劳亚大陆南缘，陆壳被撕裂，形成了一系列右旋走滑断裂，中哈萨克斯坦和天山山系发生变形改造而弯曲；劳亚大陆北部发生了裂谷作用，劳亚大陆内部也以伸展为特征，在西西伯利亚内部形成大陆裂谷和鄂毕泛大洋部分，溢流玄武岩大面积覆盖于西伯利亚和楚科奇等盆地；裂谷带开始沉降，形成了西西伯利亚沉积盆地。侏罗纪时，超级大陆开裂。劳亚大陆围绕西伯利亚内部的一个极点顺时针旋转，北极洋的加拿大盆地开始张开。劳亚大陆东部太平洋陆缘开始伸展，形成裂陷盆地。在距今 160Ma~130Ma 期间，超级大陆开裂达到高峰期。晚侏罗世—早白垩世，在亚洲东部发生了区域性伸展，蒙古和中国东北、华北和华南等地区广泛发育了北东走向的晚侏罗世—早白垩世（J_3~K_1）陆内裂陷盆地。

（三）新生代

劳亚大陆在晚白垩世最终解体分离成为欧亚板块和北美板块。白垩纪末期—古近纪，欧亚板块演化表现为西南、南和北三面汇聚，北面扩张，西南面的非洲—阿拉伯板块、南面的澳大利亚—印度板块和东面的太平洋板块的汇聚造成大洋板块与大量陆块一起从各个方向向欧亚板块陆缘汇聚。古近纪以来，欧亚板块与阿拉伯板块之间、与印度之间的板块汇聚速率都明显降低，分别从 2.5cm/a 降低到 1cm/a 和从 12cm/a 降低到 4cm/a。非洲—阿拉伯、印度—澳大利亚板块与欧亚板块的碰撞，形成了阿尔卑斯山、扎格罗斯—科佩特山、喜马拉雅山至印支地区统一的新特提斯造山带，使新特提斯除地中海和弧后的黑海、里海等局部洋盆以外整体关闭。渐新世，新特提斯洋几乎完全关闭。此后，黑海外新特提斯弧后盆地的洋壳开始被消减，并伴随着大高加索地区的地壳首次缩短和山脉上升。始新世，由于库拉板块已经几乎完全被消减到俯冲带之下，太平洋板块与欧亚板块间运动速率变慢，板块汇聚速率从 15cm/a 降低到 7cm/a，相互作用减弱，导致遍及欧亚大陆东部滨/环西太平洋陆缘的弧后扩张，发生了广泛的古近纪陆缘裂谷或弧后裂谷作用，形成了新生代裂陷盆地。从鄂霍次克海、中国东北、华北—渤海湾、苏北以及日本海、东海、台湾海峡—南海珠江口地区，遍及个亚洲东部。新生代晚期，印度与欧亚大陆持续碰撞，亚洲中、南部地区形成高原，造山带复活形成山脉。太平洋板块俯冲，形成了亚洲东部的海沟—岛弧—边缘海盆体系。

第四节　盆地类型及其分布特征

亚洲的含油气盆地有西西伯利亚、东西伯利亚、波斯湾、滨里海盆地东部、卡拉库姆、塔里木、鄂尔多斯、四川、印度河盆地等 375 个，产油气盆地 100 多个，重要的含油气盆地约占一半。世界上面积超过 $300 \times 10^4 km^2$ 的波斯湾、西西伯利亚和东西伯利亚三个盆地都在亚洲。古生代产油气盆地相对较少，主要在亚洲内陆地区，如东西伯利亚地台的安加拉勒拿、中国西部塔里木盆地、四川盆地、鄂尔多斯盆地等。中、新生代产油气盆地分布广泛，包括年轻的地台盆地、大陆边缘盆地及沿海的群岛盆地，多属海相侏罗系、白垩系及古近—新近系沉积区。中国大陆境内，则以陆相中—新生代产油气盆地为特征。波斯湾盆地和四川盆地位于古老地块边缘，古生界和中—新生界均产油气。

由于亚洲各地区不同的大地构造及其构造—沉降—沉积演化历史，形成了各类不同盆地。其中西伯利亚地台的沉积盆地可以划分为陆内和陆缘裂谷盆地、裂谷期后台拗盆地和克拉通边缘坳陷带盆地、现代被动大陆边缘型盆地、岩石石圈板块的聚敛带（即在大陆板块下的大洋板块俯冲带）盆地等。具体的盆地类型如表 3-3 所示。

表 3-3　亚洲西伯利亚地台的沉积盆地分类表

序号	盆地名称	油或气	构造类型	含油和/或含气地层
1	西西伯利亚	油、气	裂谷期后台拗	上古生界—白垩系
2	通古斯卡	油	古被动陆缘	里菲期地层
3	安加拉—勒拿	油、气	古被动陆缘	文德期地层—寒武系
4	维卢伊	油、气	裂谷和裂谷期后凹陷	三叠系
5	勒拿—维卢伊	气	前渊	侏罗系
6	叶尼塞河—哈坦加	气	裂谷期后地槽	三叠系—白垩系
7	鞑靼海峡	气	弧后盆地	上白垩统—古近系
8	东萨哈林	油	弧前盆地	新近系
9	北鄂霍次克	气	弧后盆地	上白垩统—古近系
10	阿纳德尔	气	弧后盆地	下古近系
11	西堪察加	气	弧后盆地	下古近系
12	哈特尔卡	气	弧前盆地	上白垩统—新近系
13	纳瓦林	气	弧前盆地	上白垩统
14	品仁纳	油、气	弧后盆地	上白垩统—新近系

　　根据燕山期以来盆地所受三向应力的作用机制以及这种机制对前期盆地的改造程度，可将东亚地区沉积盆地划分为克拉通盆地、陆内挤压挠曲盆地、走滑拉分盆地、裂谷盆地、弧前盆地和弧后盆地 6 个类型（表 3-4）。位于中东地区的波斯湾盆地是亚洲也是全球最富含油气的盆地，是大陆边缘盆地与前陆盆地复合而成的大型叠合盆地（图 3-6）。位于亚洲西北的西西伯利亚盆地是全球面积最大的盆地（$420 \times 10^4 km^2$），是仅次于波斯湾盆地的全球富含油气的克拉通内盆地，既富集天然气，也富集石油（图 3-6）。除上述两大盆地外，东亚地区的盆地划分为西部相对稳定、西部挤压、中部克拉通、青藏—羌塘、兴安—蒙古、东部环太平洋和俯冲边缘等 7 个盆地群，其中，西部相对稳定克拉通、西部挤压挠曲、中部克拉通 3 个盆地群形成于燕山期之前，燕山期以来的构造运动对这些盆地群中的盆地进行了一定程度的改造，在盆地边缘形成了前陆盆地，但对盆地的整体格局没有改变。青藏—羌塘走滑、兴安—蒙古裂谷、东部环太平洋裂谷和俯冲边缘岛弧系 4 个盆地群是在燕山期以来形成的。

表 3-4　东亚地区构造域及沉积盆地类型

构造域	基底	应力环境	盆地类型	代表盆地
西部相对稳定	元古宇结晶基底	克拉通	克拉通	塔里木
中部克拉通	太古宇—元古宇结晶基底	克拉通	克拉通	鄂尔多斯、四川
西部挤压	加里东—海西褶皱基底	聚敛	陆内挤压挠曲	准噶尔、三塘湖、吐哈
青藏—羌塘	海西褶皱基底	走滑断裂	走滑拉分盆地	柴达木；库木库里；羌塘措勤；兰坪；思茅
兴安—蒙古	古生界褶皱基底	裂陷	陆内裂谷	松江；二连；银根；外蒙
东部环太平洋	太古宇—古元古界结晶基底	裂陷	陆缘裂谷	渤海湾；北黄海；珠江口；莺歌海；朝鲜半岛
俯冲边缘	印支—燕山褶皱基底	聚敛	俯冲边缘	秋田；山形；宫崎

　　中亚地区沉积盆地处于不同的大地构造背景，经历了不同的构造演化阶段，基底性质、成盆机制、沉降特征、沉积类型、构造特征及含油气性等都有较大差别。按照盆地演化的时代顺

序，并根据成盆的构造背景，对该地区的沉积盆地进行类型划分（游国庆等，2010）（表3-5）。一些沉积盆地主要受拉张应力场控制，发育为裂谷盆地，如早期的滨里海盆地、大高加索—南里海盆地；一些沉积盆地主要受挤压应力场控制，发育为前陆盆地，如后期的南里海盆地、捷列克—里海盆地、费尔干纳盆地、阿赖盆地、阿拉湖盆地、伊塞克湖盆地、西伊犁盆地等；另一些盆地则与古老地块密切相关，发育为克拉通型盆地，如中生代的阿姆河盆地、图尔盖盆地、锡尔河盆地。这个地区的绝大多数盆地都经历了多个构造演化旋回，在不同时期受不同的构造应力场控制，发育为叠合型盆地，如滨里海盆地、北乌斯秋尔特盆地等（图3-6）。

表3-5　中亚及邻区主要沉积盆地构造背景和类型（据游国庆，2010）

盆地名称		构造背景	盆地类型	发育时代
南里海		阿尔卑斯造山带内	山间压陷盆地	新生代
捷列克—里海		造山带前渊内	前陆盆地	
科佩特达格前渊				
费尔干纳、阿赖、阿拉潮、伊塞克湖、西伊犁等		天山造山带内	前陆盆地	
超级里海盆地	滨里海	稳定克拉通	克拉通内坳陷盆地	中生代
	北乌斯秋尔特	前寒武纪地块、三叠纪发生剪张，后为稳定克拉通	克拉通内裂谷—坳陷盆地	
	曼格什拉克、北高加索	斯基夫—图兰造山带，三叠纪发生剪张，后为稳定克拉通	克拉通内裂谷—坳陷盆地	
	捷列克—里海	新特提斯洋被动陆缘	被动陆缘盆地	
	大高加索—南里海	新特提斯洋弧后扩张带	弧后裂谷盆地	
	阿姆河—阿富汗—塔吉克	克拉通—被动陆缘	克拉通内坳陷—被动边缘盆地	
图尔盖、锡尔河		哈萨克斯坦造山带，三叠纪发生剪张，后为稳定克拉通	克拉通内裂谷—坳陷盆地	
费尔干纳		天山造山带内，三叠纪发生剪张，后为稳定克拉通	克拉通内裂谷–坳陷盆地	
滨里海		东欧克拉通东南缘拉张，中石炭世碰撞挤压	裂谷盆地（东缘和南缘）前陆盆地	古生代
北乌斯秋尔特		前寒武纪地块被动（活动）陆缘	被动（活动）陆缘盆地	
图尔盖、田尼兹、斋桑		未完全固结的地块-岛弧造山带，走滑剪张	走滑拉分盆地、被动（活动）陆缘盆地	
巴尔喀什、楚—萨雷苏				
滨里海		东欧克拉通东南缘拉张	裂谷盆地	前寒武纪

南亚地区印度次大陆东西两侧、孟加拉湾与印度洋区域也发育几种不同类型的盆地。其中被动大陆边缘盆地主要位于印度次大陆东西两侧，包括孟买盆地、坎贝盆地、科弗里盆地、古达班盆地、贡根—基拉拉—拉沙盆地、奎师那—哥达瓦里盆地、库奇盆地、曼哈纳第盆地、苏拉斯塔盆地以及孟加拉深海扇与印度河扇盆地等；俯冲—碰撞带盆地位于印度板块东北角孟加拉湾北部那阿拉干构造带前缘的孟加拉盆地和若开盆地等；克拉通盆地主要为位于印度大陆内部的古达班盆地，是印度最大的克拉通盆地之一。

东南亚地区复杂的地质历史造成了复杂的地质构造，并在其上发育了类型众多的沉积盆地，形成时代齐全的沉积建造，从元古宇至新生界均有油气生成和聚集的层位。根据盆地发育的位置差异，将南亚太地区沉积盆地分为三大类（杨福忠等，2006）：①主动陆缘型盆地，包括弧后盆地（北苏门答腊盆地、中苏门答腊盆地、南苏门答腊盆地、巽他盆地、西北爪哇盆地、东爪哇盆地等）、弧前盆地（苏门答腊岛弧带以南发育一系列的弧前盆地）和弧间盆地；②克拉通内部盆地，主要为断陷盆地（马来盆地、泰国湾的北大年盆地、打拉根、西纳土纳及博纳帕特等盆地）；③被动陆缘型盆地（南中国海南部加里曼丹岛以北地区马来西亚的沙巴和砂捞越盆地及文莱巴兰三角洲盆地等）。

第五节　典型含油气盆地特征

一、渤海湾盆地

渤海湾盆地位于中国东部渤海海域及其沿岸，地跨辽宁、河北、河南、山东和北京、天津等省、市，南北长 2600km，东西宽 1200km，总面积约 20 万 km^2。在构造区划上，它处于中朝陆块的东部，东临胶辽隆起，西与太行山隆起为邻，北至燕山台褶带，南抵豫淮台褶带，是一个新生代的沉降平原，被第四系大面积覆盖，是一个叠置在华北地台古生界盖层之上的中—新生界裂谷盆地。渤海湾盆地于 1955 年开展了大规模油气普查，1964 年开始全面石油地质勘探，于 60 年代相继发现不同坳陷的油气。经历了 60 多年的陆地和海域石油勘探发现了大量油气田。目前该盆地范围内有胜利、辽河、华北、大港、中原、渤海、冀东七大油气区。渤海湾盆地是迄今海上发现油气田最多的地区，主要集中分布在辽东坳陷、渤中坳陷和埕宁隆起。渤海湾盆地油气资源丰富，石油资源量达到 $225 \times 10^8 t$，其中 $90 \times 10^8 t$ 已经探明；天然气资源量为 $1.09 \times 10^{12} m^3$，其中可采部分为 $0.62 \times 10^{12} m^3$。截至 2012 年底，渤海湾盆地累计探明石油储量为 $137.91 \times 10^8 t$，探明累计天然气储量为 $10608 \times 10^8 m^3$，探明程度分别为 49.7% 和 22.5%。盆地 2013 年的石油与天然气累计产量分别为 $22.2 \times 10^8 t$ 和 $2386 \times 10^8 m^3$，采出程度分别为 16.11% 和 22.5%（姜帅，2014）。

（一）地层与沉积特征

渤海湾盆地从老到新的发育层有太古宇泰山群、下古生界寒武系和奥陶系、上古生界石炭系和二叠系、中生界侏罗系和白垩系，新生界古近—新近系及其上覆的第四系。太古宇为基底，缺失元古宇、古生界上奥陶统、志留系、泥盆系和下石炭统及中生界三叠系。其中古近系和新近系最为发育，最厚超过 7000m，其层位包括古近系始新统的沙河街组四段—孔店组、渐新统的沙河街组（一、二、三段）、东营组和新近系中—上新世的馆陶组、明化镇组（图 3-6）。现以渤海湾盆地济阳坳陷为例，说明古近系和新近系的主要地层和沉积特征。

根据气候条件和沉积相的不同，古近系沙四段分为上、下两个亚段。沙四段下部以紫红色、灰绿色泥岩为主，夹砂岩、含砾砂岩和薄层碳酸盐岩及油页岩。沙四下亚段属于干旱气候条件下的快速充填的粗粒沉积，为冲积扇沉积，为油气储集层。沙四上亚段沉积气候由干旱转为湿润，裂陷活动有所加强，发育一套滨浅湖沉积，在湖盆中心沉积了膏岩，为渤海湾

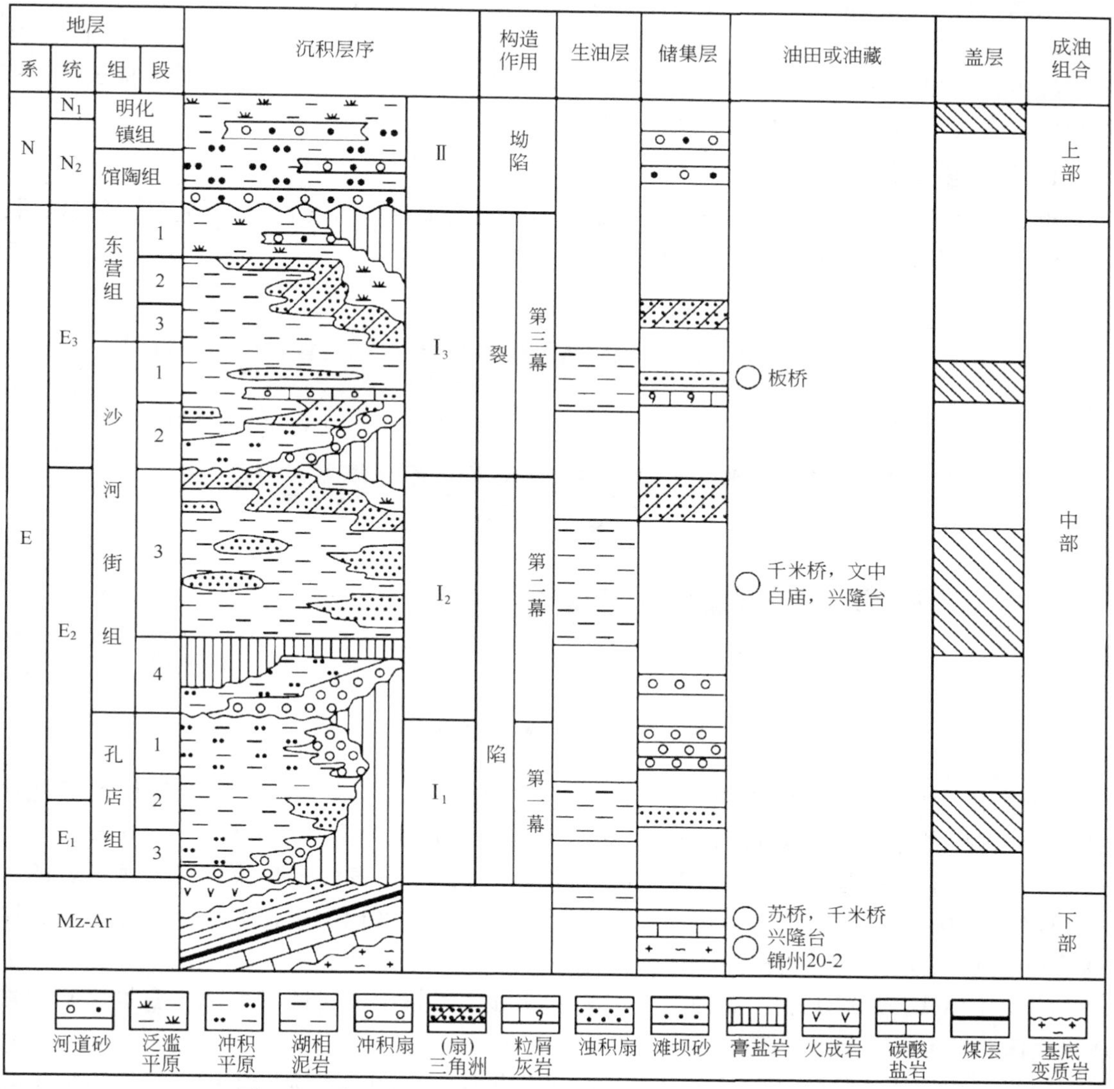

地层				沉积层序	构造作用	生油层	储集层	油田或油藏	盖层	成油组合
系	统	组	段							
N	N₁	明化镇组			II 坳陷					上部
	N₂	馆陶组								
E	E₃	东营组	1							
			2	I₃ 裂 第三幕						
			3							中部
		沙河街组	1					○板桥		
	E₂		3	I₂ 第二幕				○千米桥，文中 白庙，兴隆台		
			4							
		孔店组	1	I₁ 陷 第一幕						
	E₁		2							
			3					○苏桥，千米桥 兴隆台 ○锦州20-2		下部
Mz-Ar										

图例：河道砂　泛滥平原　冲积平原　湖相泥岩　冲积扇　(扇)三角洲　粒屑灰岩　浊积扇　滩坝砂　膏盐岩　火成岩　碳酸盐岩　煤层　基底变质岩

图3-6　渤海湾盆地地层与成藏组合图（据赵文智等，2000）

盆地主要烃源岩层，也是储油层之一。沙三段可分三个亚段，下亚段为深灰色、褐棕色泥岩、钙质泥岩和油页岩，夹少量粉砂岩和浅灰色不等粒砂岩。中亚段为深灰色泥岩夹泥灰岩和浅灰色不等粒砂岩。中下亚段湖盆中心发育了3套有机质丰富的深湖—半深湖相油页岩、泥岩，且沉积分布广泛，是渤海湾盆地的主要生油层。上部以砂岩为主，河流相沉积较广泛，冲积扇、河流、三角洲砂体发育，是重要储油层之一。沙二段下部为绿色、灰色泥岩与砂岩、含砾砂岩互层夹碳质泥岩，其上半部见少量紫红色泥岩。上部为灰绿色、紫红色泥岩与灰色砂岩的互层，夹钙质砂岩及含砾砂岩。沙二上沉积时期，盆地裂陷活动又一次加强，盆地重新接受沉积，并由水上沉积过渡为滨浅湖沉积。在沙一段，湖盆进入第二次沉陷扩张期，湖盆范围极度扩大，形成了浅—半深湖沉积，岩性以油页岩、页岩和暗色泥岩为主，底部发育了薄层碳酸盐岩和粒屑生物滩，储集性能较好，主要为济阳坳陷区域性盖层，并具有一定生、储能力。

馆陶组与下伏东营组之间存在明显的沉积间断，下部岩性较粗，为灰色、浅灰色厚层块状砾岩、含砾砂岩、砂岩、夹灰色、灰绿色、紫红色泥岩、砂质泥岩；上部岩性较细，主要为紫红色、灰绿色泥岩、砂质泥岩与粉砂岩互层，夹粉细砂岩。明化镇组岩性为棕黄色、棕红色泥岩夹浅灰色、棕黄色粉砂岩及部分海相薄层。

（二）地质演化特征

渤海湾盆地经历了复杂的构造演化，是典型的复合盆地。古元古代结晶基底形成以后，区内沉积盖层的发育演化经历了四大阶段（图3-7）。

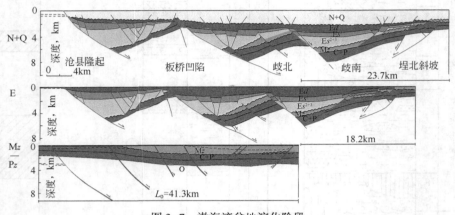

图3-7　渤海湾盆地演化阶段

（1）中—新元古代克拉通边缘拗拉槽阶段（Pt_2—Pt_3）：在燕辽、鲁豫和徐淮等地区中—新元古界发育了一套以硅质白云岩为主的碳酸盐岩沉积盖层，厚达5000~7000m。

（2）古生代克拉通阶段（$\in$—T_2）：下古生界为稳定陆表海碳酸盐岩夹紫色页岩的沉积，厚约1500m。上古生界以海相—海陆交互过渡相含煤沉积为主，上部以陆相为主，厚900~1500m，是该区主要气源岩之一。

（3）中生代挤压隆升剥蚀阶段（T_3—J）：在隆起背景上，局部发育晚三叠世坳陷型盆地和晚侏罗世至早白垩世断陷盆地。

（4）新生代裂谷阶段（E）：新生代古太平洋板块继续向亚洲大陆俯冲，挤压方向由北北西转为北西西，并在印度板块向中国大陆俯冲、自南西向北东挤压的两种应力下，引发了渤海湾盆地区地壳—上地幔的强烈活化，地壳伸展、裂陷、充填，形成渤海湾新生代裂谷盆地。经历上述四个发育阶段，最终形成中—新元古界、古生界、中生界和新生界四种不同类型叠加的复合盆地。

渤海湾盆地古近纪构造演化可分两个构造旋回，即第Ⅰ构造旋回（孔店期—沙河街组一段时期）和第Ⅱ构造旋回（东营期）。中生代末，断裂活动强烈，形成了一些孤立的箕状凹陷，盆地范围小，以红色粗碎屑岩沉积为主夹石膏沉积；沙河街组三段时期，断裂活动显著减弱，沉积盆地扩大，水体加深，沉积了一套暗色泥岩；沙河街组一段、二段时期，构造稳定，盆地变浅，面积扩大，沉积了一套以灰色泥岩为主夹钙质页岩、生物灰岩、白云岩的"特殊岩性"段，构成了第Ⅰ构造旋回。东营早期盆地第二次扩张，断裂活动加强，水体变深，以细粒物质沉积为主，晚期处于断陷向坳陷过渡阶段，盆地逐渐萎缩，构成第Ⅱ构造旋回（表3-6）。

表 3-6　渤海湾盆地古近纪沉积旋回与构造旋回划分

地层	地震界面	距今时间,Ma	沉积相	沉积旋回	构造期	
明化镇组（Nm）	—T$_0$—		河流相至湖相		区域性坳陷阶段	
馆陶组（Ng）			河流相			
	—T$_2$—					
东营组上段（Ed^U）	—T$_3^0$—	—24—　—27—	河流相至浅湖相	反旋回	II旋回	热冷缩作用
东营组下段（Ed^L）	—T$_3^L$—		半深水湖相			断裂作用
		—30—				
沙河街组一段（Es^1）	—T$_4$—	—32—	浅湖相	正旋回	断陷阶段　I旋回	热冷缩作用
沙河街组二段（Es^2）	—T$_5$—	—33—	浅湖相			
沙河街组三段（Es^3）	—T$_7$—	—37—	深水湖相			
沙河街组四段（Es^4）			干盐湖式沉积			
孔店组（Ek）	—T$_8$—	—50—				断裂作用

（三）构造单元划分

基底断裂将整个渤海湾含油气盆地分割成若干次级单断坳陷（或凹陷），每个凹陷可以自成一个含油气区。渤海湾盆地古近系就发育了数十个单断型凹陷。因此，渤海湾盆地是一个多凸多凹、凹凸相间、由多个箕状断陷组成的复杂断陷盆地。根据古近系主力含油层系的展布、断层的分割控制作用和盆地的结构等，通常将渤海湾盆地划分为 6 个坳陷、2 个隆起，即冀中坳陷、临清坳陷、黄骅坳陷、济阳坳陷、辽河坳陷、渤中坳陷和沧县隆起、埕宁隆起（图 3-8），可进一步划分为 65 个凹陷和 38 个凸起。各坳陷内部由多个断陷和凸起二级构造单元组成（图 3-9）。渤海湾断陷盆地断陷型裂谷包括单断和双断两种（图 3-10）。

（四）生储盖及组合特征

1. 烃源岩

渤海湾盆地主要有古近系、中生界和石炭—二叠系三套烃源岩。上古生界是一套海陆交互相—陆相含煤岩系，含有碳酸盐岩、泥页岩、碳质泥岩和煤等多种生烃母岩，累加厚度达 91~520m。黄骅和冀中坳陷的有机质丰度较高，前者 TOC 含量达到 1.31%~5.9%，后者 TOC 含量一般大于 0.9%；济阳坳陷有机质丰度较低，有机碳含量一般小于 1.5%，S_1+S_2 一般小于 2.5mg/g，氢指数一般为 83~270mg/g。上古生界烃源岩基本上以 III 型母质为主，但有些地区的煤层和泥岩中由于富含基质镜质体 B 和壳质组、腐泥组而出现较多的 II_2 型。上古生界煤系烃源岩的有机质成熟度除了济阳坳陷偏高外，其他地区主要处于成熟阶段，黄骅坳陷中部古潜山地区 R_o 一般为 0.55%~0.75%；冀中坳陷文安、霸州、廊坊等地区 R_o 值一般为 0.5%~0.9%。

渤海湾盆地中生界烃源岩主要为下—中侏罗统煤系源岩暗色泥岩，厚度从几米至二、三百米不等。黄骅坳陷枣园以南地区有机质丰度较好，有机质类型属 II_1、II_2 混合型，具备一定的成熟条件，济阳坳陷和临清坳陷下—中侏罗统暗色泥岩有机质丰度整体评价为中等-差烃源岩，干酪根类型普遍为 II_2 型—III 型，且处于成熟—高成熟的热演化阶段，因此具有一定的生气潜力。

渤海湾盆地古近系是最主要烃源岩层系（表 3-7），其特点是厚度大，在盆地各坳陷

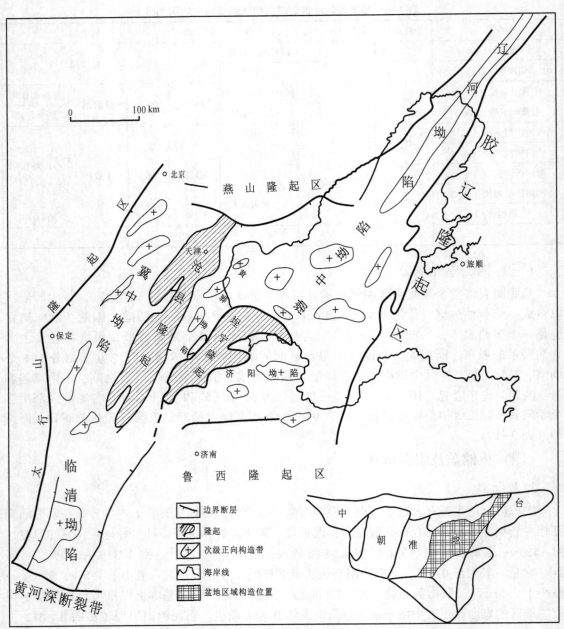

图 3-8　渤海湾盆地构造分区图（据王宗礼等，2010，有修改）

和凹陷内为 500~3000m，最薄的超过 500m（临清），最厚达 2000~3000m（济阳、辽河、歧口）。有机质类型较复杂，有以水生藻类为主的 I 型，有以水生藻类为主且有大量陆源有机物混源的 II 型，也有以陆源有机质为主的典型 III 型。渤海湾盆地较高的地热背景和中—新生代以来各盆地的相对较快的沉陷和埋藏，使有机质的演化成烃环境十分优越。该区古近系湖相烃源岩演化基本受埋藏增热作用控制，大部分凹陷主要烃源岩（沙河街组第三段）的演化程度普遍不高，基本上在新近纪馆陶晚期和明化镇时期才陆续进入生油门限。

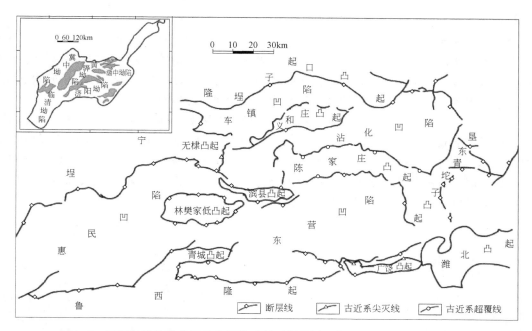

图 3-9　济阳坳陷构造位置及主要构造单元划分图（据胜利油田研究院，2006）

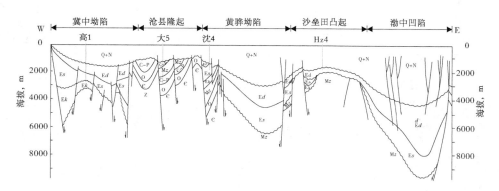

图 3-10　渤海湾盆地构造地质结构剖面图

表 3-7　渤海湾盆地重点坳陷古近纪主要烃源岩地球化学特征（据李丕龙，2009）

坳（凹）陷	层位	有机质类型	TOC，%	氯仿沥青"A"含量，%	总烃含量，%	生油门限，m
济阳坳陷	沙四上亚段	I	2.24	0.39	0.18	1500
	沙三下亚段	I	2.5	0.33	0.16	2200
	沙一段	I、II₁	2.58	0.30	0.13	2400
辽河坳陷	沙四、沙三段	I、II₁	1.94~3.36	>0.13	>0.05	2300
饶阳凹陷	沙一段	II₁	1.1	0.18	0.10	2800
	沙三段	II₁	0.86	0.17	0.09	2300
东濮凹陷	沙四、沙三段	I、II₁	1.01	0.13	0.08	2000

2. 储层

渤海湾盆地有多套储集层系和多种储集岩类型。自下而上有太古宇混合花岗岩，元古宇和下古生界碳酸盐岩，上古生界砂质岩，中生界火山岩、火山碎屑岩和砂岩，古近系孔店组砂砾岩、沙四段砂岩和生物灰岩、沙三段砂岩和浊积砂岩、沙二段砂岩、沙一段砂岩和粒屑灰岩、东营组砂岩，还有新近系馆陶组和明化镇组砂岩与砂砾石。

盆地古近系碎屑岩沉积体系主要包括：冲积扇沉积体系、河流沉积体系、扇三角洲沉积体系、近岸水下扇沉积体系、滩坝沉积体系、三角洲沉积体系、轴向重力流水道沉积体系、湖泊沉积体系等（图3-11）。不同类型二级构造带沉积体系空间配置具有较大差异。陡坡带以水下扇、扇三角洲及近岸水下扇等沉积组合为特征；洼陷带以远岸浊积扇、深水重力流为特征；缓坡带以远源三角洲、滩坝等沉积组合为主。

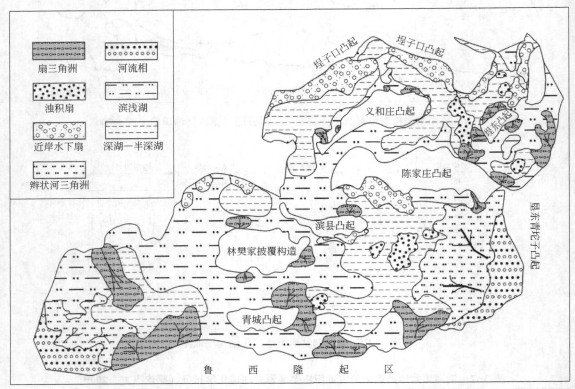

图3-11　渤海湾盆地济阳坳陷东营凹陷沙三中沉积相图

3. 盖层

沙三期是渤海湾盆地湖泊发育的全盛时期，地层分布广泛，为一套中—深湖泊相沉积，岩性为深灰、黑灰、灰褐色泥岩，夹薄层砂岩、粉砂岩，既是本区的主要油气源岩，又是区域性盖层；既是本层段和沙四段的区域性盖层，又是基岩潜山的区域性盖层。冀中坳陷任丘油田上古生界雾迷山组白云岩油藏可作为这种代表。基岩油藏的储集岩主要为藻白云岩、粉晶白云岩、角砾状白云岩和含硅质白云岩。

沙一段在浅湖至深湖环境下形成的大套暗色泥岩，虽然被分割在各凹陷内，但其沉积特点大同小异。岩性为深灰、灰褐色泥岩夹灰褐、黄褐色油页岩、白云岩、泥灰岩、生物碎屑灰岩及灰白色砂岩，在东濮凹陷北部为盐岩夹膏泥岩或油页岩。沙一段岩性、厚度都较稳定，大部分地区厚 200～500m，局部地区厚 50～150m。泥岩单层厚度大，且埋藏深度适中，正处于中等成岩阶段，普遍具欠压实现象，是渤海湾盆地的重要的区域性盖层。以沙一段和沙三段泥岩为盖层封盖的油气资源十分丰富，是渤海湾盆地形成油气藏最多的层段。

渐新世晚期，渤海湾盆地湖盆收缩，沉积中心逐渐向盆地中心转移。该时期辽东湾、南堡、岐口、渤中等凹陷湖相沉积发育，东营组厚逾 2500m，泥岩集中在东下段，以绿色、灰、深灰色为主，质纯致密，富含有机质，是封闭性能较低的区域性盖层。单层泥岩厚度较大，多在 20m 以上，横向稳定。

4. 生储盖组合特征

渤海湾盆地有三类主要的生储盖组合（图 3-6、图 3-12）。

（1）自生自储式生储盖组合：主要发育在沙河街组，其次为孔店组和东营组，中生界和上古生界也可能发育。

（2）新生古储式生储盖组合：古近系为烃源岩和盖层，中生界、古生界、元古宇和太古宇为储集层，油气通过断面和不整合面形成古潜山油气藏。

（3）古生新储式生储盖组合：古近系为油源，新近系为储盖层，油气通过断面和不整合面运移在新近系形成油气藏。

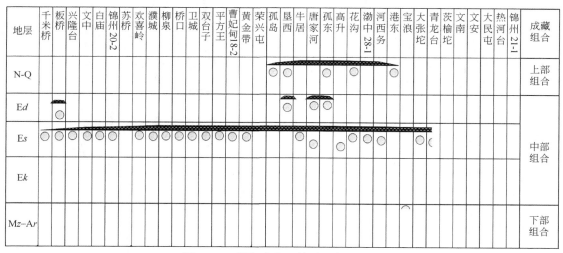

图 3-12　渤海湾盆地储盖组合分布图

（五）油气藏类型与油气聚集带

渤海湾盆地油气藏不仅类型多、分布广，而且十分富集（图 3-13）。渤海湾盆地各凹陷断裂活动十分强烈，往往是一侧主干断裂强烈活动控制凹陷发育形成箕状断陷，簸箕式凹陷和地堑式凹陷非常发育。在簸箕式凹陷内侧有 3～10km 厚的古近—新近系沉积厚度。凹陷内部又为次级断层切割，呈现许多基底翘倾断块体，数量多、起伏大、有利于地层超覆、不整合及古潜山圈闭的形成。如同生断层是在基底断裂的基础上发育生长起来的，在古近系底部不整合面下有断阶式的潜山圈闭。簸箕式凹陷的坡侧古近系与新近系沉积厚度减薄到 1～3km，逐层有超覆、尖灭或剥蚀现象，可能形成大型的地层-岩性圈闭。坡侧的同生断层由于规模较小，只能形成古近系与新近系的断裂带。基底的反向正断层可能构成一列或数列沿

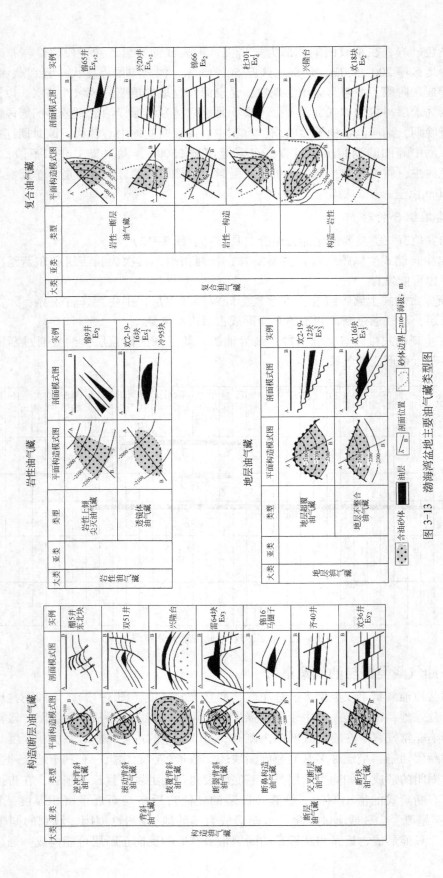

图 3-13　渤海湾盆地主要油气藏类型图

走向分布、降起幅度不大的潜山圈闭。簸箕式凹陷有时出现一种复式结构，即在凹陷较深的部位因升降活动而产生一列中央低潜山带，常形成良好的圈闭。有时簸箕式凹陷的最深部位，因为塑性地层的上拱，形成中央背斜带，两侧都有可能发育有滚动背斜带和断阶带。在同生断层下降盘发育有一系列滚动背斜。多期、多组不同产状的正断层使已有的背斜圈闭都改造为断背斜或断块群。多期的块断活动、湖盆频繁的水进水退导致大面积多套生、储油岩系发育，并形成了有利的生储盖组合。而多物源、近物源、快速堆积的各类沉积体系由边缘向湖盆中心伸展，插入生油区，形成了大面积、多层叠置的储集层分布特征，出现了多种类型的岩性圈闭。

盆地内不同层段、不同类型油气藏往往组成复式油气聚集区（带），围绕生烃凹（洼）陷呈环形展布，一个生油凹陷由外至内分别为陡坡油气聚集带、洼陷油气聚集带、中央背斜油气聚集带、缓坡油气聚集带、凸起油气聚集带。这五种油气聚集带的油气藏分布系列如图3-14所示。

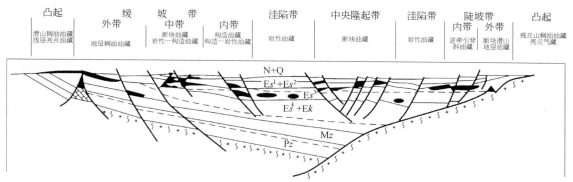

图3-14　渤海湾盆地东营凹陷主要油气藏类型分布图（据李丕龙，2001）

（六）油气分布规律与控制因素

1. 油气在不同层位中的分布

渤海湾盆地经历过拱张、断陷、拗陷，即裂谷前期、裂谷断陷期和裂谷拗陷期三大演化阶段后，最终形成了前第三系基岩结构层，古近系断陷结构层，新近系坳陷结构层，控制着油气藏的垂向分布。主要的区域性盖层有沙三段、沙一段和东营组下段的泥岩，分别与三套结构层中的相应储集层组成四套含油气组合。

上部成油组合以明化镇组沼泽相泥岩为区域盖层，新近系下部河道砂体和东营组水退型三角洲砂体为主要储层，油气主要来自下伏组合的烃源岩层系。多数油气藏埋藏较浅，油质普遍较重，以披覆构造和逆牵引构造油气藏为主。上部成油组合资源潜力位居第二，迄今已发现的 19 个 $\times 10^8$t 级大油田中，有 6 个大油田以上部成油组合为主力。

中部成油组合以沙一段湖侵泥岩为区域盖层，沙二段和沙三段上部的三角洲和扇三角洲等砂体为主要储层，油气主要来自沙三段。主要形成与断裂带相联系的构造油气藏，同时还有大量地层—岩性油气藏。中部成油组合生储盖配置最佳，各坳陷所发现的油气藏都有相当一部分属于这一组合，是渤海湾盆地的首要含油气组合，已发现 8 个大油田。

下部成油组合以沙三段中下亚段为区域盖层，孔二段或沙四段为主要烃源岩层，沙三段中下亚段的浊积扇、孔店组的冲积扇、沙四段中下亚段的冲积扇或扇三角洲砂体为主要储层。资源潜力位居第三，已发现4个亿吨级油田。相对其他组合而言，下部组合的非构造油气藏占有较大比例，如高升油田和渤南油田以沙三段浊积扇地层—岩性油气藏为主。预计在清水洼陷、歧北洼陷等深洼区可继续发现较多的深层油气藏。

"新生古储"成油组合以古近系湖相泥岩为盖层，前古近系各时代裂缝和溶蚀孔洞发育的地层为储层，油气藏类型以基岩断块型古潜山为主，油气主要来源于上覆的古近系烃源岩。已发现1个亿吨级油田（任丘油田），是饶阳凹陷的首要组合。实践证明，缺失中生界和上古生界覆盖的地区，中生代时期曾长期隆起，容易形成物性良好的储集体，是古潜山油藏的主要分布区。古潜山油藏裂缝和溶蚀孔洞发育，渗透性好，具有不因埋藏深度大而明显降低油层物性的特点。一些埋深较大的低幅潜山，只要有油气充注，也可形成丰富的油气聚集。如莫东雾迷山组油藏，埋深大于4000m，但油层物性很好，单井日产油数百吨。大港油田和辽河油田，近年加强低幅潜山的油气勘探，在千米桥和曙光等地区取得重要突破。

2. 油气在平面上的分布

在渤海湾断陷盆地中，由于块断活动强烈、断层发育、岩性岩相变化大、地层超覆不整合和沉积间断多，在二级构造带背景上有利于多种类型圈闭形成，不仅发育背斜构造和断块圈闭，还在不同层系中广泛分布了多种类型地层岩性圈闭。这些储油圈闭具有一定的地质成因联系，有相同的油气运移和聚集过程，形成了以一种油气藏类型为主，而以其他类型油气藏为辅的多种类型油气藏的群集体，具成群成带分布特点，在平面上构成了不同层系、不同类型圈闭油气藏叠置连片的含油气带，称为复式油气聚集区（带）。油气富集区的油气藏都围绕生油中心呈环带状分布，并受生油区的控制（图3-15）。

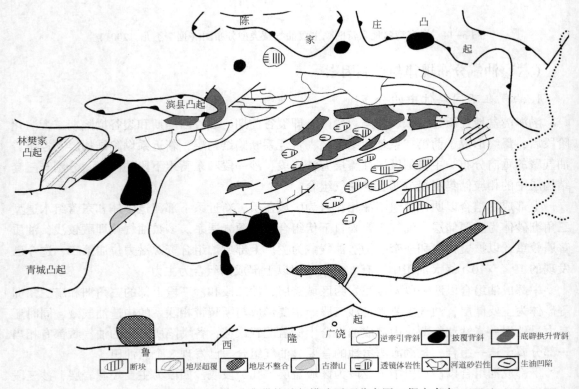

图3-15 东营凹陷复式油气聚集带控油气模式平面分布图（据李春光，1995）

3. 油气分布的控制因素

渤海湾盆地内一级断块控制下的生油中心和块断体内各类圈闭的配套组合所形成的油气富集区主要有以下 4 种类型：

（1）在同生断层逆牵引背斜和同生断层底辟隆起油气藏类型的复式油气富集区，东营凹陷 75% 以上地质储量分布在该类圈闭。

（2）同生断层披覆构造油气藏为主的复式油气富集区，沾化凹陷 80% 以上地质储量分布在该类圈闭。

（3）地层超覆不整合基岩断块体油气藏为主要类型的复式油气富集区，凭借块断岩溶区，堑垒相间地质结构，使得烃源岩直接覆盖或侧向接触组成"新生古储"组合，形成以古潜山为主要类型的油气区，饶阳凹陷 90% 以上地质储量分布在这种类型圈闭中。

（4）多层系多种油气藏类型的复合油气富集区，受构造、岩性、地层不整合等多种因素控制，形成多种类型油气藏的复合油气富集区。构造对油气的控制作用表现为：断陷的陡坡以逆牵引背斜为主；缓坡以披覆构造和反向屋脊断块为主，中央部位发育挤压构造、底辟隆起及披覆构造。

平面上油气藏分布序列受烃源灶的控制作用明显。低丰度凹陷与高丰度凹陷的油气分布不同。高丰度凹陷油源丰富，非生油层系也可形成丰富的油气聚集，含油气层系多，一个大型油气田的含油气井段就可达千米以上，东营凹陷、歧口凹陷、辽河西部凹陷等富油气凹陷均有这种特点。资源丰度比较低的凹陷，生成的油气数量有限，油气主要聚集在成熟烃源岩体附近。如黄骅坳陷北区的南堡凹陷和北塘凹陷，资源丰度较低，发现的油气藏集中分布在主要成熟生油层系沙三段中。在平面上，低丰度凹陷油气藏分布明显受烃源岩灶控制，成熟烃源岩体附近是油气聚集的主要部位。

断裂对油气藏的含油气性控制作用明显。渤海湾盆地新生代断裂作用十分活跃，对油气运移和聚集均起重要的控制作用。沟通烃源岩层的断层断达什么层位，油气就可以在什么层位聚集。大型断裂带一般都断穿东营组，但不同断裂构造带的油气富集层位却有巨大差异，与断裂带是否具有走滑性质似乎有一定关系。明显的走滑作用可能提高了断层的封闭性，使油气倾向于在下部的层位中富集。盆地内最重要的郯庐断裂带分东、西两支，两个分支断裂带的走滑活动强度不同，使二者通过地区的油气分布特点差异很大。东支是郯庐断裂带的主要分支，走滑更为明显，其通过地带有较多油气聚集在下部层位中。在辽河坳陷，东部凹陷的形成受辫状断裂带控制，为"强走滑弱伸展"成因凹陷，断层封闭性较好，新近系没有发现油气藏；西部凹陷伸展作用较明显，断层封闭性相对较差，新近系发现了近 $2000×10^4$t 储量。在辽东湾地区，因西支走滑活动较弱，辽西低凸起披覆层的东营组和新近系中有大量的油气聚集，发现了绥中 3621 大油田和锦州 1624、2121、2321 等中小型油田；东支走滑强烈，辽东凸起仅发现一些含油构造，尚未发现具有规模的油气藏。仅从储层发育情况看，整个辽东湾地区的东营期砂体都很发育，两个凸起带均有大型三角洲砂体覆盖，都有形成油气藏的储集条件。因此，辽西凸起和辽东凸起油气分布特点的差异，可能主要与郯庐断裂带东支和西支走滑活动强弱不同有关。

二、波斯湾盆地

波斯湾盆地处于亚洲西部，与欧洲和非洲接壤，与盆地有关的有八个国家为沙特、科威特、伊拉克、伊朗、阿曼、阿联酋、巴林和卡塔尔。盆地总面积 $328×10^4km^2$，海湾面积 $24×10^4km^2$。波斯湾盆地石油勘探工作始于 19 世纪末和 20 世纪初。1908 年在伊朗西南部发现了麦斯杰德伊苏莱曼油田；20 世纪 20 年代在伊拉克发现了基尔库克油田；20 世纪 30 年代在科威特发现了全球第二大油田——布尔干油田；20 世纪 40 年代在沙特发现了全球最大油田——加瓦尔特大油田和其他油田。20 世纪 50 年代，由于广泛应用地球物理方法和选择有利勘探构造进行钻探，除了在伊朗、伊拉克、沙特、科威特发现了大批油气田外，在土耳其、叙利亚、中立区及阿曼也发现了大量油气田。1989 年在沙特发现了全球第三大碳酸盐岩油田，可采储量达 $41×10^8t$，占当时世界石油剩余探明储量的 3%。至 2017 年，中东发现油气储量 $1020×10^8t$，占当时世界油气储量的 63%。目前是世界最重要的油气产区。

（一）盆地地质演化历史

波斯湾盆地构造上处于阿拉伯地盾和扎格罗斯褶皱带之间，地史上主要为大陆架的稳定沉积环境。整个显生宙期间，波斯湾盆地的大部分地区都接受了沉积，在前寒武纪基底上最早的沉积物是前寒武纪霍尔木兹混合岩，而后随着盆地的演化而发育了不同的沉积，今天盆地形态则是在新近纪才形成的。总体看来，可以将波斯湾盆地的形成和发展过程分为三个阶段：

（1）前寒武纪泛非运动以后，在阿拉伯板块上出现后继盆地为砂砾质粗碎屑岩及安山岩和玄武岩夹层所充填；同时发育近南北向的裂谷层带。裂谷层带与北西向断层的走滑作用有关。

（2）寒武纪至古近纪，波斯湾盆地长期处于稳定沉降的克拉通盆地阶段，发育碳酸盐—蒸发盐岩沉积旋回，构成有效的油气系统。

（3）新近纪开始，阿拉伯板块与非洲大陆分裂，形成红海裂谷与亚丁湾，同时向东北漂移，与伊朗地块碰撞，形成扎格罗斯造山带，并发育周缘前陆盆地（图 3-16）。

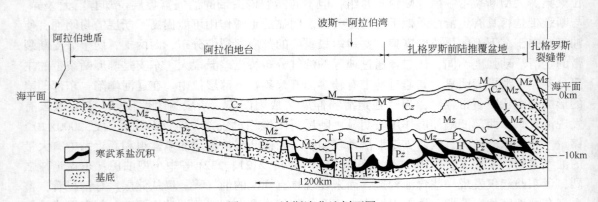

图 3-16　波斯湾盆地剖面图

（二）盆地地层与沉积特征

波斯湾盆地古生代时处于非洲—阿拉伯古大陆边缘，主要接受地台浅海—陆相碎屑岩沉积。波斯湾盆地的沉积盖层很厚，自西向东增大，从小于 1525m，到在波斯湾附近超过 9150m（图 3-17）。沉积盖层时代从前寒武纪元古宙一直到新近纪（表 3-4）

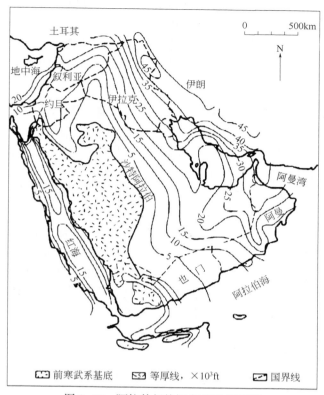

图 3-17　阿拉伯板块沉积盖层等厚图

1. 前寒武系

波斯湾盆地的基底由前寒武纪的结晶岩、变质岩及火山碎屑岩构成（表 3-8），在阿拉伯地盾上有广泛的出露，另外，在阿曼山东部的一些露头和深井中也发现了由火山岩和变质岩构成的基底，其放射性同位素年龄大致为 740Ma~870Ma（Beydoun，1991）。

2. 下古生界

早古生代期间，波斯湾地区为一个相对稳定的被动大陆边缘沉积背景，晚古生代期间，沉积背景转变为活动大陆边缘，在该陆架边缘上沉积有陆相和浅海相沉积物。目前已经有资料表明，古生界以碎屑岩为主，在阿拉伯板块北缘、东北缘和东南缘，其厚度超过了4500m。盆地内覆盖于前寒武系基底之上的最老的沉积地层是一套碳酸盐岩、硅质碎屑岩和蒸发岩层系。盐流动和盐底辟在油气成藏过程中起着非常重要的作用。该套地层在阿曼和沙特被称为侯格夫群，伊朗等其他地区将其称为霍尔木兹混合岩或者霍尔木兹岩系，这套地层的时代大致为晚寒武世—早寒武世，典型的霍尔木兹混合岩由盐岩、石膏、页岩、白云岩、砂岩和石灰岩构成，常显示出萨布哈（即潮上滩）沉积旋回的特征。伊朗霍尔木兹岩系的底部由盐湖和萨布哈沉积物构成（下部蒸发岩），往上是下寒武统河流相到海相的碎屑岩沉积，再向上是下寒武统到中寒武统的另一套蒸发岩（上部蒸发岩）。在扎格罗斯逆冲带的东北部，霍尔木兹混合岩变厚，在一些地区超过了 2000m。

3. 上古生界

受构造运动的影响，上古生界层系内发育了两个主要地层间断，一个出现于上泥盆统底部，另一个出现于上石炭统底部。泥盆系为陆相和浅海相碎屑岩沉积。晚泥盆世—石炭纪早期，受海西构造运动的影响，阿拉伯地区抬升，遭受剥蚀，因此泥盆系—下石炭统在大部分地区缺失。二叠系开始海侵，不整合于石炭系地层之上，以地台碳酸盐沉积为主，在扎格罗斯山—托罗斯山一带出海槽，下部以碎屑岩为主，向上过渡为碳酸盐岩（图 3-18）。

4. 中生界

三叠系—下白垩统，被动大陆边缘持续发生差异沉降，沉积了多旋回生、储油层系。三叠系在波斯湾盆地大部分地区都有分布，在东部和北部最为发育。在扎格罗斯盆地，三叠系厚度可达 1220m；在伊拉克北部、叙利亚北部以及土耳其东南部，三叠系的地层厚度超过了 1525m。三叠系的三分特征在沙特非常明显，中三叠统是一套碎屑岩和碳酸盐岩层系，而上—下三叠统则是碎屑岩层系。但是在波斯湾及其西南部地区，三分特征不是很明显，在阿曼和阿联酋，下—中三叠统以碳酸盐岩为主，而上三叠统则为一套碎屑岩层系（图 3-18）。侏罗纪期间，波斯湾盆地的大部分地区被浅水陆表海覆盖，海平面呈现出周期性的升降变化。尽管海平面的绝对升降量不大，但是由于地势平缓，由海平面升降引发的海进和海退导致了沉积环境的巨大变化。开阔的新特提斯洋位于阿拉伯板块的北部和东北部。侏罗系地层自阿拉伯地盾向东北方向增厚。在白垩纪的大部分时间里，波斯湾盆地继承了侏罗纪期间建立起来的构造—沉积格架，即浅海碳酸盐岩陆架沉积环境（图 3-18）。到了晚白垩世中期，沉积物开始沉积于正在发育的前陆坳陷，这个前陆坳陷的出现标志着新特提斯洋闭合的开始以及阿曼、伊朗境内推覆体和蛇绿岩的置入。

表 3-8 波斯湾盆地北部地层层组对比表

地层		沙特	阿曼		伊朗
古近—新近	上新世—渐新世	Kharj 组	Fars 群	下 Fars 组	Agha Jari 组
		Hofuf 组			Misham 组
		Dam 组			下 Fars 组
		Hadhrukh 组			Asmari 组
				Dammam 组	Jahrum/Pabdeh 组
	始新世	Dammam 组	Hadhramhut 群		
		Rus 组		Rus 组	
	古新世	Umm Er Radhuma 组		Umm Er Radhuma 组	
白垩系	上	Aruma 群	Aruma 群	Simsima 组	Tarbur 组
				Shargi/Arada 组	Gurpi 组
					Ilam 组
	中	Wasia 群	Wasia 群	Natih 组	Sarvak 组
	下	Biyadh 组	Kahmah 群	Shuaiba 组	Fahliyan/Gadvan 组
		Buwaib 组			
		Yamama 组		Kharaib 组	
		Sulaiy 组		Lckhwari 组	

地层		沙特		阿曼		伊朗	
侏罗系	上	Hith 组		Salil 组		Gotnia/Hith 组	
		Arab 组				Najmah 组	
		Jubila 组					
		Hanifa 组		Hanifa/Tuwaiaq 组			
		Tuwaiaq 组					
	中	Dhruma 组		Dhruma 组		Surmeh 组	
	下	Marrat 组		Mrrat 组			
三叠系	上	Minjar 组				Khanchkat 组	
	中	Jilh 组		Jilh 组		Dalan 组	
	下	Sudair 组		Sudair 组			
二叠系		Khuff 组		Khuff 组		Jamal/Dalan/Faraghan 组	
石炭系		Unayza/Wajid 组		Gharif 组		Sardar 组	
				Alkhlata 组			
		Berwath 组				Shishtu 组	
泥盆系		Jauf 组		Misfar 组		Bahram 组	
志留系		Tabuk 组				Padeha 组	
						Niur 组	
奥陶系				Mahatta/Humaid 组		Zardkuh/Shirgeshi 组	
		Saq 组				Mila 组	
寒武系				Ara 组			
元古宇		HUQF 群	Fatimah/Abla 组	Buah/Kharus 组		HORMUZ 群	上蒸发岩层
				Shuaam 组			Lalun 组
				Khufai/Hajir 组			下蒸发岩层
				Abu Ahara/Mistal 组			
			结晶基底				

其中「HAIMA 群」位于阿曼列中 Mahatta/Humaid 组 的左侧跨多行。

5. 新生界

白垩纪末，发生了广泛的海退，几乎阿拉伯半岛的所有地区都暴露出水面，仅在伊朗存在相对局限的盆地区沉积了帕卜德赫组。沙特阿拉伯东部的古新统底部层系不含碎屑岩，因此，古近系与白垩系的岩性界面通常不明显。古新世早期，发生了一次大规模的海侵，东阿拉伯地区、阿拉伯陆架的北部以及托罗斯—扎格罗斯海槽都被海水淹没。这种沉积背景一直持续至始新世中期。古近纪晚期—新近纪早期，阿拉伯半岛东部经受了隆升和剥蚀（图3-18）。阿曼北部的山区自中新世起，就一直出露于地表。在瑞斯—黑马赫凹陷，古近系和新近系之间没有沉积间断，为连续沉积，沉积的地层构成了阿斯马里组（图3-18）。

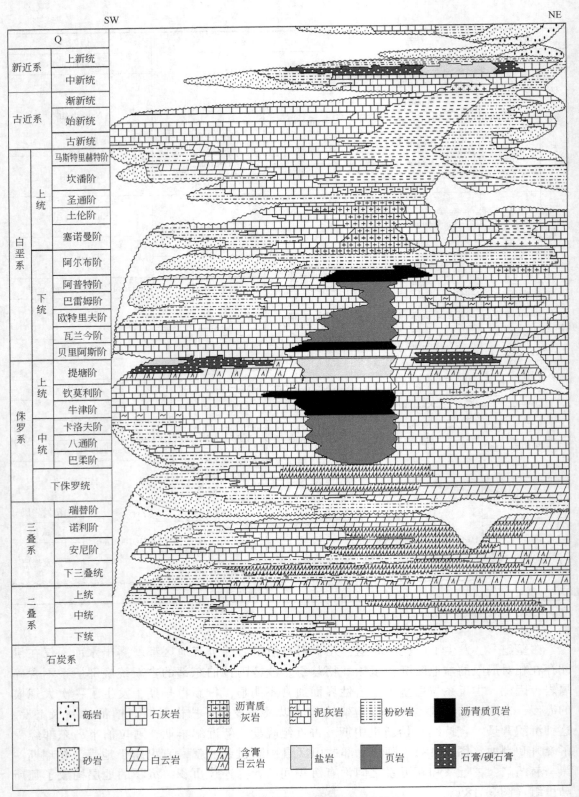

图 3-18　波斯湾盆地北部地层柱状图

（三）盆地构造单元划分

阿拉伯板块通常被细分为三个大地构造单元：阿拉伯地盾、稳定大陆架和扎格罗斯褶皱区（图3-17；图3-19）。阿拉伯地盾主体是包括阿拉伯半岛西部和中部的大部分地区在内的前寒武纪地块，其西边以断裂带为界，与红海的第四纪沉降带和北非的努比亚地盾分开。阿拉伯地盾在显生宙都表现为一个坚硬的地块，基底由前寒武纪岩浆岩和变质岩构成，局部覆盖有古近纪火山岩。稳定大陆架位于阿拉伯地盾北侧和东北侧，大部分地质时期表现稳定，并逐渐向东北部主要沉降区倾斜（图3-17）。稳定大陆架范围以基底断裂为主，过渡到外侧则以盐流动构造为主，具体的构造形态由南北向的背斜过渡为穹窿构造，构造总体平缓，长10~15km，宽6~7km，隆起高度为250~300m。稳定陆架内单斜为平坦的单斜区，平均宽度为400km，基底为平缓单斜挠褶，沉积了少量的二叠系、上白垩统，与阿拉伯地盾东缘相邻。稳定陆架内台地位于陆架内单斜东北侧，沉积厚度大，经历的构造活动有所加强，是中生代主要沉降区。稳定陆架内单斜以东与以北为变形较强烈的区域，从西南到东北，构造运动强度逐渐加强，细分为褶皱带、推覆带和破碎带3个次级构造单元，统属于扎格罗斯褶皱区。该区是波斯湾盆地沉积最厚的地区（最厚超过13.5km），也是波斯湾前陆盆地发育的区域，局部构造多为古近纪—新近纪形成的北西—南东向的挤压背斜构造。扎格洛斯褶皱区是由于阿拉伯板块与欧亚边缘的大陆块体碰撞形成的造山带。阿拉伯洋壳向北俯冲到欧亚板块之下，在晚始新世局部开始陆—陆碰撞，现今这种聚敛仍在继续。波斯湾前陆盆地是在大陆边缘背景上形成的。

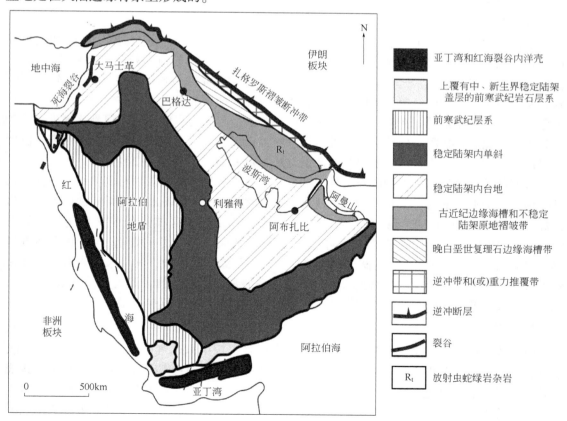

图3-19　波斯湾盆地构造单元分布图（据贾小乐等，2011）

(四) 生储盖组合特征

1. 烃源岩

波斯湾盆地发育有多套烃源岩。这些烃源岩分布广，富含有机质，是盆地油气富集的重要因素之一。伊朗的扎格罗斯盆地发育七套烃源岩层，自下而上依次为前寒武系—下寒武统霍尔木兹岩系、下志留统贾赫库姆组、中侏罗统萨金鲁组、下—中白垩统盖鲁组、中白垩统卡兹杜米组、上白垩统古尔珠组和古新统—始新统帕卜德赫组（图3-21）。其中，以卡兹杜米组为主的四套中生界烃源岩层是扎格罗斯盆地最为重要的烃源岩层，其有机质几乎全部为海相藻类。储于扎格罗斯盆地最主要的两套储集层—中白垩统萨尔瓦克组和古近—新近系阿斯马里组的油气主要源自卡兹杜米组。发育于阿联酋的主要烃源岩层为上侏罗统迪亚卜/杜汉组和中白垩统史莱夫/赫提耶组。阿曼发育有三套主力烃源岩层：前寒武系—下寒武统侯格夫群、志留系萨菲格组和中白垩统纳提赫组。上白垩统哲枚组的暗色沥青质海相页岩构成了土耳其东南部的主要烃源岩。其他潜在的烃源岩分布于寒武系、上泥盆统、下石炭统和上二叠统。叙利亚的主要烃源岩层有中奥陶统斯沃勃组、志留系坦夫组、下三叠统库拉钦组、上白垩统赦软尼失组、上白垩统—古新统哲枚组和中上始新统哲代拉组。伊拉克的烃源岩包括上泥盆统—下石炭统奥拉组的富有机质页岩和泥灰岩、下三叠统库拉钦组和中侏罗统萨金鲁组的沥青质泥灰岩、页岩、泥质石灰岩和白云岩。卡塔尔发育上侏罗统哈尼费组—朱拜拉组和中白垩统毛杜德组两套主要烃源岩层。下白垩统舒艾拜组和中白垩统赫提耶组为次要烃源岩层。这些烃源岩的 TOC 含量为 1%~6%，均为好烃源岩。

2. 储集层

优质的储层广布于中东油气区，这些储层以厚度大、孔隙度（包括原生孔隙和次生孔隙）高、渗透率高和裂缝系统广泛发育为主要特征。一方面由于沉积范围广、构造运动弱，使储层的横向连通性通常比较好，而且储层的横向变化呈非常缓慢的渐变过程。另一方面，这些储层在沉积过程中经历了不同的演化过程，因此，储层的垂向非均质性十分明显。从目前已知的产层分布来看，在阿曼南部，主要产层为古生界碎屑岩储层；在阿曼北部，主要产层为中生界储层；在阿拉伯地台区中部，以中生界产层为主；在扎格罗斯山前褶皱带，以新生界产层为主。总体而言，中生界是波斯湾盆地最重要的产层（图3-20）。

最好的碳酸盐岩储集层为高能条件下的鲕粒颗粒石灰岩、生物灰岩和藻粘结岩。侏罗系阿拉伯组孔隙型碳酸盐岩平均孔隙度高达 21%，渗透率高达 4000mD。波斯湾盆地碳酸盐岩储集层中储集的原油，其可采储量占中东油气区原油最终可采储量的 50% 或更多，另有 20%储于砂岩储层。就天然气而言，碳酸盐岩储集层中的天然气，其可采储量至少占天然气最终可采储量的 95%，其余的 5%储于砂岩储层。白垩系储集的原油，其可采储量占已发现原油可采储量的 51%。古生界储集的天然气，其可采储量占已发现的天然气可采储量的 50%，二叠系胡夫组及其对应的层系是中东油气区最重要的非伴生天然气储集层。

3. 盖层

波斯湾盆地盖层的时代主要介于二叠纪—早中新世。中东油气区的盖层以硬石膏为主，蒸发岩出现于几套沉积体系内（图3-20）。除此之外，页岩和致密碳酸盐岩也同样可以构成有效的盖层。上侏罗统提塘阶希瑟组发育硬石膏盖层，为古近—新近系阿斯马里组油气藏提供了区域盖层。下—中中新统下法尔斯组蒸发岩系也是区域性盖层，它对扎格罗斯山前褶皱带古近—新近系油气藏的分布起到了控制作用。下中新统加奇萨兰组的硬石膏层、封堵了伊朗迪兹富勒坳陷油气富集区内油气。白垩系薄层致密石灰岩构成科威特布尔干油田的盖层。下三叠统的泥质白云岩和页岩是中东油气区二叠系胡夫组气藏的盖层。

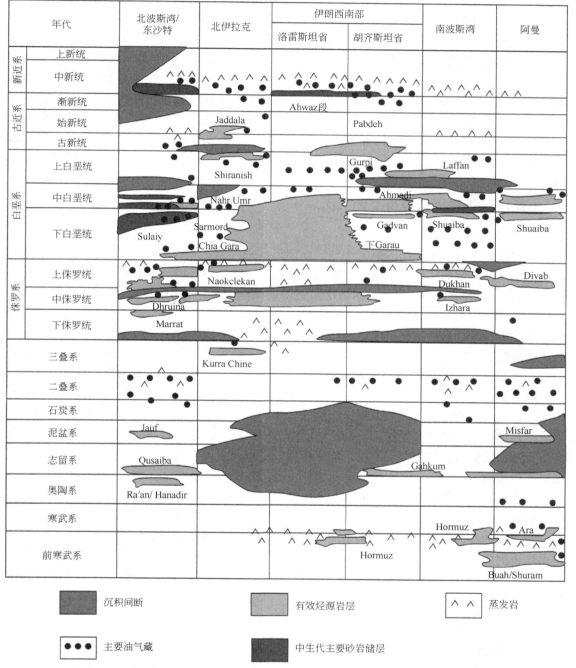

图 3-20 波斯湾盆地烃源岩、主要油气产层和蒸发岩盖层时空展布图（据 Beydoun 等，1992，有修改）

4. 生储盖组合

波斯湾盆地发育多套生储盖组合重要包括上古生界储盖组合、侏罗系储盖组合、白垩系储盖组合和古近系—新近系储盖组合（图3-21）。上古生界储盖组合：在扎格罗斯山前带，烃源岩为志留系 Gahkum 组页岩，储层为下二叠统 Faraghan 组碎屑岩、上二叠统 Khuff 组碳酸盐岩和下三叠统 Kangan 组砂岩，盖层为下三叠统 Sudair 组页岩和三叠系蒸发岩系；在阿拉伯地台区，烃源岩为下志留统 Qalibah 组 Qusaiba 段热页岩，其中一套储层为石炭系—二叠系 Unayzah 组砂岩，盖层为层内的页岩和上覆的上二叠统 Khuff 组内的蒸发岩；另一套储层为二叠系 Khuff 组碳酸盐岩，盖层为下三叠统 Sudair 组页岩。侏罗系储盖组合的烃源岩主要为中上侏罗统 Tuwaiq 组泥质灰岩和 Diyab 组页岩，储层为 Arab 组碳酸盐岩，盖层为上侏罗统 Hith 组硬石膏及 Arab 组内的硬石膏夹层。白垩系储盖组合在阿联酋的烃源岩为 Diyab 组页岩，储集层在下白垩统 Thamama 群，盖层为上部的 Nahr Umr 组；在扎格罗斯次山前带，烃源岩为中白垩统 Khazhdumi 组，储层为中白垩统 Sarvak 组，其上没有有效的盖层，通常与渐新统—下中新统 Asmari 组石灰岩连通。古近系—新近系储盖组合的主要烃源岩为中白垩统 Khazhdumi 组，储层为 Asmari 组石灰岩，盖层为下—中中新统下 Fars 组蒸发岩。

（五）油气藏类型与典型油气田

1. 油气藏类型

影响波斯湾地区及其周围地区油气藏圈闭形成的地质因素主要有三方面：（1）寒武纪盐岩体运动所产生的隆起、穹窿和刺穿构造；（2）基底岩石的断裂活动，使上覆沉积物形成南北向的长垣和隆起带。（3）古近—新近纪晚期阿尔卑斯造山运动形成的平行于扎格罗斯山脉北西—南东向的强烈褶皱。

与其他含油气盆地相比，波斯湾盆地的构造油气藏类型比较简单，油气藏以构造油气藏占绝对地位，其次为构造—地层油气藏，只有少数的纯地层油气藏。构造圈闭的形成主要受控于盐流动、基底运动和侧向挤压三个因素。由于远离扎格罗斯山前褶皱带，阿拉伯地台经受的构造运动和侧向挤压较弱，而在扎格罗斯山前褶皱带，则以侧向构造挤压应力为主，同时伴有盐流动。能对构造的形成产生作用的主要是前寒武系—下寒武统霍尔木兹含盐层系。盐流动形成构造的机制有两种：一种是由于盐上拱引起上覆岩层弯曲而形成构造；另一种则是由于盐的流失引起非塑性岩层成为构造核部或高点，引起上覆沉积岩层倾斜，后期沉积地层形成披覆构造。

阿拉伯地台由于构造受基底断裂及其后期构造复活的控制，主要发育南北向大型背斜构造。靠近海湾地区由于基底断裂活动伴随有盐流动和较新构造运动而形成以基底构造为主、盐流动为辅的构造圈闭。扎格罗斯山前带由于强烈的构造挤压和盐层的蠕变作用而形成西北—南东走向的构造圈闭。在山前带西北部，有上、下两套巨厚的含盐蒸发层系，应力的释放通过上部盐层中的逆冲断层活动和西部盐岩的隆升而完成，而在东南部，由于上部盐岩缺失，应力的释放则通过盐岩的盐刺穿而完成。

2. 典型油气田

1）加瓦尔油田

加瓦尔油田发现于1948年，位于沙特阿拉伯东部，是目前全球探明储量最大的油田。原油最终可采储量为 $112.33 \times 10^8 t$，天然气最终可采储量为 $9348 \times 10^8 m^3$。加瓦尔油田为一狭长的近南北向简单背斜构造（图3-21），长近200km，最宽处为25km。翼部倾角为 $5° \sim 8°$。发育6个构造高点，为基底活动形成的生长构造（图3-1）。石油储集在上侏罗统阿拉伯组的亮晶粒屑灰岩、鲕粒灰岩中，孔隙度为 $21\% \sim 30\%$，渗透率为 $800 \sim 1500mD$，油藏埋深

1700~2000m，面积2403km²。盖层为致密灰岩、石膏和硬石膏。

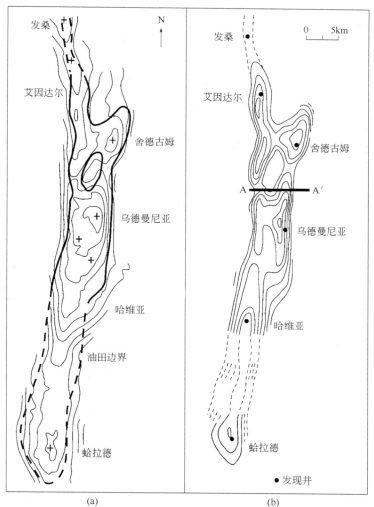

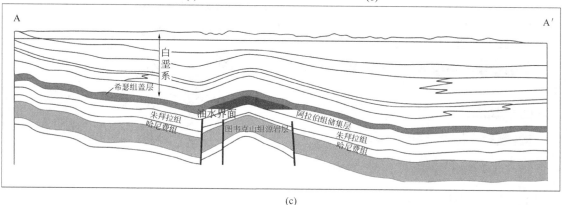

图3-21 沙特阿拉伯盖瓦尔油田综合石油地质图

（a）布格重力异常图；（b）阿拉伯组D段顶部构造等值线图；（c）东西向横剖面图

2）布尔甘油田

布尔甘油田位于科威特东南部，距波斯湾西岸约22km，在一个大型隆起带内。地表出露上新统的砂层和砾石层、含沥青砂砾岩。油田包括布尔甘、马格瓦穹窿背斜和阿马迪背斜，它们均处于大型隆起带的构造高点位置，形成一个统一油藏（图3-22）。布尔甘背斜南北长24km，东西宽16km，两翼倾角均不超过3°。发育大量放射状分布的正断层，断距一般在30m左右。3个构造中，布尔甘构造最高，其马杜德组灰岩顶面的闭合高度为420m，其他2个构造的闭合高度为120m和140m。油田的总储油面积约700km²。储集层为侏罗系瓦拉组和布尔甘砂岩。瓦拉组由两层细砂岩组成，厚度较薄，其间为黏土层隔开，在构造顶部埋藏深度为1082m，翼部深度为1280m；布尔甘组砂岩厚度大，原油主要储集其中。储集层孔隙度为25%～30%，渗透率为1100～4000mD。全部单井的平均日产量超过1000t。原油相对密度0.864，含流量2.1%。布尔甘油田含油面积约700km²，其储层厚、物性特别好、含油饱和度高等特点，可采储量99.1×10⁸t为世界第二大油田。

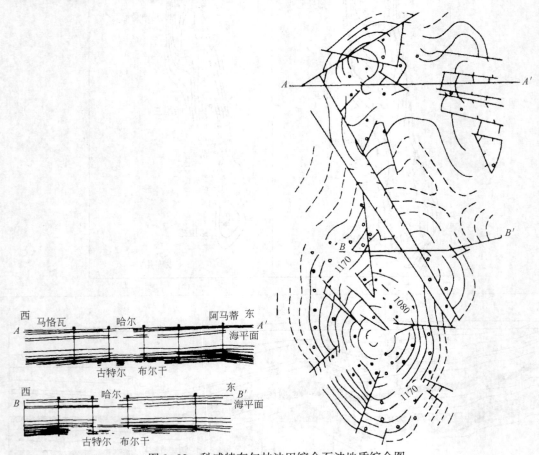

图3-22　科威特布尔甘油田综合石油地质综合图

3）北方—南帕斯气田

北方-南帕斯气田跨越卡塔尔和伊朗两国（图3-23）。《阿拉伯石油与天然气杂志》2003年报道：北方气田的探明储量为25.5×10¹²m³，南帕斯气田的探明储量12.5×10¹²m³，二者总探明储量达到38×10¹²m³，是目前世界上可采储量最大的天然气田。北方（North）

气田在 1971 年发现于卡塔尔半岛的东北部，面积 6000km²，近乎卡塔尔陆上面积的一半。1990 年于伊朗境内西南部距离海岸 100km 的波斯湾海域上发现南帕斯（South Pars）气田。后发现该气田实际上是卡塔尔北方气田向北延伸到了伊朗境内（图3-21），所以合称为北方—南帕斯（North-South Pars）气田（胡安平等，2006）。气田圈闭为一巨大的基底活动形成的背斜构造的低幅穹隆背斜，走向南北，长约 130km，宽约 75km，面积超过 6000km²。主要产层为下三叠统—上二叠统胡夫组，厚 400～600m，储集层的平均渗透率约为 30mD。源岩为下志留统页岩，盖层为三叠纪 Dashtak 组（图 3-23）。下志留统页岩气源岩为海相沉积，母质类型主要为倾油的 II 型，R_o 值介于 1.0%～1.5% 之间。气田的天然气主要是志留系烃源岩同型不同源或同源不同期的混合。

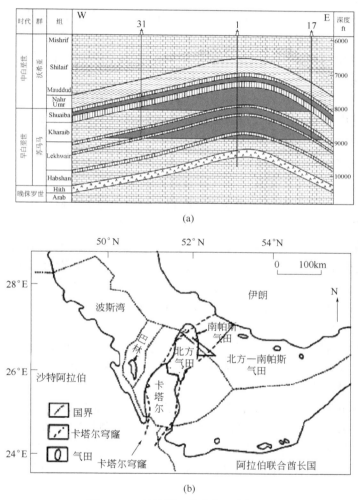

图 3-23　南帕斯—北方气田剖面图

（六）油气分布规律与控制因素

波斯湾盆地油气分布具有油田、气田、油气田在空间分布上的有序分布，具有"下气"（古生界储层为天然气和凝析油）、"上油"（中生—新生界储层为原油）的纵向分布特征以及"东南气"（天然气/凝析油）、"西北油"的平面分区型分布特征。

1. 油气在不同层位中的分布

波斯湾盆地从前寒武系到新近系中新统几乎均含油气，其中石炭—二叠系、中上侏罗统—白垩系—古近系—新近系中新统含油气较多。前寒武系—下寒武统油气组员发现于阿曼南部。下古生界寒武—奥陶纪海马群砂岩油气主要分布在南阿曼盆地的东翼、阿拉伯湾南部及其附近。上古生界油气在扎格罗斯盆地和阿拉伯地台区均有分布。中生界油气主要分布于阿拉伯地台区。新生界油气主要分布在扎格罗斯山前带。另外不同岩性的碳酸岩储层含有至少80%的油藏和至少95%的气藏，砂岩含有约20%的油藏和约5%的气藏。

2. 油气在平面上的分布

该盆地已发现的油气田主要分布于三个区域，即：

（1）阿拉伯地台东缘油气区，包括沙特阿拉伯东部、科威特、伊拉克南部、巴林、卡塔尔和阿联酋，主要产油层为侏罗系和白垩系，非伴生天然气的产层为二叠系。

（2）扎格罗斯山前褶皱带油气区，包括伊朗西南部、伊拉克北部、叙利亚东北部和土耳其南部，主要油气产层为古近—新近系和白垩系。

（3）外围地区，包括红海盆地、伊朗中部、土耳其、南里海和卡拉库姆盆地在伊朗北部的延伸部分。其中盆地内的大气田主要分布于前陆带（扎格罗斯前陆褶皱带）和被动大陆边缘地区（卡塔尔—南法尔斯隆起和中阿拉伯隆起带）。

3. 油气分布条件与主控因素

波斯湾盆地油气富集与其优越的油气地质条件密不可分：

（1）长期稳定的大地构造环境接受了以海相占绝对优势的巨厚沉积。

（2）富含有机质的烃源岩沉积与海相亚热带盆内还原环境，利于有机质保存。

（3）厚储集岩（主要为碳酸盐岩，其次为砂岩）大面积分布；储层孔渗性好，某些层位物性的改善源于沿区域不整合面的淡水淋滤；此外，这些储集岩沉积于大陆架环境，与上述的沉积于还原盆地环境的烃源岩紧密相邻，空间配置关系优越。

（4）区域广泛分布有效盖层，包括区域性分布的晚侏罗世和中新世的蒸发岩，以及其他的封堵能力的泥、页岩盖层。

（5）自晚二叠世起，碳酸盐岩沉积占了主导地位；构造运动（如褶皱作用）易于在碳酸盐岩地层中产生裂缝，这使得流体垂向运移成为可能，从而生于中生界烃源岩的油气可以穿层充注至年轻的储层中。

（6）存在众多规模巨大的背斜构造，其中不乏许多盐流动形成的巨大背斜圈闭。这些构造分布广泛，有着不同的成因。它们能及时捕获来自成熟烃源岩的油气而聚集成藏，同时由于油气的注入，储层的成岩作用停止，从而使得其孔隙空间得以大部分保存。

（7）缺少长时间的剥蚀间断、强烈的构造运动和变质作用，使得富集起来的油气得以保存。

归纳起来，波斯湾盆地的油气空间分布主要受控于源—断—储—盖控制。已发现原油的近95%分布于油源区及其附近地区。前寒武系—寒武系海相烃源岩成熟度达到了过成熟阶段，其生成的油气主要形成干气藏、湿气藏、凝析气藏、凝析油藏等，主要分布于阿曼次盆，主要赋存于前寒武系碳酸盐岩、砂岩及二叠系砂岩等储层。志留系页岩处于成熟—过成熟阶段，生成油气主要形成油藏、凝析油藏—气藏、含有少量凝析油的湿气藏，主要分布于中阿拉伯次盆和鲁卜—哈利次盆古生界储层。侏罗系海相碳酸盐岩烃源岩主要处于低成熟—

成熟阶段，生成的油气相态主要为油藏，主要分布于中阿拉伯次盆和鲁卜—哈利次盆中生界侏罗系阿拉伯组碳酸盐岩等储层。古近系海相页岩主要处于未成熟阶段，在深凹处能达到成熟阶段，生成的油气仅局限分布于波斯湾盆地西北部扎格罗斯山前。盖层控制着油气的垂向分布（图3-24），但在扎格罗斯山前带，中白垩统虽有良好的储集层，但其上的上白垩统碳酸盐岩盖层受后期褶皱运动的影响，产生了裂隙，结果封堵能力大大降低，原先聚集于中白垩统储集层的石油向上运移至古近—新近系储集层。古近—新近系储集层之上发育一套连续的以硬石膏为主、夹有盐岩的蒸发岩系。褶皱构造作用对这套蒸发岩盖层的影响不大，因此盖层的封堵有效性未受到破坏，古近—新近系储集层得以聚集大量的石油（图3-24）。扎格罗斯盆地已发现原油的90%储于古近—新近系储集层，其余的约10%储于白垩系储集层。

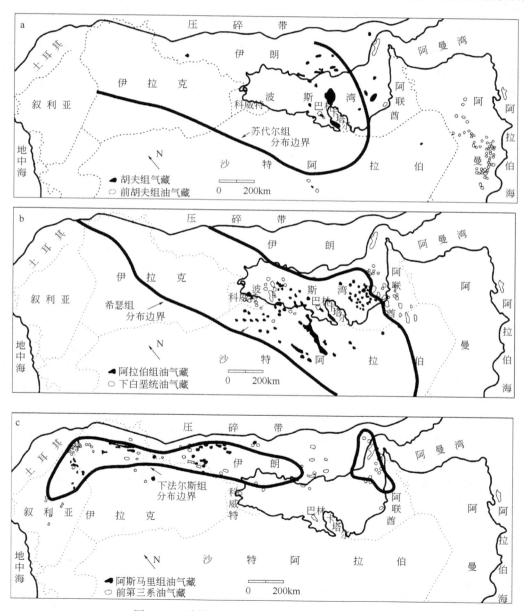

图3-24　波斯湾盆地油气田（藏）与盖层分布图

第六节　亚洲的油气资源分布

一、剩余探明油气可采资源分布

亚洲已有170多年的石油勘探与开发历史了。苏联地区大部分在亚洲，所以，放在亚洲部分进行分析。中东的石油剩余探明可采储量在亚洲乃至世界都占有绝对优势，1980年接近500×10^8t，之后快速增长到1988年的891×10^8t，之后仍呈缓慢增加的态势（图3-26）。苏联地区的石油剩余探明可采储量在1980年为91.4×10^8t，整个80年代微弱降低，到1990年为79.7×10^8t；1991年为168.7×10^8t，之后到2006年微弱降低到165.7×10^8t，从2002年至今一直在192×10^8t与198×10^8t之间变化（图3-26）。其他亚洲地区的石油剩余探明可采储量从1980年的47×10^8t持续增加到2010年的68.3×10^8t，之后缓慢降低（图3-25）。

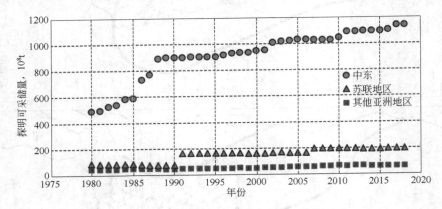

图3-25　亚洲石油剩余探明可采储量变化图

近年来，亚洲石油剩余探明可采储量较多的国家主要有沙特阿拉伯、伊朗、伊拉克、科威特、阿联酋，此外俄罗斯也较多（表3-9）。2018年，沙特阿拉伯遥遥领先，达到406×10^8t，居第一位；伊朗和伊拉克分别为212.2×10^8t和200.8×10^8t，分别居第二、第三位。俄罗斯为144.9×10^8t，占全球的6.1%，居第四位。科威特和阿联酋分别为138.5×10^8t和138.4×10^8t，居第五和第六位。中国、哈萨克斯坦和卡塔尔分别为40.9×10^8t、34.4×10^8t和35.4×10^8t（表3-9）。亚洲其他国家的石油剩余探明可采储量均在20×10^8t以下，居于第十位的阿塞拜疆仅有9.55×10^8t。2018年中东总共有1402.6×10^8t的剩余石油探明可采储量，占世界的48.3%（表3-9）。

表3-9　亚洲部分国家不同年份石油剩余探明可采储量统计表（据BP公司，2019）

单位：10^8t

排序	国家	年份								
		1980	1985	1990	1995	2000	2005	2010	2015	2018
1	沙特阿拉伯	229.2	233.9	355.1	356.6	358.4	360.4	360.8	363.4	406.0

排序	国家	年份								
		1980	1985	1990	1995	2000	2005	2010	2015	2018
2	伊朗	79.5	80.5	126.6	127.8	135.8	187.5	206.2	216.1	212.2
3	伊拉克	40.9	88.7	136.4	136.4	153.5	156.9	156.9	194.4	200.8
4	俄罗斯	—	—	155.0	152.9	142.4	144.3	139.6	144.9	
5	科威特	92.7	126.1	132.3	131.6	131.6	138.4	138.4	138.4	138.5
6	阿联酋	41.5	45.0	133.8	133.8	133.4	133.4	133.4	133.4	133.4
7	哈萨克斯坦	—	—		7.3	7.4	12.3	40.9	40.9	40.9
8	卡塔尔	4.9	6.1	4.1	5.0	23.0	38.1	33.7	34.4	34.4
9	中国	18.2	23.3	21.6	22.3	20.7	24.9	31.7	35.0	35.4
10	阿塞拜疆	—	—	—	1.6	1.6	9.5	9.5	9.5	9.6
	中东地区	494.3	588.9	899.7	904.8	950.3	1030.5	1044.8	1095.2	1140.4
	合计	632.7	727.0	1028.2	1121.7	1167.2	1255.9	1309.8	1353.8	1402.6

注：原始数据采自 2019 版 BP 世界能源统计，笔者计算编表。

亚洲的大油田主要分布于波斯湾盆地，其次是西西伯利亚盆地，中国的大庆油田分布于松辽盆地（表3-10）。这十个油田的可采石油储量为 $440.3×10^8t$。全球最大的加瓦尔油田位于波斯湾盆地所在的沙特阿拉伯境内，原始可采石油储量均超过 $107.4×10^8t$。第二大油田布尔干油田位于科威特境内，原始可采石油储量均超过 $99.1×10^8t$。仅此两个大油田的可采储量就接近十大油田的 50%。

表3-10　亚洲前十油田基本特征表

油田名称	发现年份	国家	储层时代及岩性	盖层时代及岩性	源岩时代及岩性	石油可采储量 10^8t
加瓦尔（Ghawar）	1948	沙特	上二叠统 Khuff—C 段灰岩、侏罗系 Arab—D 段浅海灰岩和下—中泥盆统 Jauf 组细—中粒石英质砂岩	侏罗系 Arab-D 段内夹层硬石膏、上二叠统 Khuff—C 段夹层致密灰岩和硬石膏及上二叠统 Khuff-C 底部泥岩	主要的烃源岩有中上侏罗统的 Tuwaiq Mountain 组和 Hanifa 组、古生代志留系 Qalibah 组岩性以灰质泥岩为主	107.4
布尔干（Burgan）	1938	科威特	白垩系 Albia 阶—Cenomanian 阶的 Wara 组海绿石细粒砂岩和 Burgan 组细—中粒石英净砂岩	白垩系 Cenomanian 阶 Ahmadi 组页岩和少量灰岩	下白垩统 Minagish 组和 Sulaiy 组，中白垩统 Kazhdumi 组岩性以钙质页岩和泥质灰岩为主	99.1
大庆（Daqing）	1959	中国	白垩系泉头组、青山口组青二、三段、姚家组、嫩江组。岩性均以分细砂岩为主，多为薄夹层	白垩系嫩江组嫩一、二段及嫩四、五段黑色泥岩、青山口组暗色泥岩及页岩	白垩系青山口组暗色泥岩和油页岩、嫩江组嫩一、二段黑色泥岩、姚家组泥岩	56.7

油田名称	发现年份	国家	储层时代及岩性	盖层时代及岩性	源岩时代及岩性	石油可采储量 10^8 t
萨玛特罗尔（Samotlor）	1965	俄罗斯	白垩系 Neocomian 阶砂岩	白垩系 Vartovskaya 组泥页岩	白垩系 Bazhenovskaya 组油页岩	38.0
萨法尼亚（Safaniya）	1951	沙特	中白垩统 Safaniya 组砂岩	中白垩统 Mauddud 组页岩和致密碳酸盐岩	中上侏罗统的 Tuwaiq Mountain 组和 Hanifa 组灰质泥岩	33.2
扎库姆（Zakum）	1964	阿联酋	下白垩统 Thamama zone Ⅳ 的石灰岩	下白垩统 Thamama zone Ⅲ 灰岩	上侏罗统 Dukhan 组泥灰岩	29.5
鲁迈拉（Rumaila）	1953	伊拉克	白垩系 Mishrif 组石灰岩、Zubair 组砂岩	白垩系 Zubair 组页岩、白垩系 Mishrif 组不整合接触的石灰岩	上侏罗统 Sulaiy 组白云岩、白垩系 Zubair 组页岩	26.0
加奇萨兰（Gachsaran）	1928	伊朗	白垩系 Mishrif 组碎屑灰岩、新近系 Asmari 组灰岩	古近系 Pabdeh 组泥岩、新近系 Gachsaran 组碳酸盐岩和蒸发岩	白垩系 Kazhdumi 组页岩、古近系 Pabdeh 组泥岩	26.0
基尔库克（Kirkuk）	1927	伊拉克	古近系广泛断裂的石灰岩和白云岩、上白垩统 Shiranish 组和中白垩统 Qamchuqa 组碳酸盐岩	中新统下 Fars 组盐岩、始新统顶部泥灰岩	渐新统 Bajawan、Baba、Tarjil 和 Palani 组及始新统 Avanah 和 Jaddala 组碳酸盐岩	24.4

注：欧洲与亚洲以乌拉尔山为界，包括乌拉尔山以东的俄罗斯西伯利亚平原地区。

亚洲的天然气剩余探明可采储量变化总体为一持续增加过程（图3-26）。各时期中东的可采储量都最高，20世纪后20年是快速增长的时期，进入21世纪增长速率变换，并且近年略微有些下降（图3-26）。2018年为天然气剩余探明储量 $75.5 \times 10^{12} m^3$，占全球的38.4%。苏联范围的天然气剩余探明可采储量呈阶段式增长特征，20世纪80年代持续增长，之后到21世纪初期缓慢增长，2008年至2011年为一快速增长阶段，之后缓慢增长（图3-22）。2018年为 $62.79 \times 10^{12} m^3$，占全球的31.9%。亚洲其他国家或地区天然气剩余探明可采储量是一持续增长的过程（图3-26）。1980年为 $4.55 \times 10^{12} m^3$，占全球的6%；2018年为 $18.13 \times 10^{12} m^3$，占全球的9.2%。整个亚洲的天然气剩余探明可采储量为 156.4 ×

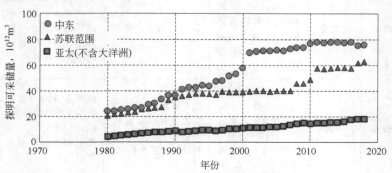

图 3-26　亚洲天然气剩余探明可采储量变化图

$10^{12}\,\text{m}^3$，占全球的 79.5%。

亚洲天然气剩余探明可采储量超过 $1\times10^{12}\,\text{m}^3$ 的国家有 15 个（表 3-11）。2018 年，除俄罗斯天然气剩余探明可采储量为 $38.94\times10^{12}\,\text{m}^3$、占全球的 19.8%外，伊朗、卡塔尔和土库曼斯坦分别 $31.93\times10^{12}\,\text{m}^3$、$24.70\times10^{12}\,\text{m}^3$ 和 $19.49\times10^{12}\,\text{m}^3$，分别占全球的 16.2%、12.5%和9.9%（表 3-11）。其余国家的天然气剩余探明可采储量重要都在 $10\times10^{12}\,\text{m}^3$ 之下（表 3-11）。

表 3-11　亚洲部分国家天然气剩余探明可采储量统计表（据 BP 公司，2019）

单位：$10^{12}\,\text{m}^3$

排序	国家	年份								
		1980	1985	1990	1995	2000	2005	2010	2015	2018
1	俄罗斯	—	—	—	33.70	33.16	33.77	34.12	34.96	38.94
2	伊朗	13.32	13.21	16.06	18.28	24.56	26.05	31.25	31.64	31.93
3	卡特尔	2.90	4.60	4.78	8.80	14.95	26.53	25.92	25.15	24.70
4	土库曼斯坦	—	—	—	—	2.60	2.60	11.33	19.49	19.49
5	中国	0.71	0.88	1.01	1.68	1.38	1.55	2.75	4.68	6.07
6	阿联酋	2.31	3.07	5.48	5.71	5.84	5.96	5.94	5.94	5.94
7	沙特阿拉伯	3.02	3.50	4.96	5.27	5.99	6.48	7.51	8.01	5.89
8	伊拉克	0.74	0.78	2.95	3.19	2.95	3.01	3.01	3.00	3.56
9	印度尼西亚	0.83	2.01	2.91	1.98	2.72	2.52	3.01	2.82	2.76
10	马来西亚	1.14	1.43	1.55	2.31	2.25	2.32	2.41	2.74	2.39
11	阿塞拜疆	—	—	—	—	0.99	0.99	1.02	1.32	2.13
12	科威特	1.00	0.98	1.44	1.42	1.48	1.49	1.69	1.69	1.69
13	印度	0.33	0.46	0.67	0.65	0.73	1.06	1.11	1.20	1.29
14	乌兹别克斯坦	—	—	—	—	1.31	1.31	1.25	1.21	1.21
15	缅甸	0.09	0.26	0.26	0.26	0.28	0.53	0.22	0.52	1.17

亚洲主要油气田及其特征见表 3-12。波斯湾盆地的北方—南帕斯气田是公认的全球最大天然气田，已经探明的天然气可采储量超过 $30\times10^{12}\,\text{m}^3$，占全球总天然气探明可采储量的 14.4%。该气田跨越卡塔尔和伊朗两个国家，在伊朗称为北方气田，在伊朗称为南帕斯气田。其中卡塔尔境内的部分足够卡塔尔消费 250 年，使得卡塔尔天然气剩余探明可采储量仅次于俄罗斯、伊朗而居全球第三位。

表 3-12　亚洲前十位气田基本特征表

气田名称	发现年份	国家	储层时代及岩性	盖层时代及岩性	源岩时代及岩性	探明气储量 $10^8\,\text{m}^3$
北方-南帕斯（North-South Pars）	1971	伊朗—卡塔尔	上二叠统—下三叠统 Khuff 组灰岩	下三叠统 Sudair 组致密灰岩	下志留统 Qalibah 组笔石黑页岩	353962.5

气田名称	发现年份	国家	储层时代及岩性	盖层时代及岩性	源岩时代及岩性	探明气储量 $10^8 m^3$
乌连戈伊 (Urengoy)	1966	俄罗斯	上侏罗统 Vartov 组砂岩、白垩系 Cenomanian 阶 Pokur 组砂岩	上侏罗统 Vartov 组顶部页岩、白垩系 Turonian 阶页岩	上侏罗统—下白垩统 Bazhenov 组海相页岩、白垩系 Pokur 组煤系	94975.2
亚姆堡 (Yamburg)	1969	俄罗斯	下白垩统 Valanginian 阶砂岩	上白垩统—古近系泥岩	上侏罗统—下白垩统 Bazhenov 组海相页岩	43551.6
北极气田 (Zapolyarnoye)	1965	俄罗斯	上白垩统 Pokurskaya 组砂岩	上白垩统 Kuznetsovskaya 组泥页岩	上白垩统 Pokur-skaya 组页岩	34263.6
西北圆顶 (Northwest Dome)	1976	卡塔尔	上石炭统—下二叠统 Unayzah 组和上二叠统 Khuff 组石灰岩	下三叠统 Sudair 组页岩	下志留统 Qalibah 组页岩	22653.6
博瓦年科 (Bovanenko)	1971	俄罗斯	上侏罗统和白垩系 (Neocomian—Cenomanian 阶) 砂岩	白垩系 Turonian 阶—古新统泥岩	侏罗系顶部 Bazhenov 组泥岩	21634.2
阿尔克季切斯科耶 (Arkticheskoye)	1968	俄罗斯	下白垩统 Aptian 阶砂岩	上白垩统—古近系泥岩	上侏罗统—下白垩统 Bazhenov 组海相页岩	17839.7
拉格东塞菲德 (Rag-E-Safid)	1964	伊朗	渐新统—下中新统 Asmari 组石灰岩	中新统 Gachsaran 组膏盐岩	古新统—始新统 Pahdeh 组碳酸盐岩和页岩	16961.9
B 构造 (B. structure)	1972	伊朗	下白垩统 Zubair 组和 Garau 组、中白垩统 Mishrif 组和上白垩统 Khasib 组砂岩	上白垩统—古近系泥岩	下志留统 Qalibah 组页岩、下白垩统 Ratawi 组和 Zubair 组页岩	14158.5
坎干 (Kangan)	1972	伊朗	上二叠统 Dalan 组、Deh Ram 群石灰岩	下—中三叠统 Dashtak 组膏盐岩	下志留统 Gahkum 组页岩	14158.5

注：欧洲与亚洲以乌拉尔山为界，包括乌拉尔山以东的俄罗斯西伯利亚平原地区。

二、已发现油气资源分布

亚洲的重油和致密油主要分布于沙特阿拉伯、中国、印度尼西亚等国，重油可采资源量约为 $163.3 \times 10^8 t$，占世界重油可采资源量的 15.14%；亚洲的致密油可采资源量约为 $100.9 \times 10^8 t$，占世界致密油可采资源量的 21.34%；亚洲的油页岩油主要分布于中国、约旦、以色列等国，油页岩油可采资源量约为 $198.9 \times 10^8 t$，占世界油页岩油可采资源量的 13.25%；亚洲的天然沥青主要分布于中国，天然沥青可采资源量约为 $70.2 \times 10^8 t$，占世界天然沥青可采资源量的 6.58%。总的来说，亚洲非常规石油资源丰富，不同类型的非常规石油均有分布，非常规石油可采总资源量约为 $533.3×10^8t$，占世界非常规石油可采资源量的 12.95%。

亚洲是世界上非常规天然气（不包括天然气水合物）最为丰富的洲。亚洲的致密气主要分布于中国，占世界致密气可采总量的 52.94%；页岩气主要分布于中国、伊朗、沙特阿拉伯等国，占世界页岩气可采资源总量的 29.19%；煤层气主要分布于中国和印度尼西亚，占世界煤层气可采资源总量的 28.57%。总的来说，亚洲非常规天然气资源丰富，页岩气储量占比最大，非常规天然气可采资源量约为 $70×10^{12}m^3$，占世界非常规天然气可采资源量的 30.84%。

亚洲天然气水合物主要分布在西太平洋海域的白令海、鄂霍次克海、千岛海沟、冲绳海槽、日本海、四国海槽、南海海槽苏拉威西海。其中南海海槽东部是研究最深入的天然气水合物矿床之一，并于 2013 年首次在深水砂质储层中进行天然气水合物试采——据估计，该区域深水砂质储层中天然气水合物富集带所包含资源量达 $0.55×10^{12}m^3$。

三、待发现的油气资源

亚洲地区是世界上最重要的含油气区，拥有数量较多的巨型、大型含油气盆地和众多的小型含油气盆地，油气勘探前景良好。根据美国 USGS（2012）对世界未发现的常规油气总资源的评价结果，世界未发现的常规油气资源总量中石油为 $771.2×10^8t$，天然气为 $158.75×10^8m^3$。其中亚洲的未发现常规油石油资源量为 $311.54×10^8t$，天然气为 $97.27×10^8m^3$，分别占世界资源总量的 40% 和 61%。在亚洲的各地区中，待发现常规石油资源主要集中在中东地区、原苏联（亚洲部分）、亚太地区和南亚地区，分别为 $86.99×10^8t$、$151.70×10^8t$、$64.86×10^8t$ 和 $7.98×10^8t$，天然气则主要集中在原苏联（亚洲部分）、中东地区、南亚地区、亚太地区分别为 $45.20×10^{12}m^3$、$26.66×10^{12}m^3$、$4.50×10^{12}m^3$ 和 $20.91×10^{12}m^3$。

复 习 题

1. 请举例说明亚洲有哪些不同的含油气盆地类型。亚洲油气比较丰富的含油气盆地有哪几个？

2. 亚洲主要的剩余探明石油与天然气储量较多的国家有哪几个？

3. 亚洲主要的油气生产国分别是哪几个？

4. 你认为亚洲的油气资源潜力如何？哪些国家的油气资源潜力比较大（查阅相关文献）？

5. 选择亚洲一含油气盆地，说明其基本石油地质和油气富集规律。

参 考 文 献

白国平，2007. 中东油气区油气地质特征. 北京：中国石化出版社，124-132.

金之钧，殷进垠，2007. 亚洲石油地质特征与油气分布规律. 北京：中国石化出版社，45-58.

贾小乐，何登发，2011. 波斯湾盆地大气田的形成条件与分布规律. 中国石油勘探，3：8-23.

康永尚，商岳男，岳来群，等，2012. 东亚地区盆地类型和盆地群特征. 地质力学学报，18（4）：347-357.

李春光，1995. 山东东营、潍北盆地气藏分布规律的探讨. 天然气工业，15（4）：10-13

李丕龙，2001. 富油断陷盆地油气环状分布与惠民凹陷勘探方向. 石油实验地质，23（2）：146-148.

李丕龙，2009. 断陷盆地油气地质与勘探. 北京：石油工业出版社.

任纪舜，王作勋，陈炳蔚，等，1999. 从全球看中国大地构造演化——中国及邻区大地构造图简要说明. 北京：地质出版社.

杨福忠，薛良清，2006. 南亚太地区盆地类型及油气分布特征. 中国石油勘探，6：65-70.

游国庆，王志欣，郑宁，等，2010. 中亚及邻区沉积盆地形成演化与含油气远景. 中国地质，37（4）：1175-1182.

赵文智，池英柳，2000. 渤海湾盆地含油气层系区域分布规律与主控因素. 石油学报，21（1）：10-15.

Beydoun Z R, Hughes-Clarke M W, Stonely R, 1992. Petroleum in the zagros Basin：a late Tertiary foreland basin overprinted onto the outer edge of a vast hydrocarbon-ricch Paleozoic passive-margin shelf//Macqueen R W, Leckie D A, Foreland basins and fold belts. AAPG Memoir 55, 309-339.

Klemme H D, Ulmishek G F, 1991. Effectivew petroleum source rocks of the world：Stratigraphic distribution and controlling depositional factors. AAPG Bulletin, 75（12）：1809-1851.

第四章
北美洲油气分布特征

第一节 概况

北美洲东濒大西洋，西临太平洋，北接北冰洋，南至墨西哥南部边界。面积约 2422.8×10^4km^2（包括附近岛屿），约占世界陆地总面积的 16.2%，是世界第三大洲，包括加拿大、美国、墨西哥三国与格陵兰岛。北美人口约有 5.28 亿，居世界第 4 位，约占世界总人口的 8%。

在油气勘探历史上，美国是世界上最早发现和利用页岩气的国家。1821 年，美国第一口商业页岩气井（也是全球第一口商业性页岩气井）诞生在美国东部纽约州肖托夸（Chautauqua）县加拿大道溪（Canadaway Creek）泥盆系佩里斯伯里（Perrysbury）组页岩中，井深 27ft，从 8m 厚的页岩裂缝中产出天然气。这些天然气满足了 Fredonia 地区的照明和部分生活的需要，一直供气到 1858 年。1857 年加拿大人威廉斯在恩尼斯基伦（Enniskillen）的油苗附近钻了一口 65ft 深的出油井。随后又钻了一批油井，每口井日产石油为 0.7~13.6t。1859 年 8 月 27 日美国人德雷克在宾夕法尼亚州的泰特斯维尔用顿钻打出世界上第一口有商业意义的油井，这被认为是世界石油工业开始的标志。之后宾夕法尼亚州、得克萨斯州等地区的油气勘探逐步进入勘探与开发阶段。1863 年，在美国东部的伊利诺伊盆地泥盆系和密西西比系页岩中发现低产气流。1914 年，在阿巴拉契亚盆地泥盆系发现了世界第一个页岩气田—Big Sandy 气田。20 世纪 20 年代，美国页岩气勘查开发主要集中在东部地区，成功实现了商业性开发，开始现代化工业天然气生产。从 20 世纪 20 年代到 70 年代中期石油产量不断上升。20 世纪 70 年代中期有短暂低谷，到 20 世纪 80 年代中期达到 7.3×10^8t/a 的峰值，之后又波动式降低到 2008 年的 6.12×10^8t/a。由于非常油气规的开发，从 21 世纪初期以来，其油气产量均呈增加态势（图 4-1）。

加拿大的石油工业直到 20 世纪 40 年代，一直未有大的发现。1947 年 2 月 13 日，勒杜克 1 号探井在加拿大西部艾伯塔盆地发现了勒杜克—武德本德油田，其石油最终可采储量 9400×10^4t，天然气 140×10^8m^3，是当时加拿大最大的油田。从 1947 年到 1953 年，在距离勒杜克—武德本德周围 160km 以内，发现了几十个中小油田，总可采储量达到 3.75×10^8t。1953 年，加拿大的石油产量首次突破 1000×10^4t（1099×10^4t），而到 1961 年上升到 3070×10^4t。该年发现了帕宾那（Pembina）大油田，人们认识到了白垩系与泥盆系是主力产油层。帕宾那油田的投产，使加拿大石油产量大幅度增加。1964 年上升到 4062×10^4t，1967 年增加到 5234×10^4t。加拿大天然气产量于 1962 年突破 100×10^8m^3，1967 年达到 500×10^8m^3，1972

年首次突破 $1000×10^8m^3$，成为世界上主要的天然气生产国、出口国，主要出口美国。从 20 世纪 70 年代中期至今，其石油和天然气产量总体呈增加态势（图 4-1）。

墨西哥的石油勘探和开发始于 20 世纪初。1901 年，发现埃巴诺（Ebano）裂缝性页岩油田，油层埋深 166m，但一天只产油 7bbl（约 1t）。1905 年墨西哥的石油产量为 $13.6×10^4t$（约 $100×10^4bbl$）。1910 年前后，墨西哥一连出现过 3 口×10^4t 井。1908 年在圣迭戈特·拉玛的多斯波卡斯（Dos Bocas）发现了石油。1908 年 7 月，该油田的 3 号井初期日产油高达 $31800m^3$，持续喷了 57 天。1908 年 8 月墨西哥的多斯博卡斯（Dos Bocas）1 号井井深近 558m，每天喷出约 $3×10^4t$ 原油（有的资料说每天（1~2）×10^4t）。1910 年 12 月，比特雷罗.德.拉诺 4 号井 21 天内日喷原油（1.4~1.57）×10^4t。1911 年墨西哥石油产量达到 170×10^4t，仅次于美国、苏联，成为世界第三大产油国。1913 年坦皮科湾赛罗·阿苏尔 4 号井创造了至今未被打破的日产 26 万桶原油的世界纪录，井深仅 550m。1918 年发现了圣迭哥油田。在墨西哥已发现的一系列油田分布的地带被称为"黄金带"油区，即墨西哥第一个大油区。1921 年墨西哥石油产量达到 2700×10^4t，超过俄罗斯成为世界上仅次于美国的第二大石油生产国。1956 年原油年产量为 1868×10^4t。20 世纪 50 年代末至 60 年代初墨西哥发现了"海上黄金带"。石油产量由开始上升。从 20 世纪 60 年代中期到 21 世纪初，其石油和天然气产量都在增加（图 4-1）。不同时期，美国的石油和天然气产量都明显高于另外两国，所以，北美的石油与天然气产量变化趋势总是与美国的变化相一致。2018 年，美国石油和天然气的产量分别是 $6.69×10^8t$ 和 $8317.8×10^8m^3$（表 4-1 和表 4-2），分别占北美产量的 65.2%和 78.9%。该年底，北美洲三国的石油和天然气产量分别为 10.27×10^8t 和 10538.7×10^8m^3，分别占全球的 23.3%和 27.2%。

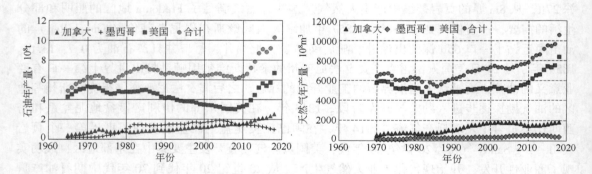

图 4-1　北美各国石油与天然气年产量变化图

表 4-1　北美各国石油年产量变化统计表（据 BP 公司，2019）　　　单位：10^8t

国家	年份											
	1965	1970	1975	1980	1985	1990	1995	2000	2005	2010	2015	2018
加拿大	0.44	0.70	0.82	0.83	0.86	0.93	1.12	1.25	1.42	1.60	2.16	2.55
墨西哥	0.18	0.24	0.40	1.07	1.46	1.45	1.50	1.70	1.86	1.46	1.28	1.02
美国	4.28	5.33	4.70	4.80	4.99	4.17	3.84	3.48	3.09	3.33	5.67	6.69
合计	4.90	6.28	5.92	6.71	7.30	6.55	6.46	6.43	6.38	6.39	9.10	10.27

表 4-2　北美各国天然气年产量变化统计表（据 BP 公司，2019）　单位：$10^8 m^3$

国家	年份									
	1970	1980	1985	1990	1995	2000	2005	2010	2015	2018
加拿大	540.2	712.3	805.1	1034.5	1527.4	1763.0	1791.5	1495.9	1607.6	1847.2
墨西哥	110.3	251.2	277.6	263.9	291.9	333.8	443.1	511.8	479.5	373.6
美国	5714.6	5250.9	4478.8	4833.8	5033.2	5186.0	4894.4	5751.6	7403.0	8317.8
合计	6365.1	6214.3	5561.6	6132.1	6852.5	7282.8	7129.1	7759.3	9490.1	10538.7

第二节　区域构造特征及演化

一、大地构造及其分区

从现今构造动力学角度来看，北美大陆的西部由于太平洋板块的俯冲而处于挤压环境之中，东部、南部和北部则处于伸展环境中，这主要与大西洋和北冰洋的打开有关。根据地壳性质和构造特征，北美可以分为褶皱区、地台区、地盾区、大陆架和海岸平原（陆缘沉降区）。褶皱区主要为环北美大陆东部、南部和西部的褶皱山系，是围绕北美克拉通分布的地壳活动及构造强烈变形的地带。根据不同地质年代的大洋开合和板块碰撞拼合情况，褶皱冲断带又可细分为早古生代加里东期的东格林兰褶皱带、晚古生代海西期褶皱冲断带（包括阿巴拉契亚褶皱冲断带、马拉松—沃希托褶皱冲断带和因努伊特褶皱带）和中—新生代落基山褶皱冲断带。根据地表地质的差异，稳定区可分为加拿大地盾和台地两个次级构造单元。地台区主要是板块内部地壳稳定、构造平缓、沉积盖层较厚的地区，占据北美大陆的主体部分，是含油气盆地分布的主要部位（图 4-2）。地台区包括密西西比河流域和五大湖地区所在的中部平原。地盾主要就是古老结晶或变质基底出露的地区，也是北美地台的结晶基底，缺沉积盖层，北美的地盾统称为加拿大地盾，主要包括加拿大中、东部及巴芬岛和格陵兰。陆缘沉降区主要是大西洋—墨西哥湾和北极的陆缘沉降区。其中的大西洋—墨西哥湾陆缘沉积区为北美大陆东南部褶皱带的陆棚区和海岸平原，包括墨西哥湾和大西洋两个沿岸沉降带。墨西哥湾沿岸沉降带位于马拉松—沃希托冲断带南侧，沿墨西哥湾沿岸陆棚展布，沉积地层较新（中新生代），沉积盖层厚度向墨西哥湾方向加厚呈楔形。大西洋沿岸沉降带位于阿巴拉契亚冲断带以东的大西洋沿岸陆棚区，也主要由中新生代地层组成，地层向海洋方向加厚呈楔状。所以，北美大陆的典型构造特征就是中部为相对稳定、构造变形较弱的稳定区，周围为变形强烈的褶皱带，四周边缘为海岸平原（陆缘沉降区）（图 4-2）。

二、构造运动及盆地演化

北美含油气盆地的演化规律与盆地所处的大地构造位置和北美大陆的大地构造演化密切相关。北美大陆的构造演化起源于加拿大地盾，它是整个北美大陆的核心。由于不同地质历

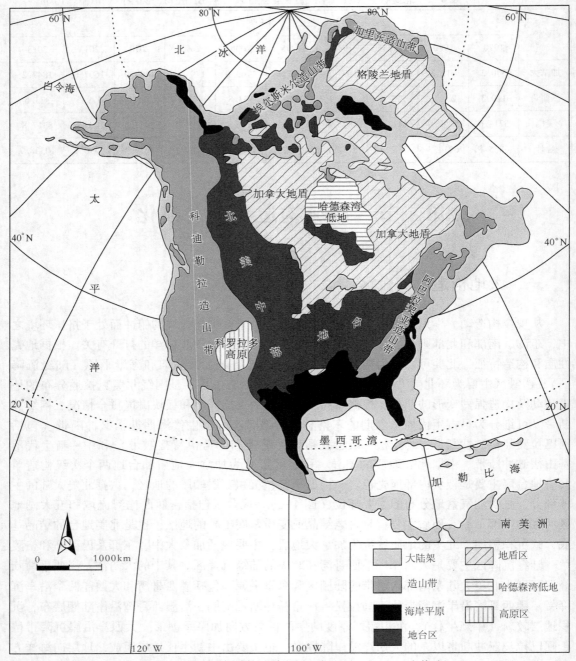

图 4-2　北美含油气域构造单元图（据 Eyles，2002，有修改）

史时期构造动力学特征、构造环境在不同地区均有差异，北美大陆经历复杂的地质演化过程。北美（劳伦）大陆在新元古代与澳大利亚、中非、南美、波罗的海和西伯利亚古陆是属于"罗迪尼亚（Rodinia）超大陆"的一部分。新元古代晚期（780Ma 前）时超大陆开始裂解。整个北美大陆开始处于一个孤立的大地构造环境下，开始了北美大陆沉积盆地发育的历史［图 4-3(a)］。

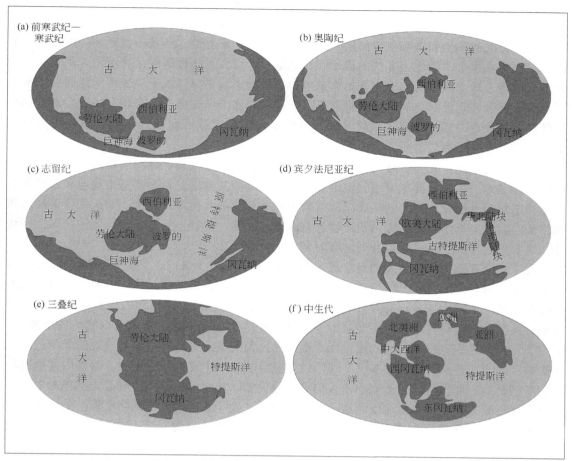

(a) 前寒武纪—
寒武纪

古　大　洋

西伯利亚
劳伦大陆
巨神海 波罗的
冈瓦纳

(b) 奥陶纪

古　大　洋

西伯利亚
劳伦大陆
巨神海 波罗的
冈瓦纳

(c) 志留纪

古　大　洋

西伯利亚
原特提斯洋
劳伦大陆
波罗的
巨神海
冈瓦纳

(d) 宾夕法尼亚纪

古　大　洋

西伯利亚
华北陆块
欧美大陆
华南陆块
古特提斯洋
冈瓦纳

(e) 三叠纪

古
大
洋

劳伦大陆

特提斯洋

冈瓦纳

(f) 中生代

古
大
洋

欧洲
北美洲
亚洲
中大西洋
西冈瓦纳
特提斯洋
东冈瓦纳

图 4-3　北美大陆寒武纪—奥陶纪的古地理图（据 Blakey，2008，有修改）

早古生代寒武纪时，北美大陆大规模海侵，四周为大洋包围。从寒武纪—奥陶纪开始向北漂移（图 4-3b）。此时发育伊利诺伊盆地、密歇根盆地、威利斯顿盆地、辛辛那提穹窿区、中陆隆起区、阿纳达科盆地和阿科马盆地以及加拿大北部的维多利亚盆地。大陆边缘发育有艾伯塔盆地、落基山盆地、二叠盆地、魁北克盆地、圣劳伦斯盆地、北极斜坡、斯沃德普盆地、东格陵兰盆地、阿巴拉契亚拗拉谷等盆地。此时北美大陆位置处于南半球赤道附近［图 4-3（b）］，在温暖湿润环境下发育了广阔的陆棚碳酸盐岩沉积，盆地类型主要为被动大陆边缘和克拉通台地。早志留世时，北美古陆与波罗的大陆碰撞，导致古大西洋（Lapetus Ocean）北部关闭。在北美大陆东北部和挪威形成北阿巴拉契亚造山带和加里东造山带［图 4-3（c）］。此时，北美古陆与西伯利亚古陆均在赤道附近，大部分被浅海覆盖，温暖湿润，冈瓦纳超大陆仍然继续向南极漂移。志留纪末期，加里东造山运动导致阿巴拉契亚造山带的陆内侧形成了阿巴拉契亚前陆盆地、圣劳伦斯前陆盆地和西纽芬兰前陆盆地。在整个早古生代，在加拿大地盾南侧的北美地台上克拉通盆地和隆起相间发育，东西两侧分别是阿巴拉契亚地槽区和科迪勒拉地槽区。在艾伯塔盆地、密执安盆地以及伊利诺斯盆地，这样的克拉通盆地内堆积了一定厚度下古生界，沉积范围广。

晚古生代大地构造继承性发育，沉积物厚度在地台的中南部最大。古生界以海相碳酸盐岩和碎屑岩为主，期间发育多个区域性不整合。泥盆纪，北美古陆与波罗的古陆持续碰撞，发生逆时针转动，导致海域面积开始缩小，但还是以浅海相沉积为主。北美大陆内部的克拉通盆地发育海相砂岩和碳酸盐岩储层。大陆西部的艾伯塔盆地、落基山盆地和二叠盆地的下部构造层等在这个时期均为下伏的被动陆缘盆地，广泛发育陆棚碳酸盐岩沉积。此时，北美大陆处于南半球赤道附近，植物开始大量出现在陆地上，最早形成于热带沼泽地区的煤覆盖了加拿大北极区附近的岛屿、北格陵兰等地，同时，由于气候湿热，海相有机质丰富，是重要的烃源岩发育时期。北部各盆地（如北极海岸盆地和巴芬湾盆地）在该时期主要为被动陆缘沉积，也是烃源岩主要发育时期。

密西西比亚纪，北美古陆发育了阿巴拉契亚盆地、圣劳伦斯盆地和西纽芬兰盆地等一系列的前陆盆地。古陆内部克拉通盆地继续发育。西部的艾伯塔盆地、落基山盆地和二叠盆地下部构造层等继续发育广阔的陆棚碳酸盐岩沉积。北部的北极海岸盆地、斯沃德鲁普盆地和东格陵兰盆地等处于被动陆缘沉积环境。该时期的大陆一直处于赤道附近，气候湿热，有利于浅海有机质发育，是烃源岩有利发育时期。

宾夕法尼亚亚纪，北美大陆与非洲、南美碰撞［图4-3(d)］，形成海西期南阿巴拉契亚造山带，与早期的北阿巴拉契亚形成一条大型造山带，古大西洋关闭，劳亚大陆与冈瓦纳大陆汇聚成一个超大陆（Pangea），浅海陆棚沉积范围明显减少。早期的伊利诺伊盆地、密歇根盆地、阿纳达科盆地和阿科马盆地等克拉通盆地受挤压变形而发育大规模的构造圈闭，结束了北美主要的克拉通盆地的成盆期。南阿巴拉契亚造山运动导致二叠盆地的下构造层发生褶皱，成为二叠盆地的褶皱基底。阿巴拉契亚前陆盆地主要以陆相为主。落基山盆地群和威利斯顿盆地的海相范围逐渐缩小，艾伯塔盆地仍然以北西向的陆棚碳酸盐岩沉积为主，沉积范围也逐渐减少。这些盆地以海相碳酸盐岩为主，处于赤道附近或低纬度带，是烃源岩发育的重要时期。北极海岸盆地、斯沃德鲁普盆地和东格陵兰盆地等仍处于被动陆缘沉积阶段。

二叠纪，北方的劳亚大陆与南方的冈瓦纳大陆在北美大陆东南缘发生继续碰撞造山形成新的超大陆"泛大陆"。北美大陆大部分是陆相沉积，仅在西部由于多个地体向北美靠拢，导致浅海沉积范围缩小，主要为局限海环境。此时，仍有少量的克拉通盆地（如二叠盆地和威利斯顿盆地）。二叠盆地的主要形成期就是二叠纪，是在年轻克拉通基底上发育的克拉通盆地，主要为海相碳酸盐岩沉积，后期进一步发育成半封闭海，发育蒸发岩。该时期二叠盆地处于赤道附近，利于烃源岩发育，加上前二叠纪发育的海相烃源岩使得二叠盆地具备良好的生储盖组合。威利斯顿盆地进入盆地演化后期的局限海碳酸盐岩和滨海砂岩沉积阶段。阿巴拉契亚盆地进入前陆盆地的晚期，以陆相沉积为主，海西期的造山作用促进了构造圈闭的形成。艾伯塔盆地、马更些盆地和落基山盆地群在该时期由于西侧地体开始向北美大陆拼贴，浅海范围开始缩小为局限海，但仍有海相沉积和丰富的有机质进入该地区，且该地区处于低纬度带，发育烃源岩。整个古生代，北美大陆西部的诸盆地均为被动陆缘盆地或局限海，发育陆棚碳酸盐岩和泥岩。北美北部的北极海岸盆地、斯沃德鲁普盆地和东格陵兰盆地等仍处于被动陆缘沉积环境。

中生代三叠纪，北美大陆逆时针旋转，北美向北漂移，欧亚大陆向南移动，导致在北美东部和西北非之间出现早期裂谷，泛大陆进入初始裂解阶段（图4-3e）。北美西部地体继续向北美靠拢，导致海域继续缩小，发育局限海沉积。此时，纽芬兰地区处于裂谷初期，有一些火山活动，发育了大浅滩、西纽芬兰、东大陆架和格陵兰东等裂谷盆地。威利斯顿盆地开始由海相转为陆相沉积，进入盆地演化后期，盆地范围明显缩小。落基山地区、艾伯塔地区和马更些地区的海域开始缩小为局限海。北美北部北极海岸盆地、斯沃德鲁普盆地、东格陵兰盆地均为被动陆缘海相沉积环境。由于中三叠世处于中低纬度带，北美北部各被动陆缘盆地发育烃源岩，而其他地区主要为陆相沉积环境，烃源岩不如古生代发育。

早侏罗世，泛大陆继续裂解，中大西洋形成［图4-3(f)］。北美大陆东部由南往北相继又发育了墨西哥湾裂谷、东部陆架裂谷、纽芬兰东裂谷系、纽芬兰西裂谷、大浅滩裂谷和格陵兰东西裂谷系等一系列裂谷盆地。在北美西部自南向北依次发育了落基山盆地群、艾伯塔盆地和马更些盆地等前陆盆地。北美北部发育北极海岸盆地、北极斜坡盆地和斯沃德鲁普盆地等被动陆缘盆地。晚侏罗世，从中大西洋开始，依次是南大西洋张开和北大西洋张开。晚侏罗世，北美大陆西部以地体拼贴为主的构造作用形成了冲断带和艾伯塔盆地、马更些盆地和落基山前陆盆地等陆缘前陆盆地。东部在加里东期和海西期造山带基础上发育与泛大陆裂解相关的纽芬兰东部的各裂谷盆地、大浅滩裂谷盆地和北美东海岸盆地等。由于物源近，碎屑沉积较粗、分选差，缺少泥质，整体生烃能力差。在北美大陆南部，墨西哥湾盆地在该时期处于雏形裂谷阶段，大部分地区是隆起，沉积缺失。晚侏罗世泛大陆开始大规模裂解，大西洋开始缓慢打开，在北美南部墨西哥湾和马更些三角洲地区主要发育广阔的陆棚沉积，北美西部发育了艾伯塔前陆盆地和马更些前陆盆地，落基山地区也发育同期的前陆盆地的陆相沉积，该时期是北美大陆西部前陆盆地的主要成盆时期。随着大西洋的裂解，北美东部大陆架上的盆地由裂谷盆地转为被动陆缘盆地。北美北部发育北极海岸、北极斜坡和斯沃德鲁普等被动陆源盆地。

白垩纪，中大西洋持续张开，南大西洋由南向北逐渐张开，同时，南半球的冈瓦纳大陆也开始裂解。晚白垩世，北美从南向北渐渐与北美洲分离，北美东部形成一些裂谷盆地。由于地体拼贴，拉腊米运动形成了北美西部若干早期海相、后期陆相沉积的前陆盆地。墨西哥湾盆地进一步打开，发育洋盆，并与大西洋连通。从白垩纪末（70Ma前）开始，加勒比海板块开始楔入北美和南美大陆之间，导致墨西哥湾的扩张停止，从此大西洋的扩张为南美和非洲之间的扩张。墨西哥湾的扩张停止之后，墨西哥湾盆地进入一个长期稳定的被动陆缘盆地环境。

古新世时，南方冈瓦纳大陆加快了裂解过程。北美与格陵兰从北美洲漂移开来，在北美东部和南部发育一系列被动陆缘盆地。北美西部继续发育一系列陆相前陆盆地。始新世，大西洋完全打开，在北美大陆东部和南部发育被动陆缘陆棚沉积，西部前陆盆地继续发育，其中艾伯塔前陆盆地晚期以陆相为主。落基山前陆盆地被晚期向东推覆的冲断带破坏，而形成背驮式前陆盆地群。北美大陆西南缘开始发育与圣安德烈斯走滑断裂相关的圣华金和萨克拉门托走滑盆地。北美西缘的北部发育阿拉斯加湾弧前盆地。墨西哥湾盆地进入被动陆缘主成盆阶段。在加勒比海地区，加勒比板块已经楔入南美和北美之间，大形成大安德烈斯岛弧，在古巴岛弧北部形成冲断带和前陆盆地。北美东部诸盆地全部转化为被动陆缘盆地。北美东部被动陆缘大陆架比较窄，距阿巴拉契亚山脉近，碎屑物质较粗，分选差，烃源岩不发育。相反，北海和西非大陆架相对比较宽，距物源较远，碎屑沉积物较细，分选较好，烃源岩发育。北美北部广泛发育北极斜坡盆地、北极海岸盆地、斯沃德鲁普盆地等等被动陆缘盆地，进入主要成盆期，另外还发育了马更些三角洲盆地。总之，中生代—古近纪北美大陆西部以压性盆地为主，南部、东部和北部以被动陆缘盆地为主，而最南部由于70Ma前加勒比海板块楔入北美和南美之间使得加勒比海地区以压扭性盆地为主。中新世，北美大陆西部以科迪勒拉造山运动为主,太平洋的大洋中脊扩张至北美西部,在西部形成了圣安德烈斯转换断层,发育一系列走滑盆地,在北美佛罗里达州和中美洲仍然为浅海碳酸盐岩台地或火山岛弧。

新近纪以来,由于科迪勒拉造山带抬升后的重力垮塌和伸展作用使美国西部形成造山后伸展盆地群。在北美大陆西缘还发育了与圣安德烈斯断裂的新生代走滑作用相关的、世界上含油气丰度最高的洛杉矶海相拉分盆地。墨西哥湾盆地发育三角洲沉积。

第三节　地层与沉积特征

北美大陆基底主要由前寒武系花岗岩、流纹岩和闪长岩和变质岩等岩石构成(图4-4)。加拿大地盾与之有相同岩性,自寒武纪升出海面后,没有再接受长期连续的海侵影响。在基底之上,沉积了寒武系~新近系。其中,古生界在整个研究区几乎全有分布,中生界相对比较局限,新生界在靠近褶皱冲断带部位相对发育。不同地区不同时期的沉降和沉积不同,因而沉积的地层也有差异。在地台区形成了自寒武纪以来厚度不等的灰岩、碎屑岩、页岩和蒸发岩沉积。靠近地盾的地台区,沉积物厚度薄、沉积间断多;而远离地盾的地台区,沉积物厚度大,沉积较连续,形成了楔形克拉通覆盖充填。从寒武纪之前到新近纪北美地区共发生了6次大规模海侵与海退事件,整个显生宇盖层中发育了5个区域性不整合,分别出现在早奥陶世末、早泥盆亚纪末、早宾夕法尼亚亚纪末、三叠纪末和白垩纪末(Sloss,1963,1988)。

寒武系-二叠系以海相沉积为主,后期有陆相沉积。前寒武系到下寒武统下部是砂页岩,上部为白云岩化碳酸盐岩,中寒武统碳酸盐岩覆盖其上,上寒武统发育碳酸盐岩与页岩,可作为较为良好的烃源岩。奥陶系—泥盆系主要发育白云岩、生物礁灰岩、灰岩、泥岩与砂岩等,其中中奥陶统底部为硅质碎屑岩,志留系发育有蒸发岩—良好盖层。中泥盆统以生物碎屑和生物礁碳酸盐岩为主,底部发育薄层砂岩;碳酸盐岩在盆地边缘过渡为黑色页岩和燧石,碳酸盐岩中夹有蒸发岩,其黑色页岩为良好烃源岩。

密西西比亚系以碳酸盐岩为主,在造山带边缘的上密西西比统发育砂岩和页岩。密西西比亚系顶部到下二叠统主要为硅质碎屑岩和蒸发岩,主要分布在北美南部、西部和中陆地区。含煤地层仅见于上石炭统(宾夕法尼亚亚统)。

二叠纪在北美大陆大部分地区为陆相沉积,仅在西部发育局限海沉积。中上二叠统在东北部沉积了硅质碎屑岩,在南部和西部主要为碳酸盐岩。三叠系到下侏罗统主要发育陆相硅质碎屑岩。侏罗—白垩纪以海进序列为主,海退序列记录很少。整个中生界岩性主要由砂质—黏土质海相和陆相沉积层和个别的碳酸岩和含煤岩石段组成。中侏罗统到古新统下部靠近造山带一侧主要为硅质碎屑岩,在克拉通部位主要为厚层的海相页岩和碳酸盐岩。

新生代的北美西部主要以陆相为主,岩性主要为砂砾岩、砂岩、泥页岩等;南部主要发育三角洲相、滨海相砂泥岩和海底扇砂岩,东部被动大陆距阿巴拉契亚山脉近,碎屑物质粗,分选差,以砂岩、砂砾岩为主,泥页岩相对较少,北部主要发育海相地层。古新统到全新统在墨西哥湾、大西洋及北冰洋边缘的岩性主要为砂岩和页岩。

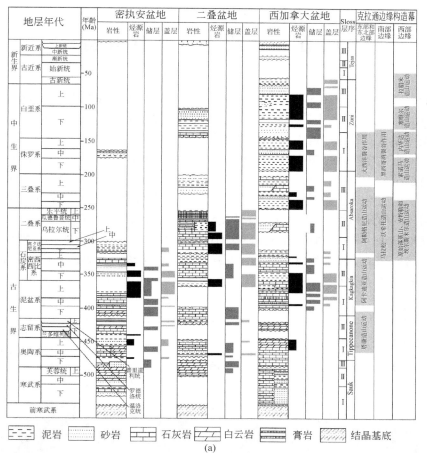

(a)

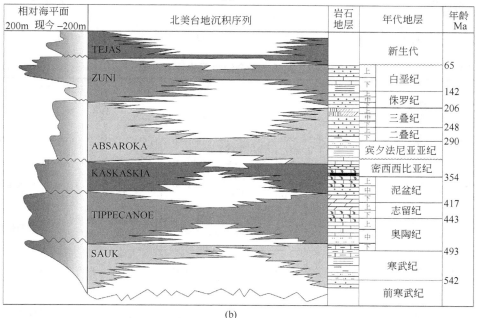

(b)

图 4-4　北美含油气域地层综合柱状图［据高金尉，2011，（a）；据 Sloss，1963，（b）］

第四节 盆地类型及其分布

北美洲分布有大小不同的各时代含油气盆地 190 个，其中盆地面积超过 $1 \times 10^4 km^2$ 的盆地有 14 个，且其沉积岩厚度几乎都超过 4000m。北美含油气盆地大部分分布在美国，共有 9 个大盆地为美国独有；其他盆地中三个大盆地为美国与加拿大所共有，一个盆地为美国与墨西哥所共有。加拿大与墨西哥独有的大盆地均只有 2 个。从北美大陆西部到东部，构造动力学特征逐渐由挤压环境向中部稳定环境，再到东部的拉张环境变化，相应地发育有弧前盆地、弧间盆地、山间盆地、前陆盆地、克拉通盆地、前陆盆地、被动大陆边缘盆地等类型（图 4-5），另外还有压扭性盆地，如胜金华盆地。北美洲盆地的大部分为克拉通盆地或者克拉通边缘盆地（表 4-3）。前陆盆地以阿拉斯加北坡盆地、艾伯塔盆地、阿巴拉契亚盆地、福特沃斯盆地和圣胡安盆地等为代表，克拉通盆地以密执安盆地、伊利诺斯盆地和德拉华盆地等为代表（图 4-6）。

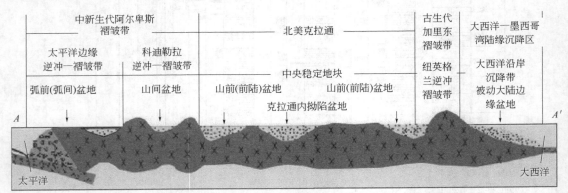

图 4-5 北美洲东西向构造剖面与盆地类型示意图（据马锋等，2014）

表 4-3 北美 6 个含油气区中重要盆地

盆地名称	所在国家	面积 $10^4 km^2$	盆地类型	主要沉积岩		主要储集岩	
				时代	厚度，m	地层	岩性
斯沃德鲁普	加拿大	31	被动大陆边缘	石炭纪至新生代	4500	石炭系、二叠系、中生界	砂岩、碳酸盐岩
艾伯塔	加拿大	60	前陆	寒武纪至白垩纪	6000	泥盆系、石炭系；二叠系、中生界	碳酸盐岩、砂岩
威利斯敦	加拿大，美国	65	克拉通	寒武纪至古近—新近纪	4600	奥陶系至石炭系、三叠系、侏罗系	碳酸盐岩、砂岩
坦比哥	墨西哥	6.2	被动大陆边缘	侏罗纪至古近—新近纪	3000	侏罗系、白垩系	碳酸盐岩
维拉克鲁斯—塔巴斯科	墨西哥	16	被动大陆边缘	侏罗纪至新生代	7000	白垩系、古近—新近系	碳酸盐岩、砂岩

盆地名称	所在国家	面积 10^4km^2	盆地类型	主要沉积岩		主要储集岩	
				时代	厚度，m	地层	岩性
墨西哥湾	美国，墨西哥	280	被动大陆边缘	侏罗纪至新生代	13000	侏罗系至更新统	砂岩、碳酸盐岩
密执安	美国	31	克拉通	寒武纪至石炭纪	4500	奥陶系至石炭系	碳酸盐岩、砂岩
美国东内部	美国，加拿大	43	克拉通	寒武纪至石炭纪	4500	奥陶系至石炭系	砂岩、碳酸盐岩
美国西内部	美国	72	克拉通	寒武纪至白垩纪	9000	奥陶系至二叠系 奥陶系至二叠系	砂岩、碳酸盐岩、基岩
二叠	美国	30	克拉通	寒武纪至二叠纪	6000		砂岩、碳酸盐岩
加利福尼亚诸	美国	18	山间	白垩纪、新生代	16000	白垩系、古近—新近系基岩	砂岩、页岩、基岩
落基山诸	美国	60	压扭性	寒武纪至古近—新近纪	18000	石炭系至白垩系	砂岩、碳酸盐岩
粉河	美国	6	前陆	寒武纪至古近—新近纪	5000	中生界、二叠系	砂岩
丹佛	美国	15	前陆	寒武纪至古近—新近纪	5000	白垩系、二叠系	砂岩
北阿拉斯加	美国，加拿大	33	前陆	石炭系至新生代	9000	石炭系、中生界	砂岩、碳酸盐岩
库克湾	美国	3.9	弧前	中生代、新生代	9000	中新统	砂岩
阿巴拉契亚	美国	42	前陆	寒武纪至石炭纪	6000	寒武系至石炭系	砂岩、页岩、碳酸盐岩

第五节　典型含油气盆地

一、墨西哥湾盆地

墨西哥湾盆地位于美国、墨西哥和古巴相环抱的海域，东西宽约2039km，南北长约2409km（Rainwater，1967），大致呈圆形，面积约 $280×10^4km^2$ （图4-5）。根据有关国际协议，美国、古巴和墨西哥都对墨西哥地区的石油进行了勘探和开采。美国墨西哥湾油气区位于墨西哥湾盆地的北部，包括美国南部沿岸七个州及其海上，面积约 $110×10^4km^2$ 。美国部

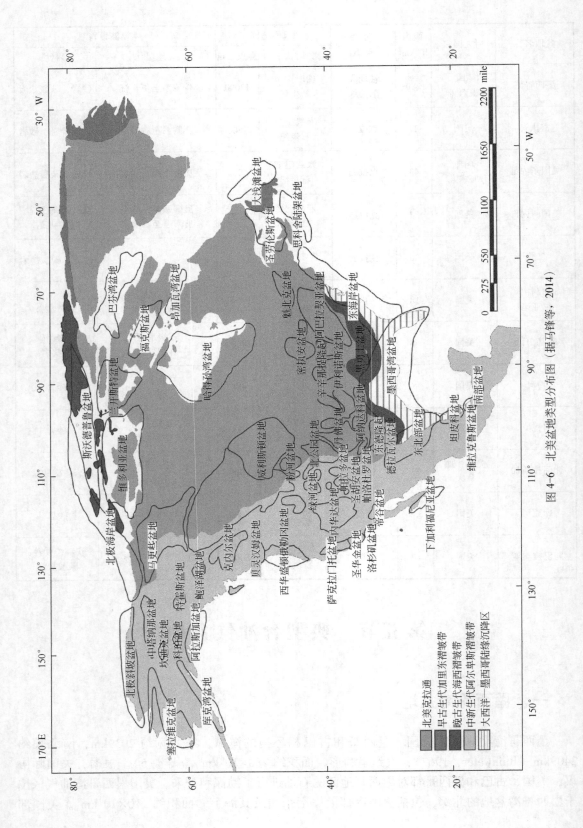

图 4-6 北美盆地类型分布图 (据马锋等, 2014)

北美克拉通
早古生代加里东褶皱带
晚古生代海西褶皱带
中新生代阿尔卑斯褶皱坡带
大西洋—墨西哥陆缘沉降区

北极斜坡盆地
中塔纳那盆地
玖亚盆地
科珀盆地
阿拉斯加盆地
鲍泽湖盆地
铜河盆地
库克湾盆地
塞拉维克盆地

北极海岸盆地
马更些盆地
特温斯盆地

斯沃德鲁普盆地
维多利亚盆地
三开斯盆地
巴芬湾盆地
福克斯盆地
昂得瓦盆地
哈得利湾盆地

圣劳伦斯盆地
大浅滩盆地
恩科舍陆架盆地

兑内尔盆地
西华盛顿俄勒冈盆地
贝灵汉姆盆地
萨克拉门托盆地
粉河盆地
威利斯顿盆地
密执安盆地
魁北克盆地
阿巴拉契亚隆起
阿利诺斯盆地

绿河盆地
北公园盆地
尤因塔盆地
丹佛盆地
辛辛那提隆起
里奇蒙盆地
东海岸盆地

圣华金盆地
科洛杜罗盆地
圣胡安盆地
阿纳达科盆地
阿德隆起

洛杉矶盆地
帕拉多斯盆地
德拉瓦尔盆地
东德瓦尔盆地
东北部盆地

下加利福尼亚盆地
坦皮科盆地
墨西哥湾盆地

维拉克鲁兹盆地
南部盆地

0   275   550   1100   1650   2200 mile

分的油气田主要分布在路易斯安那州和得克萨斯州岸外，石油和天然气产量分别占美国的 1/3 和 1/2 以上；墨西哥的油气田集中在坎佩切湾，石油产量约占墨西哥总产量的一半以上。盆地目前已发现 5000 多个油气田，其中深水油气田的产量 2000 年首次超过浅水区。墨西哥湾盆地是世界重要的油气富集区，也是世界上最早进行海洋石油勘探和开采的地区之一。1865 年就在该盆地的陆上部分发现了油气。早在 1901 年就在斯宾徒（纺锤顶）油田钻出了美国第一口万吨井。1938 年美国在离海岸 2.4km 处开凿了第一口油井。1947 年 11 月在离海岸 19km 处发现大油田。1978 年，坎佩切湾石油探明储量 50 多亿吨，美国所属墨西哥湾大陆架区石油储量为 $20×10^8$t，天然气储量 $3600×10^8m^3$。20 世纪 80 年代后期出现了油气储量的一个高峰。1991 年美国部分的墨西哥湾已发现油气田 5000 多个，其中储量大于 $5000×10^4$t 的大型油田近 90 个，石油产量约 $1.7×10^8$t，天然气产量 $3000×10^8m^3$。由于墨西哥湾深水区的油气勘探程度相对较低，以及深水钻井技术提高，不断取得重大发现。到 20 世纪 90 年代后期，由于勘探技术等因素的影响，深水区的油气勘探又出现了一次高峰。1999 年 7 月，墨西哥湾盆地已在水深超过 300m 的海域有 96 个油气发现。2000 年，水深大于 300m 的油气探明储量超过了浅水区，油气勘探深度超过了 2500m。2001 年在深水区又获得了 17 个油气发现。2002 年又发现了 Great White、Deimos 和 Tahiti 等深水油气田。2004 年，盆地深水油气储量占整个墨西哥湾油气储量的 89%，深水石油和天然气的产量分别占其总量的 60% 和 23%。近年钻探活动不断向深水区推进，在深海平原盐丘中发现了油、气储藏。特别是 2010 年初在浅水区超深层发现了 DavyJones 气藏，可采天然气储量（5660～17000）$×10^8m^3$，标志着成熟探区油气勘探取得突破性进展。

（一）盆地地质特征与构造单元

墨西哥湾盆地在大地构造位置上位于太平洋板块向北美板块俯冲碰撞，以及北美板块与南美—非洲板块碰撞对接的复杂构造部位。墨西哥部分受太平洋板块与北美板块之间中新生代俯冲碰撞活动的影响明显，而盆地东部受北美板块与南美—非洲板块的接合以及中新生代的裂解作用影响。此外，盆地还受到北美板块与南美—非洲板块之间的一系列微板块构造运动和变化的影响。墨西哥湾盆地构造上靠近北美板块西南部和加勒比板块以北。盆地以西和以北分别为形成于宾夕法尼亚纪的科迪勒拉褶皱带和澳契塔褶皱带，由于板块碰撞使地槽内深海相沉积强烈变形，并向西北方向逆掩在陆棚沉积和滨海沉积之上。盆地东北缘为形成时代晚于澳契塔褶皱带的阿巴拉契亚褶皱带，这两个褶皱带在密西西比东部相交。墨西哥湾盆地南部为锡格斯比陡坡。

根据构造与沉积演化差异，将墨西哥湾盆地划分为墨西哥湾盆地区、佛罗里达地块和尤卡坦地块 3 个二级构造单元（图 4-7）。佛罗里达地块可进一步划分出一些次盆地和隆起，具体的包括阿巴拉契考拉（Apalachicola）坳槽、佐治亚东南坳槽、坦帕（Tampa）坳槽、南佛罗里达亚盆地、奥卡拉（Ocala）隆起、中地（Middle Ground）凸起、南部台地和撒若塞塔（Sarasota）凸起（图 4-8）。尤卡坦地块包括南部造山带和尤卡坦台地，包含南部和查帕亚尔（Chapayal）两个盆地（图 4-8）。考虑到盆地主要的勘探目的层和沉积盖层主要为中新生界，重点根据地壳类型和中新生代地层分布特征，将盆地区划分为内陆带（中生代构造为主）、沿海带（新生代构造为主）和洋壳带（图 4-8）。内陆带的地壳类型为陆壳性质，沉积盖层主要为侏罗系和白垩系的碎屑岩和碳酸盐岩。由于大陆架受到沉积活动、差异升降作用的影响，盐底辟构造发育。沿海带的地壳类型以过渡型地壳为主。随着沉积物的前积，陆架边缘向海上推进，发育生长断层系统以及海岸和海域的盐底辟构造、页岩流动构造区等。洋壳带的地壳类型为洋壳性质，四周以较陡的陆坡与沿海带、墨西哥造山带、佛罗里达地块和尤卡坦地块分开，统称为洋壳亚盆地。

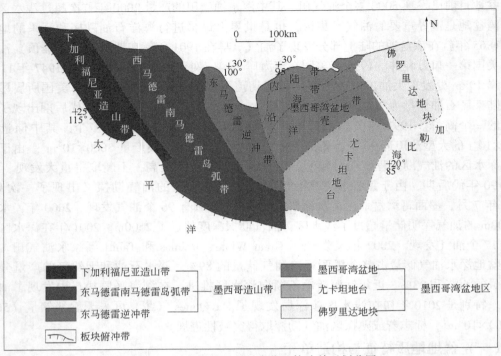

图 4-7 墨西哥及墨西哥湾盆地构造单元划分图

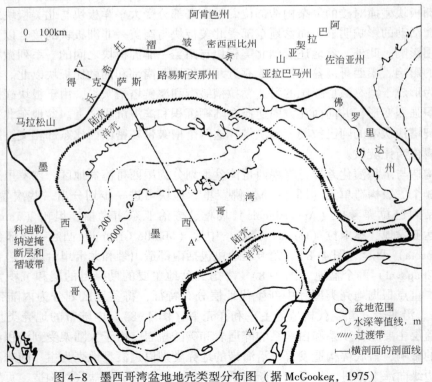

图 4-8 墨西哥湾盆地地壳类型分布图（据 McGookeg，1975）

在墨西哥湾盆地内部，根据地壳起伏与地层发育差异，可以划分出隆起、台地、次级盆地、背斜区等不同地质单元（图4-9）。这些不同的构造单元均对油气分布有不同的控制作用。

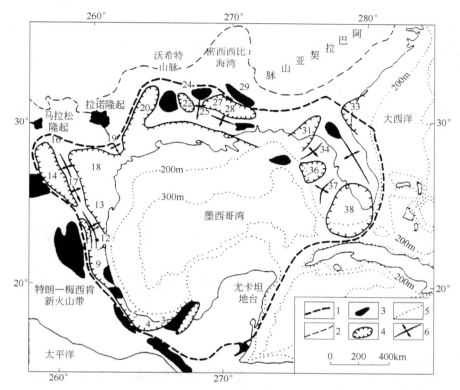

图4-9　墨西哥湾和盐盆地构造略图（据 Ulisses, 1966）

1—墨西哥湾盆地构造界线；2—白垩系超覆界线；3—隆起、穹窿和台地；
4—盆地和海湾；5—海底等深线；6—背斜

（二）盆地地质演化特征

墨西哥湾盆地是一个中新生代的裂谷盆地，形成于北美克拉通南部边缘，沿 NE-SW 向的扩张中心展布。当非洲和南美洲大陆分开的时候，作为侏罗纪时期联合古陆分离的一个结果，演化出了该盆地的基本构造格局。根据构造演化过程将盆地地质演化分为裂谷期、过渡期和被动大陆边缘期（Hall 等，1991；Armentrout，2001）。

裂谷期主要发生于晚三叠世—中侏罗世。该时期由于北美板块和南美板块分离而在脆性地壳范围内沿着狭长地带形成裂谷（图4-10），主要为陆相沉积，并伴随着同裂谷期的非海相沉积和半地堑内的火山活动。拉张在中侏罗世减弱，地壳相对稳定，形成了过渡壳和构成基本建造的高、低起伏的伴生基底。盆地中心发育局限海，厚层蒸发岩主要沉积于该时期。盆地的外围区域经历了中等拉张，地壳仍然保持一定的厚度，形成了一些宽阔的穹窿和盆地，发育陆缘碎屑沉积。

过渡期主要在晚侏罗世，海底扩张开始，发生海泛作用（图4-10）。盆地边缘形成了宽阔的由浅到深的陆架海洋环境，发育大规模海相碳酸盐岩沉积，局部发育碎屑沉积。最大海侵期的盆地深部呈非补偿沉积形态，在缺氧环境堆积了厚层富有机质页岩。

被动大陆边缘期主要发生于早白垩世—第四纪。盆地在早白垩世变冷并且下沉，以广阔的碳酸盐岩台地为特征（图4-10）。这些台地被生物礁建造环绕，沿着在薄、厚地壳之间差异下沉的边界所确立的边缘分布。细的颗粒碳酸盐岩沉积在附近的深盆地，陆源碎屑不断地注入沿北部边缘的局部地区。晚白垩世早期在长期上升的大旋回背景下伴随着海平面的迅速升降，定期地淹没碳酸盐台地的外边缘，引起边缘向陆地迁移。广泛的海底侵蚀形成了一个白垩系内部的不整合。之后的沉积由陆源物质占主导地位，因为大量的碎屑棱柱体在晚白垩世到古近纪首先从西部和北部进积，然后新近纪至今因沉积物源充足和重力作用影响而不断从北部（密西西比河流域）进积沉积，海岸线不断向南推进发育碎屑岩沉积。由于硅质碎屑沉积物的进积棱柱体差异负载于下伏盐类之上，通过盐流动和生长断层的下降盘朝向盆地一侧沿陆架斜坡崩塌而产生变形，形成同沉积构造（图4-10）。

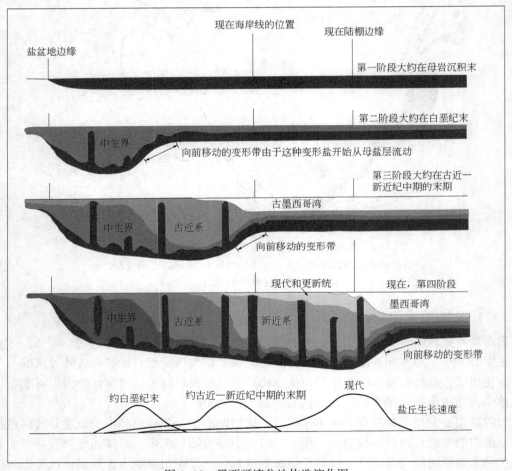

图4-10　墨西哥湾盆地构造演化图

（三）地层与沉积特征

墨西哥湾盆地的基底为结晶岩和古生界变质岩和部分沉积岩。沉积盖层从晚三叠世或早侏罗世到第四纪发育齐全（图4-11），除少量为非海相红层外，其余均为海相地层，厚度可达15000m。

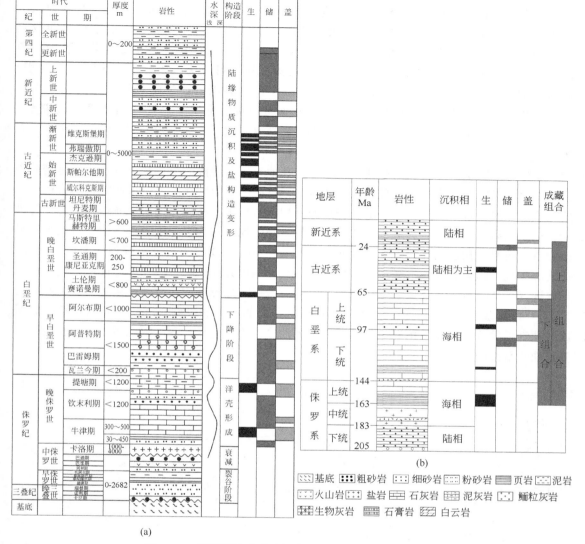

(a)

(b)

$\boxed{}$ 基底　$\boxed{}$ 粗砂岩　$\boxed{}$ 细砂岩　$\boxed{}$ 粉砂岩　$\boxed{}$ 页岩　$\boxed{}$ 泥岩
$\boxed{}$ 火山岩　$\boxed{}$ 盐岩　$\boxed{}$ 石灰岩　$\boxed{}$ 泥灰岩　$\boxed{}$ 鲕粒灰岩
$\boxed{}$ 生物灰岩　$\boxed{}$ 石膏岩　$\boxed{}$ 白云岩

图 4-11　墨西哥湾盆地地层岩性与油气成藏组合划分图

　　上三叠统—下侏罗统为非海相红层，主要由页岩、泥岩、粉砂岩及少量砂岩和砾岩组成，最大厚度为 2130m，与上下地层均呈不整合接触。中侏罗统下部为红色页岩、砂岩和砾岩，中部为石膏、最大厚度 50m；上部为粗结晶石盐夹少量石膏，与下伏层呈不整合接触。上侏罗统自下而上分为四段。第一段为砂岩夹红色页岩组成的红层，其最大厚度达 325m，与下伏地层呈不整合接触。第二段下部为暗色碳酸盐泥岩和致密泥质灰岩，上部主要由鲕粒灰岩、礁灰岩和泥粒灰岩组成，该段向东相变为细粒到中粒砂岩，已知最大厚度为 560m，与下伏地层局部呈不整合接触。第三段下部为块状石膏夹少量石灰岩和白云岩薄层，向上石膏减少，夹有很多红色页岩和细粒砂岩，厚度变化大，通常为 210m，为一套厚的碎屑岩夹不同数量的石灰岩夹层。在密西西比，向盆地方向该组渐变为以碳酸盐岩为主，厚度一般为 305m。第四段由砾岩、砂岩、浅红色页岩组成。向盆地中心方向，中上部依次变为页岩、毯状砂岩、致密块状砂岩，下部则变为暗色页岩。该段顶部有一层石灰岩，底都在局部地区也有一层石灰岩。

白垩系下部由下向上可分为四段，第一段为碎屑岩，厚达910m，向东、西变为碳酸盐岩。第二段为碎屑岩与碳酸盐岩。第三段以碳酸盐岩为主，发育有堤礁带。第四段除局部为黏土外，其余为浅水碳酸盐岩。白垩系上部由下而上可分为五段，第一段为三角洲平原相到浅海相砂岩和页岩。在密西西比海湾以东，可分为三组：下部为河流相沉积，中部为细粒碎屑岩，上部变为粗屑岩。第二段在得克萨斯一般为暗色页岩，向东变为页岩夹砂岩。第三段主要由白垩岩组成，局部变为泥灰岩和页岩。第四段主要由泥灰岩、白垩岩、页岩，石灰岩和砂岩组成。第五段主要由砂岩、页岩组成，在隆起上该群上部为礁状灰岩。

新生界除除佛罗里达以碳酸盐岩为主外，其他地区各层段的沉积相近。新生代是密西西比河三角洲不断向海推进的过程。在不同时期，自海岸平原向深海方向依次沉积河流相、三角洲相、浅海外带与半深海相。随着三角洲沉积向海推进，在海退期形成海退沉积，在海进期，三角洲后退，形成海进沉积。各时期沉积最厚的地区称为沉积中心。由于受古新世和早始新世的拉腊米构造运动的影响，墨西哥湾盆地新生代沉积时大量陆源碎屑不断进入盆地，使其海岸线、陆架和陆架边缘在新生代期间不断向盆地方向迁移，沉积中心向海推进或沿海岸移动（图4-12），最终在陆棚处沉积巨厚的河流—三角洲沉积物。岩性主要为页岩和砂岩（图4-11）。随着三角洲沉积向海推进和供给沉积物的河流的改变，沉积中心的迁移控制了该区油气田的分布，而三角洲相控制了新生界油气富集。此外，深水河道砂体、浊积扇砂体等是油气富集的重要相带。

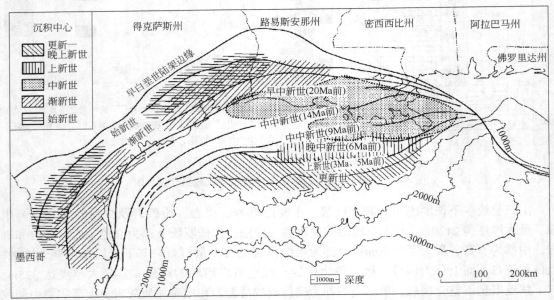

图4-12 墨西哥湾岸盆地新世界主要沉积中心及古陆架边缘分布图（据Murray等，1985）

（四）生储盖及其组合特征

墨西哥湾盆地发育上侏罗统提塘（Tithonian）阶—牛津（Oxfordian）阶、下白垩统巴雷姆阶（Barremian）阶、上白垩统土伦阶（Turonian）阶、古近系的斯巴尔他组和始新统威尔科特（Wilcox）群五组烃源岩（图4-10）。上侏罗统是主力烃源岩，烃源岩岩性主要为深灰—黑色海相富化石的页岩、钙质页岩、泥灰岩和藻灰岩，源岩的发育受构造作用、蒸发岩的发育程度等因素控制。白垩系烃源岩主要为海相碳酸盐岩，古近系烃源岩主要为海相页岩。上侏罗统和下白垩统泥灰岩厚150~200m，分布范围广，几乎遍及整个墨西哥湾盆地。均为成熟烃源岩。侏罗系生油量占墨西哥湾盆地总储量的80%以上。

墨西哥湾盆地储集层主要包括中生界侏罗—白垩系碳酸盐岩、砂岩和新生界砂岩（图4-11）。白垩系发育主力成藏组合，发育了若干套有利的储集层，主要为砂岩和碳酸盐岩。碳酸盐岩主要发育在陆棚高能带浅滩和礁，以及低能带次生孔隙灰岩和白云岩。其储集空间主要为孔隙和一些裂缝，储集性能中等，且差异很大，深层的物性较差。碳酸盐岩储集层下方若存在盐岩的活动，则会发育微裂缝，从而提高渗透性。在墨西哥湾盆地南部主要为碳酸盐岩储层，北部同时发育了砂岩储层，储集物性良好。新生界古新统—更新统沙质岩主要发育在三角洲相，还有河道、海底扇及浊积相等，广泛分布于盆地区的滨浅海—深海区。储层物性为良好—极好，埋深300~5400m，孔隙度可达20%~35%，其渗透率也比较高。

墨西哥湾盆地侏罗系致密蒸发岩、页岩、白垩系与新生界泥岩、页岩为主要盖层（图4-11）。其中，中生界蒸发岩为有效盖层，封盖碳酸盐岩为储集层。致密碳酸盐岩、碳质页岩和页岩也可做良好盖层。对于新生界，盖层主要是海进期发育的分布广泛的页岩。由于裂谷后期构造较稳定，该泥页岩使得局部和区域盖层遍及了整个新生界层系，且封堵性能好。因快速沉积，有超压页岩形成，可有效封闭油气藏。砂岩层常被上覆间夹的页岩封盖，形成独立油气藏。

据构造演化特征、生储盖分布、圈闭特征、油气富集特点以及油气藏特征，将墨西哥湾盆地的油气成藏组合划分为中生界成藏组合、古近系成藏组合和新近系成藏组合。

中生界成藏组合的烃源岩为侏罗系海相页岩、泥灰岩和下白垩统海相泥岩、泥灰岩，分布范围广，几乎遍及整个墨西哥湾。该组合为古生新储或者自生自储（图4-11）。储集层主要为侏罗—白垩系的碎屑岩和碳酸盐岩。白垩系砂岩储层孔隙度平均为16%，渗透率为569mD；侏罗-白垩系碳酸盐岩储层平均孔隙度为13%，平均渗透率93mD。圈闭类型以背斜或断背斜为主，也有与盐运动有关的圈闭。主要盖层为白垩系致密层或古近系页岩。该组合主要发育于盆地陆上的上侏罗统—白垩系（图4-13）。

古近系成藏组合的烃源岩主要为古近系泥页岩，主要分布于盆地中北部。局部地区有侏罗系烃源岩的贡献。古近系河流—三角洲沉积环境碎屑岩为储层，储层物性较好，储层孔隙度平均为23%，渗透率为309mD。主要圈闭类型主要是与盐运动有关的构造圈闭或者与三角洲有关的构造岩性圈闭。生储组合为古生新储或自生自储（图4-11）。盖层为各地层单元内的海进页岩。该成藏组合主要发育在盆地中部陆上-浅海陆架地区（图4-13）。

新近系成藏组合的烃源岩主要为侏罗系，还有侏罗系、白垩系与古近系烃源岩的混合。储集层为新近系三角洲或水下扇背景下的碎屑岩，是现今墨西哥湾盆地的主要储层，物性好，孔隙度为22%~36%，渗透率为50~3200mD。生储组合主要是古生新储（图4-11）。圈闭类型与古近系相似，主要为与盐有关的构造或构造—岩性圈闭。圈闭形成时间晚，与多套烃源岩排烃期匹配关系很好。盖层为新近系各地层单元内的海相页岩。该储盖组合主要位于陆架—深水区（图4-13）。

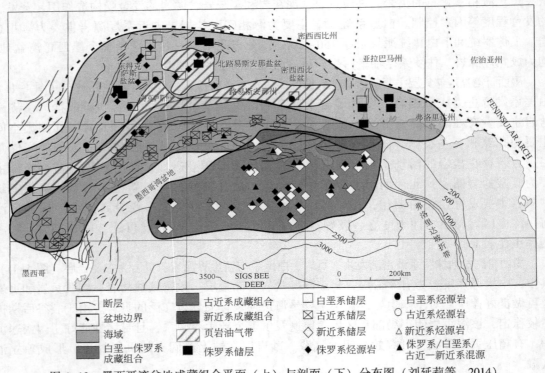

图4-13　墨西哥湾盆地成藏组合平面（上）与剖面（下）分布图（刘延莉等，2014）

（五）圈闭与油气藏类型

据统计，墨西哥湾盆地的构造圈闭占到了91.5%，主要包括盐构造形成的圈闭（占41%）和断层形成的圈闭，地层岩性圈闭占2.5%，另外6%为复合圈闭。

1. 构造圈闭与油气藏

构造圈闭与油气藏在盆地内占主导，在盆地范围广泛分布，其类型多种多样，包括背斜、穹窿、断背斜、断穹窿、断层、盐构造、泥页岩构造和裂缝等类型。这些圈闭与生长断层、盐底辟或刺穿、泥底辟或刺穿、断裂、构造运动等地质因素有关。

盐层的运动对构造、沉积与油气分布等都有及其重要的影响。墨西哥湾盆地在中侏罗世沉积了局限海环境下的大量盐，厚度一般大于600m。盐岩是各类岩性中最优质的的盖层，对盐下油气具有良好的封盖作用。盆地地质历史过程中，由于强烈不均衡的负荷压力导致其发生蠕变、上拱，甚至沿断裂向上刺穿上覆地层形成盐丘。蠕变、上拱可导致岩层在局部地区最大厚度超过4000m，形成的盐构造包括盐枕、盐焊接、盐刺穿、盐墙、盐脊以及盐席等。在盐丘顶部形成穹隆状圈闭，翼部构造与盐核接触遮挡的砂岩层状圈闭。

得克萨斯州东南部的纺垂顶盐丘油田就是著名的盐丘构造油气田。该油田发现于1901年。石油在石冠中的储量超过$700×10^4$t。发现井日产原油10700t，这是世界的著名的万吨井，其日产量超过了当时全世界所有其他油田的总和。储集层主要是石冠中的多溶洞白云岩或石灰岩。盖层主要是Q黏土和砾石层，下为石膏层，石膏中发现了许多自然硫。1926年纺锤项盐丘西南翼也发现石油，储层是中新统弗莱明组砂岩（图4-14）。后来在盐柱侧翼又发现了诸多盐柱遮挡圈闭与油气藏。

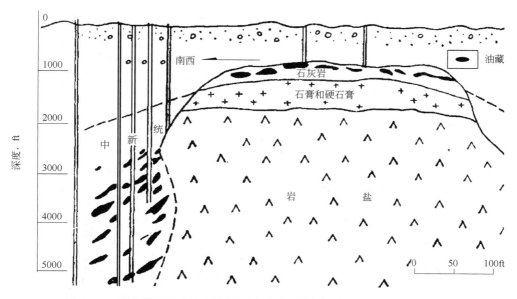

图 4-14 得克萨斯州东南部纺锤顶岩丘油田横剖面图（据童崇光，1985）

盆地内同生断层十分发育。在同生断层发育过程中，其上盘由于重力负荷作用沿断面诱导向下移动而形成逆牵引背斜构造。所以，同生断层既可以作为油气运移通道，也可以形成良好的逆牵引背斜圈闭和油气藏。在湾岸区断裂带上有大量油气聚集，这主要是由于同生断层在沉积过程中形成，这样就可能将早期生成和运移的油气聚集起来。位于盆地西北部、得克萨斯州南部、墨西哥边界以北的维克斯堡断裂带就一典型的同生断裂发育带，是盆地最有利的油气聚集带之一。该断裂带由 3 条向盆地下降的阶梯式正断层组成。断层下降盘地层明显增厚，断层面弯曲，倾角向下减小。断层生长过程，下降盘形成明显的逆牵引构造，形成了几十个油气田（图 4-15）。例如托姆奥库诺尔油田就是该构造带上的一个油田，位于得克萨斯州南部，发现于 1934 年。其石油产自渐新统、中新统和上新统砂岩层中，最终可采储量 $0.7 \times 10^8 t$（图 4-16）。

2. 地层岩性圈闭与油气藏

主要包括与不整合有关的、生物礁与砂岩上倾尖灭等油气藏，主要由构造作用、沉积相变和成岩作用等形成。比如美国东得克萨斯油田。美国东得克萨斯油田是世界上最著名的地层圈闭水驱油气田，位于本区北部，萨宾隆起的西部和东得克萨斯盆地的东部边缘。它为一单斜构造，发现于 1930 年 9 月，其面积巨大，长为 75km，宽为 20km 以上，石油可采储量为 $28 \times 10^8 t$。其储油层为上白垩统伍德拜砂岩。除西部小范围内为伊格尔福特页岩覆盖之外，全被奥斯丁组白垩层所覆盖，砂岩层向东尖灭。上倾方向被剥蚀的伍德拜砂岩呈锲形体插入在不整合超覆面上。向西变厚，达 305m。

3. 复合圈闭与油气藏

墨西哥湾盆地的复合圈闭与油气藏主要为构造与地层、岩性复合作用形成。例如南沼泽岛 128 区块油气田，构成背斜、断裂和岩相变化混合圈闭类型。上—更新统的油气受三角洲砂体的控制，并处于岩盐、页岩底辟上的断裂背斜。

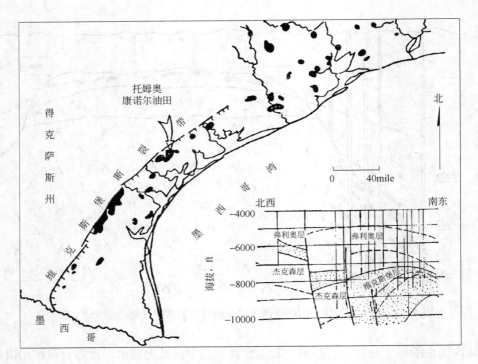

图 4-15 维克斯堡断裂带同生断裂与油气藏图（据童崇光，1985）

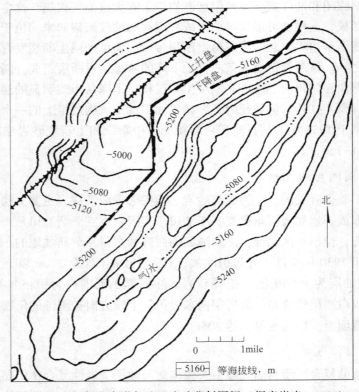

图 4-16 托姆奥库诺尔油田滚动背斜圈闭（据童崇光，1985）

（六）油气分布规律与控制因素

墨西哥湾盆地已发现的油气资源量主要分布于中新统和渐新统，少部分分布在中生界、古新统、始新统、上新统和更新统。油气藏分布深度主要于 152~7315m，其中油田分布峰值在 914~2438m，气田峰值在 2743~3353m。各类油气主要分布在各类油气藏中，而不同类型的油气藏主要受到烃源岩分布、储集层分布、盖层分布、断裂、盐构造与沉积相带等因素的共同控制。

墨西哥湾盆地的烃源岩层位多，但侏罗系主力烃源岩贡献最大，其生烃潜力高，从盆地边缘到盆地中心烃源岩生烃潜力逐渐变好。晚侏罗纪烃源岩分布广、厚度大、类型好，尤以提塘阶烃源岩最为重要。该区烃源岩的形成主要受构造和沉积的控制。成熟度适中、成熟门限深度大、生烃高峰晚于圈闭形成时间等特征，因而有利于油气的生成和保存。并且该套烃源岩位于盆地下部，在断裂沟通下可以为上部不同储集层提供油气。其他层位烃源岩仅作为补充。

储集层与沉积相带密切相关。盆地内油气从白垩系至第四系均有分布，并且已发现的油气层位具有由陆向海逐渐变新的特点，沉积相带控制下的储层分布对其具有重要控制作用。

碳酸盐岩油气藏主要与碳酸盐岩台地的礁滩相有关，台地边缘（主要指古陆外侧、古岛屿周围、古水下隆起边缘）水动力条件较强，是生物骨架灰岩和颗粒灰岩发育的有利地区，而碎屑岩油气藏主要与海岸线及河流—三角洲相带的砂体分布密切相关，沉积中心的迁移控制了储集层与油气田的分布，尤其新生界碎屑岩分布对油气的分布控制作用更明显（图 4-17）。

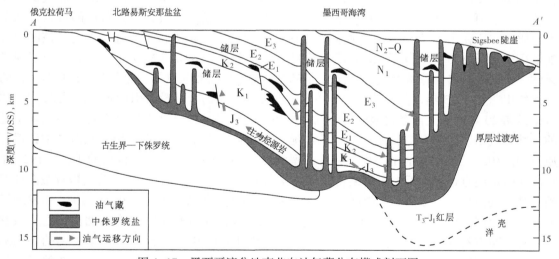

图 4-17　墨西哥湾盆地南北向油气藏分布模式剖面图

油气成藏既有自生自储，也有古生新储，尤其后者断裂发挥着重要的输导作用。盆地断裂发育，尤其同生断裂广泛分布，它不仅控制输导油气，而且还伴生滚动背斜，也可以遮挡油气。所以，断层对各层位的油气均有不同程度的控制作用。

盆地内盐对油气分布具有多重控制作用。广泛的盐运动首先使海底地形复杂化，形成了有利于有机质保存的洼陷。其次是盐柱的持续上升，可以使常高压生烃泥岩体上面的致密壳发生拱张，导致壳被高压流体膨胀，从而使得其中的含烃流体向上运移。再次是盐柱的上升形成了众多的盐丘构造，这构造既能从盐柱上升过程中获得运来的油气，也有圈闭油气的空间，故形成了大量盐丘油气田。盐运动导致的盐柱形成和上升是随着沉积同步形成的，运动时间很长，可持续到很晚的时间。随着沉积向海推进，沉积凹陷和其中的沉积物也向海推进，这样使得盐运动的范围也向海推进（图4-12）。这就形成了各种类型的盐丘，并且自北而南依次发育小的孤立刺穿和深埋盐丘、宽平的半连续的盐隆、宽广近于连续的盐隆。这也表明了盆地的盐刺穿运动是由北向南逐渐减弱的。盐运动形成的各种盐构造在不同时期还会通过影响沉积相带和砂体分布来控制形成不同的构造、地层圈闭与油气藏。

盆地内不同时代发育的蒸发岩、页岩、白垩系与新生界泥岩、页岩均比较广泛，与储集层密切配合已封盖油气。尤其侏罗系蒸发岩几乎全盆地分布，对盐下油气的保存具重要作用。

二、艾伯塔盆地

艾伯塔盆地是世界上著名的含油气盆地之一，其位于西加拿大盆地西北部、落基山脉东侧，是一个典型的前陆盆地，占据了西加拿大盆地的大部分，西加拿大盆地的东南部为威利斯顿盆地。艾伯塔盆地主要位于加拿大艾伯塔省境内，面积98万平方千米。人们很早就记述过艾伯塔省东北部161km长的阿萨巴斯卡河段上以分散的"沥青泉"形式出露的"焦油"或"沥青"浸透砂岩，但艾伯塔盆地的油气钻探开始于19世纪80年代。1883年，在加拿大太平洋铁路的兰吉温站附近的钻探成功第一口天然气井，产气层为上白垩统牛奶河（Milk River）组砂层，钻井到352m处发现了后来估算为$1286 \times 10^8 m^3$储量的天然气田。除阿萨巴斯卡河沥青砂岩外，大草原水井中出现的"油"膜来也成为寻找石油的依据。加拿大地质调查所在1891年对落基山脉南部地区的卡梅伦河油苗进行了调查，肯定了该区的石油勘探潜力。1893年发现了331m深的油层。1897年在Dakota（McMurray）砂层中发现了天然气，后来命名为普蒂奇气田。1904年又在梅迪辛哈特镇发现了一个储量$1263 \times 10^8 m^3$的天然气田。在1913年以前，从沥青砂中提取沥青并炼制沥青还没有引起足够的认识。在20世纪最初20年间，艾伯塔盆地已钻油气探井超过200口。1914年在密西西比亚系发现小型的土纳谷气田。1920年在诺曼堡于上泥盆统（Kee Searp段）叠层石和珊瑚礁储层中钻遇轻质石油。1925在艾伯塔省的韦恩莱特下白垩统砂岩储层中发现了商业价值的重油。1928年在萨斯喀彻温省边界附近的韦恩莱特东北部发现了迪纳重油油田，同年在艾伯塔省最南部发现了第三处白垩系重油。到1930年，盆地内探井和开发井已经超过400口。1936年发现了密西西比油田。1947年在勒杜克镇附近的泥盆系生物礁中发现了第一个大油田。之后该盆地一直不断有石油、天然气的新发现，并一直进行油砂的开发。至1985年底，艾伯塔前陆盆地已经发现凝析油$2.349 \times 10^8 m^3$，已发现的油气总量为$10.1 \times 10^8 m^3$。加拿大艾伯塔省集中了加拿大95%的油砂探明储量。截至1988年已钻井225000口。油砂的大规模开发始于1967年，1967年至1977年为起步，1978年至2001年稳步发展，2002年以后进入高速发展阶段。2009年底，沥青油的日产量已达1.488百万桶，占加拿大原油生产总量的69%。艾伯塔盆地油气资源十分丰富，是加拿大重要的产油区之一。该盆地的气田主要分布在盆地的西部，油田分布在盆地的中部，油砂分布在盆地东部。据估算，该盆地常规原油地质储量为$6034 \times 10^8 bbl$；油砂地质储量为$16310 \times 10^8 bbl$，居全球第一；天然气地质储量为$4 \times 10^{12} m^3$。已在东缘冲断带已发现32个油气田，其中9个是大型油气田。

（一）盆地构造特征与地质演化阶段

艾伯塔盆地是北美西部在古生代被动陆缘盆地之上叠加的中—新生代前陆盆地。盆地以东是加拿大地盾，以西是落基山造山带，以北以塔斯里那隆起为界，南以斯威特格拉斯隆起与威利斯顿盆地相隔 [图4-18(a)]。艾伯塔盆地的沉积可以看作是前寒武纪结晶基底之上的楔状沉积体，东西向宽度600~1200km，自西往东逐渐变薄，西部艾伯塔盆地最厚可达6000m，向东延伸至前寒武纪基底出露的地方 [图4-18(b)]。盆地可以划分出艾伯塔向斜、里亚德坳陷、皮斯里弗隆起、斯威特格拉斯隆起以及牧场湖陡坡等构造单元 [图4-18(a)]。由于落基山脉从新生代以来向盆地方向大规模冲断，盆地总体呈前陆冲断带的构造样式。前陆盆地沉积体向落基山造山带下急剧增厚，往地盾方向逐渐减薄。

艾伯塔盆地主体经历了古生代海相和中新生代陆相两个大的地质历史时期，其中古生界发育海相碳酸盐岩层序，经历3次海侵与2次海退；中新生界发育陆相碎屑岩层序，经历2次海侵和2次海退。根据其大地构造环境、地球动力学特征把构造演化分为4个阶段。

（1）被动大陆边缘阶段：从前寒武纪晚期到志留纪。由于罗迪尼亚超大陆（Rodinia）的裂解，科迪勒拉造山带位于北美大陆西部的被动大陆边缘，沉积了以碳酸盐岩为主的夹有碎屑岩的海相地层，整体厚度是从东向西增厚。该时期，盆地处于一个相对稳定的阶段，没有大的构造运动。

（2）弧后盆地发育阶段：从泥盆纪到三叠纪，落基山地区受外来地体增生至被动边缘斜坡的影响发生挤压构造运动，伴随深大断裂并有超镁铁质岩和花岗岩侵入。盆地区几度沉降、抬升剥蚀，多个不整合在东部地区合并，三叠纪末期中东部地层抬升剥蚀作用显著，地层由西向东变薄，表明当时西部下沉、东部隆升作用明显。

（3）前陆盆地迁移阶段：从晚侏罗世到古新世，随着落基山脉挤压构造作用的加强，弧后盆地逐渐过渡为山前前陆盆地（图4-19）。来自西部造山带的大量碎屑物堆积在落基山山前前陆盆地中，渐进的逆冲作用使造山楔构造负荷向前陆地区移动，并引起前陆盆地向克拉通方向迁移。前陆盆地的沉积在晚侏罗世—白垩纪期间出现过多次海侵和海退的旋回性，古新世海退达到最大范围。构造上表现为靠近前陆逆冲带的早期前陆盆地沉积层卷入到后续的逆冲变形地质体当中。

（4）前陆盆地沉积定型阶段：始新世由于强烈的构造挤压作用，落基山达到了历史上最高程度的隆升。伴随着落基山强烈隆升和铲式正断层上盘的下滑，山间盆地形成。由于山区的隆升幅度比山前地带大，使地形反差进一步加大，粗碎屑物质堆积在前陆盆地中（图4-19）。到渐新世时，褶皱带与前陆盆地的差异升降运动减弱，地形起伏也因剥蚀作用而降低。至中新世晚期或上新世早期，由老岩层构成的地形已经剥蚀成中等起伏或轻微起伏的地形，前陆地区形成缓倾或水平的平原带。

（二）地层与沉积特征

艾伯塔盆地的基底为太古宇结晶岩与元古宇变质碎屑岩。沉积盖层发育了寒武系—第四系的地层，其中晚古生代—新生代地层分布广泛（图4-20）。基底之上发育寒武—奥陶系大陆边缘碳酸盐岩和泥岩。盆地西部主要发育灰岩，中西部地区广泛发育厚层白云岩，向东砂泥岩发育。地层呈现东边沉积较厚西边较薄的趋势。泥盆系由碳酸盐岩、页岩夹蒸发岩组成，厚约1000m。其由下至上依次为红层、砂岩、硅质白云岩夹红层及岩盐层、含化石的白云岩层和厚层岩盐层，在盆地西部发育深灰色的生物泥灰岩，顶部覆盖红层。泥盆系包括

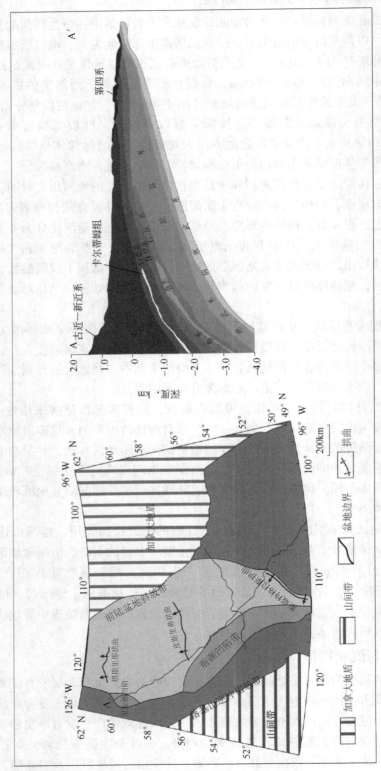

图 4-18 艾伯塔盆地构造单元与剖面图

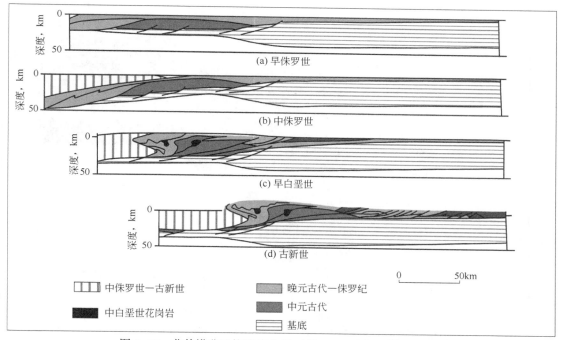

图 4-19　艾伯塔盆地构造演化图（据 Grant Mossop 等，1994）

ELK Point 组、Woodbend-winterbur 组和 Wabamun 组。泥盆系总体上南部较厚，北部较薄，西北部地层较厚，东南部地层较薄，表明泥盆纪古地形整体呈现西北低、东南高的形态，显示西北水体较深、东南水体较浅。二叠系底部为页岩，向上过渡为钙质泥岩、泥粒灰岩、粘结灰岩夹薄层白云岩、砂岩与粉砂岩互层，顶部为砾岩与粉砂岩。三叠系岩性较为单一，主要为厚层细碎屑岩、泥质碎屑岩，顶部有少量的白云岩。二叠系地层具有东北部较薄，西南部较厚的特点，预示了北东高西南较低的古地形特征。

三叠系底部为厚层的细砂岩、泥页岩，向上为细粒沉积，顶部有少量白云岩。西北与东南方向较薄，中间较厚，反映了当时古地形中部深，周缘浅，甚至隆起。侏罗系—下白垩统在盆地的西部较厚，东部较薄，底部为较厚的大陆坡与大陆架深部的碳酸盐岩和泥岩，中部为潮坪相碳酸盐岩，往东过渡为近海砂岩夹碳酸盐岩。盆地最东部底为砂岩，之上为砂岩和泥岩，顶部为海相泥页岩。上白垩统—新近系主要为陆相沉积。西部较厚，东部较薄，自下而上依次为粉砂岩、泥岩、细中砂岩夹粉砂质泥岩和煤层，顶部为中粒砂岩夹粉砂岩和泥页岩。

（三）生储盖及其组合特征

艾伯塔盆地石油地质条件优越，具有多套烃源岩、储层、盖层和含油气系统，地质要素之间匹配良好。

艾伯塔盆地的烃源岩主要分布在上古生界泥盆系、密西西比亚系，中生界三叠系、上侏罗统和下白垩统，其中泥盆系、密西西比亚系与三叠系主要形成于被动大陆边缘环境，上侏罗统和下白垩统主要形成于前陆盆地环境（图 4-20）。中—上泥盆统和白垩系烃源岩是盆地的主要烃源岩，其他为次要烃源岩。泥盆系烃源岩主要分布在上泥盆统 Keg River 组、Duvernay 组、Cynthia 组、BlueRidge 组与 Exshaw-Bakken 组或 Lodgepole 组。其中 Duvernay 组烃源岩是艾伯塔盆地多数泥盆系油气藏油气最为丰富和主要的来源，其次是 Keg River 组，其他

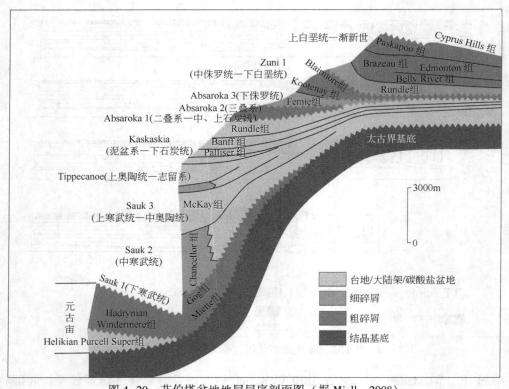

图 4-20 艾伯塔盆地地层层序剖面图（据 Miall，2008）

组烃源岩贡献小得多。主力烃源岩为上泥盆统的 Duvernay 组海相页岩和灰泥岩，分布范围广，TOC 为 2%~17%，最高可达 20%。氢指数为 500~600mg 烃/gTOC，干酪根类型为海相Ⅱ型干酪根。Keg Rive 组烃源岩分布范围较小，岩性也主要为海相纹层页岩和灰泥岩，沉积于高盐度、还原的沉积环境，TOC 含量最高达 15%。密西西比亚系烃源岩主要分布在 Exshaw—Bakken 组，岩性主要为陆棚环境沉积的页岩，分布广泛。三叠系中三叠统烃源岩主要为 Doig 组和 Halfway 组，其中 Doig 组为这套高自然伽马的泥页岩，TOC 含量可达 23%，氢指数达到 380mg/g，成熟度从西南向东北方向由过成熟到成熟和未成熟过渡。下侏罗统 Femie 群的海相灰泥岩，TOC 含量达 33.96%，氢指数最高 600mg/g，厚度小于 20m 厚；干酪根富硫，成熟度较低即可生油，如彻希尔和托马霍克隐伏露头中的原油即源于此烃源岩。上侏罗统—下白垩统主要为前陆盆地最底部三角洲/沿岸平原沉积含煤层段，岩性为泥页岩、碳质泥岩和煤岩，以Ⅲ型干酪根为主。上侏罗统—下白垩统烃源岩岩性主要为页岩，也是盆地重要的烃源岩之一，TOC 含量高。上白垩统的 Colorado 群烃源岩主要分布在 White Specks 组和 Fish Scale 组，岩性主要为海相页岩，分布范围广，TOC 含量为 2%~3%，最高可达到 12%，氢指数为 460mg 烃/gTOC，最大可达 600mg 烃/gTOC，属于Ⅱ型干酪根（图 4-20）。

艾伯塔盆地从泥盆系到白垩系均有储层发育，其中上泥盆统礁灰岩和白垩系砂岩是盆地中最重要的储层（图 4-20）。上泥盆统储油层岩性为生物礁，次为孔隙灰岩和白云岩，其中礁岩最厚达 150m。这些生物礁属于岸礁类型，包括环礁和塔礁，分布于盆地中部的皮斯河隆起以南。生物礁孔隙类型以晶间孔为主，孔隙度 2%~12%，平均孔隙度为 0.5mD，主要分布在埃德蒙顿地区。密西西比亚系（下石炭统）储集层特征与泥盆系类似，岩性也主要为生物礁碳酸盐岩，物性良好。三叠系—下侏罗统储集层为海相—滨海相砂岩；白垩系储集层主要为前陆盆地环境下形成的陆相砂岩。

油气藏盖层主要为泥页岩，夹杂在储集层之间（图4-21）。泥盆系盖层主要分布在上泥盆统，其Wabamun组岩性为蒸发性白云岩和石膏；密西西比盖层主要为泥页岩。侏罗系、下白垩统的盖层主要位于下白垩统之上各层段泥页岩。

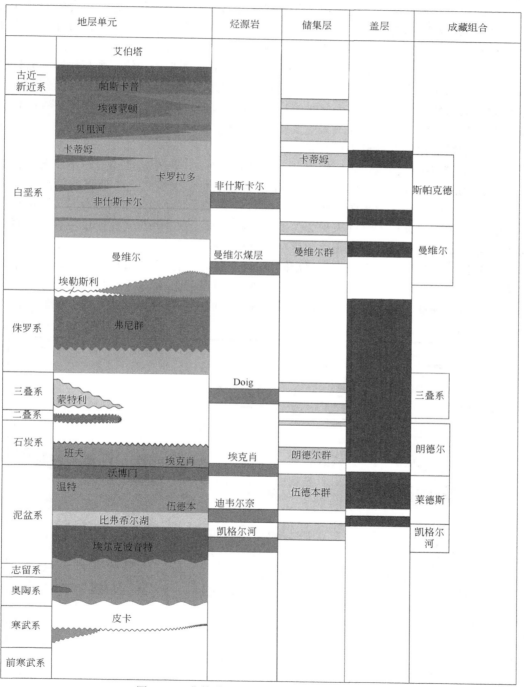

图4-21 艾伯塔盆地地层—生储盖组合柱状图

根据油气来源与生储盖配置关系，将艾伯塔盆地生储盖组合划分为泥盆—石炭系、三叠系—下侏罗统与白垩系三个生储盖组合（图4-21）。

泥盆—石炭系生储盖组合：烃源岩主要为泥盆系，石炭系也有少量贡献；储层主要为中下泥盆统和下石炭统碳酸盐岩，其中的中泥盆统的 Keg River 组和 Lower Rainbow 组的生物礁灰岩主力储层；盖层主要为上泥盆统及密西西比亚系地层的泥页岩。该组合内部进一步分为中下泥盆统凯格尔河、中泥盆统莱德斯和上泥盆统郎德尔三个成藏组合。组合内的油气藏均与沉积环境和构造隆起有关，其中泥盆系塔状生物礁岩性圈闭东西向分布，另外还有披覆背斜、地层与断块油气藏；石炭系主要为地层油气藏，次要为构造油气藏。

三叠系—下侏罗统生储盖成藏组合：烃源岩为三叠系泥页岩和侏罗系灰泥岩，储集层为三叠—侏罗系海相—滨海相砂岩，盖层为层间与侏罗系顶部泥页岩。三叠系的油气藏主要是多孔砂岩尖灭岩性油气藏，如不列颠哥伦比亚省的东北部、艾伯塔省西部的三叠系油气藏；另有少量背斜油气藏。侏罗系油气藏主要多孔砂岩楔形尖灭带形成的地层油气藏，这些油气藏沿着中艾伯塔的侏罗系楔形边缘分布。

白垩系生储盖组合：该组合比较复杂，可以分为上、下两个成藏组合。下成藏组合主要是下白垩统 Mannville 组砂质碎屑岩作为储集层，盖层是白垩统之上各地层间的泥岩和页岩夹层，为岩性圈闭。油气源来源比较多，其中的中深部位常规油气主要与侏罗系 Nordegg 段煤系烃源岩有关；浅部位的稠油来源为侏罗系、密西西比亚系烃源岩，但也应有三叠系与泥盆系烃源岩的贡献，稠油的形成主要与生物降解作用有关。

盆地各段烃源岩成熟度自西向东逐渐降低，油气也是西向东从过成熟向成熟区及未成熟区运移（图4-22）。西部过成熟带富集常规天然气、页岩气、致密气和煤层气资源；中部成熟带富集常规石油和致密油；东部未成熟带富集沿斜坡向上降解形成的重油、油砂资源。

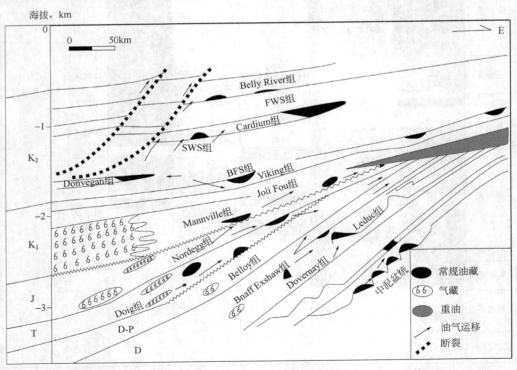

图4-22　加拿大艾伯塔盆地油气远距离运移成藏模式图（据 Machel 等，1996）

（四）圈闭与油气藏类型

艾伯塔盆地圈闭类型多样，但以地层、岩性油气藏为主，构造油气藏较少，其中泥盆系主要为塔礁型岩性圈闭与油气藏；石炭系为与不整合有关的地层和构造圈闭与油气藏；二叠系主要为构造和地层圈闭与油气藏；三叠系主要发育多孔砂岩尖灭型及构造圈闭与油气藏；侏罗系主要是多孔砂岩楔形歼灭带构成的地层圈闭与油气藏；白垩系主要是滨岸线迁移导致的相变所形成的地层圈闭与油气藏，下白垩统前陆斜坡部位发育稠油油藏。根据烃类相态特征，可以划分出重质油藏、常规油藏、凝析气藏和气藏，气藏又包括生物气藏、热裂解气藏，有含硫和无硫天然气。除常规油气藏和重油外，艾伯塔盆地不同层位还不同程度地发育致密气、致密油、页岩油页岩气、煤层气等非常规资源。

典型的生物礁油气藏如泥盆系 Bashaw 礁复合体的 Clive 油藏和 Haynes 油藏（图4-23）。储集层为白云岩，盖层为蒸发岩。该类油气藏在盆地泥盆系广泛分布。冷湖油气藏是典型的重油油藏（图4-24），主要为北北西或南南东走向的单斜地层圈闭。无大断层，但局部有小断层，生产层顶面海拔为330m。储层主要为白垩系 Grand Ripid 组，砂体类型有大陆架—滨前砂体、分流河道砂、三角洲前缘砂体，储层净厚度为18~36m。岩性主要是细粒—中粒的石英砂岩。孔隙类型为原生的颗粒间孔隙，孔隙度在32%~35%，渗透率为0.5~5mD。冷湖地区的重油烃源岩为密西西比亚系的 Exshaw—Bakken 组页岩。

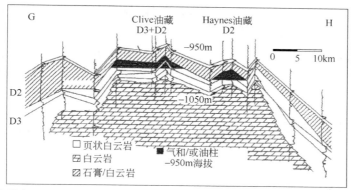

图4-23　艾伯塔南—中部 Bashaw 礁复合体的 Clive 油藏和 Haynes 油藏剖面（据 Hearn，1996）

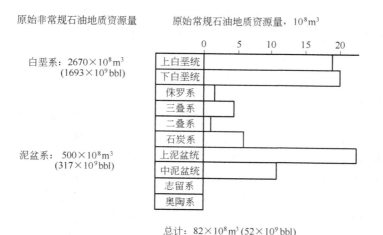

图4-24　艾伯塔盆地油气资源分布图（据 Hans G. Machel，2000）

（五）油气分布规律

艾伯塔盆地有天然气、常规油与重油等不同形式的资源，已发现的油气资源主要集中在生物礁等地层、岩性油气藏中。白垩系储集了45.7%油气资源，上、下白垩统基本各半；泥盆系储集了约39.4%，其中超过三分之二在上泥盆统；其他层位的油气资源不到15%。最新估算认为其常规油气资源占资源量比例并不高，更多的是油砂/重油和深部位油气资源量（图4-23）。其油砂中生产的原油占艾伯塔盆地生产原油的40%，占加拿大的三分之一。重油主要分布在北部和西部白垩系，主要的重油矿区有阿萨巴斯卡、冷湖、瓦巴斯卡与皮斯河四个（图4-25）。艾伯塔盆地拥有世界上最大的油砂/重油资源，集中了加拿大超过95%的油砂/重油探明储量。截至2009年，加拿大探明剩余石油可采储量为$278.2\times10^8m^3$，仅次于沙特的$413.2\times10^8m^3$，居世界第二位。盆地油砂/重油剩余可采储量为$270.3\times10^8m^3$，主要分布在白垩系储集层中。

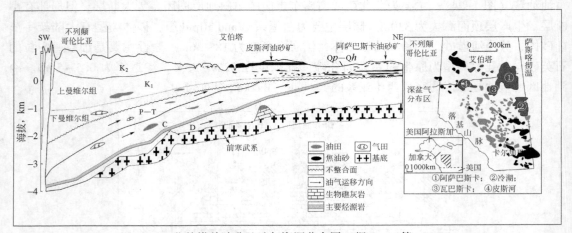

图4-25 艾伯塔前陆盆地油气资源分布图（据Roger等，2001）

三、二叠盆地

二叠盆地是北美地区油气资源丰富的含油气盆地之一。二叠盆地位于得克萨斯州西部和新墨西哥州东南部，面积约$17.4\times10^4km^2$。该盆地油气勘探历史较早，1902年在东部陆棚上749m井深的二叠系白云岩中发现石油。1923年发现大湖（Big Lake）油田，产层为1000m深的白云岩。到1927年共发现20多个二叠系浅油气田。1927年开始重磁方法勘探，并首次据磁力异常发现了霍布斯（Hobbs）油田，产层为1406m深的二叠系白云岩。20世纪30年代开始应用地震勘探方法。1945年产油2909×10^4t，累计采油量为3.08×10^8t。20世纪40年代后期为该盆地勘探史上最兴盛的时期，1946年至1960年共完成地震测线约73×10^4km，钻探井14564口，平均井深1081m，新增地质储量43.16×10^8t，新发现马蹄形环礁、斯普拉贝里油田和帕克特深部气田等上千个油气田，油气产层仍以二叠系为主，肯定了二叠系生物碳酸盐岩为主力储集层。20世纪60年代，地震普遍采用多次覆盖技术和数字地震仪，提高了勘探精度。勘探深度增加，发现了更多的天然气。气田埋深多数超过3000m，最深达6000m以上，1963年至1969年间发现了7个气田，总储量达$6.1\times10^{12}m^3$，占这期间美国新发现天然气储量的 50% 以上。1961 年至 1970 年，地震测线共约 278000 多公里，共钻探井 9432 口，平均井深 1362m，新增地质储量 27.8×10⁸t。到 1970 年累计采油量约 19.6×10⁸t。20 世纪 70 年代进入隐蔽油气藏勘探阶段，盆地达到高成熟勘探阶段。方法的发展等，大大改善和提高了地震资料的质量。1971 年至 1982 年新增地质储量 35.4 亿多吨。新发现油气田数百个，大多数为地层岩性油气藏。石油年产量最高的 1972 年至 1976 年可达 1×10⁸t。到 1983 年累计产天然气量 2×10¹²m³。进入 20 世纪 80 年代石油产量开始递减，天然气产量递增。1988 年石油年产量 7660×10⁴m³，天然气年产量 570×10⁸m³。到 1988 年底，二叠盆地共产石油 40.6×10⁸m³。2008 年以来，该盆地页岩油产量基本保持持续增长态势。2016 年，美国地质调查局曾对米德兰盆地（Midland Basin）做出创纪录的油气储量评估，约 200×10⁸bbl 石油。二叠盆地已成为美国页岩油气开发的热点。2017 年 5 月页岩油产量达到 242×10⁴bbl/a，约占全美页岩油产量的 45%。2018 年美国地质调查局（USGS）评估认为特拉华盆地的沃尔夫坎普（Wolfcamp）页岩和骨泉（Bone Spring）组蕴藏着约 463×10⁸bbl 石油、281×10¹²ft³ 天然气和 200×10⁸bbl 液化天然气。目前，二叠盆地处于致密油和页岩气等非常规油气资源勘探开发阶段。

（一）盆地构造特征与地质演化阶段

二叠盆地东与本德隆起相接，西临落基山地背斜的佩德纳尔（Pedernal）陆块，北以阿马里洛—威契塔（Amarillo-Wichita）隆起为界，南倚马拉松褶皱带，西南边缘为代阿布洛（Diablo）台地。二叠盆地中部为中央盆地台地，东有米德兰（Midland）次盆和东部陆棚，东南有奥扎拿（Ozona）台地和瓦尔沃德次盆，西部有特拉华（Delaware）次盆，北部有西北陆棚（图 4-26）。

根据不同时代地层的岩性组成、分布、断裂发育、变形特征以及地层间的接触关系等，可以把二叠盆地的演化划分成 5 个阶段。

（1）被动大陆边缘阶段：对应寒武纪晚期—宾夕法尼亚亚纪晚期。该期海水进退频繁，于下古生界地层剖面中形成多个不整合，利于地层圈闭的形成。从奥陶纪晚期开始沉积，从中央盆地台地由陆棚浅水碳酸盐岩发展至密西西比纪以后

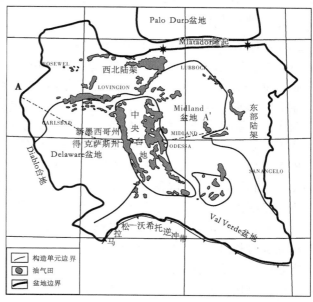

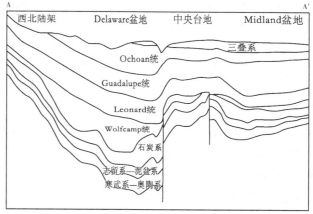

图 4-26　二叠盆地构造单元划分、油气分布
与地质剖面图（据杨智等，2015）

的碳酸盐岩与碎屑岩互层，后期东部陆棚开始有生物礁发育。

（2）碰撞阶段：对应宾夕法尼亚亚纪晚期—二叠纪早期。中央盆地台地隆升形成孤岛，周缘发育生物礁灰岩，陆棚区随水逐渐淹没礁体而向盆地边缘推进形成碳酸盐陆架。该时期是盆地现在构造格架和局部构造圈闭形成的主要时期，并影响之后二叠纪的沉积模式。

（3）地台发展阶段：对应二叠纪。由于海侵加剧使得中央盆地台地被水淹没，并被生物礁和碳酸盐岩覆盖，形成一水下隆起，形成了特拉华盆地与米德兰盆地，随着盆地周缘隆起遭受剥蚀，沉积物充填盆地。由于沉积速率高于沉降速率，盆地面积不断缩小，生物礁向海洋方向迁移而叠置到之前的生物礁块与斜坡上，盆地内局限海形成，沉积了蒸发岩—白云岩岩系。

（4）稳定地台阶段：对应三叠纪—中白垩世。该阶段盆地整体均衡沉降和沉积，构造稳定，没有明显的地质变化。

（5）盆地隆升消亡阶段：对应晚白垩世—现今。晚白垩世—古近纪的拉腊米构造运动造成的西部造山挤压作用使盆地整体隆起，以陆相沉积为主。新近纪火山活动频繁，盆地热流值增高。新近纪至今盆地内发生差异升降，局部接受陆相沉积。

（二）地层与沉积特征

二叠盆地的地层从前寒武系到新生界均有发育，以海相沉积地层为主，陆相地层不发育。整个二叠盆地内的沉积岩厚度最大可达8000m；盆地下古生界、上古生界厚度分别约为1500m和3000m，全盆地分布；中新生界总厚度约500m，仅局部出露。整个沉积盖层在特拉华盆地和米德兰盆地厚度最大，陆棚区次之，中央盆地台地较薄（图4-27）。

前寒武系主要为结晶岩，构成盆地基底。最老的沉积盖层为上寒武统，底部为砂岩，向上过渡为砂质灰岩，厚度为3~300m，盆地东南部厚度最大。奥陶系底部主要为燧石碳酸盐岩，岩性以白云岩为主，由于剥蚀作用，现今厚度由东南部向西北部变薄，厚度为0~1000m；中部主要为广海沉积的砂岩、绿色页岩和石灰岩组合，其中的页岩为烃源岩。因剥蚀作用，厚度为0~700m；上部主要为燧石碳酸盐岩，中央盆地台地发育石灰岩，特拉华盆地发育白云岩。志留系与泥盆系为连续沉积，作为一个地层单元，岩性主要为含燧石的中—粗粒结晶灰岩和白云岩，中央盆地台地发育燧石灰岩，特拉华盆地主要发育白云岩。

密西西比亚系发育海侵相富含有机质的暗色页岩和石灰岩地层。底部金德胡克（Kinderhook）致密块状灰岩，厚度为150~250m厚，在中央盆地台地与米德兰盆地间断地分布有粗晶多孔灰岩。宾夕法尼亚亚系岩性多样。莫罗—阿托卡（Morrow—Atoka）统主要由暗色页岩、泥质灰岩和细—粗粒砂岩组成。在特拉华盆地由河流与浊流形成河道及滩坝砂体。德梅因（Des Moines）统Strawn组灰岩分布比较广，下部局部有砂泥岩。密苏里（Missouri）统在东部陆棚发育马蹄形环礁，一直生长二叠纪。二叠系厚度最大，围绕二叠盆地周缘发育块状礁体及礁间和礁后碳酸盐坝，在浅而宽阔的礁后陆棚区形成蒸发岩和红层。狼营阶底部为碎屑岩，在台地区分布有不规则的砾岩，至盆地区为页岩，在瓦尔沃德盆地为厚层的陆相碎屑岩层；中上部为碳酸盐岩。伦纳德阶在台地范围主要为白云岩，在盆地范围主要为细砂岩和页岩。瓜达卢佩阶发育碳酸盐岩、蒸发岩、暗色泥岩、细粒—粉砂岩和生物礁。中新生界主要为局部分布的陆相碎屑岩。

（三）生储盖及其组合特征

二叠盆地发育中奥陶统辛普森页岩和石灰岩，志留系页岩，上泥盆统—下石炭统的伍特福德页岩，下宾夕法尼亚亚系页岩、生物灰岩和礁灰岩，二叠系页岩和石灰岩等多套烃源

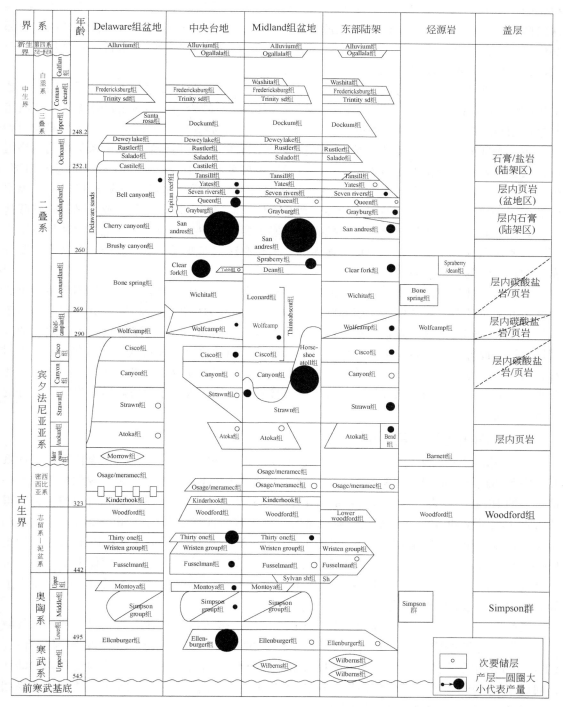

图 4-27 二叠盆地地层综合柱状图及其主要生储盖组合（据杨智等，2015）

岩，但烃源岩主要分布在上二叠统—侏罗系。二叠系 Wolfcamp 阶暗色泥岩和 Leonard 阶的暗色泥岩、页岩和碳酸盐岩为二叠盆地的主力烃源岩，干酪根为Ⅱ型和Ⅲ型。Delaware 次盆内的 Leonard 阶暗色泥岩和页岩 TOC 含量为 1.66%。盆地内灰岩 TOC 含量为 1.2%，HC 与有机碳的比值为 17.7%。盆地有机质 R_o 为 0.6%~1.3%，深度在 1200~3000m，其中 Delaware 次盆西部、中央次级盆地南部成熟烃源岩相对较浅，而 Delaware 次盆东部、中央台地西部和中央次级盆地北部成熟烃源岩相对较深。有机质 R_o 为 2.0%。除在 Delaware 次盆西北部较浅，其他地区深度超过 3000m。

二叠盆地的主力储层为二叠系，其次为奥陶系、宾夕法尼亚亚系等。二叠系储层主要威契塔-阿布组碳酸盐岩、克力尔福克组砂岩、Spraberry 组砂岩与 Guadalupe 阶圣安德烈斯组与格雷伯格组白云岩、耶茨组的砂岩。Guadalupe 阶是二叠系最重要的储层，其中耶茨组砂岩分布于大部分地区。威契塔——阿布组生物礁岩性为细——粗晶白云岩。奥陶系的埃伦伯格组白云岩及辛普森群海相砂岩为主要储层，白云岩主要分布在 Delaware 次盆和中央盆地南部，砂岩分布在 Delaware 次盆的东北部和中央台地西北部。密西西比亚系石灰岩和志留系福塞尔曼组白云岩为该油气系统的主要储层。宾夕法尼亚储层为上宾夕法尼亚亚系马蹄礁碳酸盐岩、砂岩，其中宾夕法尼亚亚系马蹄礁碳酸盐岩主要位于中央台地中部，上宾夕法尼亚统及下二叠统坡积砂岩主要分布于中央台地南部，上宾夕法尼亚亚系及下二叠统礁滩灰岩主要分布于中央次盆的东部及东部陆棚。

二叠盆地油气藏的盖层主要为蒸发岩、页岩和非渗透性碳酸盐岩，以蒸发岩为主。上二叠统奥乔阿阶的蒸发岩总厚度大于 600m，主要岩性为盐岩、硬石膏和红色页岩等，分布于二叠盆地的大部分地区，是盆地最好的区域性盖层。Guadalupe 阶陆棚蒸发岩也是重要的区域性盖层。此外，如辛普森页岩、伍德福德页岩、密西西比页岩和石灰岩、宾夕法尼亚页岩和石灰岩、二叠系页岩和石灰岩等都是良好的区域性盖层。尤其下二叠统页岩和石灰岩广泛分布于二叠盆地，并与下伏地层呈角度不整合接触，形成了仅次于奥乔阿阶蒸发岩的较好的区域性盖层。

（四）圈闭与油气藏类型

二叠盆地的油气圈闭类型主要包括构造圈闭、地层圈闭和构造——地层复合圈闭。寒武系和奥陶系油藏圈闭类型以背斜圈闭为主。寒武系油气产量不高，最好的是宾夕法尼亚亚系构造带上的 Hickory 砂岩，沿该构造带形成了小型挤压背斜，并受陆棚方向的断裂控制，使得 Hickory 砂岩通过断层与下宾夕法尼亚亚系的烃源岩接触而形成圈闭（图 6-28）。泥盆系福塞尔曼白云岩油藏圈闭类型以地层圈闭为主；宾夕法尼亚马蹄环礁油气藏以地层圈闭为主（图 4-29）。Page 油气田位于东部陆棚南部，储层为宾夕法尼亚亚系礁，礁体上部的渗透带充满气，下部含油，是由于古地貌（礁）多孔带在上倾方向被页岩封盖或由于孔隙度沿上倾方向尖灭而形成的地层圈闭（图 6-28）。

二叠系 Wolfcamp 阶、Leonard 阶以及 Guadalupe 阶碳酸盐岩和砂岩油气藏以背斜油气藏为主。但这些背斜圈闭都是在古地貌基础上形成的披覆构造，实际上也与地层因素有关。Whitharral 油田是在高能陆棚边缘由颗粒岩组成的隐蔽性圈闭，白云岩化了的鲕粒滩向陆地方向过渡为潟湖相白云岩和蒸发岩，向盆地方向过渡为砂岩。鲕粒滩的走向与古陆棚边缘相一致（图 4-30）。背斜型油气田也常见。

（五）油气分布规律

二叠盆地是北美地区油气均非常富集的含油气盆地之一。在平面上，油气主要分布在中央盆地台地与陆棚区（西北陆棚和东部陆架及盆地边缘带、特拉华盆地和米德兰盆地周缘）（图 4-26）。最深油层深 3733.19，最浅油层深 45.72m，主要在 304.8~1219m 之间；气层最

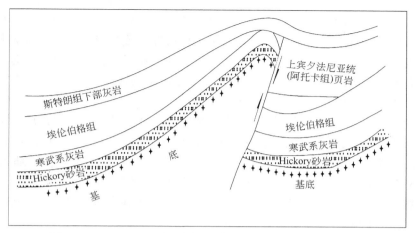

图 4-28 White Flat 油田剖面示意图（据 Palk A. E.，1982）

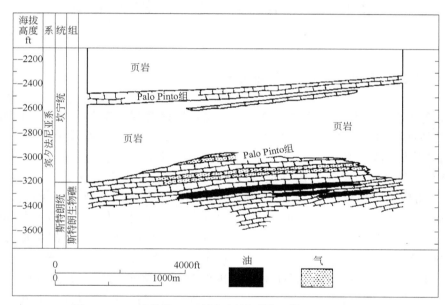

图 4-29 二叠盆地 Page 油气田剖面图（据 Landes，1970）

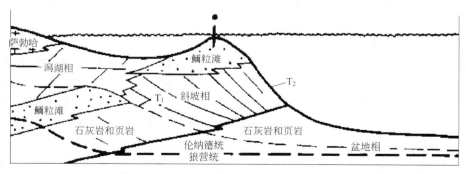

图 4-30 Whitharral 油田岩相剖面图（据 Mazzullo，S J，1982）

深 6888.7m，一般在 1219~2438.4m。天然气多分布在盆地西南部和南部特拉华盆地和瓦尔沃德盆地，深盆地中 4000m 深度之下的二叠系—寒武—奥陶系埃伦伯格统主要含有天然气和凝析气藏。盆地常规油气藏以地层岩性为主，构造油气藏为辅。已发现的常规油气主要分布在寒武—奥陶系埃伦伯格白云岩与二叠系—宾夕法尼亚亚系碳酸盐岩中，其次是在二叠系瓜达卢佩统砂岩、宾夕法尼亚亚系砂岩、志留—泥盆系碳酸盐岩中。石油多产于瓜达卢佩统，气多产于埃伦伯格统。

除常规油气外，二叠盆地还有大量非常规致密油、致密砂岩气等非常规资源。盆地发育多套 Wolfcamp 统暗色泥岩致密油层、Leonard 统 Bone Spring 致密油层和 Spraberry 致密油层。Wolfcamp 统是一套重要的致密油层系，下部为深水硅质、钙质泥页岩，上部为碎屑流或浊积水道等碳酸盐岩重力流沉积。Spraberry 致密油层以交错层积砂岩与粉砂岩、层积砂岩与粉砂岩、生物扰动砂岩与粉砂岩、黑色富有机质页岩与碳酸盐岩为主，砂岩厚度为 67~79m，孔隙度 7%~19%，渗透率低于 0.04mD。

第六节　北美洲油气资源分布

一、剩余探明油气可采资源分布

在全球各大洲中，北美洲的油气探明可采储量历来都居于前列。但从 20 世纪后期开始，由于其他地区油气勘探工作的加强，虽然北美洲的剩余探明可采储量仍在增加，但在全球占比却有降低趋势。1980 年，北美洲的剩余石油探明可采储量为 168.2×10^{8}t，占全球的 18%。1985 年有所增加，之后近 10 年略有降低，1999 年又一次急剧增加 [表 4-4；图 4-31 (a)]，这与加拿大稠油与致密油储量的急剧增加有关。北美洲 2000 年石油剩余探明可采储量增加到 316.6×10^{8}t，占全球的 17.9%（表 4-4）。21 世纪最初 10 年有所降低，之后又开始增加（图 4-27 左图），此期增加与美国石油剩余探明可采储量的增加有关。2018 年北美洲的剩余石油探明可采储量为 322.9×10^{8}t，占全球的 13.7%（表 4-4）。21 世纪开始以来，加拿大和墨西哥剩余石油探明可采储量显示降低趋势，美国则展示了增加趋势，尤其 2010 年以来增加幅度更大 [图 4-31(a)]，这与几年美国致密油和页岩油的发现有密切关系。美国近年的探明石油储量 80%集中在得克萨斯、阿拉斯加、墨西哥湾和加利福尼亚等多个地区。2018 年，北美洲加拿大剩余石油探明可采储量最多，228.9×10^{8}t，占北美洲的 70.9%；其次是美国为 83.5×10^{8}t，第三是墨西哥为 10.5×10^{8}t，分别占北美洲的 25.9%和 3.3%（表 4-4）。

北美洲的天然气剩余探明可采储量也一直呈增加趋势，但从 20 世纪后 20 年开始降低，21 世纪以来，有波动式增加趋势，这与美国天然气剩余探明储量的变化有关（图 4-30 右图）。美国的天然气剩余探明可采储量在北美洲占据绝对优势，并且占比越来越多（表 4-5；图 4-30）。美国 78%的天然气探明储量分布在得克萨斯、怀俄明、新墨西哥、俄克拉荷马、联邦政府沿海墨西哥湾、科罗拉多与路易斯安地区。1980 年占北美洲的 56.3%，到 2018 年达到 85.4%。加拿大和墨西哥的天然气剩余探明可采储量比美国要低得多。整个北美洲天然气剩余探明储量在全球占比是逐渐降低的，1980 年为 13.4%，2018 年为 7.1%。

表4-4　北美洲剩余石油探明可采储量统计表（据BP公司，2019）　　　单位：10⁸t

国家	年份								
	1980	1985	1990	1995	2000	2005	2010	2015	2018
加拿大	53.9	55.8	55.0	66.0	247.6	245.6	238.5	233.9	228.9
美国	49.8	49.6	46.2	40.6	41.5	40.8	47.7	65.5	83.5
墨西哥	64.4	75.8	70.0	66.6	27.5	18.6	15.9	10.9	10.5
合计	168.2	181.3	171.1	173.1	316.6	305.0	302.2	310.3	322.9
占全球,%	18.0	16.6	12.2	11.3	17.9	16.2	13.5	13.5	13.7

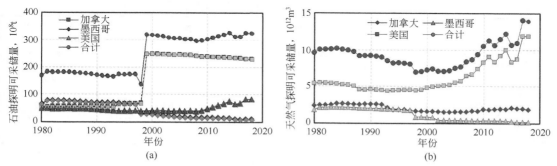

图4-31　北美洲石油与天然气探明可采储量变化趋势图

表4-5　北美洲剩余天然气探明可采储量统计表（据BP公司，2019）　　　单位：10¹²m³

国家	年份								
	1980	1985	1990	1995	2000	2005	2010	2015	2018
墨西哥	1.81	2.15	2.00	1.90	0.83	0.40	0.35	0.24	0.18
加拿大	2.37	2.65	2.60	1.84	1.60	1.56	1.88	2.07	1.85
美国	5.40	5.24	4.59	4.48	4.81	5.54	8.26	8.34	11.89
合计	9.58	10.04	9.19	8.21	7.24	7.50	10.49	10.65	13.92
占全球,%	13.4	12.1	8.45	6.8	5.2	4.8	5.9	5.7	7.1

二、已发现油气资源分布

北美洲是全球油气勘探最为成熟的地区，其常规油气勘探程度已很高，在各盆地均发现了大量的常规油气资源，其非常规油气也是全球勘探程度相对高的地区。北美洲的常规油气资源在各盆地均有分布，其中墨西哥盆地是北美油气最为丰富的盆地，其次为艾伯塔盆地、威利斯顿盆地等都有丰度的常规油气资源。北美洲的页岩气在美国主要分布在南部、中部及东部，南部主要是马塞勒斯（Marcellus）、巴内特（Barnett）、海恩斯维尔（Haynesville）、费耶特维尔（Fayetteville）等层位的页岩气区块，东部、中东部主要是新奥尔巴尼（New

Albany）和安特里姆（Antrim）等层位页岩气区块。加拿大页岩气区主要在西加拿大盆地的白垩系、侏罗系及古生界和泥盆系页岩层系中。

北美地区的沥青（油砂）主要分布在加拿大。加拿大是全球沥青（油砂）最为丰富的国家，其沥青（油砂）主要分布在西加拿大盆地。加拿大石油储量的97%来自于沥青（油砂），这些沥青（油砂）主要集中在西部的皮斯河、冷湖和阿萨巴斯卡附近。

美国、加拿大的致密砂岩气勘探开发技术领先，已实现致密砂岩气的大规模商业化生产。目前美国在30个盆地中大约有900个气田生产致密砂岩气，可采储量$13×10^{12}m^3$左右。致密油在北美探明储量丰富，商业化开发较成功，其中的美国巴肯组和鹰滩组、加拿大的卡尔蒂姆组致密油的储量和产量近年提升幅度均较快（表4-6），尤其巴肯组致密油实现了规模化开发。北美地区的致密油有72.4%分布在美国，27.6%分布在加拿大。

表4-6　美地区三大致密油产层地质特征表

地层		巴肯组	鹰滩组	卡尔蒂姆组
埋深，m		2900~3300	1200~4500	1200~2300
盆地类型		克拉通	克拉通	前陆
有利区分布面积，km^2		70000	40000	>3000
储层	孔隙度，%	8~12	3~10	5~12
	渗透率，mD	0.05~0.50	$(3~405)×10^{-6}$	0.1~10.0
	主要岩性	致密砂岩	致密灰岩	砂质泥岩
	地层厚度，m	33	30~90	>8
	有效厚度，m	1.83~4.57	>15	5~8
烃源岩	主要岩性	海相页岩	海相页岩	海相页岩
	TOC，%	约12	1~7	约2.5
	成熟度，%	0.6~1.3	0.7~1.3	>0.7
原油密度，g/cm^3		0.81~0.83	0.82~0.87	0.82
地层压力系数		1.35~1.58	1.35~1.80	>1.30
地质资源量，10^8t		230	1.26	14.8

煤层气分布在加拿大和美国，又主要在加拿大，占北美的77.7%。美国是最早进行煤层气成功开采的国家，其85%的煤层气资源分布在西部，15%分布在东部和中部，产地主要在粉河（Powder River）、圣胡安（San Juan）、黑勇士（Black Warrior）和尤因塔（Uintah）等10多个盆地。1989年美国煤层气产量$26×10^{12}m^3$，2008年达到产量高峰$556×10^{12}m^3$，2015年产量回落至$359×10^{12}m^3$。

美国是北美页岩油最为丰富的地区，二叠盆地又是美国目前页岩油与致密油三大产区（二叠盆地区、伊格尔福特区带和巴肯区带）之一，是页岩油产量最多的地区。自2008年以来，该盆地页岩油与致密油产量基本保持持续增长态势，2017年5月页岩油与致密油产量占全美页岩油产量的45%。页岩油气与致密油气遍布北美西部褶皱带以东的稳定地台区、中南部西部各盆地中（图4-32）。

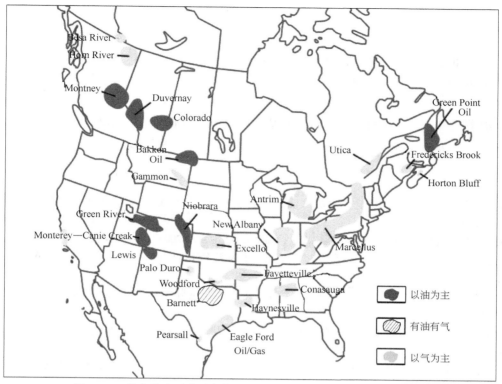

图4-32 北美具有页岩油气与致密油气资源潜力的沉积盆地分布图

三、待发现的油气资源

根据美国 USGS（2012）对世界未发现的常规油气总资源的评价结果，北美洲未发现的常规石油可采资源量为 $830×10^8$ bbl、天然气可采资源量为 $10300×10^8$ t油当量，分别占世界可采资源量的 14.8% 和 10.2%。据美国联邦地质调查局、美国能源部等评估，北美洲拥有致密油、重质油与沥青/油砂可采资源量分别为 $109.1×10^8$ t、$53.5×10^8$ t与 $870.3×10^8$ t，分别占全球的 23.1%、5.0% 与 81.6%，可见沥青/油砂是北美地区最为丰富的非常规油气资源。另外还有 $1011.1×10^8$ t 的页岩油资源。据油气杂志（2007）估算，北美地区拥有煤层气、页岩气与致密砂岩气分别为 $38.8×10^{12}$ m^3、$85.4×10^{12}$ m^3 与 $108.8×10^{12}$ m^3，分别占全球的 18.5%、33.4% 与 23.9%。据最新评价结果显示，北美艾伯塔、阿拉斯加、墨西哥湾等9个盆地油气总资源量为 $3083.65×10^8$ bbl，待发现资源量为 $1557.92×10^8$ bbl，再加上美国本土陆上含油气盆地待发现的资源量 $524.92×10^8$ bbl（USGS，2000），整个北美地区待发现资源量为 $2082.84×10^8$ bbl（$281.5×10^8$ t）。北美地区的阿拉斯加密西西比系—侏罗系虽然已发现了 35% 的油气资源，但仍有待发现石油资源量 $75×10^8$ bbl，凝析油 $2×10^8$ bbl，天然气 $6×10^{12}$ ft^3；艾伯塔盆地泥盆系生物礁滩体石油待发现资源量 $77×10^8$ bbl，天然气为 $3×10^{12}$ ft^3。此外，墨西哥湾深水盐下和盐席前缘褶皱带古近—新近系有待发现石油资源量 $265×10^8$ bbl，凝析油 $8×10^8$ bbl 和天然气 $101×10^{12}$ ft^3；斯科舍盆地推测有待发现石油资源量为 $18×10^8$ bbl，

凝析油为 $4 \times 10^8 \mathrm{bbl}$ 和天然气为 $26 \times 10^{12} \mathrm{ft}^3$（马锋等，2014）。

复 习 题

1. 简述北美洲的大地构造特征及其含油气盆地类型。
2. 查阅相关资料，分析美国的油气资源类型。
3. 北美洲油气丰富的含油气盆地有哪些？
4. 选择北美洲一含油气盆地，说明其基本石油地质和油气富集规律。

参 考 文 献

高金尉，何登发，王兆明.北美含油气域大油气田形成条件和分布规律［J］.中国石油勘探，2011，16（3）：44-56，7，8.

李国玉，金之均.世界含油气盆地地图集.北京：石油工业出版社，2005.

刘延莉，徐向华.墨西哥湾盆地油气分布规律及成藏主控因素分析.石油实验地质，2014，36（2）：200-205.

马锋，张光亚，田作基，等.北美常规油气富集特征与待发现资源评价［J］.地学前缘，2014，21（3）：91-100.

杨智，侯连华，陶士振，等.致密油与页岩油形成条件与"甜点区"评价［J］.石油勘探与开发，2015，42（5）：555-565. doi：10.11698/PED.2015.05.02.

邹才能，翟光明，张光亚，等.全球常规—非常规油气形成分布、资源潜力及趋势预测.石油勘探与开发，2015，42（1）：13-25.

Armentrout J M，2001.沉积盆地分析//Beaumont E A，Foster N H，油气圈闭勘探.刘得来，等译.北京：石油工业出版社，71-157.

Curtis J B，2002. Fractured shale-gas systems. AAPG Bulletin，86（11）：1921-1938.

Hall D J，Bowen B E，Rosen R N，et al.，1993. Mesozoic and early Cenozoic development of the Texas margin：a new integrated cross-section from the Cretaceous shelf edge to the Perdido fold bell，Gulf Coast Section. SEPM 13th Annual Research Conference，21-31.

Landes K K，1970，Petroleum Geology of the United States. New York：John Wiley and Sons Inc.

Machel H G，西加拿大沉积盆地泥盆系含油气系统.海相油气地质，2000，5（1-2）：103-123.

Miall A，2019. The sedimentary basins of the United States and Canada. New York：Elsevier.

Roger W M，Dale A L，2001.前陆盆地和褶皱带.黄忠范，译.北京：石油工业出版社.

Sloss L L，1963. Sequences in the cratonic interior of North America. Geological Society of America Bulletin，74（2），93-114.

Sloss L L，1988. Tectonic evolution of the craton in Phanerozoic time. The Geology of North America，2：25-51.

第五章
中南美洲油气分布特征

第一节 概况

中南美洲包括墨西哥湾以南的中美洲大陆国家危地马拉、巴拿马等国家、西印度群岛及南美洲，东临大西洋，西靠太平洋，陆地南北全长 10000 多千米，东西最宽处 5100 多千米，最窄处巴拿马地峡仅宽 48 千米，面积约 $2108 \times 10^4 km^2$，海上面积 $3987 \times 10^4 km^2$，总面积 $6095 \times 10^4 km^2$。中南美洲地形复杂，中美洲和西印度群岛以山地为主，南美洲西部太平洋沿岸耸立着安第斯山脉。这一山系直抵海岸，沿海平原、大陆架甚窄，离岸不远即为深海沟（包括中亚美利加海沟、秘鲁海沟和智利海沟）。安第斯山脉以东，平原和高原相间，自北而南奥里诺科平原、圭亚那高原、亚马孙平原、巴西高原、拉普拉塔平原、巴塔哥尼亚高原等。中南美洲共有 33 个国家和地区，人口 3.3 亿，约占世界总人口的 5.6%。

中南美洲是世界主要产油地区之一，拥有世界目前最南部的产油盆地—麦哲伦盆地。早在哥伦布到达美洲之前，居住在委内瑞拉的印第安人就在拉古尼利亚斯和瓜纳科沥青油苗区采掘沥青。1544 年和 1551 年间，秘鲁于现在的罗皮托斯油田（塔腊腊油区）附近发现油苗。1595 年特立尼达和多巴哥开始采集沥青。19 世纪，中南美洲各地油苗沥青的调查和勘探工作频繁，甚至在油苗附近挖坑采油，用于生活和工业。中南美洲的第一口钻井于 1864 年在秘鲁的瓜亚基尔盆地钻探，1869 年获第一个油田，1896 年生产石油 $0.6 \times 10^4 t$，成为中南美洲第一个产油国家。特立尼达和多巴哥与委内瑞拉虽然分别在 1866 年和 1883 年开始石油钻井，但 20 世纪初才发现工业油田。中南美洲 1890 年产油约 $4 \times 10^4 t$，主要产自秘鲁。1910 年产油 $71 \times 10^4 t$，产自秘鲁、特立尼达和多巴哥、阿根廷等国家。委内瑞拉于 1914 年发现马拉开波地区的工业油田后，石油工业迅猛发展，至 1929 年产油 $2000 \times 10^4 t$，居第一位。1930 年，中南美洲共有产油国家 8 个，年产油 $3262 \times 10^4 t$。

20 世纪 40 年代和 50 年代是中南美洲石油工业发展高潮时期。20 世纪 60 年代，中南美洲沿海国家逐渐转向海上发展油气勘探。中南美洲最早的油气勘探是 1924 年在委内瑞拉马拉开波油区进行的钻探，并发现了油田。特立尼达和多巴哥于 1942 年开展海上勘探，1955 年发现海上油田。20 世纪 60 年代中期至 70 年代末是中南美洲石油产量快速增长的时期，1970 年中南美洲海上产油 12895 万吨，居世界第一位，但主要产自马拉开波油区。20 世纪 70 年代几乎所有沿海国家都在大陆架开展石油勘探工作，中南美洲勘探出现了自马拉开波油区发现以来的新突破。产量从 1965 年的 $2.26 \times 10^8 t$ 增加到 1973 年的 $2.49 \times 10^8 t$，之后有所降低，维持在 $1.9 \times 10^8 t$ 左右。1979 年产量超过 $2 \times 10^8 t$，1980 年产量为 $1.95 \times 10^8 t$，后经过短暂降低后产量快速增加到 1998 年的 $3.59 \times 10^8 t$。20 世纪 90 年代以来中南美洲海上石油工业发展较快，一直是世界瞩目的石油勘探和生产地区。21 世纪初直到 2015 年，中南美洲石油产量持续上升，到 2015 年产量增加到 $3.98 \times 10^8 t$。近几年持续走低，2018 年石油产量为 $3.35 \times 10^8 t$（表 5-1；图 5-1）。

表 5-1　中南美洲石油年产量统计表　　　　　　　　　　单位：$10^8 t$

国家	年份											
	1965	1970	1975	1980	1985	1990	1995	2000	2005	2010	2015	2018
巴西	0.05	0.09	0.09	0.10	0.29	0.34	0.38	0.67	0.89	1.11	1.32	1.40
委内瑞拉	1.84	1.97	1.27	1.17	0.92	1.18	1.55	1.60	1.69	1.46	1.35	0.77
哥伦比亚	0.11	0.12	0.08	0.07	0.10	0.23	0.31	0.36	0.28	0.41	0.53	0.46
厄瓜多尔	0.00	0.00	0.09	0.11	0.15	0.16	0.21	0.22	0.29	0.26	0.29	0.28
阿根廷	0.14	0.20	0.20	0.25	0.24	0.25	0.37	0.41	0.39	0.33	0.30	0.28
秘鲁	0.03	0.04	0.04	0.10	0.10	0.07	0.06	0.05	0.05	0.07	0.07	0.06
特立尼达和多巴哥	0.07	0.07	0.11	0.11	0.10	0.07	0.07	0.07	0.08	0.06	0.06	0.04
其他	0.02	0.03	0.03	0.03	0.03	0.03	0.04	0.07	0.07	0.07	0.07	0.06
合计	2.26	2.52	1.92	1.95	1.93	2.34	3.00	3.45	3.75	3.79	3.98	3.35

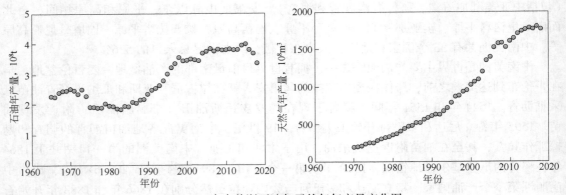

图 5-1　中南美洲石油与天然气年产量变化图

中南美洲的天然气产量是逐年递增的。1970 年为 $187 \times 10^8 m^3$，到 1990 年达到 $602.25 \times 10^8 m^3$，1992 年至 2008 年为快速增长阶段，天然气产量由 $625.3 \times 10^8 m^3$ 增加到 $1578.8 \times 10^8 m^3$。仅 2009 年产量有所降低，为 $1523.1 \times 10^8 m^3$，之后由 2010 年的 $1604.2 \times 10^8 m^3$ 先先略快速增加，再缓慢波动增加，2018 年天然气产量为 $1766.8 \times 10^8 m^3$（表 5-2；图 5-1）。目前中南美洲共发现油气田 3400 多个，探明和控制石油（包括凝析油）储量 $510.7 \times 10^8 t$、天然气储量 $8.18 \times 10^{12} m^3$。中南美洲的石油产量能够完全自给，是原油和油产品的净出口地区。中南美洲第一产油国是巴西，2018 年产量为 $1.4 \times 10^8 t$，其次是委内瑞拉，产量为 $0.77 \times 10^8 t$，哥伦比亚居第三位，为 $0.46 \times 10^8 t$，厄瓜多尔和阿根廷为 $0.28 \times 10^8 t$ 左右，其余国家产量普遍较低（表 5-1）。中南美洲产天然气相对较多的国家主要是阿根廷、特立尼达和多巴哥与委内瑞拉，产量依次为 $394.3 \times 10^8 m^3$、$339.6 \times 10^8 m^3$ 和 $332.3 \times 10^8 m^3$，然后依次是巴西、玻利维亚、哥伦毕业和秘鲁等（表 5-2）。

表 5-2　中南美洲天然气年产量统计表　　　　　单位：$10^8 m^3$

国家	年份								
	1970	1980	1990	1995	2000	2005	2010	2015	2018
阿根廷	187.00	352.54	602.25	779.67	1017.19	1393.75	1604.19	1780.36	1766.81
玻利维亚	58.54	81.65	173.49	243.22	363.81	443.75	389.97	354.91	394.25
巴西	17.77	28.33	54.63	73.81	138.31	300.10	402.93	359.56	339.61
哥伦比亚	85.58	164.34	243.82	305.26	309.96	304.35	304.52	360.65	332.26
秘鲁	0.81	10.17	31.46	52.30	77.10	112.41	150.21	238.04	251.62
特立尼达和多巴哥	0.42	25.53	31.37	30.43	31.22	116.22	137.15	195.61	159.61
委内瑞拉	12.49	27.84	39.25	42.15	57.36	64.46	108.43	116.10	128.57
其他	3.98	6.35	4.29	3.86	3.33	14.60	73.15	126.57	127.89
合计	7.41	8.33	23.95	28.62	36.11	37.85	37.83	28.92	33.00

近年来，中南美洲海上油气勘探成果显著，重要的油气发现主要位于巴西、圭亚那和墨西哥海上，其中最大发现为巴西海上塞尔希培阿拉戈斯盆地的 Guanxuma A 油气田，分别拥有 2P 油气储量为 $5616×10^4 t$ 和 $600×10^8 m^3$。圭亚那海上获得了 5 个发现，分别拥有 2P 油气储量 $3×10^8 t$ 和 $294×10^8 m^3$。到 2018 年底，圭亚那海上至少获得了 10 个重大发现，石油总可采储量达到 $7×10^8 t$，将成为中南美重要的油气勘探热点地区。

第二节　区域地质特征

南美板块的东界是离散边界，与非洲板块相邻，属于大西洋被动大陆边缘；西界与纳兹卡板块形成汇聚边界，属于太平洋活动边缘；北界与加勒比和纳兹卡板块相互作用，南界与南极斯科舍板块、纳兹卡板块形成复杂的边界。南美东部大部分地区为稳定地台，西部为安第斯造山带，二者之间为过渡带，南北两缘均为几个板块交汇带，相互作用，形成以走滑构造为主的复杂板块接触边界，构造演化极其复杂。南美板块具有三大板块边界类型、世界上最长的造山带（安第斯造山带）和世界第二大高原（Altiplano-Puna 高原），构造具有多样性和复杂性（李金玺等，2013）。

南美大陆主要由南北向的三大构造单元组成：东部的南美地台，西部的安第斯造山带和中部的平缓过渡带（图 5-2）。东部为一系列前寒武纪地盾，自北向南依次是圭亚那地盾、巴西地盾和乌拉圭—巴拉圭地盾，地盾间与地盾内部存在着一些克拉通内陆坳陷盆地，基底为火山岩和变质结晶岩。西部安第斯造山带主要为酸性侵入岩和喷发岩，向陆方向为中生代火山岩，向海方向发育古近纪火山岩系。中部平缓过渡带发育次安第斯山前陆盆地，构造变形由西向东逐渐减弱，多发育中—新生代盆地。南美大陆的岩浆活动以前寒武纪和中—新生代为主，前者见于各地盾的基底，后者则集中在安第斯造山带中。

南美大陆由西侧的中新生代科迪勒拉褶皱体系和东部的前寒武纪圭亚那—巴西—乌拉圭地盾组成，可以分为近南北走向的五个构造区（谢寅符等，2012），由西向东依次为：西海岸弧前盆地区、安第斯山区、次安第斯前陆盆地区、克拉通盆地区（地盾区）以及东海岸被动陆缘盆地区（图5-2和图5-3）。

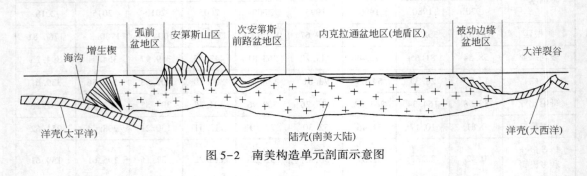

图5-2　南美构造单元剖面示意图

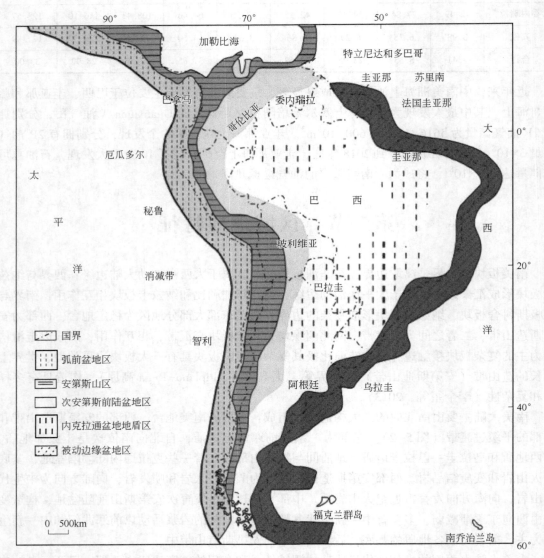

图5-3　中南美洲大陆及其周缘大地构造分区（据谢寅符等，2012）

第三节　地层与沉积特征

中南美洲均为古老的大陆，地层发育齐全，从太古宇、元古宇、古生界、中生界到新生界均有广泛分布（甘克文等，1982）。南美大陆的前寒武系主要分布在圭亚那地盾和巴西地盾的中、东部，在安第斯褶皱带和巴塔哥尼亚地台上也有出露。最老的岩石由深变质的片麻岩、麻粒岩和紫苏花岗岩组成，出露于委内瑞拉境内。中巴西地盾上的戈亚斯杂岩下部是一套具鬣刺结构的超镁铁质岩和枕状玄武质岩，上部是一套夹流纹岩和碳酸盐岩的碎屑岩，是地盾最老的基性地壳（Zeil，1986）。

古元古界由变质的沉积岩和基性火山岩构成，以中巴西地盾的含铁岩系米纳斯超群为代表。中元古界由陆相和海相碎屑岩及酸性—中性火山岩、火山碎屑岩组成，主要分布在圭亚那地盾南部和中巴西地盾的中北部，不整合在结晶基底之上，是南美最老的沉积盖层（Zeil，1986）。新元古界在圣弗朗西斯科地盾分为上下两部分：下部被称为马卡乌巴斯群，主要围绕圣弗朗西斯科地盾南半部分布，为砂泥质碎屑和碳酸盐沉积，有的地方底部有冰碛物；上部被称为班布伊群，底部也是冰成砾岩，往上是冰海相沉积，再往上是含叠层石的碳酸盐岩和泥质岩。南美地台的侧翼均被晚前寒武纪—古生代的变质岩和侵入岩形成的造山带所围绕。

南美大陆的古生界主要发育海相地层，也存在陆相沉积。古生界主要发育在安第斯褶皱带，围绕地盾和盆地的周边也有分布。地台区的古生界从志留系开始，石炭—二叠系是具冈瓦纳植物群的陆相地层和含澳大利亚宽铰蛤属的海相夹层。安第斯带的古生界从寒武纪早期的海侵开始，奥陶纪、早志留世和早泥盆世的海水分布范围最为广泛（Zeil，1986）。泥盆纪的海水除了进入安第斯带和伊基托斯-查科地区外，还向东延伸到亚马孙盆地和巴纳伊巴盆地，甚至延伸到马尔维纳斯群岛。石炭纪出现冰川作用和火山活动。早二叠世末的海西运动使海水全部退出南美大陆，之后开始陆相沉积为主时期。

中生代在安第斯褶皱带沉积。南美大陆除智利中部和阿根廷西部外，其他地区缺失中下三叠统。安第斯褶皱带的中生界主要由巨厚的火山岩和火山碎屑岩夹陆相红层，厚度为5000~6000m。海相沉积范围比较局限，晚三叠世海水首先进入安第斯褶皱带北部，侏罗白垩纪和古新世为广泛海进时期，分布在3条呈雁形排列的海槽内。南美地台的大西洋边缘从侏罗纪开始发育地堑，接受了侏罗纪—第四纪的海相和陆相沉积（W Zeil，1986）。

新生界在中中新世以前，委内瑞拉盆地和安第斯褶皱带西海岸普遍为海相—半咸水相沉积。随着安第斯褶皱带的继续上升，在山间盆地和山麓地带沉积了陆相碎屑岩和火山岩系，如秘鲁的古近—新近系厚可达6100m。古近—新近纪末因地处热带环境而广泛发生红土化作用。更新世时除巴塔哥尼亚和安第斯褶皱带有海相沉积外，其他地区主要是陆相碎屑沉积。第四纪有3~4期冰川作用，巴塔哥尼亚高原的大部分曾被大陆冰川覆盖（Zeil，1986）。

中南美洲油气产层分布于古生界、中生界、新生界的多套层系中（甘克文，1992）。大陆稳定区的克拉通盆地发育古生界和中生界，被动大陆边缘和前陆盆地主要发育中生界和新生界。

第四节　地质演化特征

　　自寒武纪以来，中南美洲经历了冈瓦纳大陆解体—南大西洋张开（约 140Ma 前，早白垩世）、安第斯造山运动（晚白垩世—中新世）与加勒比板块楔入俯冲（约 70Ma 前—现今。早期的南美洲大陆属于地球上的晚联合古陆（Pangea）的一部分，大约在三叠纪末，这个联合大陆开始破裂和解体，在侏罗纪末或白垩纪早期（120~130Ma 前），南美洲和非洲开始裂开和离散。紧接着非洲、印度也与南极洲和澳大利亚分离。至白垩纪时南美洲和非洲完全分离，到白垩纪末，两洲之间的南大西洋很快加宽至少达 3000km，并向北延伸。至新生代时，大约 5000 多万年以前，大西洋进一步扩张，中大西洋裂谷继续延伸到北冰洋盆地，加上澳大利亚大陆开始与南极洲分离并向北移动，印度板块与欧亚板块发生碰撞，至此世界上各大洲开始形成现在的这种散布的格局（叶德燎，2007）。

　　中南美洲构造在古生代是构造挤压和大陆增生的阶段，前寒武纪—早古生代基底由前寒武系变质岩和岩浆岩组成，局部见有早古生代的变质岩，可能属南美板块边缘的陆缘沉积。古生代—中三叠世为裂陷之前的稳定演化阶段。古生代南美大陆位于泛大陆的西南部，为稳定的板块内部沉积，存在相对隆起区，也有有间断性的海水侵入地盾内部的沉降区，如马拉尼翁等盆地，以碎屑岩沉积为主，局部地区沉积了碳酸盐岩。部分地区沉积了厚度巨大的古生代地层，其中以晚古生代发育最好，含有大量优质烃源岩，如乌卡亚利盆地、马德雷德迪奥斯盆地等。晚泥盆世、石炭纪及二叠纪发育很好的烃源岩，少部分地区发育有晚志留世烃源岩。晚三叠世—侏罗纪为裂陷发育时期。该期中南美洲大部分地区为侵蚀区或陆相沉积区，但安第斯山前北段为被动大陆边缘盆地，南段为弧后扩张盆地，这个时期的沉积比较稳定，保存有丰富有机质并形成大量的烃源岩，如奥连特盆地中三叠统的烃源岩及内乌肯盆地侏罗系的烃源岩。

　　安第斯造山阶段时间较长，包括白垩纪—新生代，明显分为三期，即俯冲—弧后盆地期、造山—弧后前陆盆地和盆地消亡期。俯冲—弧后盆地期从白垩纪开始，洋壳型的纳兹卡板块向东俯冲形成了安第斯弧盆体系，在其山前，也就是在现在亚安第斯带的位置形成了一个深坳带，亚安第斯一系列的弧后盆地形成了。弧后盆地沉积速率相当高，往往沉积了似复理石的海相沉积，出现了大量富含有机质的泥页岩，为区域上重要的烃源岩，如奥连特盆地白垩纪组黑色泥页岩为该盆地最重要的烃源岩。造山—弧后前陆盆地期白垩纪末期的秘鲁事件之后，安第斯带褶皱成山，地体增生。随着安第斯褶皱带的隆起和向东逆冲，加载在南美克拉通地盾上的负载不断增加，加剧了克拉通边缘的挠曲，白垩纪的弧后盆地转变为前陆盆地性质。弧后前陆盆地的沉积物主要来自盆地两侧，褶皱带的物源供应达到一定的平衡，前陆盆地进入稳定演化阶段，主要为陆相碎屑岩沉积，偶有海相夹层和煤层。前陆盆地发展后期，安第斯褶皱带的火山活动，发育了许多火山碎屑岩沉积，如库约弧后前陆盆地新近纪碎屑岩有许多火山物质。该期大量的沉积使地层厚度加大，使大部分源岩开始排烃，形成油气聚集。造山晚期形成的角度不整合之上发育了规模巨大的盖层，形成了很好的地层圈闭及构造圈闭。第四纪是弧后前陆盆地的消亡阶段，随着湖盆汇水面积的缩小，盆地主要充填了一套粗粒、红色的河流、冲积扇和洪积扇沉积。如普图马约弧后前陆盆地的第四系主要是河成阶地和冲积扇。

第五节　盆地类型及其分布

　　独特的构造演化历史决定了中南美洲特征鲜明的多种盆地类型。受构造运动南北差异演化的控制，不同类型的盆地发生南北分异，进而控制盆地的构造、沉积充填样式，乃至源岩的分布与演化、油气藏的形成与分布。西部前陆盆地结构上主要表现为三叠纪—侏罗纪裂陷、白垩纪被动大陆边缘盆地、古近—新近纪前陆盆地的叠合，不同构造域的前陆盆地构造特征差别很大。中部克拉通盆地结构上主要表现为奥陶—志留系、泥盆—石炭系为主的沉积盆地，以古生代克拉通裂谷—坳陷沉积、中新生代陆相坳陷沉积为特征。东部被动大陆边缘盆地结构上主要表现为晚侏罗—早白垩世的断陷湖泊、晚白垩世—古近—新近纪的被动大陆边缘盆地的叠合。目前，共计有不同类型、不同规模的盆地如马拉开波、东委内瑞拉、亚马孙、普图马约、巴拉那、坎波斯等123个。根据构造演化、沉降与沉积历史以及结构特征、动力学特征等分为被动大陆边缘盆地、克拉通盆地、弧后（前陆）盆地、弧间—弧前盆地和扭压盆地五大类（图5-4；表5-3）。

　　被动大陆边缘盆地主要分布在大西洋被动陆缘，其演化阶段大致可以分成裂谷阶段、过渡阶段和被动大陆边缘阶段。裂谷阶段形成地堑（半地堑）和地垒（半地垒），发育陆相碎屑岩和火山岩。过渡阶段又称为蒸发岩阶段，发育阿普特阶蒸发岩系（田纳新等，2014），局部厚度超过2000m。被动大陆边缘阶段主要表现为开阔海相沉积，一般可分成陆棚拉张、斜坡挤压和深海平原等3个构造带。此类盆地在南美有35个，主要包括巴西的坎波斯（Campos）盆地、桑托斯（Santos）盆地、墨西哥的坦皮科（Tampico）盆地、维拉克鲁兹（Veracruz）盆地、南部（Sureste）盆地，圭亚那苏里南（Guyana-Suriname）盆地，阿根廷的北福克兰（Forcland）盆地等均属此类。此类盆地是重要的产油气盆地（图5-4、表5-3）。

　　中南美洲克拉通盆地位于南美东部稳定地台之上（图5-4），主要包括巴西的亚马孙（Amazonas）、圣弗朗西斯科（San Francisco）、巴纳伊巴（Parnaiba）和横跨巴西、阿根廷、巴拉圭的巴拉那（Parana）等四个盆地，面积达（50~100）×10^{4}km^2，大地构造上位于南美大陆内前寒武系地盾之间。此类盆地多处在亚热带雨林中，勘探程度和开发程度都很低。

　　弧后（前陆）盆地位于安第斯褶皱带与内克拉通盆地地盾区的前陆盆地为弧后前陆盆地，是中南美洲油气富集的最为重要的盆地类型之一，其形成受控于安第斯造山带，与安第斯造山事件及更早期的冈瓦纳大陆裂解及聚合事件密切相关（文琴等，2011）。该弧后前陆盆地早期为安第斯岛弧的弧后盆地，后来由于安第斯岛弧带隆起造山的影响而转变为前陆盆地。主要有委内瑞拉的东委内瑞拉（East Venezuila）、马拉开波（Maracaibo）、巴厘纳斯—阿普尔（Barinas Apure），哥伦比亚的普图马约（Putomayu）、亚诺斯（Llanos），厄瓜多尔的奥连特（Oriente），秘鲁的马拉农（Maranon）、乌卡亚利（Ucayali）、马德雷德迪奥斯（Madre de dios）及阿根廷的内乌肯（Neuquen）等26个盆地（图5-4；表5-3）。这些盆地也都是各自国家最主要的产油气盆地。

　　弧前—弧间盆地主要位于南美中北部安第斯造山带西侧，一般面积不大，往往呈狭长条状，其走向与活动带火山岛弧平行。由于强烈的构造运动，这类盆地油气资源一般不丰富。烃源岩主要为白垩系和古近系，储集层主要为上白垩统和古近系砂岩，基底断层、断块等构造圈闭发育，局部发育岩性圈闭。秘鲁和厄瓜多尔的瓜亚基尔（Guayaguil）盆地、秘鲁和

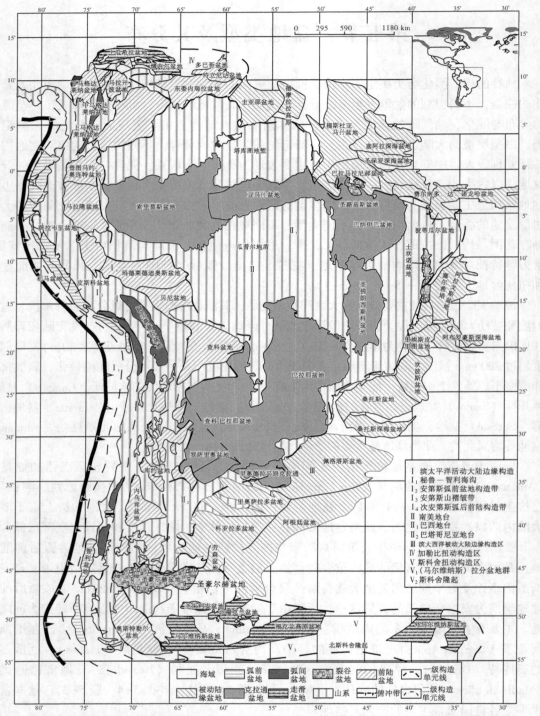

图 5-4 中南美洲及其临近地区构造分区及主要盆地分布（据田纳新等，2017 年，略有改动）

智利的莫克瓜（Moquegua）盆地、智利的列布—阿龙科（Lebu Arauco）盆地、墨西哥的下加利福尼亚（BajaCalifornia）盆地等属于此类盆地。目前，只在瓜亚基尔盆地的圣埃伦半岛沿岸地区和瓜亚基尔湾有油气发现（图 5-4、表 5-3）。

扭压盆地沿着板块或断块边界走向滑移而形成，在南美主要出现在板块接触边界，如在巴西的巴拉那（Parana）盆地和桑托斯（Santos）盆地之间有一个大型右行走滑断层，是太平洋板块向南美俯冲产生的远力效应而形成的，沿断层形成长条状雷森迪（Resende）盆地、陶巴特（Taubate）盆地和圣保罗（Sao Paulos）盆地（图5-4；表5-3）。这类盆地一般含油气性较差，主要烃源岩为渐新统—上新统，中生界也有一些，储集层主要为砂岩，局部有石灰岩。圈闭以断块、断层等构造类型为主。

表5-3 中南美洲主要含油气盆地已发现储量一览表

序次	盆地名称	盆地类型	油气田个数	石油储量 10^8t	天然气储量 10^8m³	油气合计 10^8t当量	油占油气 %
1	东委内瑞拉	前陆	335	12108	39448	15799	76.6
2	马拉开波	前陆	79	10046	18458	11774	85.3
3	坎波斯	被动陆缘	100	3729	2841	3995	93.3
4	圣克鲁斯—塔里哈	被动陆缘	130	296	20662	2230	13.3
5	普图马约—奥连特—马拉农	前陆	225	1609	722	1677	96.0
6	内乌肯	前陆	498	715	8559	1516	47.2
7	亚诺斯—巴里纳斯	前陆	148	1260	2653	1508	83.5
8	圣豪尔赫	裂谷	232	861	1549	1006	85.6
9	桑托斯	被动陆缘	32	682	2634	929	73.5
10	麦哲伦	前陆	300	207	7417	901	22.9
11	乌卡亚利	前陆	11	174	3960	545	32.0
12	中马格莱纳	前陆	95	421	1051	519	81.1
13	塔拉拉	弧前	57	388	1311	510	76.0
14	圣埃斯皮里图	被动陆缘	76	326	552	378	86.3
15	雷康卡沃	被动陆缘	116	300	791	374	80.2
16	波蒂瓜尔	被动陆缘	125	197	530	246	79.9
17	塞尔西培—阿拉戈斯	被动陆缘	88	163	564	216	75.6
18	库约	前陆	43	203	112	214	95.2
19	上马格莱纳	前陆	56	171.56	341.21	203.52	84.3
20	索里莫斯	克拉通	31	48.34	1153.33	156.30	30.9

第六节 典型含油气盆地

一、马拉开波盆地

马拉开波盆地属于弧后（前陆）盆地，位于南美洲委内瑞拉西北部，盆地的东南缘处在哥伦比亚的东部，东、南、西三面被安第斯山脉钳形包围（图5-5）。盆地的中心是马拉开波湖，北端湖口以狭长的马拉开波海峡与委内瑞拉湾连接，湾外便是辽阔的加勒比海。盆地总面积 $8×10^4km^2$，委内瑞拉占 $5.527×10^4km^2$，哥伦比亚占 $6180km^2$（陆上）。盆地中部马拉开波湖是南美洲第一大湖，水深一般 30m，呈菱形，北与委内瑞拉海湾相通。马拉开波盆地石油储量十分丰富，是世界上最富含油气的盆地之一，黑色原油常常从湖畔的沥青裂缝中溢出来，浮在水面上。油田主要分布在湖的东北岸和西北岸，并向湖底延伸，是委内瑞拉最重要的石油产区（李国玉等，2005）。盆地最终石油可采储量为 $761×10^8bbl$，已累计生产石油 $487×10^8bbl$，占南美油气总储量的 16.8%（白国平等，2010）。截至 2009 年底，已发现 17 个大油气田（最终可采储量在 $5×10^8bbl$ 油当量以上）。

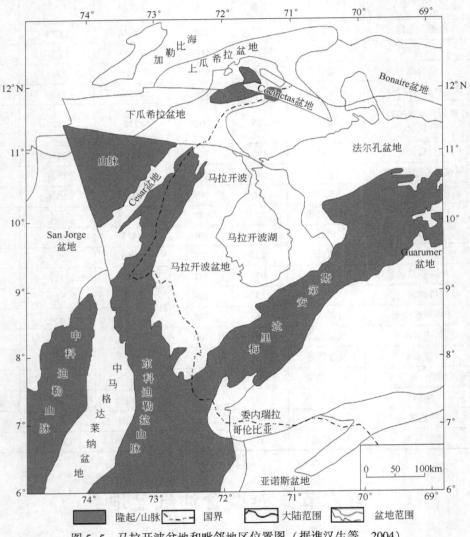

图 5-5　马拉开波盆地和毗邻地区位置图（据谯汉生等，2004）

　　盆地内油气勘探开始很早。1914 年，在见到油苗的 Mene Grande 油田首次发现工业性油流，20 世纪 20 年代初发现超巨型油田—玻利瓦尔湖岸油田。20 年代末该盆地的日产量已超过 1.37 万 t。20 世纪 50 年代勘探钻井达到高峰，50 年代末期日产量达到高峰，约 4.12 万 t。20 世纪 60 年代钻探工作开始减少。这时，盆地已处于勘探成熟阶段。但在哥伦比亚部分，

1962 年发现了 Rio Zulia 油气田,那时这一发现被认为有些出乎意料。到 1970 年已发现 40 个油田,其中具 $5×10^8$bbl 石油储量以上的大油田达到 8 个(Halbouty 等,1970)。20 世纪 70 年代初,玻利瓦尔湖岸油田的产量下降了一半。20 世纪 80 年代,在该盆地的委内瑞拉区的勘探重点是 Ceuta 油田东部的油气发现和扩大油田范围。1992 年,在委内瑞拉区钻了 354 口井,其中 2/3 钻在玻利瓦尔湖岸油田。近年来,在盆地的委内瑞拉区直进行二维地震勘探。钻油田初探井相对很少,增加的大部分储量由新油藏获得。马拉开波盆地已累计产油 $45×10^8$t 以上。尽管石油产量已从其高峰期下降了一半,但其石油日产量仍然保持着 $20.5×10^4$t 的水平。2018 年估算的总原始地质储量为 $3180×10^8$bbl 油和 $92×10^{12}$ m^3 天然气。该盆地北部处于勘探成熟阶段,但在南部向 Nosh Andean 前渊方向勘探程度仍很低。

(一) 地质演化历史

马拉开波盆地在前白垩纪遭受过海西期和燕山期两次剥蚀。海西期为第一次沉积—剥蚀期,盆地东侧的梅里达安第斯山系,在古生代为一坳陷,其中沉积了 O—P 的海相沉积。随后的构造运动使地层褶皱变质,并遭受强烈剥蚀。燕山期为第二次沉积—剥蚀期,古生代以后的剥蚀面上沉积了少量 T,后又产生区域性二次褶皱上升,使之二次遭受剥蚀(Audemard,1991)。从晚侏罗世开始盆地主体沉积,所以该盆地为中新生代含油气盆地。据沉降与沉积过程,可将马拉开波盆地的构造演化划分为四个阶段。

裂谷阶段:由于侏罗纪潘基亚大陆的裂解,晚侏罗世时在墨西哥湾和南美北部形成了一系列的基底隆起和北北东向的半地堑。马拉开波盆地在由北向与北东向正断层控制的断陷或狭长箕状地堑中沉积了红色地层(La Quinta 组)(Lugo 等,1995)。

被动大陆边缘阶段:该阶段开始于白垩纪,随着潘基亚大陆的进一步裂解,在加勒比板块到来之前南美北部发生稳定的热沉降,形成被动大陆边缘环境。在现今的马拉开波盆地区发育了碎屑岩—碳酸盐岩混合型台地,海水从东北方向侵入委内瑞拉宽广的准平原,海水浅,沉积稳定。共出现过三次不同规模的海侵,在缺氧的大陆架—陆坡上沉积了拉鲁纳(Laluna)组,该组为盆地最重要的烃源岩发育层段。

前陆盆地阶段:从晚古新世到早、中始新世,加勒比板块和南美板块西北缘发生斜向碰撞,从而结束被动陆缘阶段而开始前陆盆地阶段。这次碰撞使沉降中心从西北向东南迁移,在马拉开波盆地东北部形成深坳陷,充填了巨厚(约 5000m)的河流—三角洲相沉积物。同时,NNE 向与侏罗纪裂谷作用有关的断层转换为左旋走滑断层,并形成了一个拉分盆地(汪伟光等,2012)。晚始新世—渐新世,随着碰撞作用向东发展,使大部分地区地层出露地表并受到剥蚀,形成了广泛分布的始新世不整合,指示了前陆阶段的结束。

新近纪盆地最终定型阶段:该阶段盆地中部始新世构造在早中新世的反转,造成中新世—全新世的快速沉降。加勒比板块的聚敛和巴拿马岛弧的碰撞作用,导致马拉开波地块发生东西向的缩短,从而使塞拉德佩里哈山和梅里达安第斯山相继隆起,马拉开波向斜形成。盆地再次沉降海侵,不整合面向西倾斜,下中新统砂岩堆积在不整合面上,南向北由陆相变海相(图 5-6)。中新世晚期构造运动使安第斯山上升,并分隔了马拉开波和巴里纳斯盆地,形成了目前的盆地构造。与始新世相反,新近纪盆地中心位于盆地南部,大陆相沉积向东—北东向尖灭,形成大型地层圈闭。

(二) 盆地地质特征

马拉开波盆地是在前寒武纪形成的结晶变质基底的基础上发育的沉积盆地,是安第斯褶

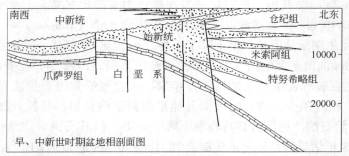

图 5-6 马拉开波盆地被动南西向早、中新世时期剖面图（据童崇光，1985）

皱带内部的山间盆地。盆地不对称，南陡北缓，东南基底下陷最大。始新世末—中新世周围山系升起的同时盆地范围沉降，盆地构造形成。盆地内的褶皱和断层相当发育（Sutton F A, 1946）。盆地边缘的背斜褶皱和主断裂均与周围山系平行（图 5-7）；断层多属逆断层；盆地中心的褶皱多位于南北向的断裂带上，断层多为正断层。盆地内的斜交断层是从属于主断裂的次级断层（图 5-7）。该盆地可分为 8 个坳陷：谢拉德佩里哈（Sierra de Perija）边缘、马拉开波湖西岸、马拉开波湖中部、玻利瓦尔湖岸地区、法尔孔（Falcon）边缘、梅里达安

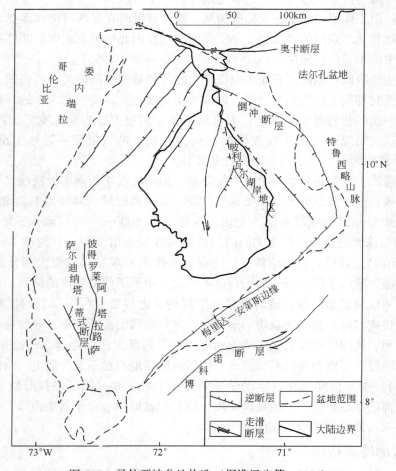

图 5-7 马拉开波盆地构造（据谯汉生等，2004）

第斯（Merida Andes）边缘、马拉开波湖南部、卡塔通博（Catatumbo）坳陷。盆地总体呈早期断裂发育、中后期相对稳定沉降、沉积的特点（图5-8）。

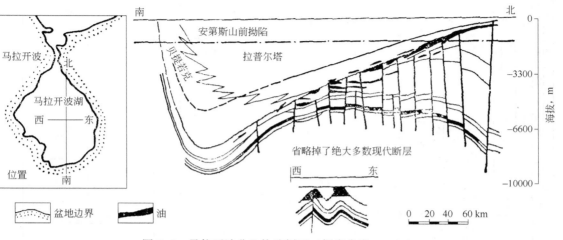

图 5-8　马拉开波盆地构造剖面（据童崇光，1985）

（三）地层与沉积特征

马拉开波盆地内85%面积被湖水和近代沉积覆盖。盆地的基底是由前寒武纪晚期的变质岩、早古生代地层组成，早古生代基底包括 Mucuchachi 组、Iglesias 群等，是一套以火山岩、变质岩为主的沉积。三叠—侏罗系为火山堆积物和同裂谷的陆相沉积物，形成于一系列拉张性槽地之中，包括 La Quinta，Tinacoa，Macoita 组等，以陆相红色砂岩、火山岩为主。O、D、C—P 和 T 长期剥蚀，仅在四周山区及山麓带出露较老地层。沉积盖层为巨厚 K—R，盆地西部马拉地区沉积厚度 5400m，波利瓦尔地区超过 9100m（图5-9）。

下白垩统 Rio Negro 组为巨厚的膏盐沉积；阿普第—阿尔布阶为海侵的产物，包括 Apon组生物灰岩、Aguardiente 组砂岩、Lisuer 组碳质砂泥岩互层；西诺曼—桑托阶大规模海侵，包括 La Luna 组与 Capacho 组，前者主要为生物碎屑灰岩、泥灰岩，后者以粉砂岩为主；坎佩尼（Ks）下段为卡龙组的泥岩沉积，上段为 Mito-Juan 组砂岩沉积（Sutton F A，1946）。上白垩统发育了 Orocue 群巨厚沉积，包括卡塔通博、海陆交互相泥岩、布克组河流及三洲砂泥岩沉积与 Los Cuervos 组沼泽环境泥岩。新生界古近系古新统-始新统主要为海相三角洲沉积。白垩纪至古新世，后裂谷的地层由被动大陆边缘（大西洋型）沉积物组成，台地上的石灰岩和富含有机质的碎屑岩与海退三角洲碎屑沉积物交替沉积。在赛诺曼至桑托期，发生了白垩纪最大的海侵作用，形成了广泛的还原环境。晚白垩世的海退伴随着一些断层的复活。古新世主要为非海相碎屑物沉积。始新统—渐新统主要是三角洲、冲积平原及边缘海沉积。始新世开始了安第斯造山运动的挤压作用，形成了广泛的三角洲沉积体系，沉积了 Mirador 和 Misoa 砂岩储集层。始新世晚期，邻近山脉抬升，断裂活动变得强烈。由于大地构造运动，渐新统沉积物很少。新近系中新统上新统为海侵产物，其中有三角洲及磨拉石沉积（图5-9）。中新世早期，发生第二阶段的挤压作用，随后发生海侵，并沉积了 La Rosa组海相和滨岸砂岩。中新世晚期至今，梅里达安第斯山脉发生挤压性隆起，沉积了大量碎屑物。

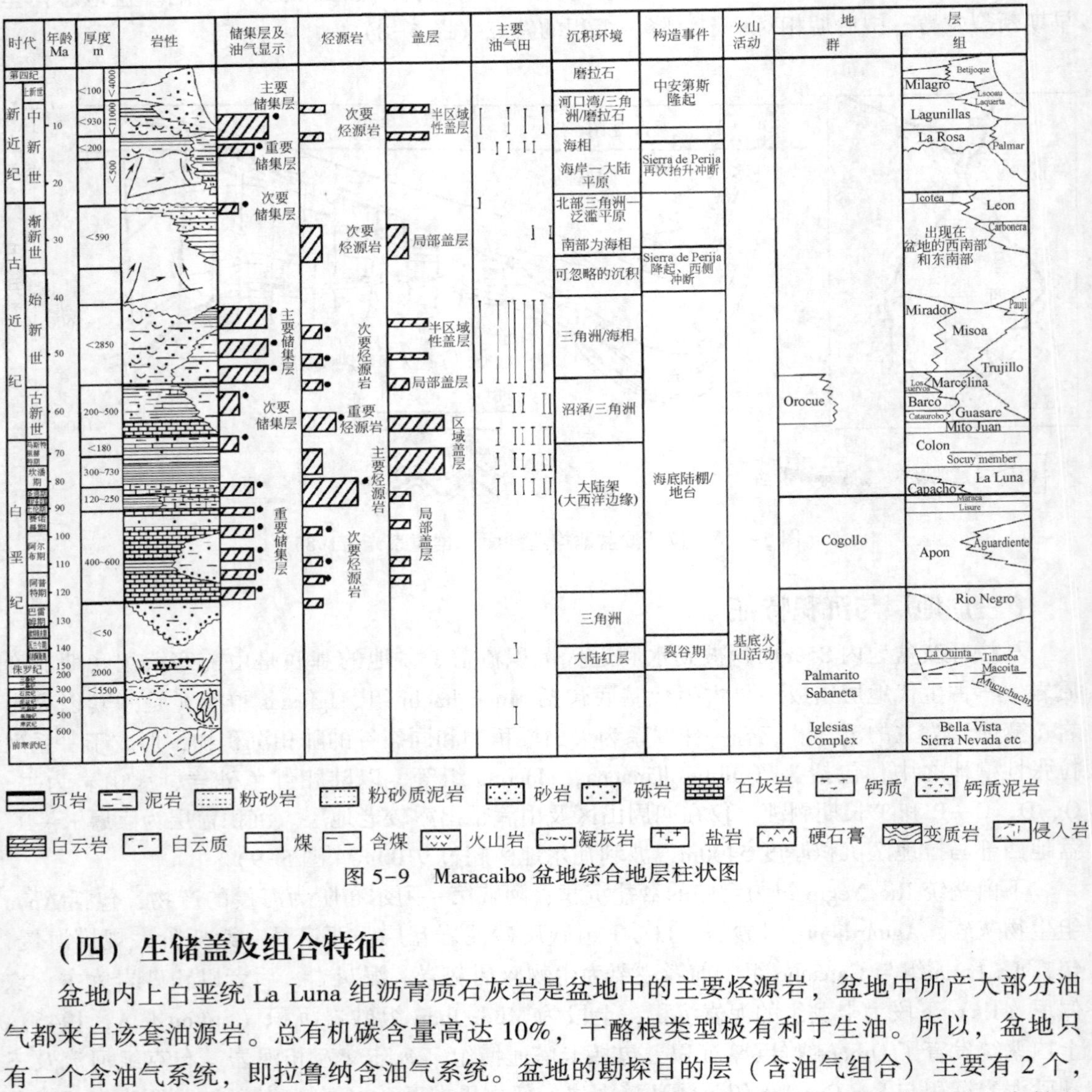

图中图例及地层柱状内容：

时代 | 年龄Ma | 厚度m | 岩性 | 储集层及油气显示 | 烃源岩 | 盖层 | 主要油气田 | 沉积环境 | 构造事件 | 火山活动 | 地层（群/组）

主要储集层・重要储集层——次要烃源岩——半区域性盖层——磨拉石——中安第斯隆起

（第四纪、新近纪 中新世）
- <100 / >4000
- <930 / >11000
- <200 / <500
主要储集层、重要储集层、次要储集层；次要烃源岩；半区域性盖层；河口湾/三角洲/磨拉石；海相；海岸—大陆平原；Sierra de Perija 再次抬升冲断
地层群：Milagro（Betijoque、Isnotu、Laquara）、Lagunillas、La Rosa（Palmar）

（古近纪 渐新世）
- <590
次要烃源岩；局部盖层；北部三角洲—泛滥平原；南部为海相；Sierra de Perija 隆起、西侧冲断
出现在盆地的西南部和东南部：Icotea、Leon、Carbonera

（始新世）
- <2850
主要储集层、重要储集层；次要烃源岩；重要烃源岩；半区域性盖层；局部盖层；区域盖层；三角洲/海相；沼泽/三角洲；Mirador、Misoa、Trujillo、Marcelina、Barco、Guasare、Mito Juan；Orocue

（古新世）
- 200~500
- <180
- 300~730
Colon、Socuy member、La Luna、Capacho；大陆架（大西洋边缘）；海底陆棚/地台

（白垩纪）
- 120~250
- 400~600
- <50
重要储集层；次要烃源岩；主要烃源岩；局部盖层；三角洲；大陆红层；Cogollo、Apon、Aguardiente、Rio Negro

（侏罗纪 及前寒武纪）
- 2000
- 300
- 400 / <5500
- 500
- 600
裂谷期；基底火山活动；Palmarito、Sabaneta、Iglesias Complex；La Quinta、Tinacoa、Macoita、Mucuchachi、Bella Vista、Sierra Nevada etc

图例：
页岩 泥岩 粉砂岩 粉砂质泥岩 砂岩 砾岩 石灰岩 钙质 钙质泥岩
白云岩 白云质 煤 含煤 火山岩 凝灰岩 盐岩 硬石膏 变质岩 侵入岩

图5-9　Maracaibo盆地综合地层柱状图

（四）生储盖及组合特征

盆地内上白垩统 La Luna 组沥青质石灰岩是盆地中的主要烃源岩，盆地中所产大部分油气都来自该套油源岩。总有机碳含量高达 10%，干酪根类型极有利于生油。所以，盆地只有一个含油气系统，即拉鲁纳含油气系统。盆地的勘探目的层（含油气组合）主要有 2 个，一个是始新统中的构造—地层含油气组合、构造—不整合及构造型含油气组合；另一个是上中新统中的地层—构造型含油气组合。在始新世和中新世的安第斯造山运动期发生了大规模的构造挤压活动，从而在 2 个时代的储集层中形成了合适的圈闭。同时，运动产生的不整合及断层又为油气运移提供了条件，这样在以前各个地质时期，主要是白垩系拉卢纳组形成的油气得以向上运移，进入始新世和中新世的圈闭之中形成大油田（图 5-10）。

大量的油气储集在有裂缝的基底中，包括侏罗系陆相 La Quinta 组及下伏的变质岩。白垩系储层由各种灰岩组成，裂隙及溶蚀孔隙比粒间孔隙更重要。白垩系灰岩的总厚度在全盆地都是相近的，孔隙类型多样。下—中始新统砂岩储层在数量上是最重要的，原始可采储量达 $3.56×10^8t$，储层的性能很好。古新统和渐新统储层也含油气，但在整个盆地的储量中不到 2%。盆地内主要的区域盖层为上白垩统 Colon 组泥岩，它上覆于 La Luna 烃源岩和储层之上。中新统储层之上为半区域性盖层。

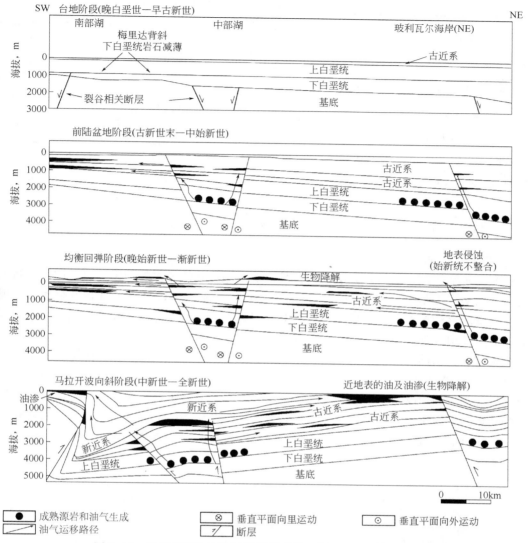

图5-10　马拉开波盆地油气运聚模式图（据 Escalona 等，2006）

自白垩系至上新统的所有层位都存在构造型和地层—构造型成藏组合。白垩系和基底型成藏组合主要是构造型的，很大程度上取决于裂隙的分布。La Luna 含油气系统是该盆地最重要的含油气系统，自晚始新世以来，该系统一直在生成和捕集石油。Orocue 含油气系统约占整个盆地 20% 的油气，它们主要分布在盆地的西南部。

（五）主要油气田与油气分布规律

1. 主要油气田

马拉开波盆地油气藏以构造和地层型为主。油区的多数油藏为溶解气驱，油藏内部重力分异明显。局部地区虽然有边水，但不活跃。大多数油藏均无原生气顶，说明马拉开波盆地是一富油盆地。已发现的油气田主要分布在马拉开波中东区、东北部与西南部沿岸地区（图5-14；表5-4）。

表 5-4　马拉开波盆地主要油气田（据李国玉等，2005）

油气田名称	发现年份	产层深度 m	产层及岩性	石油最终可采储量 10^8t
波斯肯（Boscan）	1946	2100	始新统砂岩	1.37
乌尔丹涅塔（Urdaneta）	1955	2100	中新统砂岩	1.37
孙特罗（Centro）	1957	3000	始新统砂岩	1.37
拉巴斯（La Paz）	1925	1200	白垩系碳酸盐岩	1.23
梅尼格兰德（Mene Grande）	1914	1200	始新统砂岩	0.96
玻利瓦尔（Bolivar）	1917	70~4200	中新统砂岩	41.23
马拉（Mara）	1945	1500	K 裂缝灰岩+基岩	2.05
拉马尔（Lamar）	1957	3900	始新统砂岩	2.05

1）玻利瓦尔油田

玻利瓦尔油田位于马拉开波湖东部，是盆地内储量规模最大的油田，也是世界著名大油田之一。它实际上是由 10 多个油田组成的一个油区。该区 1917 年首先在拉罗萨地区发现工业油流，其后逐渐扩展到拉古尼亚斯，蒂亚胡安纳、巴却开罗等地产油，形成一个沿湖岸连片分布的大油田（图 5-14）。后来又在湖中发现拉马、拉马尔、桑特罗、休达等油田，这些油田统称玻利瓦尔油区。该油区构造特征为背斜，原始地质储量达 $150×10^8$t。1954 年石油产量就已达到 $5000×10^8$t 以上；1962 年产油量达 $1×10^8$t；1980 年产油为 $1.07×10^8$t，占委内瑞拉原油总产量的 70%以上。油区长 15km，宽 20km，总含油面积 1500km²。钻遇地层从白垩系到新近系中新统；储集层为古近系始新统及新近系中新统的砂岩、白垩系石灰岩和砂岩（图 5-11）。油层深度 170~4200m，孔隙度 15.7%~33%，渗透率 300~1600mD。油层井段长，油层多。

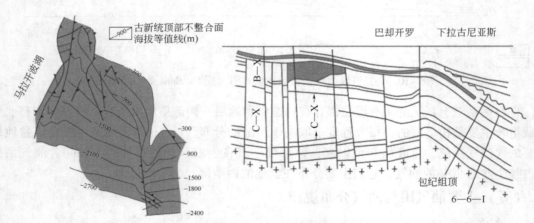

图 5-11　玻利瓦尔油田含油范围与剖面图（据李国玉等，2005）

2）波斯肯油田

波斯肯油田位于马拉开波盆地西北部（图 5-12），在马拉开波湖西侧的低平地区。1946年发现。储集层为 E_2 底部和 N_2 砂岩（不整合面下），并呈区域性向西南倾斜。储集砂层向北被剥蚀，并逐渐为页岩封闭。波斯肯断层使东部形成圈闭，油气聚集于其中（图 5-13）。

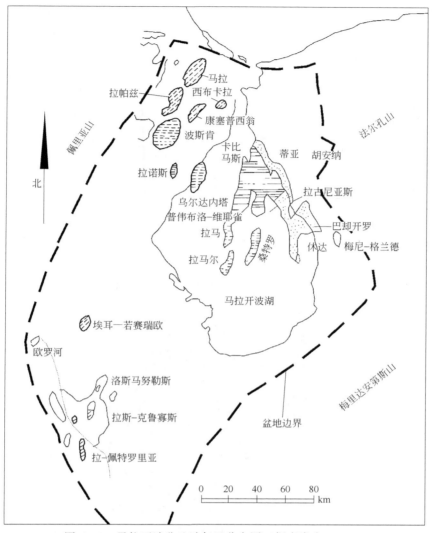

图 5-12　马拉开波盆地油气田分布图（据童崇光，1985）

3）梅尼—格兰德油田

梅尼—格兰德油田发现于 1914 年。钻井揭露的最老地层：古新统下部特努希略组。储集层主要为古新统特努希略及米索阿组裂缝性石英砂岩。梅尼格兰德背斜走向南北；西翼陡，地层倾角为 50°~70°，并有大逆断层；东翼平缓，为 10°~30°；南端以 10°倾角向南倾没（图 5-14）。上覆渐新统—中新统的褶皱幅度变小。梅尼格兰德油田控制油气聚集的因素有：沥青塞封闭油层地表露头、油田西部为逆断层遮挡、古新统由于背斜和岩性变化等因素复合形成圈闭。

2. 油气分布规律与控制因素

马拉开波盆地的油气主要受古隆起、沉积相与断层控制。沉积环境一直处在陆棚至大陆斜坡边缘的条件下，形成有利的生储盖条件，结合玻利瓦尔油区的圈闭条件，形成了马拉开波湖含油最丰富的地区（图 5-14）。古新统油藏与主断层的分布有重要关系。油藏主要位于

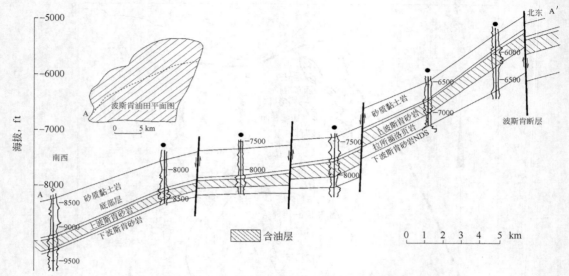

图 5-13　波斯肯油田构造图（据童崇光，1985）

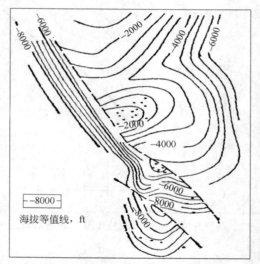

图 5-14　梅尼—格兰德油田构造图（据童崇光，1985）

断层的上升盘，个别位于下降盘。统计的 8 个油藏，有 7 个于上升盘。此外，断层对其他类型的油藏也起控制作用主要有白垩系、古新统的石油通过断层进入古新统而造成油气富集。与主断层有关的油气藏还有地层、透境体油气藏等。

二、东委内瑞拉盆地

东委内瑞拉（East Venezuelan）盆地是一个大型不对称的前陆盆地，覆盖在委内瑞拉中东部和特立尼达岛的大部分地区。其内部主要沉积了白垩纪—古近—新近纪的沉积物，同时东委内瑞拉盆地也是整个南美洲油气最为丰富的盆地。盆地面积为 $23.5 \times 10^4 \mathrm{km}^2$，其中陆上

16.9×10⁴km²，海上 6.6×10⁴km²（李国玉等，2005）。该盆地陆上部分勘探相对比较成熟，海域的油气勘探尚少。特立尼达和多巴哥的产油区即处在该盆地的东部。

1867 年于特立尼达和多巴哥境内钻了第一口井，1901 年浅钻获得石油，产出沥青质原油 2740t。20 世纪 50 年代开始了地球物理调查，并在陆上油气田向海洋延伸部分进行地震调查，完成地震测线近 9×10⁴km，地震勘探测线密度较高。该盆地的特立尼达和多巴哥区已钻大量开发井，大部分钻在陆上。委内瑞拉在该盆地海上地区的勘探活动很少，所发现的油气储量也几乎全在陆上。1994 年以来，特立尼达和多巴哥在海上钻获大量天然气田。自 1948 年以来委内瑞拉已钻开发井 749 口，海上只在 Posa 油田钻了 2 口井。1981 年后，在大约 70 个油田上钻井 600 多口。到 20 世纪 80 年代末，委内瑞拉在该区大约已采出 1/2 的石油储量，产量正在下降。但在 Carito 和 Furrid -Musipan，新增加的石油储量又使产量有所回升（1990 年和 1991 年）。

截至 2012 年 8 月，东委内瑞拉盆地已发现油气田 334 个，已探明和控制石油储量 288.56×10⁸t、天然气储量 5.1×10¹²km³。在已发现的石油储量中，常规石油储量为 76.45×10⁸m³，占盆地石油资源总储量的 26.5%，主要分布在马图林次盆中；重油储量为 212.11×10⁸m³，盆地是有总储量的 73.5%，集中分布于奥里诺科重油带。其中，委内瑞拉发现的油气储量几乎全在陆上，特立尼达和多巴哥发现的油气储量约有 2/3 位于海上。东委内瑞拉盆地南部的重油带是世界著名的重油生产区和聚集区。除了重油带本身巨大的资源潜力外，在其北部仍发现了较大型的福尔里阿尔油田，据报道其可采储量达 1.9×10⁸t，表明该带附近仍能找到较轻质的油藏。

（一）盆地地质演化历史

盆地演化过程大致经历了四个阶段。

（1）古生代裂前阶段：主要发生于古生代的地台演化阶段，属于滨岸—浅海环境沉积。

（2）裂谷阶段：晚三叠世—早白垩世期间发生了与大西洋中部裂开有关的裂谷作用，但地壳伸展作用不明显，南部砂岩分布广泛而且持续相变。

（3）被动边缘阶段：主要出现于白垩纪中晚期至始新世，盆地的主要发育阶段，主要发育被动边缘沉积。巴雷姆期的陆相—河流相—三角洲相碎屑岩以不整合于前寒武纪基底或古生代地层之上，逐渐变为阿普特特期和赛诺曼期的浅海相碎屑岩和台地相碳酸盐岩整合层序。晚阿尔布期，早白垩世的碳酸盐岩台地遭受海侵后，整个东委内瑞拉盆地沉积了被动边缘沉积时最大海侵沉积的富有机质的页岩、石灰岩和燧石等。晚白垩世—古近—新近纪时盆地逐渐被充填而变浅。该阶段被动边缘沉积了 3000~4000m 的海相碳酸盐岩和碎屑岩。

（4）前陆盆地阶段：该阶段从晚渐新世开始一直持续至今。由于加勒比和南美板块间的挤压/扭压作用使得塞拉尼亚德尔因蒂里厄发生隆起和逆冲，导致被动边缘层序之上形成瓜里科和马图林两个次盆地。主要发育走向滑动和挤压/扭压滑动作用，断层上盘的背斜常为雁行排列、南西—北东向逆断层、北西—南东向滑移断层和正向花状构造。盆地内沉积了近 3000m 古近—新近纪中晚期的碎屑岩，北厚南薄，局部中新统至更新统地层可达 10000 多米（Aymard 等，1990）。

（二）盆地地质特征

东委内瑞拉盆地的南界是圭亚那地盾的前寒武系，西界是埃尔包尔隆起，东界是赤道大西洋洋壳（图 5-15），大西洋海下 1000m 等高线处，并延伸至圭亚那水域；北界为埃尔皮拉尔（El Pilar）断层，与科迪勒拉山前缘的火成岩和变质岩带相接触（徐文明，2005）。由于加勒比和南美板块间的挤压/扭压活动使塞拉尼亚德尔因蒂里厄发生上隆和逆冲，形成瓜里科和马图林两个次盆地叠置在早先发育的被动边缘层序之上。此处主要发育走向滑动和挤压/扭压滑动作用，其构造表现为断层上盘的背斜常为雁行排列、南西—北东向逆断层、北西—南东向滑移断层和正向花状构造。

盆地南部以正断层为主，盆地北部挤压、转换挤压和扭动运动成为重要的构造形式，包括北西—南东向滑移断层和北东—南西向逆冲断层，并伴随有断层上盘背斜和花状构造。在特立尼达古近—新近纪三角洲地区，常见的构造为生长正断层、滚动背斜和泥岩底辟。根据东委内瑞拉盆地的构造特征，可将其划分为"两坳一隆"3个构造单元（图5-15），具体包括瓜里科次和马图林次两个次盆地和乌里卡隆起。其中，马图林次盆地又可细分为3个构造单元，即北部的内陆山系内陆隆起构造带、山脚区的变形前缘构造带以及南部的前缘（图5-16）。

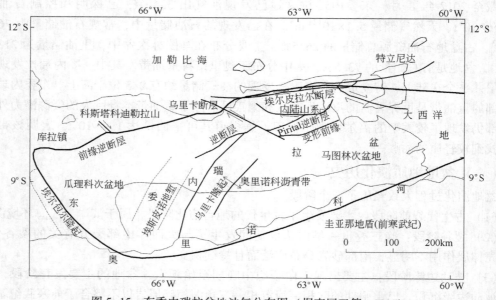

图 5-15　东委内瑞拉盆地油气分布图（据李国玉等，2005）

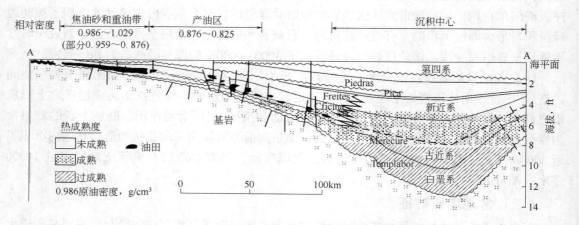

图 5-16　东委内瑞拉盆地地质剖面示意图

（三）地层与沉积特征

盆地基底主要为前寒武系片麻岩、花岗岩和高度及中度变质的沉积岩组成，其上为轻度变质的古生代沉积岩和岩浆岩。裂谷期侏罗纪沉积于一系列 NE-SW 走向的半地堑中，主要为玄武岩和红层。白垩纪—早古近纪为被动陆缘沉积，下白垩统 Barranquin 组主要沉积台地碳酸盐岩，其上沉积了 Guayuta 群（Qucrecual 组和 San Antonio 组），主要由暗色页岩、细纹理石灰岩和钙质砂岩组成。晚白垩世和古近—新近纪时盆地水体逐渐变浅，San Juan 组形成于海退期，主要由开阔海陆架砂岩和页岩组成，组内发育海底扇和三角洲—河口相。由于加勒比板块与委内瑞拉的东北边缘相碰撞，前渊位于现今东委内瑞拉盆地的西边，先前形成的岛弧与委内瑞拉被动边缘碰撞，导致该时期沉积的砂岩/页岩比显著增加。晚古近纪—新近纪形成于前陆盆地发育期，晚始新世到渐新世期间，加勒比海岸山系和内部山系的逆冲岩席被剥蚀和准平原化。该时期主要沉积于盆地西部，形成台地砂坝相的下—中渐新统 La Pascua 组，岩性以灰色砂岩为主，夹少量暗色页岩和褐煤层。瓜里科次盆地的进一步沉陷导，于陆架上沉积了中—上渐新统 Roblecito 组和上渐新统—中中新统 Chaguaramas 组。前者主要由页岩组成，夹薄砂岩层，后者由一套三角洲沉积的砂岩和页岩组成。晚中新世时，盆地西部的沉积作用停止，剥蚀作用占主导地位。盆地的中部仍为海相环境。随着盆地持续的充填发生了海退，盆地充填了越来越多的陆相沉积物。上新统由砂岩与黏土互层组成，沉积于海相三角洲环境。更新统由砂岩、砾岩和黏土组成，沉积于大陆河流冲积环境。全新统为少量细粒未固结的砂层与黏土互层，沉积于开阔海三角洲环境，沉积范围从浅海至深海（图 5-17）。

（四）生储盖及组合特征

东委内瑞拉盆地主要烃源岩为上白垩统 Guayuta 群 Querecual 组和 San Antonio 组以及 Tigre 组。Guayuta 群分布在马图林次盆，Tigre 组分布在瓜里科次盆，两者为等效地层。Querecua 组开阔海—陆棚相碳酸盐岩和页岩生油潜力大，TOC 值为 0.25%~6.60%，干酪根类型为 Ⅱ 型。San Antonio 组深海—陆棚相页岩和灰岩，TOC 值为 0.25%~6.60%，干酪根类型为 Ⅲ 型。Tigre 组地台—半深海相页岩和灰岩，TOC 值为 0.23%~3.00%，干酪根类型为 Ⅱ 型。这些烃源岩在盆地北部过成熟，南部未成熟。

东委内瑞拉盆地从上晚白垩统到更新世（特立尼达的 Cedros 组）发育多套储层，除委内瑞拉地区白垩系阿普第阶—阿尔必阶 El Cantil 组碳酸盐岩外，盆地中所有的储层均为砂岩，沉积环境为陆相-深海相，渐新统和中新统 Narical、Merecure 和 Oficina 组内含有盆地大部分的油气储量。Narical 组主要分布在盆地北部，由分选好的脆性砂岩组成，含少量高岭土胶结物。河流、海滨及浅海陆棚环境沉积。孔隙度为 11%~20%，平均为 16%；渗透率为 100~3500mD。该组目前发现的油气储量占整个盆地的 16%。Merecure 组和 Oficina 组分布在盆地南部，是东委内瑞拉盆地物性最好的储层，也是奥里诺科重油带规模最大的储层。由砂岩和泥质砂岩组成，河流—三角洲—浅海陆棚环境沉积。储层参数变化大，孔隙度为9%~30%，渗透率从小于 20mD 变化到 5000mD。盆地 67% 的油气产自于这两套储层。

东委内瑞拉盆地内发育 5 套区域盖层和 7 套局部多套盖层（图 5-17），区域盖层由页岩和褐煤组成，局部盖层由与砂岩储集层互层的页岩、褐煤以及泥岩组成。此外，奥里诺科重油带比较特殊，其最主要的封闭层为沥青塞和焦油垫。区域盖层发育的层系，主要为 Tigre 组、Guayuta 群、San Juan 组、Caratas 组、Roblecito/La Pascua 组和 Carapita 组内的页岩、石灰岩、褐煤和黏土层。Merecure 组、Oficina 组、Quebradon 组和 Chaguaramas 组内的页岩和

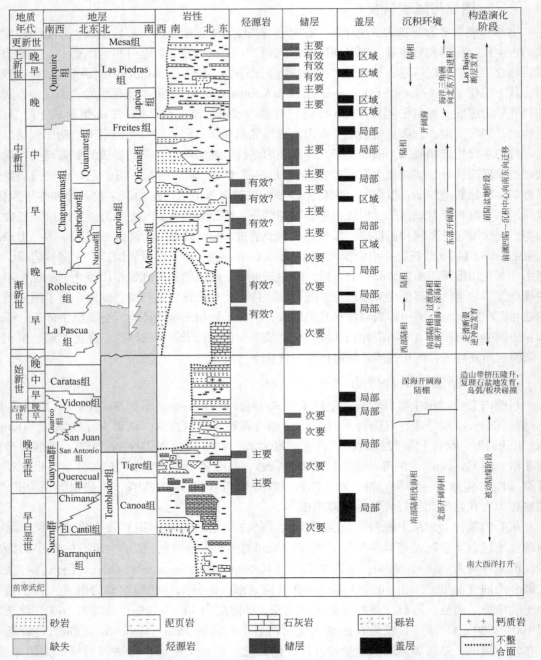

图 5-17　东委内瑞拉盆地生储盖组合和演化阶段划分（据法贵方等，2010）

褐煤层可作为同期储层的局部或区域性盖层（图 5-17）。Freites 组页岩可作为下伏地层的区域性盖层。

盆地中可以识别的储盖组合类型共有 7 个，其中最重要的有 3 个：

（1）Oficina 构造和构造—地层型储盖组合，含有该盆地 41% 的石油和 38% 的天然气。主要储集在委内瑞拉的 Oficina 组和 Merecure 组中，部分储集在特立尼达的 Ciptro 组砂岩中。

Oficina组（自己封闭）是重油带中唯一的储盖组合，位于盆地南缘，Oficina组砂岩在这里尖灭在圭亚那地盾之上。

（2）Naricual构造型储盖组合。1986年以来，该组合中发现的石油储量占整个盆地总储量的30%。

（3）特立尼达的Morugua群和Palmiste群储盖组合，所含天然气占整个盆地的1/3以上，在三角洲层序中，主要圈闭类型为滚动逆牵引背斜。

（五）主要圈闭类型与油气田

东委内瑞拉盆地发育构造圈闭、地层圈闭和地层—构造复合圈闭三种圈闭类型。构造圈闭是主要是断层圈闭和与逆冲断裂有关的背斜，盆地内不同地区发育的构造圈闭类型不同，形成时间也不一样。构造圈闭油气储量最多，占盆地油气总储量的67.4%，是最重要的圈闭类型。地层—构造复合圈闭中所储存的油气资源量占盆地油气总储量的32.0%，其余0.6%的油气储存在地层型圈闭中。

东委内瑞拉盆地的主要成藏期比较晚，主要生油岩白垩系在古近—新近纪时从北往南依次进入生油窗，可能在瓜里科次盆北部冲掩之后不久的渐新世—中新世早期，烃源岩已成熟并进行早期运移。运移过程也是从北往南，在断裂活动和褶皱活动将连续的储层和运移通道中断之前，石油可以经历150~325km长距离的运移。奥里诺科重油带、大奥菲、大腾布拉德及拉斯梅赛德斯油气区的大部分石油就是在中新世—更新世时开始成藏的。埃尔富里尔/基里基雷带油田以及大奥菲西纳西北部和大阿纳科带许多轻质油田大概在上新世或更新世以前还没有成藏，由于马图林前陆次盆地轴部载荷才使白垩系和古近—新近系中的烃源岩沉降进入生油窗深度。东委内瑞拉盆地主要油气田见表5-5。该地区以奥里诺科重油带而著名（表5-6和图5-18）。

表5-5　东委内瑞拉盆地主要油气田（据李国玉等，2005）

所处国家	油气田名称	发现年份	产层深度 m	产层及岩性	石油最终可采储量 10^8t
委内瑞拉	基里基雷 Quiriquire	1928	500	上新统砂岩	1.37
	奥菲西纳 Oficina	1937	1500	渐新统砂岩	1.32
	东瓜腊 East Guara	1942	2100	中新统砂岩	0.863
	尼巴 Nipa	1945	2200	中新统砂岩	0.795
	马塔 Mata	1954	2800	中新统砂岩	0.685

表5-6　奥里诺科重油带储层特征（据李国玉等，2005）

内容	参数
储层厚度，m	15~30
产层平均厚度，m	50
产层顶部深度，m	150~1300
产层顶部平均深度，m	600
井平均海拔高度，m	100
孔隙度，%	30~40
含水饱和度，%	10~25

内容	参数
渗透率，$10^{-3}\mu m^2$	1
海平面以下 500m 的储层压力，MPa	5.633
储层压力梯度，MPa/m	0.009614
海平面以下 500m 的储层温度，℃	53
地温梯度，℃/100m	3.24

奥里诺科重油带位于东委内瑞拉盆地南部，是一个分布面积广、产油区连片的含油带，是闻名于世的重油生产区，也是世界上最大的重油聚集区。产油带沿马图林次盆的南三区到奥里诺科河和圭亚那地盾以北，自奥达斯港（Puerto Ordaz）向正西延伸700km，南北方向约70km，探区面积为$5.4\times10^4 km^2$，探明储量$2670\times10^8 bbl$。奥里诺科重油带的产层主要为古近—新近系碎屑砂岩，尤其是中新统砂岩。油藏埋深一般不超过920m，最大埋深为1220m。油藏以构造圈闭和地层圈闭为主，也有复合圈闭。奥里诺科重油带是一个向南楔形尖灭的古近—新近系沉积楔形，不整合覆盖于白垩系、古生界和前寒武系基底之上（图5-18）。该带在大地构造上以拉张构造为特征。断层主要是张性断层（即正断层），平均垂向位移不超过60m。古近—新近系储层为未固结的砂岩，砂粒呈次棱角状，分选较差，含有不同数量的黏土。该重油带的原油密度虽然很大（表5-7），但可流动性较好，油藏用常规方法即可开采。

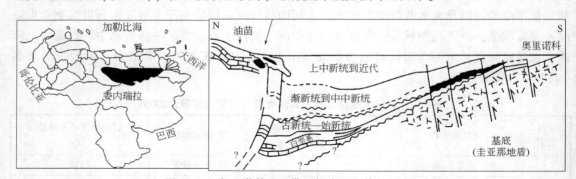

图5-18 奥里诺科重油带（据李国玉等，2005）

表5-7 奥里诺科重油带各生产区的原油特征数据表

地区	塞罗内格罗	哈马卡	邹阿塔	马切特
原油重度，(°)	7.7~9.8	7.7~13.2	7.8~17.4	4.7~11.3
纯油砂，m	70	60	50	40
平均深度，m	810	670	790	1110
气油比，m^3/t	30~100	50~150	50~150	10~150
沥青质，%	6.4~13.3	7.7~16.0	6.9~14.6	16.2~22.7
硫含量，%	2.0~4.2	1.9~4.0	2.2~4.1	3.7~5.3
凝点，℉	65~85	25~110	10~90	70~115
蒸汽驱前单井日产量，t	30	10	20~110	10
蒸汽驱后单井日产量，t	60	100	160	30

（六）油气分布的控制因素与含油气远景

东委内瑞拉盆地的烃源岩在盆地北部广泛分布，但储集层在全区中均有分布。东委内瑞拉盆地的油气总储量的 94.5% 都储集在渐新统—中中新统储层之中，其余的油气储存在下白垩世—上新世的储层中（图 5-19）。常规油气田主要分布于瓜里科次盆地和马图林次盆地之中（图 5-19），而在这两个区域的油气藏分布与单个砂体的分布密切相关。油气围绕生烃中心呈环状分布、外环油内环气、油气富集程度差异大、不同构造单元都有不同的油气藏类型、具有多套含油层系。在马图林次盆地北部及瓜里科次盆地北部，虽烃源岩、储集层、构造圈闭均发育，但至今仍然没有出现大量的油气聚集，这主要与强烈的构造抬升作用使圈闭保存条件遭受破坏有关。综合分析认为，东委内瑞拉盆地常规油气的分布主要受储集砂体分布和保存条件的控制，盆地南部奥里诺科重油带重油的分布主要受砂体展布和盖层（起先是储集层之上的 Freites 组页岩，随后是重油组分）的控制，烃源岩似乎不决定油气的分布。

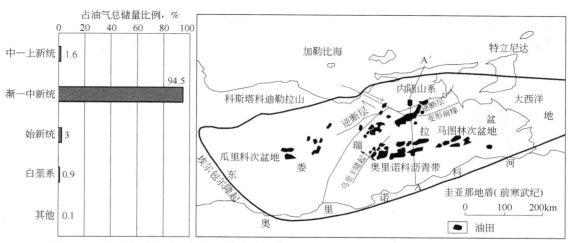

图 5-19　东委内瑞拉盆地探明和控制油气储量层系油气层位（左）与平面（右）分布图

东委内瑞拉盆地是中南美洲一个油气勘探较成熟的地区，至今仍具有较好的油气勘探潜力，还可以再发现新的油气储量，尤其是深层。东委内瑞拉盆地南部的重油带除了重油带本身巨大的资源潜力外，在其北部仍发现了较大型的福尔里阿尔油田，其可采储量达 1.9×10^8 t。表明该带附近仍能找到较轻质的油藏。盆地东部的陆海过渡地带，勘探程度较低，是值得加深勘探的良好地区，特立尼达和多巴哥岛的陆上含油状况及近年来在其附近海域的油气发现，都预示着该盆地东部陆—海是一个油气富集的潜在地区。

三、亚马孙盆地（Amazon Basin）

亚马孙盆地位于巴西东北部内陆，介于南纬 1°~5°、西经 51°~60° 之间，总面积约 130×10^4 km²（Morris 等，2000；李国玉等，2005）。盆地横跨巴西北部的亚马孙河流。1952 年钻探了第一口初探井，1954 年在亚马孙地区第一次发现了油气。勘探高峰期是在 20 世纪 50 年代末至 60 年代初，但每年最多仅钻 9 口井。因油气发现率低，20 世纪 70 年代和 80 年代初，钻探井数很少。目前主要发现石炭系产层，泥盆系砂岩中也发现少量油气仅在石炭系

AutasMtrim 和 Igarape Cuia 油田生产油气（据 Gonzaga 等，2010）。2015 年 4 月 16 日巴西国家石油公司在该盆地 AM-T-84 区块内的 1-BRSA-1293-AM 井于 4429~6233ft 深度的砂质储层内发现了 API 度为 47 的轻质原油。

（一）盆地地质特征

亚马孙盆地以西由 Purus 隆起将其与 Solimoes 盆地分隔，以东紧邻 Gurupa 隆起（图 5-20）。亚马孙盆地南北方向分别为由前寒武系结晶岩系组成的 Guarpore 及 Guyana 地盾（李国玉等，2005）。在南北剖面上，盆地主体沉积表现为内部地层厚度与埋深大，向盆地边缘地层厚度变薄，埋深变浅。盆地内分布有高角度的深大断裂，对油气分布应该具有重要的控制作用（图 5-20）。该盆地是巴西东北部第一大 NEE 走向的狭长形内陆克拉通多旋回沉积盆地。

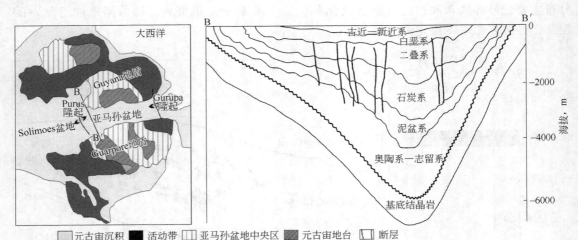

图 5-20　亚马孙盆地区域构造特征与构造剖面图（据 Gonzaga 等，2000）

（二）地层与沉积演化特征

盆地内前寒武纪基底结晶岩系主要为变质岩及花岗岩。显生宙盆地内沉降形成多期沉积旋回，即奥陶系—志留系、泥盆系—下石炭统和石炭系—二叠系，并且广泛发育薄的白垩系—古近—新近系盖层，沉积物总厚度超过 7000m。在三叠纪—侏罗纪，因构造运动使地层抬升而受到剥蚀，因而盆地存在不整合构造，缺失三叠系及侏罗系（中国石油天然气总公司信息研究所，1997；Gonzaga F G，1989）。

前寒武纪末，盆地内断裂活动形成 NE—SW 向地堑体系。在经历前寒武纪末盆地伸展及火成岩侵入后，奥陶纪—早泥盆世沉积物在盆地凹陷处经历热沉降，此时亚马孙盆地经历早期伸展阶段形成了 NE 向凹陷盆地。在泥盆纪—早石炭世，随着地壳增厚，盆地边缘 Carauari（Solimoes 盆地）隆起及 Purus 隆起进一步抬升，使盆地再次形成了 NW—SE 向基底构造，泥盆纪沉积了砂岩、海相页岩及蒸发岩，下石炭统为一套海相冰川沉积；盆地中部沉积物厚度达到 1600m，其中 Curua 组顶部不整合面形成于早海西期。

亚马孙盆地第 3 个重要的古生代旋回为石炭纪—二叠纪陆相沉积到局限海沉积旋回，盆内沉积了石英砂岩、超覆沉积的海相碳酸盐岩、分布广泛的蒸发岩以及最后由海退层序形成的红层沉积及河流碎屑岩沉积。在晚二叠世—早三叠世，劳亚古大陆与冈瓦纳古大陆碰撞，亚马孙盆地抬升造成三叠系—侏罗系遭受剥蚀，剥蚀厚度达到 1000m。三叠纪—侏罗纪由于火山作用形成的火山岩部分侵入古生代地层，火山作用一直持续到早白垩世末。在侏罗纪，因构造作用使得盆内地层沿顺时针方向倒置，并遭受抬升剥蚀，白垩系沉积在这一区域不整合面之上，岩性主要为火山岩以及粗碎屑岩，沉积厚度较薄。古近—新近系主要以河流相—湖泊相沉积为主，并受到加勒比地区海相侵入影响，沉积厚度较大，一般大于1000m。盆地内断层走向主要为NE—SW向，近似平行于盆地走向，且控凹断层的断面较陡（图5-20）。

（三）生储盖及组合特征

亚马孙盆地内有效烃源岩为志留系Pitinga组及泥盆系Barreirinha组两套海相黑色页岩（图5-21）。两者向西至盆地边缘的Purus隆起处尖灭，受火山侵入作用影响，盆地内烃源岩第一次生油期在二叠纪—三叠纪（刘永江，1994；李怀奇等，2001；李国玉等，2005）。在亚马孙盆地西部志留系Pitinga组黑色页岩层有机碳含量（TOC）达到2%，倾向于生气；在盆地西北及西南，处于未成熟阶段；在盆地以东的广泛区域处于过成熟阶段。泥盆系Barreirinha组页岩是亚马孙盆地最主要的烃源岩，也是盆地东部潜在的唯一烃源岩层。在盆地的北部及西部，该层的有机碳含量（TOC）达到了5%，为极好的烃源岩层，在盆地东部以生气为主。

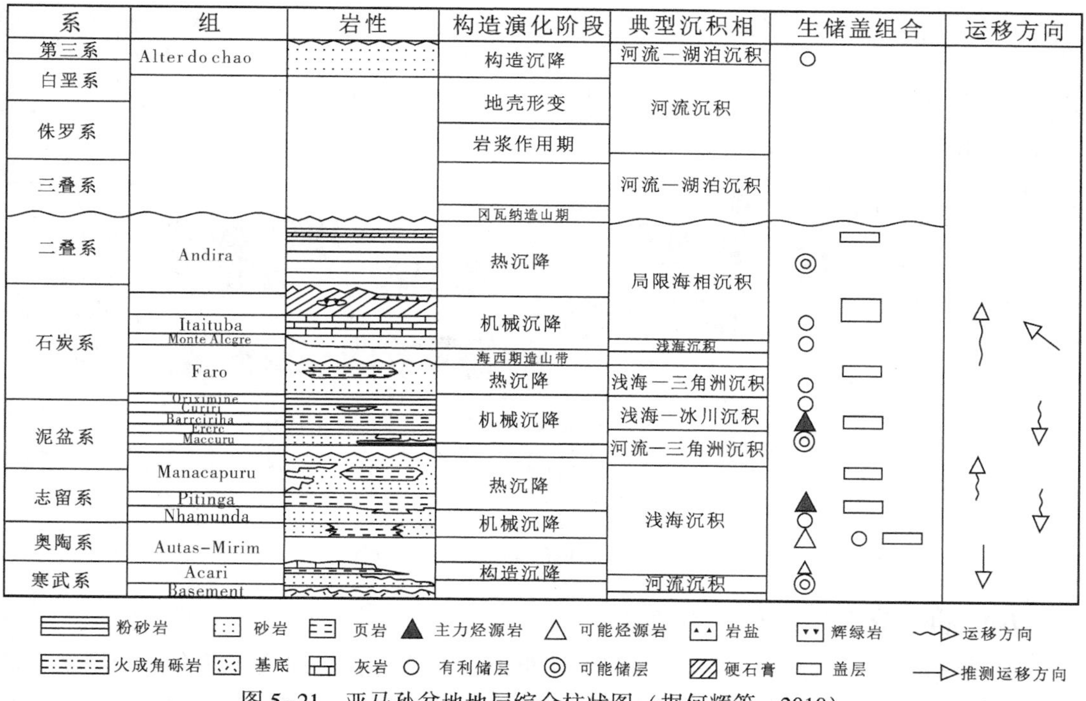

图5-21 亚马孙盆地地层综合柱状图（据何辉等，2010）

亚马孙盆地主要有两套古生界储层（图5-18）：

（1）石炭系Monte Alegre组石英砂岩储层，属于浅海沉积，是亚马孙盆地最好的油气储层，厚度最厚为130m，平均厚度为50m Igarape Cuia油田的平均孔隙度达到18%。

（2）泥盆系Curiri组粗碎屑的砂岩储层，发育在较为复杂的沉积体系中，如次冰期河道沉积、间冰期河道沉积及浅海沉积。在已勘探的Nova Olinda 1油田，Curiri组平均孔隙度为16%，平均渗透率为3mD（据何辉等，2010）。

泥质岩类盖层最常见。亚马孙盆地发育两套稳定盖层：

（1）石炭系 Monte Alegre 组黑色页岩，可以作为稳定的局部盖层。

（2）石炭系 Itaituba 组稳定钙质页岩、膏岩，属于局限海相沉积环境，是盆地内最佳的盖层，其厚度大、分布面积广，一直延伸到盆地东部边缘处尖灭，可以作为盆地内稳定的区域盖层（图 5-21）。

（四）圈闭与油气藏的形成

亚马孙盆地圈闭均形成于古生代，类型主要有 Monte Alegre 组构造圈闭和 Curiri 组地层圈闭。Monte Alegre 组构造圈闭是盆地内最有利的圈闭，盆地已发现油气藏的 13% 位于该组圈闭内。Curiri 地层圈闭同样形成于古生代，盆地内已发现的油气藏有 87% 位于该地层圈闭中，其中已发现的 Nova Olinda 1 小型油田拥有 $14×10^4$t 石油储量。

盆地内油气生成的主要时期是在二叠纪—三叠纪、三叠纪—侏罗纪（图 5-22），并且主要是在岩浆活动时期及主要构造运动之前。其运移通道主要是晚侏罗世—早白垩世形成的断层，具有垂向运移的特征。其次白垩系下伏区域地层不整合面也可以是油气运移的主要通道，但在中生界并无油气侧向运移所形成的油气藏，具体油气成藏研究仍需进一步资料分析。

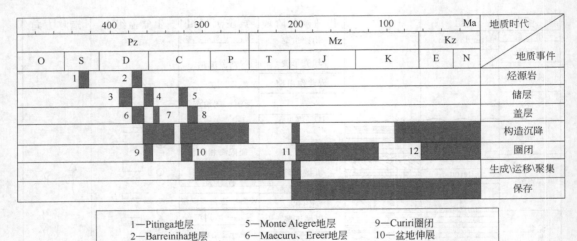

图 5-22 亚马孙盆地油气系统事件图

（五）油气分布规律与控制因素

亚马孙盆地具有极好的烃源岩、较好的储集层及构造特征，地层不整合早于圈闭形成，沿不整合散失的油气就有可能在后期生成的圈闭中聚集。亚马孙盆地东部 MonteAlegre 储集层上缺失蒸发岩盖层，不利于油气的聚集成藏，因此盆地东部油气运移方向的研究对盆地东部油气藏的勘探具有重要的指导意义。近年来，亚马孙盆地的勘探目标扩大至盆地西部 Manaus 地台及南部的 Canuma 和 Mamuru 地台，存在有大量的砂岩透镜体岩性圈闭，这些圈闭形成于中生代或古近—新近纪，有利于油气聚集形成油气藏，有较好的勘探前景，是今后隐蔽性油气藏的重要探区（图 5-23）。

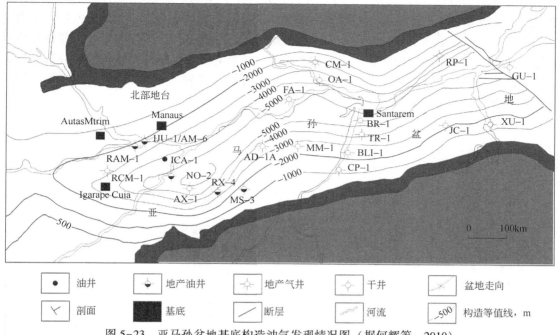

图 5-23 亚马孙盆地基底构造油气发现情况图（据何辉等，2010）

四、坎波斯盆地

坎波斯盆地位于巴西被动大陆边缘东南部，是巴西东部裂谷系的一部分，是一个典型的被动大陆边缘型盆地。盆地位于里约热内卢州北岸、圣埃斯皮里图州南部，北邻圣埃斯皮里图盆地，以维多利亚隆起为界；南邻桑托斯（Santos）盆地，以卡布弗里乌（Cabo Frio）隆起为界。盆地沿巴西东部海岸延伸几乎达 1000km，面积约为 $20×10^4km^2$，90% 位于海上（图 5-21）。盆地沉积向东往大西洋沿伸呈厚楔形，与洋壳分界在厚盐层以东，是目前巴西近海含油气盆地中产油最多的盆地，也是南大西洋西侧最富油气的盆地。盆地的油气勘探工作始于 20 世纪 70 年代初，1974 年第一次发现了加鲁巴（Garanpa）油田，1975 年又发现了 6 个油田。自 1983 年以来做了大面积的三维地震勘探，发现了阿尔巴科拉（AL-bacora）、巴拉库达（Bar-racuda）、马林姆（Marlim）和南马林姆（Marlimsul）等 7 个巨型油气田和图比（Tupi）油田、朱比特（Jupiter）油田等 9 个巨型油田，累计已有 120 多个油气发现，探明可采油储量 $42.94×10^8t$，天然气 $4389×10^8m^3$，占巴西总可采油气当量的 80%，产量占巴西总产量的 84%（据 IHS 数据库）。盆地勘探程度低，勘探潜力巨大。

（一）盆地地质特征

坎波斯盆地的构造单元比较特殊，与盆地的大地构造位置和盆地类型关系密切，也与盆地构造演化史中所经历的构造事件有关，其构造主要是盆地在形成过程中由于受力而形成的不同构造样式组合。坎波斯盆地的南北边界为走向垂直于大陆边缘的基底隆起，北面以维多利亚隆起与圣埃斯皮里托（Espirito santo）盆地相隔，南以卡布弗里乌隆起与桑托斯（Santos）盆地隔开。属于巴西东部裂谷系中的盆地之一。盆地内走向大致平行于盆地边缘的坎波斯断层（图 5-24）可作为正常陆壳与东面减薄陆壳的界线，将盆地分为东西两部分。西部主要是古近系—新近系沉积于相对较薄的前寒武系片麻岩基底之上，东部为盆地的下白垩统沉积物主体。盆地内沉积物呈由西向东逐渐增厚的沉积楔状体，早白垩世—全新世充填厚度达到 9000m。综合盆地构造特征来看，垂向上盆地具有裂谷期基地张性构造和裂后坳陷期张性构造，裂谷期发育高角度正断层，切割了大陆壳、玄武岩和盐下沉积物，裂后坳陷期发育犁式正断层，主要切割裂后盐上沉积物（图 5-25）。

图 5-24 坎波斯盆地区域地质与油气分布特征图

（二）盆地地质演化特征

坎波斯盆地的形成与演化和冈瓦纳大陆的解体有关，该盆地为大西洋拉开和发育时，于原先克拉通周缘上发育起来的被动大陆边缘沉积盆地，盆地经历了裂前、裂谷、过渡和被动

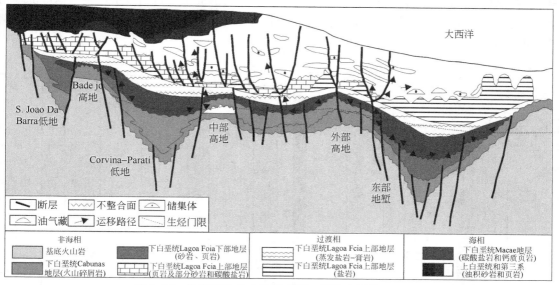

图5-25 坎波斯盆地成藏模式图（据马中振等，2011）

陆缘四期构造演化阶段（图5-21）。

（1）裂前演化阶段：构造走向为NW—SE向，在盆地范围未发育沉积岩，主要为一套花岗岩层系。

（2）同裂谷演化阶段：主要发生在欧特里期—早阿普第期。随着大西洋的张开，白垩纪早期形成了NE—SW向裂谷系统在基底和盐下火山岩及沉积物内形成一系列地垒、地堑和半地堑。断层走向和西边前寒武系地盾的构造线大体一致，反映了地壳软弱带中已有张性断层的再次活化。在一系列向北延伸的凹陷沉积了厚达9000m的沉积物；张性断层控制了下白垩统Lagoa Feia组的岩相分布。同裂谷层系沉积之后，大部分断层活动停止，仅局部地区的裂谷期断层再度活化，断到了更上部的地层。该阶段末期的不整合面标志着裂谷期的结束。该不整合面将陆相地层与上覆的过渡层系分割开来，同时也是不同构造样式的分界线。

（3）过渡演化阶段：发生于晚阿普第期—早阿尔比期。裂陷作用停止，海水向裂谷阶段地堑海侵，早期阶段发育冲积扇、扇三角洲和萨布哈沉积，晚期阶段沉积发生于局限环境的凹陷内，蒸发岩厚度自西向东增大。

（4）被动陆缘演化阶段：主要发生于阿普第阶沉积期间，相当于后裂谷阶段。构造运动基本停止，盆地经历一个热沉降和向海方向的轻微倾斜。朝东的盆地倾斜和差异压实作用导致盐岩运动，随之发育生长断层，从阿尔比期一直活动到全新世。这些断层控制了坎波斯盆地内沉积相的展布和油气圈闭的形成。

（三）盆地地层与沉积演化特征

坎波斯盆地主要发育裂谷期陆相、同裂谷期盐岩、后裂谷期海相3套沉积地层（图5-26）。裂谷期陆相地层主要为尼欧克姆期至阿普特期初期的湖泊和河流三角洲环境，不整合于下部玄武岩结晶基底之上。主要由碎屑岩组成，含有辉绿岩侵入体和火山岩，其底部岩性为扇三角洲相的砾岩和砂岩，中部为湖相泥灰岩和页岩，顶部通常为湖相介壳灰岩。同裂谷期主要发育的是过渡期沉积，其盐岩地层形成于阿普特期，代表一个构造相对静止时期，主要由下部陆源碎屑岩和上部蒸发岩组成。蒸发岩形成于半封闭浅水环境、构造沉降相对缓慢、气候温暖干燥及较强的蒸发作用条件下，其底部为一略微东倾的平滑面，控制后期盐岩的运动。

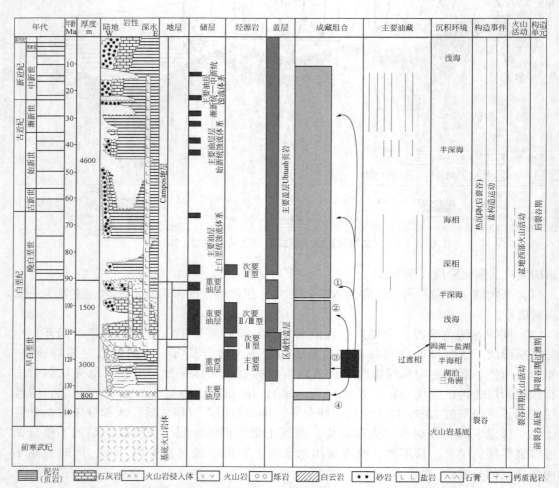

图 5-26　坎波斯盆地岩性综合柱状图（据 Guardado 等，2000，有修改）

后裂谷期海相地层主要发育于阿尔布期至全新世。阿尔布期全球海平面开始上升，在盆地内沉积了从浅海、半深海至深海环境沉积物。中新世全球海平面又开始下降，此时盆地发育海相浅水沉积物。该地层底部沉积了浅海碳酸盐岩；中部为晚阿尔布期以及晚赛诺曼期至早土伦期的半远洋沉积，主要发育泥灰岩和页岩；上部主要为沉积于晚土伦期到早古新世海相深水沉积页岩和浊积砂岩；顶部为海相浅水沉积页岩与浊积砂岩，一直持续到全新世，其中页岩分布范围广，且浊积砂岩较厚。

（四）生储盖及组合特征

坎波斯盆地发育白垩系 Lagoa Feia 组的湖相黑色钙质页岩、Macae 组海相页岩及 Carapebus 组下部的海相页岩 3 套潜在的烃源岩。Lagoa Feia 组黑色钙质页岩是盆地最主要烃源岩，沉积于同裂谷期碱性的浅水湖相环境。其厚度约 200m，CaCO$_3$ 含量高达 19%，TOC 含量为 2%~6%，局部高达 9%；氢指数高达 900mg/g，干酪根类型为Ⅰ型。大约在始新世时达到生油窗，中新世达到生油高峰，现今仍在生油。Macae组海相页岩也已进入成熟期，主要分布在盆地东北部，有机质类型为Ⅰ和Ⅱ型干酪根，TOC含量在1%～3%之间，生烃潜量一般为5mg/g，向东北逐渐增大，最大可达10mg/g。Carapebus组海相页岩的有机质类型为Ⅲ型，还未成熟。

坎波斯盆地包括基底裂缝性玄武岩、盐下多孔的介壳灰岩及中白垩统—中新统的浊积砂岩。白垩系及古近系浊积砂岩储集了盆地90%的油气资源。盐下有凡兰吟阶Cabinas组裂缝玄武岩储集层发育裂缝和气孔，基质渗透率很低，但微裂缝连通孔隙，Badejo油田的油气就主要储集于该层段；盐下巴雷姆阶—阿普特阶的Coqueiros组储集层为多孔介壳灰岩，非均质性较强，其最好的储集层是发育晶孔、铸模孔、粒间和粒内溶孔等次生孔隙的钙屑灰岩，孔隙度为7%～20%，渗透率为50～500mD。盐上储集层主要为阿尔布阶—赛诺曼阶的Macae群砂岩/碳酸盐岩和土伦阶—全新统的Carapebus组浊积砂岩，其中的Goitacas组砂岩由扇三角洲沉积的复成分砾岩、砂岩及灰泥岩组成；Quissama组浅海泥粒灰岩和鲕粒状粒屑灰岩储集层最高孔隙度达33%，渗透率为50～2400mD；Namorado组浊积砂岩为重要储集层，孔隙度最大为32%、渗透率最大为1600mD；Carapebus组浊积砂岩是最重要的储集层，分为上白垩统、古新统—始新统、渐新统—中新统3个储集单元，均具有较高的孔隙度和渗透率，属于好—极好储集层。

坎波斯盆地中盖层岩性主要为泥页岩和盐岩。区域盖层主要为Campos群Ubatuba组海相页岩，与浊积砂岩互层的页岩为良好的局部盖层，主要封盖下伏的Macae群碳酸盐岩及砂岩储集层。阿普特期形成的致密盐岩为该盆地的区域遮挡，它阻止了盐下的油气向上运移。此外，Lagoa Feia群页岩及介壳灰岩中的泥质岩和成岩作用形成的非渗透层也封盖盐下储集层的油气。成岩作用导致的钙质和硅质胶结导致岩石孔隙消失形成物性封闭，这对于盐下介壳灰岩及盐上上白垩统的浊积砂岩的封闭作用均有重要影响。

盆地自下而上共发育四套主要储盖组合（图5-26）。下部储盖组合储层为欧特里夫阶Cabiuna组裂缝玄武岩，盖层为上覆的白垩系Lagoa Feia组湖相页岩。主要分布在盆地西部陆架区发育底部基岩突起的区域，勘探潜力较低。中下部储盖组合主要由Lagoa Feia组鲕粒灰岩储层与湖相页岩烃源岩构成一套自生自储的成藏组合，区域盖层为上覆湖相页岩和蒸发盐岩层。代表性油藏为盆地北部的Jubarte油藏。中上部储盖组合以白垩系Macae组海相碳酸盐岩为储集层，烃源岩为下伏Lagoa Feia组湖相页岩，盖层为上覆Ubatuab组海相页岩，构成一套下生上储的生储盖组合，主要分布在盆地陆架边缘区。上部储盖组合以白垩系和古近—新近系Carapebus组浊积砂岩为储集层，以层间的海相页岩层为盖层。该套成藏组合是盆地最重要的成藏组合，目前已发现的油气可采储量占盆地总可采储量的80%以上。其储集层主要由上白垩系、古新统—始新统与渐新统—中新统三套浊积砂体组成，油气藏主要分布在大陆架以下的深水地区。

（五）油气分布规律与控制因素

坎波斯盆地主要发育构造和地层油气藏，也有一些岩性油气藏，多数已知油田集中于占整个盆地10%的面积内（图5-27）。不同类型油气藏有一定的分布规律。以盐层分界，盐层以下主要发育构造油气藏，也有构造–地层复合油气藏，断层切断地层沟通烃源岩与储集层成为优势运移通道，同时，断层又作为遮挡条件而形成油气藏，另外也有一些同沉积背斜形成的油气藏（图5-25）。在盐层之上，主要发育地层油气藏和岩性油气藏，这些油气藏圈闭主要形成于裂谷后期，与海平面升降形成的不同岩性配置有关，如在泥岩中有砂岩透镜体

（图 5-25），后期断裂是这些砂岩和下部的烃源岩联通，从而形成油气藏。

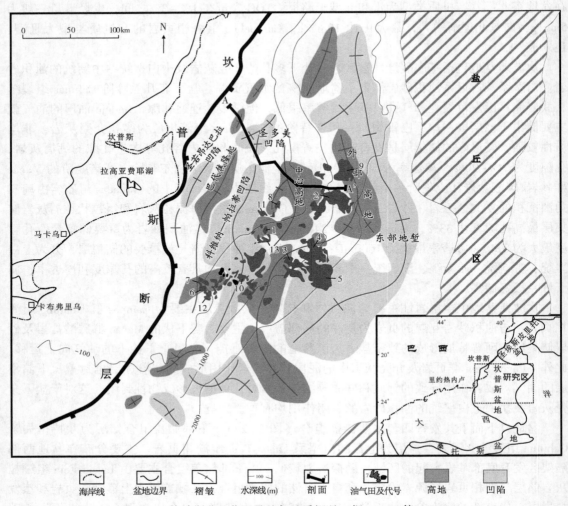

图 5-27　坎波斯盆地位置及油气地质概况（据 Rangel 等，2003）

油气田名称：1—加巴鲁；2—阿尔巴科拉；3—巴拉库达；4—马林姆；5—南马林姆；6—林占阿杜；
7—巴代焦；8—维尔梅柳；9—龙可多尔；10—马林巴；11—卡拉佩巴；12—潘波；13—拿梅尔多

　　盆地内强烈的盐运动在油气运移和成藏过程中起着至关重要的作用。下白垩统 Lagoa
Feia 组烃源岩在中新世时进入生烃高峰，盐运动形成的盐窗刺穿上覆的蒸发岩地层，为
Lagoa Feia 组生成的油气运移进入上覆浊积岩储层打开了通道。位于盐上和盐下的断层和不
整合面沟通油气进入储层，并最终在与盐运动有关的构造—地层型或构造—遮挡型复合圈闭
中聚集成藏（图 5-25）。该盆地的石油地质特征和成藏模式是巴西东部众多被动大陆边缘盆
地的典型代表。其油气分布主要受成熟烃源岩、输导条件与有效圈闭控制。目前盆地东部水
深超过 2000m 的古近系浊积岩、中部水深 200~2000m 的上白垩统和古近系浊积岩与盆地西
部水深 100~400m 区域的下白垩统碳酸盐岩和玄武岩是重要的勘探潜力区，其中最有利的勘
探区域是盆地东部，将是重要的勘探目标（图 5-27）。

第七节 中南美洲已发现油气资源和资源潜力

一、剩余探明可采油气资源分布

中南美洲的石油剩余探明可采储量变化趋势与委内瑞拉基本一致，一直呈上升趋势（图5-28；表5-8）。在不同时间委内瑞拉的石油剩余探明可采储量在中南美洲储量所占比例都在70%以上，2010年以来一直在90%以上，2018年占93.3%，其中储量为413.7×10^8t，在全球占比为18.8%（图5-28；表5-8），所以，委内瑞拉也是全球石油剩余探明可采储量大国。除委内瑞拉外，中南美洲石油剩余探明可采储量较多的国家主要是巴西，其储量总体呈增长趋势，但近年变化不大，其2018年储量为18.3×10^8t（图5-28；表5-8）。厄瓜多尔、哥伦比亚、阿根廷和秘鲁，其2018年它们的石油剩余探明可采储量依次为3.8×10^8t、2.8×10^8t、2.4×10^8t和1.3×10^8t，其他国家或地区普遍较低（表5-8）。

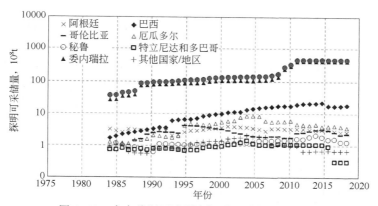

图5-28 中南美洲石油剩余探明可采储量变化图

表5-8 中南美洲各国石油剩余探明可采储量统计表 单位：10^8t

国家	年份								
	1980	1985	1990	1995	2000	2005	2010	2015	2018
委内瑞拉	26.6	74.3	81.9	90.5	104.8	109.1	404.4	410.4	413.7
巴西	1.8	3.0	6.2	8.5	11.5	16.1	19.4	17.7	18.3
厄瓜多尔	1.3	1.6	1.8	4.6	6.2	6.2	4.8	4.2	3.8
阿根廷	3.4	3.1	2.1	3.3	4.1	3.0	3.4	3.3	2.8
哥伦比亚	0.8	1.7	2.7	4.0	2.7	2.0	2.6	3.1	2.4
秘鲁	0.9	0.8	1.1	1.1	1.2	1.5	1.7	1.6	1.3
特立尼达和多巴哥	0.8	0.7	0.8	0.9	1.2	1.1	1.1	1.0	0.3
其他国家/地区	1.0	0.6	0.8	1.4	1.8	2.0	1.0	0.7	0.7
合计	36.5	85.8	97.6	114.2	133.5	140.9	438.6	442.1	443.4

中南美洲天然气剩余探明可采储量大国是委内瑞拉，整个地区的天然气储量变化也与委内瑞拉的储量变化一致（图5-29）。委内瑞拉天然气剩余探明可采储量在整个地区的占比由1980年的50.1%变化到2018年的77.4%。其他国家或地区天然气剩余探明可采储量要比委内瑞拉低得多。近年相对较多的有巴西、秘鲁、阿根廷、特立尼达和多巴哥、玻利维亚，它们的储量在$0.29×10^{12}m^3$至$0.38×10^{12}m^3$之间变化（表5-9）。

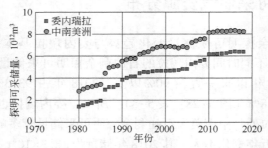

图5-29　中南美洲天然气剩余探明可采储量变化图

表5-9　中南美洲各国天然气剩余探明可采储量统计表　　　　单位：$10^{12}m^3$

国家	年份								
	1980	1985	1990	1995	2000	2005	2010	2015	2018
委内瑞拉	1.40	1.93	3.81	4.51	4.61	4.79	6.13	6.33	6.34
巴西	0.05	0.10	0.12	0.16	0.23	0.32	0.44	0.44	0.38
秘鲁	—	—	0.33	0.19	0.24	0.32	0.34	0.38	0.35
阿根廷	0.62	0.66	0.64	0.60	0.76	0.43	0.35	0.34	0.35
特立尼达和多巴哥	0.29	0.31	0.25	0.34	0.54	0.52	0.37	0.32	0.31
玻利维亚	0.12	0.13	0.11	0.11	0.19	0.21	0.27	0.27	0.29
哥伦比亚	0.12	0.10	0.10	0.21	0.12	0.11	0.15	0.12	0.11
其他国家/地区	0.16	0.15	0.16	0.15	0.12	0.06	0.06	0.06	0.06
合计	2.80	3.40	5.50	6.27	6.80	6.75	8.11	8.26	8.18

二、已发现油气资源分布

不同类型盆地已发现油气储量统计表明，中南美洲油气主要富集在弧后前陆盆地和被动大陆边缘盆地，分别占南美已发现油气储量的80.4%和14.7%（表5-10），其他类型盆地发现油气储量较少。

表5-10　中南美洲不同类型盆地已发现油气储量统计（据田纳新等，2017）

盆地类型	石油 10^6bbl	天然气 10^8ft^3	凝析油 10^4bbl	总油当量 10^4bbl	储量占比 %
前陆	404379	461419	8420	489702	80.4
被动大陆边缘	74064	82514	1758	89574	14.7
裂谷	8594	9979	712	10969	1.8

盆地类型	石油 10^6bbl	天然气 10^8ft^3	凝析油 10^4bbl	总油当量 10^4bbl	储量占比 %
走滑	812	25949	471	5608	0.9
弧间	3160	4174	4	3860	0.6
弧前	2832	6013	7	3841	0.6
克拉通	371	7314	43	1632	0.3

纵向上，中南美洲油气发育层位比较多，以中—新生界为主，新近系油气储量最多，约占油气总储量的55%；其次为白垩系和古近系，分别占26.1%和13.2%；侏罗系占2.8%。古生界发现油气较少，主要在泥盆系和石炭系，油气储量分别占1.2%和0.5%。中南美洲的前陆盆地群从古生界志留系、泥盆系、石炭系和二叠系到中生界的三叠系、侏罗系和白垩系以及新生界的古近系—新近系以及第四系都有富集，并且除第四系外，整体上油气富集程度随着地层时代变老而逐渐减少（图5-30）。中南美洲的大西洋被动陆缘盆地群主要分布于白垩系，其次为古近系和新近系，其他层位很少（图5-30）。

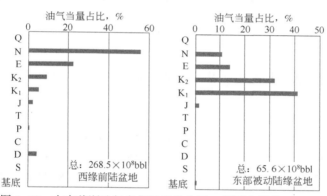

图5-30 中南美洲油气富集层系分布图（据谢寅符等，2012）

世界上最重要的重油聚集区是东委内瑞拉盆地的奥里诺科重油带，总面积约为55314km^2，其中已开发面积11593km^2，是仅次于波斯湾盆地的第二大油气富集区。

三、待发现的油气资源

美国地质勘探局（USGS，2012）对南美和加勒比地区的待发现油气资源量进行了评估，结果显示待发现的石油资源量约（445.56~2618.62）×10^8bbl，均值为1259×10^8bbl；待发现的天然气资源量在（229.547~1476.008）×10^{12}ft^3，天然气液资源量介于68.5×10^8bbl与465.81×10^8bbl之间，均值为210×10^8bbl。在估算的油气资源中，被动陆缘盆地占61%，前陆盆地占38%。在众多盆地中，坎波斯盆地占总油气资源的31%，桑托斯盆地占15%，东委内瑞拉盆地占16%，马拉开波盆地占12%。这4个盆地是主要的富油气盆地。中南美洲虽然在陆上的前陆盆地和海上的被动大陆边缘盆地均不同程度地发现了油气，但这两类盆地仍是最具有油气勘探潜力的重要领域。另据谢寅符等（2014）对中南美洲28盆地89个成藏组合的待发现石油和天然气可采资源量估算结果显示，待发现石油可采资源量（包括石油和凝析油）在被动大陆边缘型盆地和前陆型盆地分别占中南美洲总量的 64% 和 35%，其余盆地仅占 1%。4 个主要的待发现石油可采资源量富集盆地分别是坎波斯盆地、桑托斯盆地、东委内瑞拉盆地和马拉开波盆地，合计资源量约占中南美洲总量的 77%，其余 24 个盆地中待发现石油可采资源量占总量的 23%。待发现天然气可采资源量在被动大陆边缘型盆地和前陆型盆地中分别占南美地区总量的 50.7% 和 45.8%，其余盆地仅占 3.5%。4 个主要的待发现天然气可采资源量富集盆地分别为桑托斯盆地、查考盆地、坎波斯盆地和马拉开波盆地，合计待发现石油可采资源量占中南美洲总量的 63.2%，其余 24 个盆地中待发现天然气可采资源量占总量的 36.8%。

据美国地质勘探局、美国能源部等评估，中南美洲拥有致密油、重质油与沥青/油砂可采资源量分别为 $81.4×10^8t$、$823.5×10^8t$ 与 $0.2×10^8t$，分别占全球的 17.2%、76.3% 与 0.02%，可见重质油是中南美洲地区最为丰富的非常规油气资源，另外还有 $39.1×10^8t$ 的油页岩油资源。2009 年 USGS 对委内瑞拉的重油资源的待发现资源量评估值为 $5130×10^8bbl$。据油气杂志（2007）估算，中南美地区拥有煤层气、页岩气与致密砂岩气分别为 $36.6×10^{12}m^3$、$1.1×10^{12}m^3$ 与 $59.9×10^{12}m^3$，分别占全球的 17.46%、0.43% 与 13.13%，可见，中南美洲地区有相对较多的煤层气与致密砂岩气有待发现，页岩气资源相对比较少。

复 习 题

1. 简述中南美洲的大地构造单元及其含油气盆地类型，并说明其不同类型含油气盆地油气资源分布。

2. 查阅相关资料分析中南美洲一含油气盆地的基本石油地质和油气富集规律。

3. 中南洲主要的剩余探明石油与天然气储量较多的国家有哪几个？

4. 中南美洲产油国、产气国和剩余油气探明储量较多的国家有哪些？

5. 你认为中南美洲的油气资源潜力如何？哪些国家的油气资源潜力比较大？

参 考 文 献

白国平，秦养珍，2010. 中南美洲含油气盆地和油气分布综述. 现代地质，24（6）：1102-1111.

法贵方，康永尚，王红岩，等，2010. 东委内瑞拉盆地油砂成矿条件和成矿模式研究. 特种油气藏，17（6）：42-45.

甘克文，1992. 世界含油气盆地图说明书. 北京：石油工业出版社.

甘克文，李国玉，张亮成，等，1982. 世界含油气盆地图集. 北京：石油工业出版社.

何辉，樊太亮，林琳，等，2010. 巴西亚马逊盆地石油地质特征及勘探前景分析. 西南石油大学学报（自然科学版），32（3）：61-66.

李国玉，金之钧，等，2005. 世界含油气盆地图集. 北京：石油工业出版社.

李金玺，刘树根，戴国汗，等. 中南美洲沉积盆地类型及油气富集规律. 新疆石油地质，2013，34（3）：369-373.

刘永江，译. 南美大陆与加勒比地体的斜向碰撞与构造楔作用. 世界地质. 1994，13（1）：72-76.

Leighton M W，Kolata D R，Foltz D，等，2000. 内克拉通盆地. 刘里斌，于福华，杨时榜，等，译. 北京：石油工业出版社.

马中振，谢寅符，耿长波，张凡芹，2011. 巴西坎波斯（Campos）盆地石油地质特征与勘探有利区分析. 吉林大学学报（地球科学版），4（5）：1389-1396.

田纳新，惠冠洲，姜向强，等，2014.阿根廷重点盆地油气资源潜力评价.石油地质与工程，28（4）：1-6.

田纳新，姜向强，石磊，等，2017.南美重点盆地油气地质特征及资源潜力.石油实验地质，39（6）：825-833.

谢寅符，马中振，刘亚明，等.2012.中南美洲油气地质特征及资源评价.地质科技情报，31（4）：61-66.

谢寅符，赵明章，杨福忠，等，2009.拉丁美洲主要沉积盆地类型及典型含油气盆地石油地质特征.海外勘探，（1）：65-73.

汪伟光，喻莲，宋成鹏，琚亮，2012.委内瑞拉马拉开波盆地构造演化对油气的控制.现代地质，26（1）：131-138.

文琴，张雄华，梁宇，等，2011.南美西部典型含油气盆地构造演化及石油地质特征.石油地质与工程，25（3）：27-32.

叶德燎，徐文明，陈荣林，2007.南美洲油气资源与勘探开发潜力.中国石油勘探，2：70-76.

AUDEMARD F E, SERRANO I C, 2001. Future petroliferous provinces of Venezuela //DOWNEY M W, THREET J C, MORGAN W A. Petroleum Provinces of the Twenty-first century. AAPG Memoir, 74. 353~372.

AYMARD R, PIMENTEL L, EITZ P, et al., 1990. Geological integration and evaluation of Northern Monagas, Eastern Venezuelan Basin//BROOKS J, Classic petroleum provinces. Geological society special publication, 50: 37-54.

ESCALONA A, MANN P, 2006. An overview of the petroleum system of Maracaibo Basin. AAPG Bulletin, 90: 657-678.

GONZAGA F G. 1989, Petroleum geology of the Amazonas Basin, Brazil modeling of hydrocarbon generation and migration. AAPG Memoir, 73（4）：159-174.

GUARDADO L R, SPADINI A R, et al., 2000. Petroleum system of the Campos Basin// MELLO M R, KATZ B J, Petroleum systems of South Atlantic margins. AAPG Memoir, 73：317-324.

LUGO J, MANN P, 1995. Jurassic-Eocene tectonic evolution of Maracaibo Basin, Venezuela. AAPG Memoir, 62：699-725.

RANGEL H D, GUIMARAES P T, Spadini A R, 2003. Barracuda and Roncador giant oil fields, deep-water Campos Basin, Brazil//HALBOUTY M J T. Giant oil and gas fields of the decade 1990-1999. AAPG Memoir, 78：123-137.

第六章
大洋洲油气分布特征

第一节 概况

　　大洋洲位于太平洋中部和中南部及赤道南、北广大海域中，陆地总面积约 $897 \times 10^4 km^2$，约占世界陆地总面积的 6%，是世界上最小的一个大洲。大洋洲纵跨南、北两半球，从南纬 47°到北纬30°，横跨东西半球，从东经110°到西经160°，东西距离 10000 多 km，南北距离 8000 多 km；由一块大陆和分散在浩瀚海域中的无数岛屿组成，即由澳大利亚大陆及美拉尼西亚、密克罗尼西亚、波利尼西亚三大岛群以及新西兰、新几内亚岛（伊里安岛，世界第二大岛）等组成，其中岛屿面积约为 $133 \times 10^4 km^2$。大洋洲共有澳大利亚、新西兰、巴布亚新几内亚、帕劳共和国、密克罗尼西亚联邦、马绍尔群岛共和国、所罗门群岛、瑙鲁共和国、基里巴斯共和国、图瓦卢、瓦努阿图共和国、斐济共和国、萨摩亚、汤加王国等 14 个独立国家，人口 4000 万，占世界人口的 0.5%。

　　大洋洲的油气主要产自澳大利亚，其次为新西兰、巴布亚新几内亚，其余国家尚未发现良好的油气显示。大洋洲的油气勘探始于 19 世纪至 20 世纪初，新西兰 1839 年就发现了油气苗，油气开发史可以上溯到 1865 年。大洋洲首次发现油气是在澳大利亚的波恩盆地打水井时偶然钻遇天然气，真正具有商业意义的油田 Moonie Oil Field 发现于 1961 年。1964 年，海上石油勘探有了较大收获，在东南部的吉普斯兰盆地发现了工业性高产油气流，之后又发现了一系列油气田，原油产量开始快速上升。吉普斯兰盆地是澳大利亚最富石油的盆地，也是唯一一个石油储量大于天然气油当量的盆地。该盆地是典型的中新生代裂谷型盆地，是澳大利亚多年以来的重要石油生产基地，在澳大利亚的油气勘探历史中具有里程碑意义。不过该盆地的石油产量自 1985 年起开始下滑，1996 年之后，吉普斯兰盆地被北卡那封盆地所取代，北卡那封盆地的石油产量已占澳大利亚原油总产量的一半以上，成为澳大利亚第一大产油气盆地。澳大利亚东部的库珀盆地实际上是大型克拉通埃洛曼加盆地的早期裂陷。克拉通盆地是澳大利亚陆上的最主要盆地类型，库珀盆地是 6 个克拉通盆地中油气最富集的盆地，同时是页岩气、致密气、煤层气等非常规气成藏条件最优越的盆地。1978 年完钻的库珀盆地斯特扎莱基 3 井在侏罗系砂岩中见到了油气，成为日喷油 323 吨的陆上最高产油井。

　　20 世纪 60 年代是澳大利亚石油产量缓慢上升的时期，20 世纪 70 年代初快速上升，20 世纪 70 年代中期至 80 年代中期出现一次高峰；20 世纪 80 年代后期到 20 世纪末是一略有波动的平稳期。2000 年澳大利亚年产量达到产量最高值 $3700 \times 10^4 t$，之后至今持续走低，2018

年产油 $1520×10^4$ t（图 6-1）。澳大利亚的天然气开发也开始于 20 世纪 60 年代，从 20 世纪 70 年代开始，其天然气年产量逐年递增。澳大利亚天然气产量目前主要来自西澳州的北卡那封盆地，其产量占全澳大利亚产量的 60% 以上，其次是来自维多利亚州的吉普斯兰、奥特韦和巴斯盆地，2007 年至 2008 年，吉普斯兰、奥特韦和巴斯 3 个地天然气产量约占全澳大利亚天然气总产量的 20%。再其次是北部的阿马迪厄斯盆地，2007 年至 2008 年，生产天然气约 $6.2×10^8$ m^3。近 5 年来为快速上升时期（图 6-1）。自 1998 年起，澳大利亚的天然气年产量保持在 $300×10^8$ m^3 以上。20 世纪 80 年代以前，天然气主要产自吉普斯兰盆地和库珀盆地，1989 年之后，北卡那封盆地则变成了澳大利亚第一大产气盆地，当年该盆地的天然气产量为 $76×10^8$ m^3，而库珀盆地和吉普斯兰盆地天然气产量分别为 $60×10^8$ m^3 和 $59×10^8$ m^3。澳大利亚发育 48 个沉积盆地，其中 20 个盆地部分或全部位于海上，目前澳大利亚已经在 14 个沉积盆地发现了油气田。

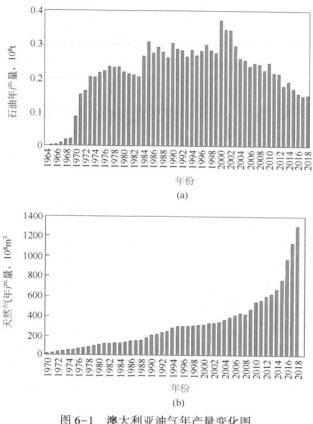

(a)

(b)

图 6-1 澳大利亚油气年产量变化图

　　巴布亚新几内亚是澳大利亚板块的一部分。自 1919 年人们开始在巴布亚盆地按照油气苗找油，钻了一些浅井，该盆地的油气勘探直到 20 世纪 80 年代初仍无进展。1967 年开始在巴布亚湾进行油气勘探，1968 年于新近系中新统生物礁中发现了凝析气田，天然气可采储量为 $510×10^8$ m^3，凝析油为 $1800×10^4$ t。其他盆地仅做了少量航磁、重力和地质工作。1978 年只钻井一口，见少量油气显示。1983 年巴布亚新几内亚政府通过综合评价划出了一些远景区，许多世界大油公司加入到寻找油气的工作中，于 1989 年达到高峰，当年钻了 21 口探井。但之后逐渐萎缩，1993 年仅钻了 1 口 Wildcat 井和 2 口评价井。到 20 世纪末，已发现了一些小规模的油气田。2004 年产油 230×10⁴t，产气 1.36×10⁸m³。

新西兰早在 1839 年就有油气记载。1920 年前主要围绕油气苗找油。1925 年后开始系统的地面地质研究，1866 年至 1936 年累计钻井 130 口，只在个别井中见到油气显示。第二次世界大战后，油气勘探全面展开，经历了 1955 年 20 世纪 70 年代初和 1980 年至 1987 年两个勘探高潮期，先后发现 13 个油气田。20 世纪 80 年代发现大油田后，新西兰天然气供应基本可自给自足，但石油仍需大量进口。但之后，油气勘探活动减少，产储量连续下降。2002 年新西兰石油产量 160×10⁴t，天然气产量 66 亿方。2004 年油气产量均有所下降，产油 120×10⁴t，产气 42.71×10⁸m³。目前主要集中在塔腊纳基石盆地，已经发现了卡普尼凝析气田和毛依气田等 20 余个（图 6-1），2010 年该盆地生产原油 263×10⁴t 和天然气 44×10⁸m³。2013 年产量为 154.5×10⁴t，2015 年产量达到 203×10⁴t，2018 年产量降到 107×10⁴t。从 2008 年到 2018 年生产天然气 42×10⁸m³ 至 57×10⁸m³。

除了澳大利亚、新西兰和巴布亚新几内亚，大洋洲其他国家目前未见良好的油气显示。通过对大洋洲 18 个主要含油气盆地油气储量统计，大洋洲已发现石油可采储量 22.95×10⁸t，天然气可采储量 70881×10⁸m³。近年来，大洋洲的油气发现不多，规模也小。2018 年澳大利亚西北部的 1 个重大发现（Dorado-1），2P 油气储量分别为 2562×10⁴t 和 237×10⁸m³。

第二节　区域地质特征

大洋洲在大地构造上分属两大板块，即印度洋板块（也称印度-澳大利亚板块）和太平洋板块。澳大利亚及邻区新西兰北岛、新西兰南岛一部分以及巴布亚新几内亚南部，加上大洋洲三大岛群之一的美拉尼西亚主体属于印度洋板块，而新西兰南岛大部及巴布亚新几内亚北部加之三大岛群中的密克罗尼西亚、波利尼西亚两大岛群则位于太平洋板块。

新西兰在白垩纪中期尚属澳大利亚陆块的一部分，但随着冈瓦纳古陆解体和塔斯曼海扩张，新西兰逐渐脱离古陆而成为一个独立的微地块，同时，新西兰地区新生代受到太平洋板块影响而发生多次构造旋转、漂移及碰撞，因此，现今的新西兰是被新生代以来太平洋板块活动高度复杂化了的构造形态。例如两大板块的边界在新西兰内部发育大规模右旋走滑断层，致使新西兰地区形成多个地体，被切割及错位。而巴布亚新几内亚在新生代以前属于澳大利亚陆块，并随澳大利亚陆块一起经历着构造作用与构造演化。例如，巴布亚新几内亚地区古生代具有东澳大利亚活动带和西澳大利亚伸展区的构造特征，中生代发生裂谷和被动陆缘的沉降作用，从新生代始新世开始，巴布亚新几内亚北部逐渐演化为活动大陆边缘，开始了其独特的构造演化。现今大洋洲的构造轮廓是以澳大利亚为中心呈环带状分布格局，其主体是澳洲大陆中西部的澳大利亚地盾和克拉通地台以及塔斯曼构造线以东经历了强烈构造活动的塔斯曼褶皱带，外缘则为新西兰中生代、新生代褶皱带及美拉尼西亚、密克罗尼西亚、波利尼西亚等太平洋板块中的新生代火山弧。

鉴于大洋洲的油气主要分布在澳大利亚，在此仅讨论澳大利亚的区域地质特征，现今整个澳大利亚大陆为一构造活动较弱的板内构造单元，其中地震、火山活动极少发生。澳大利亚大陆经历了漫长的地质演化史，从太古宙到现今，根据其起源和构造时代，以近南北向巨型塔斯曼构造线为界，澳大利亚可分为中西部和东部两大部分，中西部以地盾及古老克拉通地台为主要构造格架，东部为塔斯曼造山带（图 6-2）。澳大利亚中西部地盾区是澳大利亚大陆最古老的构造，起源于古大陆形成时期，自太古宙到现今该区发育大型内克拉通盆地。澳大利亚东部长期处于古大陆的边缘，古生代至中生代受古太平洋俯冲和板块聚敛的影响，大陆边缘不断增生，形成塔斯曼褶皱带；中生代后期，随着塔斯曼海扩张，太平洋板块边界发生东移，东部造山作用不再发生，塔斯曼褶皱带与中西部克拉通区作为一个整体形成现今澳大利亚大陆的构造格局。澳大利亚曾是新元古代罗迪尼亚大陆和古生代冈瓦纳大陆一部分，现今的构造中仍保留了这两个超级大陆的印记，其构造区划也受到原始大陆形态控制。澳大利亚大陆具有地球上最古老的构造层，主体由厚的岩石圈组成，最厚达 150km；大陆壳主要由太古宇、元古宇及部分古生界花岗岩和片麻岩组成，显生宇主要为一套相对较薄的沉积岩构成。澳大利亚经历了漫长的构造演化史，其中 3 个主要地质时代形成的构造单元基本上构成了澳大利亚构造框架，主要为：（1）太古宙克拉通地盾区；（2）元古宙地块、褶皱带及沉积盆地；（3）显生宙沉积盆地及变质岩、火成岩带。

　　大洋洲的核心澳大利亚大陆由三部分组成，即地盾、克拉通地台及褶皱带（图 6-2）。西部克拉通主要由皮尔巴拉和伊尔加恩地块（地盾）组成。北部克拉通包括许多小地块。南部克拉通主要由高勒地块组成。南北克拉通之间为一近东西向展布的活动带。澳大利亚的东部是巨大的塔斯曼褶皱带，由 3 部分组成：南部为拉克伦褶皱带，东部为新英格兰褶皱带，北部为汤姆森褶皱带。在南部克拉通和拉克伦褶皱带之间还有一个呈近南北向展布的阿德莱德褶皱带。塔斯曼褶皱带主要是一个古生代的地槽，于晚二叠世经亨特—包文运动固结，自此整个澳大利亚大陆出现现在面貌的雏形。

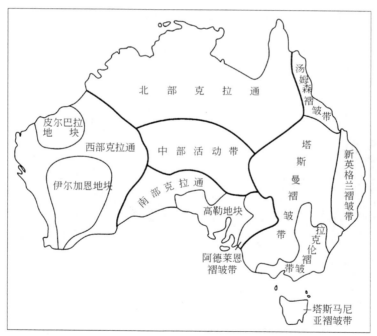

图 6-2　澳大利亚大地构造分区略图（据何金祥，2009）

　　新西兰可分为 2 个构造单元（图 6-3），即西部省和东部省。西部省由两个地块——布勒地块和塔卡卡地块组成，而东部省则由布鲁克街地块、穆里希库地块、马太地块、开普勒地块、怀帕帕地块、托勒斯地块等多个地块组成。巴布亚新几内亚包括弗莱地台、新几内亚造山带可分成东、西两个部分、新几内亚群岛地体（美拉尼西亚弧）、太平洋板块、卡洛林板块等构造单元（图6-4），并可具体分为多个次级构造单元。

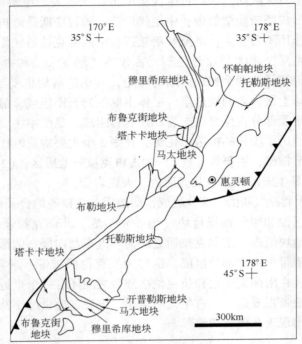

图6-3 新西兰大地构造单元简图（据姚仲友等，2014）

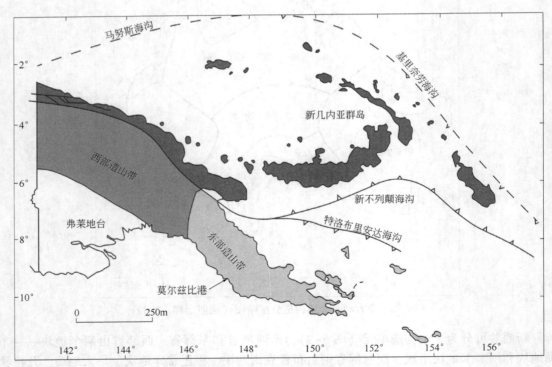

图6-4 巴布亚新几内亚大地构造简图（据姚仲友等，2014）

· 204 ·

第三节　地层与地质演化史

一、地层特征

澳大利亚地层发育较为齐全，太古宙及元古宙岩层主要发育在西部克拉通盆地中，上古生代及中生代岩层则主要发育在东部地区或叠合在西部克拉通盆地之上的古生代盆地或中生代盆地中（图6-5，图6-6）。澳大利亚元古宙地层分布广泛，发育较完全。西澳大利亚主要分布在太古宇克拉通盆地内，古元古界见于皮尔巴拉地体与伊尔岗地体之间的哈梅斯利盆地和纳贝鲁盆地，为地台早期盖层沉积（25亿~18亿年前）。中元古界见于西澳大利亚的班格玛尔盆地，不整合在古元古代变质岩之上，属于澳大利亚地台形成之后的盖层沉积（18亿~14亿年前）。新元古界大面积覆盖于北澳至南澳广大地区。在澳大利亚东部的地槽区内，新元古代沉积作为地槽的第一构造层而存在。

澳大利亚中西部地台区以砂岩、板岩和灰岩为主，奥陶系与下伏地层呈不整合接触，中部地区志留纪时为古陆，无沉积，西部地区志留纪时曾被海水淹没。东部的寒武统以灰岩、碎屑岩、泥岩和板岩为主。东部维多利亚地区的奥陶系由巨厚的板岩和石英岩组成，顶部的岩性为黑色板岩夹硅质岩及安山凝灰岩，属于活动的地槽型沉积。在此期间地壳的升降运动较为普通，早奥陶世晚期急剧上升，所以大部分地区缺失中—上奥陶统。

澳大利亚东部塔斯曼地区的志留系保留较全，以泥岩、板岩、硬砂岩和火山岩为主，夹石灰岩，厚度大。泥盆系为典型的地槽型沉积，厚度较大，以碎屑岩为主，并有中酸性火山岩；中部泥盆系则发育着陆相红色砂岩；西部泥盆系以碳酸盐岩为主，生物礁发育，其生物群面貌与亚洲相似。下二叠统在澳大利亚西部发育莱昂斯砂岩，并夹有海相灰岩，产菊石化石。东部下二叠统下部为砂岩、板岩夹石灰岩，产海相双壳类化石，上部为陆相含煤沉积；上二叠统下部为海相碎屑岩，上部为陆相含煤沉积。澳大利亚三叠系主要分布在中部及东部孤立盆地中，都是陆相含煤沉积；下—中侏罗统基本上为陆相碎屑岩，上侏罗统有海相，但不久即海退。白垩纪时，东部和北部受到海侵，出现浅海沉积层，上部为含煤层；西部仅见海相的上白垩统。

二、地质发展历史

大洋洲最古老的地质体构造单元是澳大利亚大陆西部和中部地区的前寒武纪古陆，太古宙时就已成为陆地，地壳一直比较稳定，其中西部是从未被海侵过的地盾区，地表由太古宇至元古宇结晶岩组成。澳大利亚大陆早在35亿年前便存在流水侵蚀、搬运和堆积等外动力地质作用，开始出现沉积。在沉积过程中，花岗岩广泛侵入，发育巨厚的太古宙蛇绿岩建造，这些地质现象表明大陆地壳在太古宙迅速增生。

澳大利亚大陆地壳在古元古代虽已出现一些相对稳定的古陆核，但面积较小，彼此分离，从总体考察，当时的地壳仍处于活动状态，可以说是新太古代地壳状态的延续。在古元古代中期（距今大约22亿年前后），发生了一次较为强烈的造山运动。古元古代末（距今

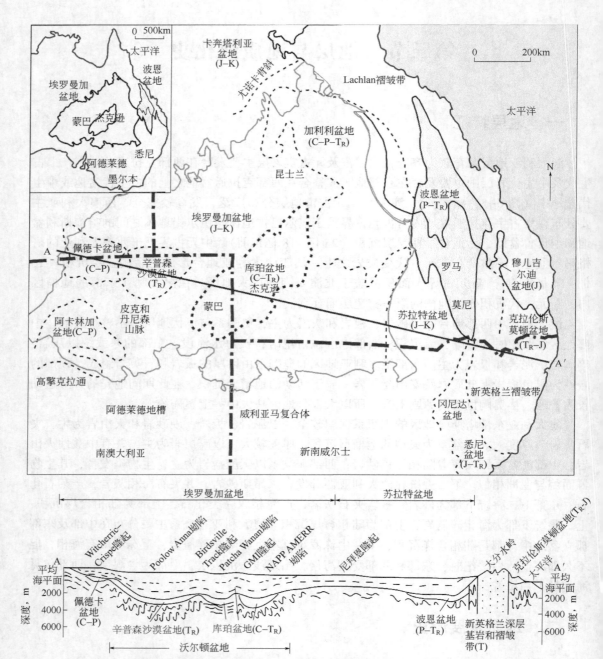

图 6-5　澳大利亚中西部埃罗曼加盆地构造与地层格架图（据 Swindon 等，1988）

19 亿～20 亿年间）发生的具有全球性质的造山运动，形成了普遍的区域不整合，在澳大利亚称为金伯利运动。这次运动最终结果是导致原始地台的出现，将古元古代末出现的面积较小、彼此分离的古陆核连接起来，形成范围更大、更稳定的刚性大陆块体。

寒武纪期间地台区的地壳运动相对较平静，以升降运动为主，因此地台区的寒武系多为连续沉积。奥陶纪在澳大利亚中西部地台区为稳定的海相环境，东部维多利亚地区属于活动的地槽型沉积，所以许多地台区在晚奥陶世时也有不同程度的上升，引起海退。

古生代石炭纪末，古陆东面发生大规模的海西造山运动，形成了北起新几内亚岛，南到塔斯马尼亚岛的长达3000多千米的海西褶皱山系，并有大规模的花岗岩侵入和局部地区的岩浆喷出。二叠纪时陆相沉积很发育，并广泛分布冰川沉积。西部在早二叠世和晚二叠世早期均为海相环境，早二叠世和晚二叠世晚期均为陆相环境，构造旋回特征明显。

中生代主要表现在古生代晚期形成的联合大陆的解体和现代诸大陆、大洋位置的奠定，集中体现在大西洋和印度洋的诞生及其扩大发展以及太平洋的相对缩小。新生代在澳大利亚大陆外缘发育海相沉积，以晚始新世和早始新世的海侵最大，上新世时基本上已海退。古新世和始新世在南部和东部出现火山运动，可能与南极洲大陆从澳大利亚分离出去有关。阿尔卑斯造山运动使得东部地区重新被抬升为山地，中部海水退出，又成为陆地，东部地区南北两端发生不均匀沉降，形成塔斯马尼亚岛和新几内亚岛，东北面形成了一系列弧形排列的岛屿。至此，奠定了全洲地质体构造的基本轮廓。

第四节　盆地类型及油气资源

澳大利亚陆块现今处于相对稳定的印度洋板块内部，陆块东面以新西兰和塔斯曼海为屏障，远离太平洋板块俯冲带。而陆块西面、南面则为印度洋及南大洋（南冰洋），使得澳大利亚陆块西部和南部大陆架处于离散型大陆边缘。因此，整个澳大利亚大陆除了西北部与欧亚大陆边缘岛弧发生弧—陆碰撞，并在班达弧—帝汶一线发育活动性大陆边缘外，整体上澳大利亚处于构造活动相对较弱的大地构造位置，沉积盆地在不同地质部位表现为不同的类型。澳大利亚陆块沉积盆地主要分布在中部陆地及西部大陆架上。依据盆地所处的位置及其大地构造背景，将大洋洲主要含油气盆地划分为被动大陆边缘盆地、克拉通盆地、裂谷盆地和前陆盆地等（图6-6），其中处于澳大利亚大陆内部的克拉通盆地和西部大陆架附近的被动大陆边缘盆地数量最多，最重要的被动大陆边缘盆地有卡纳尔文盆地、布劳斯盆地及波拿巴特盆地，克拉通盆地则以库珀盆地、波恩盆地为最重要，而分布在南澳大利亚地区的裂谷盆地和分布在巴布亚新几内亚地区的前陆盆地数量很少，但南部的吉普斯兰裂谷盆地在澳大利亚油气勘探史中却有着及其重要的地位和标志性意义，另外，在巴布亚新几内亚东面活动带附近还形成小型弧前盆地和弧后盆地。总体来看，大洋洲的盆地类型主要有被动大陆边缘、裂谷、克拉通、前陆和弧前盆地。

大洋洲含油气盆地总数有60个。澳大利亚共有48个盆地，油气的产层主要分布于奥陶纪至新生代古新世地层中，除了坎宁盆地的油气产自礁相白云岩外，其他盆地的油气均产自碎屑岩。巴布亚新几内亚共有4个盆地，沉积岩主要为中新生界，储集层岩性主要为砂岩，其次为石灰岩，还有闪长岩。新西兰的7个沉积盆地地层也主要为中新生界，储集层岩性主要为砂岩。

截至目前仅在18个盆地中探明了油气储量（表6-1），其他盆地勘探程度低。从成藏条件来看，油气前景不佳。大洋洲的油气勘探表明，油气主要集中在澳大利亚境内的四个盆地中，即位于澳大利亚西部大陆架的卡纳尔文盆地、波拿巴特盆地、布劳斯盆地及南澳大利亚的吉普斯兰盆地。已探明的油气可采储量统计（表6-1）表明，被动大陆边缘盆地占绝对

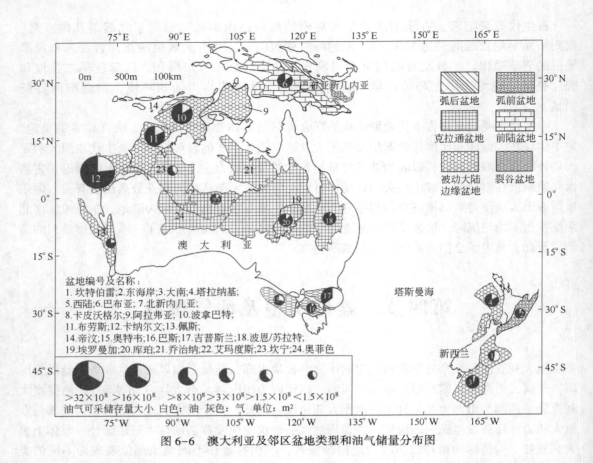

图 6-6 澳大利亚及邻区盆地类型和油气储量分布图

优势，7 个盆地的油气当量占总量的 68.80%，3 个裂谷盆地油气当量占总量的 14.77%，而 6 个克拉通盆地和 1 个前陆盆地、1 个弧前盆地的油气当量分别占总量的 8.74%、7.66%、0.03%。

表 6-1　大洋洲含油气盆地类型及储量统计

盆地主要类型	盆地数量 个	总面积 km^2	石油 10^6m^3	天然气 10^6m^3	天然气油当量 10^6m^3	油气合计油当量 10^6m^3	占油气总储量 %
被动大陆边缘盆地	7	1302260	1121.21	5384530.63	4846.08	5967.29	68.80
裂谷盆地	3	256886	886.33	439091.48	395.18	1281.51	14.77
克拉通盆地	6	2764418	134.38	692696.27	623.42	757.8	8.74
前陆盆地	1	638227	152.53	568813.00	511.93	664.46	7.66
弧前盆地	1	92064	0.00	2972.00	2.67	2.67	0.03
合计	18	5053855	2294.45	7088103.38	6379.28	8673.73	100.00

进一步分析发现，被动大陆边缘盆地的基底主要为前寒武纪变质岩系构成，沉积盖层主要为碎屑岩，具少量碳酸盐岩，缺少下古岩层，一般为上古生界及中新生界，7 个被动大陆边缘盆地的总油气当量为 $59.67 \times 10^8 m^3$，其中，卡纳尔文单个盆地的油气当量就占了近 6

成，其次为波拿巴特盆地和布劳斯盆地，分别占 19.96%、16.51%。除此以外，被动大陆边缘盆地还有大南盆地、塔拉纳基盆地和西陆盆地，这三个盆地油气资源较少。裂谷盆地则主要是在古生界基底的基础上沉积发育起来的中新生界盆地，其总油气当量为 $12.82 \times 10^8 m^3$，包括吉普斯兰盆地、奥特韦盆地和巴斯盆地共三个盆地，其中超过 90% 的油气赋存在吉普斯兰盆地中。还有 6 个克拉通盆地、1 个前陆盆地和 1 个弧前盆地，这些盆地中油气相对丰富的重要盆地包括库珀克拉通盆地、波恩克拉通盆地以及巴布亚前陆盆地等（表 6-2）。

表 6-2　大洋洲主要含油气盆地成藏条件基本特征表

类型	盆地名称	基底		沉积盖层		烃源岩		储集层		盖层		石油 $10^8 t$	天然气 $10^8 m^3$	油气田数量 个
		时代	岩性	时代	岩性	时代	岩性	时代	岩性	时代	岩性			
被动大陆边缘盆地	卡纳尔文盆地	前寒武系	变质岩	N	砂岩、石灰岩	E	泥岩	E	砂岩	E	泥岩	6.44	31729.85	7
				E	砂岩 石灰岩	K	泥岩	K	砂岩	K	泥岩			
				K	石灰岩、泥岩、砂岩	J	泥岩	J	砂岩	J	石灰岩、泥岩			
				J	泥岩、砂岩、石灰岩	T	泥岩	T	砂岩	T	石灰岩、泥岩			
				T	泥岩、砂岩									
	波拿巴特盆地	前寒武系	玄武岩	R	石灰岩、泥岩	K	泥岩	K	砂岩	J	泥岩	2.55	10408.63	56
				K	石灰岩、泥岩、砂岩	J	泥岩	J	砂岩	P	石灰岩			
				J	泥岩、砂岩、火山岩	P	泥岩	T	砂岩					
				T	石灰岩、泥岩、砂岩	C	泥岩	P	砂岩					
				P	石灰岩、泥岩、砂砾岩			C	砂岩 / 石灰岩					
				C	泥岩、砂砾岩、白云岩			D	砂岩 / 石灰岩					
				D	石灰岩、泥岩 / 硬石膏									

类型	盆地名称	基底 时代	基底 岩性	沉积盖层 时代	沉积盖层 岩性	烃源岩 时代	烃源岩 岩性	储集层 时代	储集层 岩性	盖层 时代	盖层 岩性	石油 10^8t	天然气 10^8m^3	油气田数量 个
被动大陆边缘盆地	布劳斯盆地	太古宙	变质岩	N	石灰岩、砂岩、白云岩	K	泥岩	K	砂岩	K	泥岩	1.27	9532.8	11
		元古宙		E	石灰岩、砂岩、泥岩	J	泥岩	J	砂岩	J	泥岩			
				K	石灰岩、砂岩、泥岩	T	泥岩	T	砂岩	T	泥岩			
				J	石灰岩、砂岩、泥岩、火山岩	P	泥岩	P	砂岩	P	石灰岩、泥岩			
				T	石灰岩、砂岩、泥岩									
				P	石灰岩、砂岩、泥岩									
				C	石灰岩									
	塔拉纳基盆地	古生代		Qp	泥岩	E_1	泥岩 / 煤岩	N_2 / ~	砂岩	N_1	泥岩	0.95	2071.59	16
				N_2	砂岩、泥岩	K_2	泥岩 / 煤岩	E_1		E_2	泥岩			
				N_1	砂岩、泥岩、白云岩									
				E_3	砂岩									
				E_2	砂岩、泥岩									
				E_1	砂岩、泥岩、煤岩									
				K_2	砂岩、泥岩、煤岩									

类型	盆地名称	基底		沉积盖层		烃源岩		储集层		盖层		石油 10^8 t	天然气 $10^8 m^3$	油气田数量 个
		时代	岩性	时代	岩性	时代	岩性	时代	岩性	时代	岩性			
克拉通盆地	波恩／苏拉特盆地	古生代	火成岩～火山岩	K	砂岩、粉砂岩、泥岩	T	泥岩	P	砂岩	J	泥岩	极少	2.25	
							煤岩	~						
				J	砂岩、泥岩、煤岩	P	泥岩	J		P	泥岩			
							煤岩							
				T	砂岩、粉砂岩、泥岩、煤岩									
				P	砂岩、泥岩、煤岩									
	库珀盆地	早寒武世	结晶岩	J	煤岩、砂岩、泥岩	J	煤岩	J	砂岩	J	泥岩	0.97	3600.33	一系列
				P	砂岩、泥岩	P	泥岩	P	砂岩	P	泥岩			
							煤岩							
				C	砂岩			C	砂岩					
前陆盆地	巴布亚盆地	前裂谷期	变质岩	R	泥岩、砂岩、火山岩、石灰岩	R	泥岩	N_1	砂岩	Qh	泥岩	1.53	5688.13	30
				K	泥岩、砂岩、石灰岩、变质岩	K	泥岩	K_2	砂岩	~				
				J	泥岩、砂岩、变质岩	J	泥岩	J_2	砂岩	J_2				
				T	泥岩、砂岩、火山岩									
裂谷盆地	吉普斯兰盆地	古生代	变质岩	Q	砾岩、砂岩、石灰岩	N_2	泥岩	上白垩世	砂岩	N_1	石灰岩	8.8	3460.64	
						—	煤岩	—	白云岩					
						K_2		渐新世						

第五节 典型含油气盆地

一、库珀盆地

澳大利亚中部主要为克拉通盆地所占据，其中最大的克拉通盆地为埃罗曼加盆地，面积达 $120 \times 10^4 km^2$，但埃罗曼加盆地在地质历史时期并非一直是一个独立统一的盆地，而是在前寒武变质岩/岩浆岩基底基础上，经历多期板内造山、岩浆活动、隆升/沉降等逐渐演化演变而来。例如，在早古生代，中部区域造山活动、岩浆活动较为强烈，在晚古生代，该地区则发生裂陷/沉降等构造活动，形成了一系列的断陷或裂陷盆地，包括阿卡林加（C—P）、佩德卡（C—P）、辛普森（T）、加利利（C—P—T）、库珀（C—T）等，到侏罗纪早期，发生区域性沉降，这一系列断陷/裂陷盆地成为一个统一的盆地—埃洛曼加盆地，接受中新生代沉积（Swindon 等，1988）。

库珀盆地实际上是埃洛曼加盆地在晚古生代时期发育的众多裂陷或断陷盆地中的一个，但其油气储量却占到了埃罗曼加盆地总油气储量的近 87%，因而，本书将库珀盆地作为克拉通盆地的典型代表予以精细解剖。库珀盆地位于澳大利亚中南部，是澳大利亚陆上最重要的产气盆地，面积约为 $13 \times 10^4 km^2$。库珀盆地为埃罗曼加盆地在晚古生代时期发育的一个断陷盆地（Hunt 等，1990），沉积了石炭系、二叠系及三叠系（图6-7），其中的二叠系是埃罗曼加盆地的最重要的烃源岩，几乎提供了盆地 90% 的烃源。事实上，埃罗曼加盆地的主要油气田均分布在库珀断陷的二叠系分布范围内。

图6-7 澳大利亚大自流井盆地分布图（据甘克文等，1982）

库珀盆地于 1954 年开始地面勘探，1959 年钻探第一口深井并在二叠系—三叠系见油气显示。1963 年在背斜构造上钻探两口井，发现第一个二叠系气田—吉吉尔帕气田。20 世纪70 年代，发现了第一个油田—体瑞瓦瑞油田。随后不断有新的油气田发现。截至 2018 年，共发现 97 个气田和 10 个油田，累计产出天然气 $1500 \times 10^8 m^3$，产出石油 $4000 \times 10^4 t$，剩余可采探明储量大约为石油 $3000×10^4t$ 及天然气 $2000×10^8m^3$。除此以外，库珀盆地还是澳大利亚最有潜力的页岩气盆地之一。

（一）构造单元划分

库珀盆地是在前寒武变质岩（部分火成岩）系基底基础上发育起来的晚古生代克拉通内断陷盆地，盆地呈北东-南西走向（图 6-8），主要构造单元受古构造所控制，以地堑和隆起为主，从图 6-8 中可看出，主要隆起有 GMI 隆起、MN 隆起、RW 隆起等，以及这些隆起之间的帕查瓦瑞地堑、纳帕美瑞地堑等等。从盆地西南部横切一条剖面 B—B′（图 6-9）较清晰地显示出了隆坳相间的构造格局，其中纳帕美瑞地堑规模最大，地层埋藏最深近4000m。这一格局对主要圈闭的形成和发育起到了重要的控制作用。

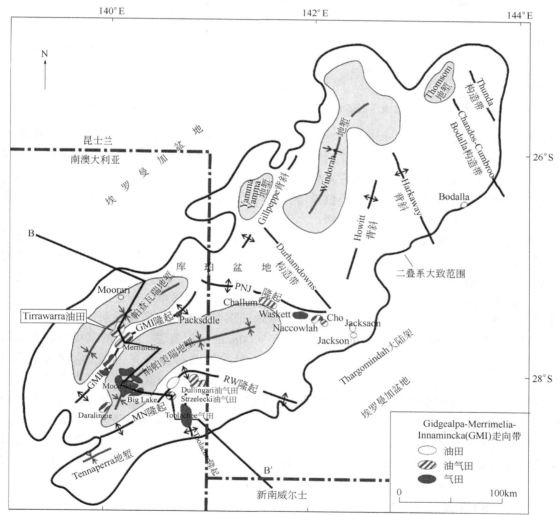

图 6-8　库珀盆地工作区划图（据 Hunt 等，1990）

（二）地层充填演化

Hunt 等（1990）认为库珀盆地是一个受伸展运动及热沉降作用而形成的内克拉通盆地，主要沉积盖层为二叠系和三叠系。现今的隆坳构造格局是早寒武世受到北西—南东向作用力

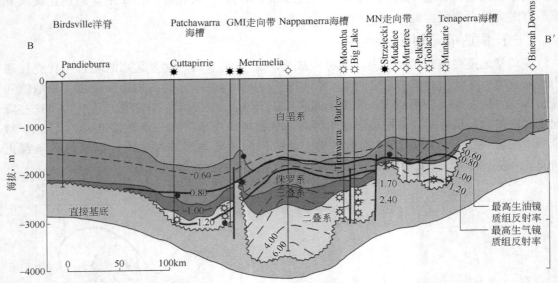

图 6-9　库珀盆地西南部北西—南东西横切剖面图（据 Kantsler 等，1984）

挤压，且进一步受到中晚石炭世卡宁布朗山脉抬升改造的结果。库珀盆地继承了这一构造形态，在晚石炭世开始进入沉积盖层充填阶段，包括晚石炭世沉积的冰川及粗碎屑沉积，至早二叠世，库珀盆地发生裂陷，形成一系列伸展断块，隆坳相间的面貌得以形成。这一时期，在地堑中形成了大量的富有机质的黑色页岩，在地堑边缘则沉积了三角洲及河流相砂岩/砂砾岩，在三角洲平原相广泛沉积了煤层。

中晚二叠世，伸展作用停止，转变为轻微的挤压作用，局部隆升遭受剥蚀。该时期以三角洲相及煤层沉积为主。晚二叠世及早三叠世，库珀盆地再次发生沉降，且沉降中心逐渐向北迁移。早三叠世至中三叠世，沉积了一套黑色富有机质泥岩及河流相的粉细砂岩。中晚三叠世，盆地隆升，南部边缘及北部隆起遭受剥蚀。晚三叠世，区域性构造挤压，盆地整体抬升并广泛遭受剥蚀，库珀盆地消亡而进入叠合盆地即埃罗曼加盆地发育时期。

在库珀盆地发育时期，接受了厚度约 2000~3000m 的沉积盖层，此时的沉积中心或沉降中心位于盆地南部，仅二叠系就沉积了 1500m，而盆地北部二叠系一般为 200m，最厚500m，库珀盆地三叠系沉积最厚处超过 500m。三叠纪晚期，库珀盆地进入埃罗曼加盆地发展阶段，盆地发育整个时期，沉积的中新生界约厚 3200m。最大沉降速率与地质时代关系表明，下二叠统、上二叠—下三叠统、侏罗系、白垩系的旋回性与盆地振荡运动有关。

从二叠系发育的 Patchawarra 组和 Toolachee 组特征（图 6-10）及表 6-3 表明，二叠系主要发育河流三角洲相及湖泊相，砂岩、富有机质页岩、煤层均十分发育，因此，该套岩层既是库珀盆地的重要储层，同时也是最重要的烃源岩层。

（三）油气成藏条件

埃罗曼加盆地发育三套烃源岩（表 6-3），其中最重要的两套烃源岩形成于库珀盆地发育时期，即下二叠统 Patchawarra 组煤层及炭质页岩，上二叠统 Toolachee 组煤层及页岩（Skilbeck 等，1991）。其干酪根以腐殖型为主，有机碳含量高，TOC 高达 2%~7%，是优质烃源岩（TOC>2%）。

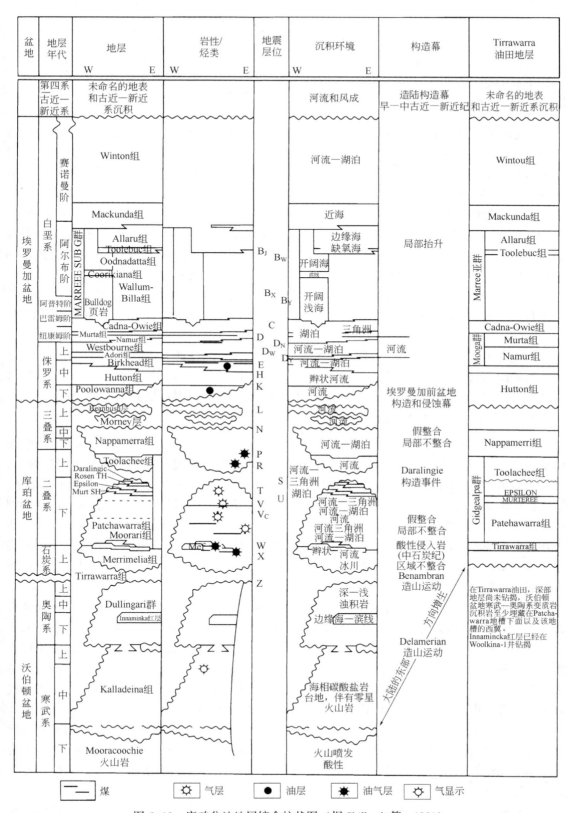

图 6-10　库珀盆地地层综合柱状图（据 Skilbeck 等，1991）

表 6-3　库珀/埃罗曼加盆地烃源岩特征

地层	时代	岩性	总有机碳,%	干酪根类型	排烃时间
Birkhead 组和 Murta 组	侏罗纪	煤岩	1.6	Ⅲ型	K_2
Toolachee 组	晚二叠世	煤岩、页岩	2~7	Ⅲ型为主，Ⅱ型次之，少量Ⅰ型	$K_2 \sim E$
Patchawarra 组	早二叠世	煤岩、页岩	3~6	Ⅲ型为主，Ⅱ型次之	K_2

干酪根的成熟度明显受到埃罗曼加盆地地层叠覆和基底高热流所控制。盆地西南部因地层埋深大，基底断裂发育，该区烃源岩成熟度高，如二叠系 Patchawarra 组烃源岩在西南部中心区域，$R_o > 2.4\%$，部分甚至超过 3.0%，为过熟干气生成阶段，而在北部区域，R_o 一般为 0.8%~1.7% 区间，处于生油或湿气阶段。

库珀盆地的储层主要有上石炭统—下二叠统 Tirrawarra 组与下二叠统 Toolachee 组两套，其中的 Toolachee 组为主要产气目的层，储层均为致密石英砂岩低渗储层，孔隙度一般为 13.3%~14.8%，盆地边缘孔隙度可达 30%，渗透率为 $(3 \sim 5) \times 10^{-3} \mu m^2$，在局部穹窿或构造高点区域，由于微裂缝的发育，渗透率明显增大，可达 $(20 \sim 50) \times 10^{-3} \mu m^2$。

研究表明，盆地西南部为油气主要富集带，含水饱和度为 21%~49%。在较深的地堑中心地带，为低渗特低渗储层，产能也低，高产能气田埋藏较浅或在盆地边缘，如达拉林吉气田、图拉切气田等。

库珀盆地沉积盖层主要为陆相煤系地层，致密石英砂岩往往与煤层或碳质泥岩、页岩互层，气藏的主要盖层为下二叠统 Tirrawarra 组页岩，形成于湖相环境。除此之外，埃罗曼加盆地发育的 Murta 组页岩及煤岩、Birkhead 组页岩均起到了不同气藏的封盖层作用。

（四）油气藏类型及典型油气田

早二叠世，库珀盆地再次发生沉降，其后盆地发生两期明显的构造抬升。从综合柱状图中很清楚地看出，受这次构造事件的影响，在隆起带顶部形成地层不整合，早—晚二叠世，在库珀盆地东部边缘形成主要的沉积间断，Daralingie 不整合是盆地构造抬升剥蚀的结果。随着挤压运动和构造抬升的发生，东澳大利亚边缘盆地遭受强烈变形，下二叠统地层受到剥蚀并形成低角度不整合，且向主要隆起区尖灭，形成向上尖灭型即岩性圈闭，同时，上二叠统和三叠系超覆在这些隆起之上，形成超覆型即地层圈闭。中晚二叠世，库珀盆地受轻微构造挤压、抬升，地堑边界同时发育生长断层，因此，库珀盆地主要形成构造、地层、岩性圈闭及滚动背斜圈闭类型。

吉吉尔帕气田是大洋洲较大型的构造气田，其天然气储量为 $1420 \times 10^8 m^3$，凝析油储量为 $60 \times 10^4 t$。气田构造为南北两高点组成的背斜，呈北东—南西向，长 24.1km，宽 6.4km，总闭合度 210m，南高点 75m（图 6-11 左）。构造顶部下二叠统缺失，上二叠统图拉切组直接覆盖在前二叠系火山岩和寒武系石灰岩上，只在构造侧翼周围残留有下二叠统。断裂一般断开上二叠统，只在南高点东翼断层切割图拉切组。这些断裂活动对早期构造形成和天然气聚集起了重要作用，二叠纪后的构造运动又使该背斜褶皱幅度更大。

气田产层主要是上二叠统图拉切组，构造顶部埋深 2060m，厚达 88m，发育河道和点沙坝砂岩，产层纯厚度 29m，平均孔隙度 14%，平均渗透率为 $1 \times 10^{-3} \mu m^2$，原始气层压力 21.2MPa，温度 105℃，气藏气水界面在海拔 -6870ft。下二叠统各层组向构造顶部变薄或尖灭形成气藏（图 6-11 右）。

吉吉尔帕气田处于 GMI 构造带南段，是基底块断隆起（地垒）上继承发育的背斜，在

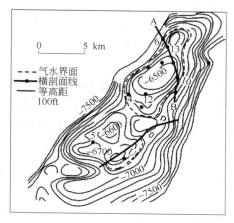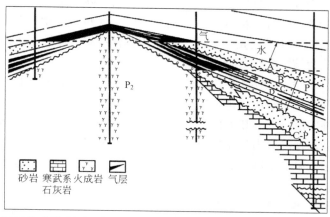

图 6-11　吉吉尔帕气田构造综合图（据张亮成等，1992）

A—图拉切；B—罗斯尼斯；C—伊普希隆；D—穆持里；E—帕查瓦拉

二叠纪侵蚀期间，侵蚀程度比梅里默利亚和其他北部构造弱些，或者说处于相对上升较适宜的地带，保存一定的砂岩储集层，尤其是连续性良好的上二叠统图拉切组河道和点沙坝砂岩发育，同时又具有效的三叠系纳巴默组区域盖层、邻近帕查瓦拉拗槽西南部生烃凹陷等，这些都是形成该气田的重要因素。

二、吉普斯兰盆地

吉普斯兰盆地是中新生代裂谷型盆地，盆地位于澳大利亚南部大陆与塔斯马尼亚岛之间的巴斯海峡东北部（图 6-13，右下角方框位置），北部边界为维多利亚山脉，东部与塔斯曼洋壳相接，西部和西南部与另外两个裂谷型盆地，即奥特韦盆地和巴斯盆地相连。盆地面积为 46000km^2，其中约 75% 的面积位于海域。大洋洲典型的裂谷盆地有 3 个，分布在澳大利亚南部，即吉普斯兰盆地、奥特韦盆地和巴斯盆地，这 3 个裂谷盆地探明油气储量共有 12.82×10^{8}m^3，占到澳大利亚油气总储量的 15%，其中，吉普斯兰盆地就占到 3 个裂谷盆地储量的 93%，达到 11.91×10^{8}m^3。

吉普斯兰盆地是大洋洲最富石油的盆地，也是唯一一个石油储量大于天然气储量的盆地，该盆地在澳大利亚油气勘探历程中具有重要地位，是早期澳大利亚最重要的石油生产基地。吉普斯兰盆地早在 1900 年至 1910 年就已经在陆上部分钻井 37 口，但因均为干井而被封堵，随后 50 余年陆续开展了背斜勘探研究、航磁勘测、重力勘测、地震勘测等大量勘探工作，直到 1965 年，随着海上 Barracouta1 井在 1000~1400m 井段测试获得成功，标志着吉普斯兰盆地赋存有丰富的油气资源，20 世纪 70 年代至 80 年代，世界上多家油气公司参与吉普斯兰盆地的地震、重力、磁力勘探，特别是 20 世纪 90 年代海上二维、三维地震的大量勘探展开，揭示出一批中小型油气藏，从而奠定了吉普斯兰盆地在澳大利亚石油工业的重要地位。

（一）区域地质特征

吉普斯兰盆地是随着冈瓦纳大陆解体以及澳大利亚大陆与南极洲大陆分离过程中而出现的典型裂谷盆地，基底为古生界变质岩。盆地主要发育两期构造运动，即早白垩世至始新世，在张性背景下形成的伸展特点的断阶及地堑，断层走向主要表现为北西向，另一期构造则表现为压性特征，主要发生在始新世晚期至渐新世，表现为一组轴向北东—南西的背斜构造及逆断层，部分东西向正断层发生反转。盆地广泛发生剥蚀作用，形成了 Latrobe 顶部的不整合即风化壳。另外，盆地还发育一组区域性深大断裂带，该断裂带为北东向，有的学者认为该断裂带类似于大洋中的转换断层。

除了上述断裂特征外，根据盆地的结构形态，可将吉普斯兰盆地进一步分为台地、阶地、深坳带、断块（地垒）及坳陷带（地堑）等二级构造单元（图 6-12）。其中中部深坳带是盆地的沉降中心和沉积中心，也是生烃坳陷，主要油气田呈环带状分布在深坳带周围。深坳带的北部及南部为阶地和台地，发育背斜和断鼻，地层明显减薄。纵向上，由于在早期的裂谷盆地之上叠加了坳陷盆地，且超覆在裂谷边缘之上，盆地呈现"牛头状"结构（图 6-13）。

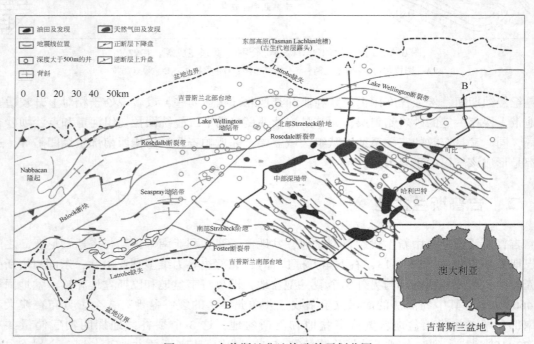

图 6-12　吉普斯兰盆地构造单元划分图

（二）地质与沉积演化特征

吉普斯兰盆地是在古生界变质岩基底之上沉积发育起来的陆相湖盆，在中部深坳带沉积盖层最厚处超过 10km，最早的沉积为下白垩统 Strzelecki 群，底部及下部为砾岩、砂砾岩以及火山岩、火山碎屑岩沉积，上部为河流相的碎屑岩及煤系岩层（图 6-14），火山碎屑岩分布广泛，在裂谷中心沉积厚度达 3500m 以上。

随着冈瓦纳大陆在白垩纪中期的裂解及澳大利亚大陆与南极洲大陆之间的大洋扩张，吉普斯兰盆地构造活动明显增强，主要表现为裂谷停止活动而盆地整体发生构造抬升，形成了一次区域不整合面，随后接受冲积平原及三角洲、湖湘沉积，主要岩性为砂岩、页岩及煤层。

到晚白垩世—渐新世，盆地主体处于陆相环境，但东南局部区域为海相沉积，此时主要为 Golden Beach 群陆相石英砂岩沉积。古新世，裂谷盆地整体转为坳陷沉降阶段，盆地不断受到西北方向来自塔斯曼海的海侵，此时主要沉积为滨岸相的砂、粉砂岩以及沼泽相的页岩、煤，后期还有碳酸盐岩楔状体沉积。

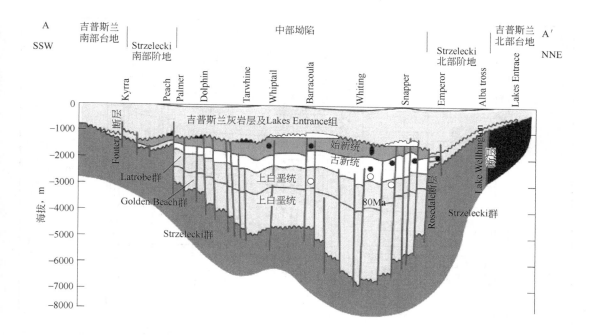

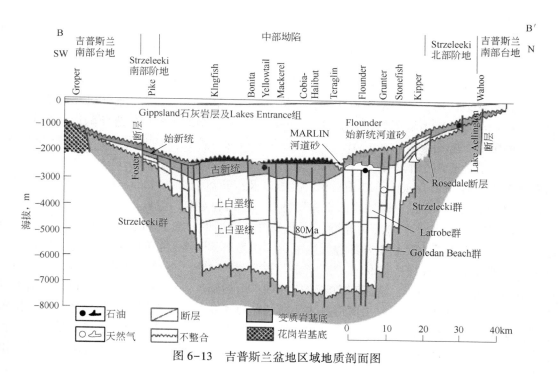

图 6-13　吉普斯兰盆地区域地质剖面图

　　总的说来，吉普斯兰盆地是一个冈瓦纳大陆分离时期形成的多旋回衰退裂谷系，盆地的演化与冈瓦纳大陆的逐渐分离和漂移有关。

　　盆地充填演化大致可分为以下几个不同阶段。首先是断陷前基底形成阶段，基底包括侵入和轻微变质的南北走向的"塔斯曼地向斜"沉积物，该沉积物在泥盆纪造山作用期间发

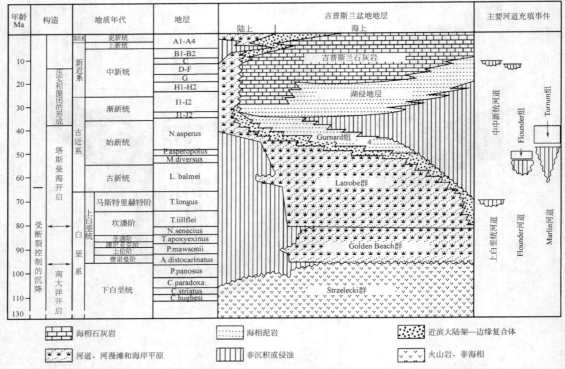

图 6-14 吉普斯兰盆地哈里巴特—可比油田地层综合柱状图

生变形，主要为古生界变质岩；其次，在断陷阶段早期，即早白垩世，盆地开始接受沉积，在吉普斯兰盆地区域，断陷呈东西走向，主要为 Strzelecki 群的火山碎屑沉积及冲积扇砾岩沉积，后期出现煤系地层沉积，厚度超过 3500m，晚阿普第的不整合标志断陷活动结束。

在断陷阶段晚期，大约在 95Ma 前，澳大利亚板块与南极洲板块分离，构造重新调整。在吉普斯兰盆地有两个重要的变化结果，即大的陆源区的变化，由 Strzelecki 群的岩屑和火山碎屑沉积至 Golden Beach 群的石英砂岩沉积以及沉积区域变为中部深的"地堑式"沉积（Moore 等，1992）。在这一时期也出现将奥特韦、巴斯和吉普斯兰盆地分开的大陆隆起。

在坳陷阶段初期，约 80 百万年前，塔斯曼海是连通的，澳大利亚板块开始与豪勋爵隆起分离。这一作用沿澳大利亚东部边缘结束后，作为东部边缘裂谷的一部分产生了吉普斯兰盆地，区域分布的轻微不整合标志着断陷或裂谷发育的中止。在晚白垩世坎佩阶，分离结束后盆地的早期边缘被挤压，挤压和坳陷阶段晚期，即始新世，沿阿尔卑斯喜马拉雅造山带发生大陆碰撞，应力重新分配，从而形成吉普斯兰盆地现今背斜、断层等圈闭构造。由于挤压作用，地壳抬升，盆地广泛被剥蚀并形成拉特罗布群不整合，碰撞过程标志塔斯曼海裂谷和漂移的结束，Seaspray 群开始沉积，随着盆地沉降，塔斯曼海海侵，碳酸盐岩逐渐上覆于拉特罗布群。

（三）油气成藏条件与典型油气田

吉普斯兰盆地的中部深坳带实际上也是成烃坳陷，发育四套烃源岩，即白垩系的 Strzelecki 群、Latrobe 群、Golden Beach 群及古近系和新近系 Seaspray 群，其中上白垩统至始新统 Latrobe 群是吉普斯兰盆地的主力烃源岩，岩性为富含有机质的泥岩和煤层，总厚度达几十米至几百米。干酪根以Ⅱ型和Ⅲ型为主，TOC含量高达0.2%~10%，在盆地边缘区，R_o一般为0.4%~0.6%，而在中部深坳带，烃源岩埋深5000m以上，R_o一般为1.15%~2.0%，处于生油高峰及生气期。

吉普斯兰盆地的主要储层为晚白垩世至始新世形成的Latrobe群砂岩，主要为河湖相及三角洲平原沉积，该套储层孔隙度高达15%~30%，渗透率最大超过$1000×10^{-3}\mu m^2$，Latrobe砂岩储层拥有全盆地已发现油气总储量的88%以上。

吉普斯兰盆地发育一套区域性盖层及多套局部盖层，区域性盖层为Lakes Entrance组浅海或海陆交互相泥岩、含煤页岩。盖层厚度100~300m。在Latrobe群中发育有局部盖层，Latrobe群和Golden Beach群油气藏最好的盖层是海相泥页岩、湖相页岩等组成的局部盖层。除此之外，海岸平原相页岩、煤层和火山岩也是已证实的有效局部盖层，断层由邻近的页岩和断层泥封闭。

吉普斯兰盆地的大型圈闭主要为始新世晚期至今的挤压运动机制所形成的背斜、断背斜、牵引背斜及断块圈闭（Sloan等，1987），以Flounder油气田剖面图为例予以展示（图6-15）。此外，地层圈闭也很发育。

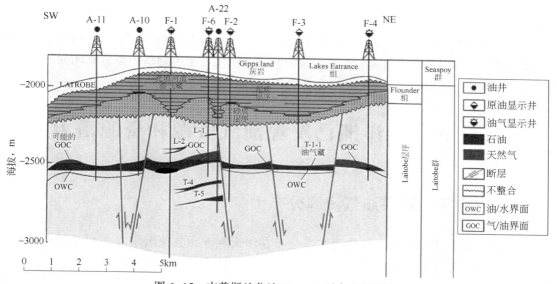

图6-15 吉普斯兰盆地Flounder油气田剖面图

吉普斯兰盆地最大的油气藏均位于中部深坳带，呈环带状分布在坳陷周围，在平面上，油田与气田分布具有差异性，其中，气田主要位于中部深坳带的北部和中西部地区，而油田则主要位于中部深坳带的东北部和南部（图6-12）。

哈里巴特—可比油田位于中部深坳带的东部，是在盆地早期裂谷构造基础上进一步沉降，经后期挤压、抬升剥蚀而形成（Rahmanian等，1990），因而，该油田为构造-地层复合型油田（图6-16）。该油田发现于1972年，1979年建成投产，探明最终原油可采储量为$136.26×10^6 m^3$。

烃源岩以白垩系Latrobe群三角洲平原沼泽相炭质页岩为主，TOC含量平均为2.4%，干酪根为Ⅱ/Ⅲ型，R_o为0.7%~1.3%，烃源岩累计厚度几十米到几百米。储层为Latrobe群最上部的下始新统，为河控三角洲相沉积的细粒至粗粒石英砂岩、岩屑砂岩，总厚度超过

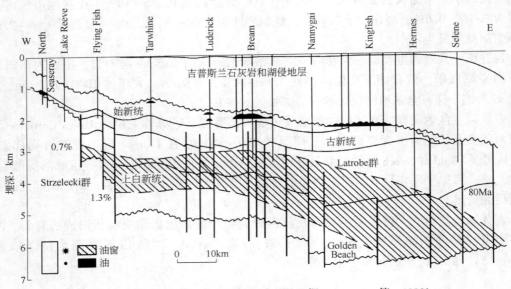

图 6-16　Halibut—Cobia 油田构造剖面图（据 Rahmanian 等，1990）

150m，有效产层 64m。岩性疏松，孔隙度达 18%~22%，渗透率平均为 $1600×10^{-3}\,\mu m^2$。盖层为渐新世形成的 Lakes Entrance 组页岩及泥灰岩。圈闭主要为隐伏不整合圈闭封闭下的低幅度背斜/单斜，圈闭面积 $27km^2$，闭合度 130m，圈闭顶部埋深 2261m。

第六节　大洋洲已发现油气资源和资源潜力

一、剩余探明可采油气资源分布

　　大洋洲的剩余探明可采油气储量主要分布在澳大利亚，其他国家（主要是新西兰和巴布亚新几内亚）均比较低。澳大利亚的油气剩余探明可采储量总体呈波动式增加，但在世界总储量中的占比波动式降低（图 6-18）。1998 年至 2002 年是石油剩余探明可采储量较高的时期，之后有降也有升，2010 年后基本平稳，主要稳定在 $4.5×10^8t$ 左右（图 6-18）。天然气在 2008 年至 2012 年这段时间达到最高，在 $2.8×10^{12}m^3$ 左右，2014 年至 2018 年有所降低，主要稳定在 $2.3×10^{12}m^3$ 左右（图 6-17）。

　　新西兰 1980 年的剩余石油探明可采储量为 $150×10^4t$，仅相当于澳大利亚的 0.5%。其剩余石油探明储量一直处于波动式变化当中。1991 年曾达到 $286×10^4t$，2006 年达到 $1324×10^4t$（$9710×10^4bbl$），2007 年达到 $2023×10^4t$（$1.483×10^4bbl$）。2015 年的石油剩余可采储量为 $874×10^4t$，天然气剩余探明可采储量为 $142×10^{12}m^3$。2016 年石油剩余可采储量仅为 $136×10^4t$，该年有约 $400×10^8m^3$ 的天然气剩余可采储量。

　　巴布亚新几内亚石油剩余探明可采储量在 20 世纪 80 年代中期仅 $682×10^4t$ 左右，80 年代末至 90 年代初在 $2728×10^4t$ 左右，90 年代初期后至 21 世纪初波浪式上升，1996 年达到最高值 $5456×10^4t$。2001 年为 $4910×10^4t$ 左右，之后波动式降低。2006 年的石油剩余探明可采

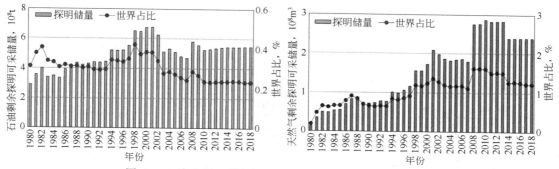

图 6-17　澳大利亚剩余探明可采石油与天然气储量变化图

采储量为 $3288×10^4t$，天然气剩余探明可采储量为 $3456.67×10^8m^3$。2012 年原油剩余探明可采储量为 $2455×10^4t$，天然气剩余探明可采储量为 $1614×10^8m^3$。2015 年的石油剩余可采储量为 $2459×10^4t$，天然气剩余探明可采储量为 $1512×10^8m^3$。

二、已发现油气资源分布

　　澳大利亚富天然气而贫油，是原油净进口国及天然气出口国。其原油探明可采储量主要分布在北卡那封盆地、吉普斯兰盆地与波拿巴盆地，分别占到总储量的 56.7%、21.2% 和 14.8%，另有约 10% 分布于阿马迪厄斯、鲍恩、库珀、埃罗曼加和佩斯等盆地。另外凝析油主要分布在布劳斯、北卡那封、波拿巴和吉普斯兰盆地，其占比分别为 39.7%、36.4%、15.1% 和 5.6%。澳大利亚的天然气主要产自北卡那封、布劳斯、吉普斯兰、波拿巴、巴斯、阿马迪厄斯、奥特韦等，其中，位于西（北）部海域的北卡那封、布劳斯盆地和位于北部的波拿巴盆地天然气储量占全澳大利亚天然气总储量的 90% 以上，而位于澳大利亚大陆中部地区库珀-埃罗曼加盆地中的天然气储量约为 $450×10^8m^3$，占澳大利亚总储量的 2% 左右；位于南澳洲海域巴斯、吉普斯兰和奥特韦盆地中的天然气储量占全澳大利亚天然气总储量的 8% 左右。

　　巴布亚新几内亚已发现的油气主要分布在巴布亚盆地范围的巴布亚湾及靠近巴布亚湾的陆上，主要油气田有 Moran 油田、Kutubu 凝析气田、GobeMain 油田、Hides 凝析气田、Agogo 油田、P'nyang 凝析气田、Juha 凝析气田和 Elevala 凝析气田等（表 6-4）。这些油气田的圈闭主要为背斜，储集层主要为中生界侏罗系—白垩系砂岩，以凝析气田为主，气多油少，油气储量占巴布亚新几内亚油气总量的 90% 以上。新西兰已发现的油气主要分布西海岸盆地的北部，有 14 个油气田，主要油气田有毛依油气田和卡普尼油气田（表 6-4）。气田圈闭主要为背斜，岩性主要是始新统砂岩，气多油少。

表 6-4　大洋洲主要油气田统计表

序号	油气田名称	发现年份	可采储量		所属盆地	产层深度 m	圈闭类型	产层时代	产层岩性	备注
			油 10^4t	气 10^8m^3						
1	Kingfish	1967	175		吉普斯兰	2300	断背斜	E	砂岩	油田
2	Malin	1966	34	2340	吉普斯兰	2100	背斜	E	砂岩	油气田

序号	油气田名称	发现年份	可采储量		所属盆地	产层深度 m	圈闭类型	产层时代	产层岩性	备注
			油 10^4t	气 10^8m³						
3	Halibut	1967	98		吉普斯兰	2200	背斜	E	砂岩	油田
4	Snapper	1968	14	670	吉普斯兰	3200	断块	E	砂岩	油气田
5	Rankin, North	1971	14	2200	卡那尔文	2700	断块	T	砂岩	气田
6	Petrel	1969	—	1133	博纳帕特湾	3600	背斜	P	砂岩	气田
7	Goodwyn	1971	8	850	卡那尔文	2800	背斜	T	砂岩	气田
8	Hides	1986	538	883	巴布亚	2988	背斜	J	砂岩	凝析气田
9	Huha		2.36×10^8t 油当量		巴布亚		背斜		砂岩	凝析气田
10	P′nyang		2.25×10^8t 油当量		巴布亚		背斜		砂岩	凝析气田
11	Kutubu	1986	6238	419	巴布亚	488–1036	背斜	J-K	砂岩	凝析气田
12	Angore		2.09×10^8t 油当量		巴布亚		背斜		砂岩	凝析气田
13	Agogo		0.75×10^8t 油当量		巴布亚		背斜		砂岩	油田
14	Elevala		0.74×10^8t 油当量		巴布亚		背斜		砂岩	凝析气田
15	Moran		0.44×10^8t 油当量		巴布亚		背斜		砂岩	油田
16	SeGebe	1991	3013	195	巴布亚		背斜	J	砂岩	油田
17	Gobe Main		0.34×10^8t 油当量		巴布亚		背斜		砂岩	油田
18	毛依	1969	1537	1380	西海岸	2680	背斜	E_2	砂岩	油气田
19	卡普尼	1959	340	163	西海岸	3400	背斜	E_2	砂岩	油气田

三、待发现的油气资源

澳大利亚是大洋洲油气储量最为丰富的国家，也是油气勘探前景较好的国家，新西兰和巴布亚新几内亚排名列第二和第三。澳大利亚西北陆架含油气盆地具有良好的勘探前景。总体而言，澳大利亚西北陆架富气贫油，油气资源主要集中在中生界。北卡那封盆地是世界上主要的富气盆地之一，也是澳大利亚最主要的产气盆地。目前西北大陆架的部分尤其是近岸带已经成为开发成熟的区域，但是在这些地区一些远景区带还没有被发现，远岸带特别是水深大于500m的深水区前景广阔。近年来由于三维地震资料的大量使用和地震解释技术的提高，在水深超过500m的深水区有一系列（如 Jansz）气田的重大发现。澳大利亚东南部的吉普斯兰盆地海上油气勘探比陆上更有前景，因为沉积中心在海上，生烃中心位于海上。目前为止，海上勘探程度已经很高，容易发现的油气田基本已被发现殆尽。基于此，勘探可供选择的基本上都是高难度区，这样不仅需要的新研究手段和方法，也面临着巨大的勘探风险。另据联合国贸易和发展会议（UNCTAD）2018 年 5 月发布的信息，澳大利亚分别有12.2×10^{12}m³ 的页岩气和 21.1×10^{12}m³ 的致密气资源有待今后勘探和开发。

巴布亚新几内亚共有四个含油气盆地（巴布亚盆地、北新几内亚盆地、新不列颠盆地、卡皮福格尔盆地），油气主要产自面积最大的巴布亚盆地，其中的巴布亚湾也有较大的油气资源潜力，海洋油气勘探主要集中于该盆地，其他盆地也有一定的油气勘探潜力。新西兰陆

地面积约 $25×10^4 km^2$，海洋经济专属区面积约 $400×10^4 km^2$，共拥有 7 个主要沉积盆地。目前主要在西海岸盆地北部找到了油气，其他盆地的油气勘探潜力有待进一步勘探工作证实。斐济、汤加、美拉尼西亚等国家和地区的新赫布里迪斯盆地、布雷沃特盆地和汤加盆地的油气远景还不确定，需要进一步进行油气调查。瑙鲁和萨摩亚等国家的油气远景被认为较差。

<h2 style="text-align:center">复 习 题</h2>

1. 简述大洋洲的沉积盆地的类型和已发现油气的盆地。
2. 你认为大洋洲的油气资源潜力如何？
3. 卡纳尔文盆地有何油气地质特点？

<h2 style="text-align:center">参 考 文 献</h2>

HUNT J W, GUTHRIE D A, DODMAN A P, 1990. Jackson Field–Australia//BEAUMONT E A, FOSTER N H. Structural Traps IV. AAPG Treatise of Petroleum Geology, Atlas of Oil and Gas Fields, 217–253.

KANTSLER A J, PRUDENCE T J C, COOK A C, ZWIGULIS M, 1984. Hydrocarbon habitat of the Cooper/Eromanga Basin, Australia//DEMAISON G, MURRIS R J, Petroleum Geochemistry and Basin Evaluation, Memoir American Associationof Petroleum Geologists, 35: 373–390.

MOORE M E, GLEADOW A J W, LOVERING J F, 1986. Thermal evolution of rifted continental margins: new evidence from fission tracks in basement apatites from southeastern Australia. Earth and Planetary Science Letters, 78: 255–270.

RAHMANIAN V D, MOORE P S, MUDGE W J, SPRING D E, 1990. Sequence stratigraphy and the habitat of hydrocarbons, Gippsland Basin. Australia//BROOKS J, Classic Petroleum Provinces. Geological Society Special Publication, 50: 525–541

SKILBECK C G, ANTHONY D P, FABIAN M R, HUNT J W. 1991. Tirrawarra Field–Australia, Cooper Basin, Central Australia//FOSTER N H, BEAUMONT E A, Structural Traps V. AAPG Treatise of Petroleum Geology, Atlas of Oil and Gas Fields, 251–284

SLOAN M W, 1987. Flounder–a complex intra–Latrobe oil and gas field. APEA Journal, 27: 308–317

SWINDON V G, MOORE P S, 1988. Exploration and production in the Eromanga Basin, central Australia//WAGNER H C, WAGNER L C, WANG F F H, WONG F L, Petroleum resources of China and related subjects conference, Houston, Texas. Circum–Pacific Council for Energy and Mineral Resources. Earth Science Series, 10: 639–656.

第七章
非洲油气分布特征

第一节 概况

　　非洲主体位于东半球的西南部，其西北部分位于西半球，地跨赤道南北。东濒印度洋，西临大西洋，北隔地中海和直布罗陀海峡与欧洲相望，东北隔以狭长的红海和苏伊士运河与亚洲相邻。非洲大陆东至哈丰角（东经 51°23′，北纬 10°26′），南至厄加勒斯角（东经 20°00′，南纬 34°49′），西至佛得角（西经 17°33′，北纬 14°45′），北至吉兰角（东经 9°50′，北纬 37°21′），面积为 3030km^2（包括附近岛屿），占世界陆地总面积的 20.2%，仅次于亚洲，为世界第二大陆。非洲大陆北宽南窄，呈不等边三角形状，南北最长约 8000km，东西最宽约 7500km。大陆海岸线全长 3.05×10^{4}km，海岸线比较平直，海湾与半岛较少。非洲是世界各洲岛屿最少的一个洲，除马达加斯加岛外，其余多为小岛，岛屿总面积约为 6.2km^2，占全洲总面积的 2%左右。非洲拥有 56 个国家和地区，通常将非洲分为北部、东部、中部、西部和南部 5 个部分。非洲人口 12.76 亿人，占世界人口 16.6%（2019 年统计）。

　　早在古罗马时代，非洲地面油苗就已被发现和利用，但直至 1886 年才在埃及苏伊士盆地发现了非洲第一个工业性油田—吉姆沙油田，之后在摩洛哥和阿尔及利亚也发现了一些小油田。20 世纪 30 年代晚期至 40 年代前期，非洲西部大西洋沿岸的尼日利亚、加蓬和安哥拉等国家也进行了陆上石油地质调查，并钻探了许多浅井和几口深井，有些井见到了油气显示，但未发现具有工业性价值的油田。1945 年非洲石油产量为 100×10^{4}t。20 世纪 50 年代中期，非洲石油勘探取得突破，在非洲北部和西部均发现了一些大油田，引起了国际石油界的关注。1956 年，在撒哈拉地台上的三叠盆地发现了哈西迈萨乌德和哈西勒迈勒两个特大油气田。1959 年，在锡尔特盆地发现了纳赛尔特大油田。在此期间，在非洲西部海岸的宽扎盆地、尼日利亚海滨盆地、加蓬盆地、下刚果盆地均发现了油田，从而形成了西非含油气区。因此，20 世纪 50 年代是非洲石油工业发展史上的重要开创时期，使非洲进入了世界石油工业的行列。

　　20 世纪 60 年代是非洲油气生产建设的兴旺时期，由于非洲油气田不是处于沙漠就是位于热带丛林中，因此油田开发和管道建设均面临困难，但总的开发和运输工程进展还是很快。1960 年非洲的石油产量达到 1400×10^{4}t，1965 年就超过 1.0×10^{8}t（图 7-1 左图；表 7-1）。此时非洲北部和西部油气勘探不断取得新进展，西部的油气勘探逐渐由陆上向海上扩展。20 世纪 70 年代是非洲油气生产继续高涨的时期，1970 年产量达到 2.92×10^{8}t，1980 年产量达到 3.00×10^{8}t（图 7-1 上方；表 7-1）。产量上升主要是因为在非洲北部和西部发现和开发了大量新油田，而且油气勘探开发开始从陆上向海上发展。非洲西部的尼日尔三角洲、加蓬和下刚果盆地，非洲北部的苏伊士盆地都在海上发现了比陆上更有希望的高产油田。1980 年非洲石油产量突然降低至 $2.38×10^8t$。之后 20 世纪的 80 年代和 90 年代是非洲石油勘探力度不断加大和油气产量相对稳定的阶段。虽然这些年来，非洲石油工业有了明显的发展，但总体勘探程度还比较低，许多已发现的油气田也尚未投入开发。20 世纪末期非洲西部深海区取得重要进展，发现了大油田。2000 年，石油和天然气产量分别为 $3.72×10^8t$ 和 $1351×10^8m^3$。21 世纪第一个 10 年是非洲石油勘探工作量和产量快速增加的 10 年。2005 年，非洲地区完成二维地震 $8.3×10^4km$，三维地震 $4.7×10^4km$，钻勘探和开发钻井 1152 口，其中陆地 478 口，海上 674 口。2010 年石油产量为 $4.87×10^8t$，之后又有所降低，近年基本稳定在 $(3.6~3.9)×10^8t$。2018 年非洲石油产量为 $3.89×10^8t$，石油产量最多的 5 个国家依次为尼日利亚、安哥拉、阿尔及利亚、利比亚和埃及。非洲的天然气生产是从 20 世纪 70 年代开始的，并且是一持续增加的过程，但在 2010 年前后几年稳定中稍有波动（图 7-1 右图）。2018 年非洲的天然气产量是 $2365.7×10^8m^3$，年产量超过 $450×10^8m^3$ 的国家依次是阿尔及利亚、埃及、尼日利亚（表 7-2）。20 世纪末至今，深海勘探技术的运用和几内亚湾地区新油田的发现，使非洲成为世界油气工业关注的焦点。

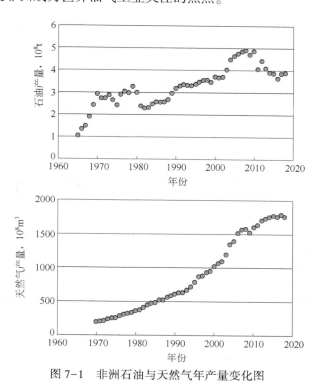

图 7-1　非洲石油与天然气年产量变化图

表 7-1　非洲主要产油国石油产量统计表（据 BP 公司，2019）　　　单位：10^8t

国家	年份											
	1965	1970	1975	1980	1985	1990	1995	2000	2005	2010	2015	2018
尼日利亚	0.14	0.53	0.88	1.02	0.74	0.87	0.95	1.07	1.21	1.22	1.06	0.98
安哥拉	0.01	0.05	0.08	0.07	0.11	0.23	0.31	0.37	0.62	0.89	0.88	0.75

国家	年份											
	1965	1970	1975	1980	1985	1990	1995	2000	2005	2010	2015	2018
阿尔及利亚	0.26	0.48	0.47	0.52	0.47	0.58	0.56	0.67	0.86	0.74	0.67	0.65
利比亚	0.58	1.60	0.72	0.88	0.48	0.67	0.68	0.69	0.82	0.85	0.20	0.48
埃及	0.06	0.16	0.12	0.30	0.45	0.45	0.47	0.39	0.33	0.35	0.35	0.33
刚果	0.00	0.00	0.02	0.03	0.06	0.08	0.09	0.14	0.13	0.16	0.12	0.17
其他	0.00	0.00	0.00	0.04	0.12	0.10	0.08	0.07	0.09	0.07	0.14	0.16
加蓬	0.01	0.05	0.11	0.09	0.09	0.13	0.18	0.14	0.13	0.12	0.11	0.10
突尼斯	—	0.04	0.05	0.06	0.05	0.05	0.04	0.04	0.04	0.04	0.03	0.02
合计	1.06	2.92	2.43	3.00	2.58	3.18	3.36	3.72	4.65	4.87	3.87	3.89

表 7-2　非洲主要产气国天然气产量统计表（据 BP 公司，2019）　　　单位：$10^8 m^3$

国家	年份								
	1970	1980	1990	1995	2000	2005	2010	2015	2018
阿尔及利亚	24.4	154.1	516.6	614.9	918.9	849.1	774.0	814.1	923.0
埃及	0.8	21.0	77.7	120.3	202.1	409.1	590.2	425.9	585.6
尼日利亚	1.1	15.8	38.4	45.9	112.0	229.8	309.1	479.9	492.4
利比亚	2.8	49.1	58.9	60.2	55.9	107.4	159.7	110.2	98.0
合计	30.2	248.3	721.6	872.7	1351.0	1710.6	2023.1	2035.5	2365.7

第二节　地质演化与构造单元特征

一、地质演化特征

非洲大陆经历了漫长而复杂的地质演化过程，形成了不同类型的构造和沉积单元，不同构造单元上沉积盆地的构造史和沉积史都有所不同，决定了各盆地油气地质方面的差别，从而决定了盆地含油气性的差异。

刚果地盾、卡拉哈里地盾和西非地盾最早形成于太古宙，组成了非洲板块的陆壳雏形（图 7-2）。到前寒武纪末（加丹加）泛非构造运动时期，在非洲古老地盾之上沉积了少量盖层，形成了非洲板块最早的克拉通，包括西非克拉通、东撒哈拉克拉通、刚果克拉通和卡拉哈里克拉通。同时，非洲板块作为南方冈瓦纳大陆的组成部分，与北方的劳亚大陆碰撞形成第一期联合大陆。

古生代总体上是非洲板块与周围板块相互挤压、拼贴形成泛大陆的碰撞过程，早期以拉张环境为主，晚期以挤压环境为主。早古生代早期泛非运动结束之后，冈瓦纳大陆与劳亚大陆开始分裂，伴有局部和短期的挤压，因此，非洲大陆总体处于拉张环境，其

图 7-2 非洲三大地盾分布图

间伴随间歇性、较弱的挤压环境。寒武纪—志留纪，非洲克拉通表现为整体抬升和沉降，构造变形较弱，地壳坳陷拉伸减薄，形成了以北西—近南北走向为主的克拉通坳陷盆地，地层厚度稳定分布，形成了古生界最主要的烃源岩区。根据在克拉通的位置不同，将这些盆地分为克拉通边缘坳陷盆地与克拉通内陆坳陷盆地。晚古生代早期，（加丹加）泛非构造运动开始活动，劳亚大陆和阿瓦纳大陆在分开 100Ma 之后开始了初始碰撞，非洲大陆总体处于较弱的挤压环境，先前克拉通边缘坳陷盆地受到北东向的构造应力挤压而变形。石炭纪—二叠纪发生的海西运动加剧上述构造变形，这是历史上影响非洲大陆最强烈的一次构造运动。地层普遍隆起伴随强烈剥蚀，使得多数早期构造被剥平，并形成了分布广泛的不整合面。海西构造运动使撒哈拉地台分隔成许多隆起和盆地，在非洲北部形成了一系列构造（向斜）盆地。非洲的南端仅形成开普褶皱带，范围较狭小。世界范围内的其他古生代造山运动对非洲大陆的影响很微弱。二叠纪末，海西构造运动结束，南方冈瓦纳大陆和北方劳亚大陆结合再次形成联合大陆。在海西运动的构造应力下，非洲北部和南部受到强烈挤压和抬升，形成了海西褶皱带，褶皱带外部的弧形带形成了前陆盆地，褶皱带内形成了山间盆地。北非地台分割成若干隆起和盆地，南部非洲自石炭纪至三叠纪发育了一系列深大断裂而形成沉降型内陆盆地。

中生代—新生代，联合大陆再次分裂解体。非洲板块处于与周围板块分裂作用活动、板内裂谷作用活动的阶段。联合大陆的分裂过程由大到小逐级进行，首先是晚三叠世—早侏罗世北方大陆与南方大陆分裂，因此，非洲西北部与北美洲分裂；然后南方大陆内部分裂，早侏罗世—晚白垩世早期，从外向内，非洲先后与印度、南极洲、澳大利亚分裂，最后与南美洲分裂；最晚的是非洲大陆内部分裂，即晚白垩世以后，先后形成西非裂谷带、中非剪切带和东非裂谷带。在此阶段，非洲大陆一直稳定向北漂移，处在被动拉张的环境，因此形成了板块边缘的被动大陆边缘盆地和板块内部的裂谷盆地。被动大陆边缘盆地分布在西非和东非海岸，在离散陆壳之上形成下断上拗的双层结构。根据其内部构造—沉积层序差异，可细分为含盐被动大陆边缘盆地、不含盐被动大陆边缘盆地、走滑拉分盆地。另外，古近纪以来主要为阿尔卑斯运动，形成了非洲北部的阿特拉斯褶皱带。在尼日尔、安哥拉和埃及地区的大陆边缘发育大型河流，堆积了巨厚的三角洲沉积物，形成了特殊的三角洲盆地。新生代的阿尔卑斯运动仅影响了非洲北部的压陷盆地。上述非洲地质构造运动情况及其与全球的对比见表7-3。

表7-3　非洲地层时代、地质运动与全球对比简表（据 Petters，1991；Guiraud 等，2005）

地质时代			同位素年龄值 Ma	构造阶段与地壳运动			
				主要地质事件	欧美	中国	非洲
新生代	第四纪	全新世	0 / 0.01	联合古陆解体阶段		喜马拉雅运动（晚）	阿尔卑斯运动晚期
		更新世	2				阿尔卑斯阶段
	新近纪	上新世	5		撒夫运动	喜马拉雅运动（早）喜马拉雅阶段	
		中新世	22.5		比利牛斯运动		
	古近纪	渐新世	37.5				阿尔卑斯运动早期
		始新世	50				
		古新世	65		拉拉米运动	燕山运动（晚）	
中生代	白垩纪		137		新西米利运动	燕山运动（中）燕山运动（早）燕山阶段	海西运动第三幕
	侏罗纪		185		老西米利运动	印支运动（晚）印支运动（早）	
	三叠纪		230		阿帕拉钦运动		海西运动第二幕 海西阶段
晚古生代	二叠纪		280	联合古陆形成阶段		伊宁运动 印支海西阶段	
	石炭纪		350			天山运动	海西运动第一幕
	泥盆纪		400		布列东运动		
早古生代	志留纪		440		伊里运动	祁连（广西）运动	泛非阶段
	奥陶纪		500		太康运动	古浪运动 加里东阶段	（加丹加）泛非运动晚期
	寒武纪		610			兴凯运动	
元古宙	新元古代	震旦纪	850	地台形成阶段	阿奈提运动	晋宁运动（晚）	（加丹加）泛非运动早期
	中元古代		1055		歌德-格林威尔运动	晋宁运动（早）吕梁晋宁阶段	
	古元古代		1600~1700		卡瑞里-赫德孙运动	吕梁（中条）运动	
太古宙	新太古代		2500~2600			五台运动 阜平吕梁阶段	
			3900~3000	陆核形成阶段	萨姆-肯诺尔运动	阜平运动	
			3800				
冥古宙			4600	天文阶段			

二、构造单元特征

非洲板块是一个较大的板块，几乎包含整个非洲大陆。非洲大陆及其毗邻海域是冈瓦纳古陆的主要组成部分，冈瓦纳古陆断裂期间，南美板块断开并自非洲大陆向外飘移。早寒武纪以后发生的泛非（或称加丹加）运动使非洲成为一个大地结构上的稳定区，而后发生的大陆内构造运动形成了非洲目前的地质构造。其总体的地质面貌可归纳为东西两个陆缘，南北两个山系，中央多裂谷发育。大陆内前寒武系变质岩广泛分布，占据了非洲的大部地区，但缺乏构造不断复杂的褶皱山系。现今的非洲板块西界为大西洋中央海岭，东界为印度洋中央海岭的西支和北段，东北边以红海中央海岭与阿拉伯板块分界，它们都是离散边界。北部以地中海与欧亚板块分界，为聚敛边界，地中海为板块聚敛碰撞的残留海。经历38亿年的地质发展历史，非洲板块形成了四种类型的构造单元，包括克拉通、裂谷、褶皱带和被动大陆边缘（图7-3）。

（一）克拉通

非洲主要发育有西非克拉通、东非克拉通、刚果克拉通、卡拉哈里克拉通等（图7-3）。非洲板块主要是由这些克拉通经过长期的演化和拼合而形成的。这些最古老的克拉通陆核于36亿年前到20亿年前的古元古代早期就已存在，元古宙外来的岩石圈碎片与这些克拉通陆核拼接，20亿年前到3亿年前发生了强烈的泛非造山运动。该构造运动涉及范围广泛，地层受到热动力变质和花岗岩化，先前碰撞聚合的西非、刚果和卡拉哈里克拉通"焊接"形成相对稳定的非洲大陆（冈瓦纳大陆雏形的一部分）。

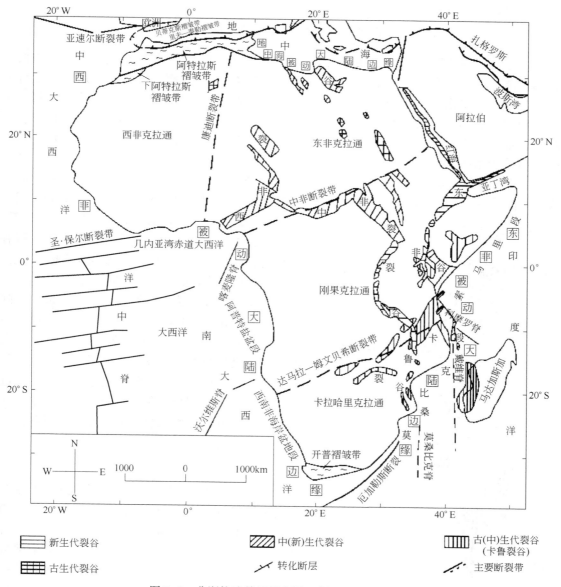

图7-3　非洲构造单元划分图（据Bymby，2005）

（二）裂谷

显生宙以来，非洲大陆内部发生了古生代、中生代、中—新生代和新生代多期裂谷，形成了卡鲁裂谷系、中西非裂谷系和红海—亚丁湾—东非裂谷系三大裂谷系盆地群（图7-4）。其中一些裂谷作用延续时间较长，有的从古生代延续到中生代，也有的从中生代延续到新生代。

图7-4　非洲裂谷体系形成过程示意图（据关增森等，2007）

古生代裂谷体系主要分布在非洲南部和中部，此裂谷体系是在东冈瓦纳古陆与西冈瓦纳古陆开始发生分裂时海底扩张形成的（图7-4）。有些地区在裂谷作用下，发育成了裂谷盆地，如东非的卡鲁盆地群；有些地区只是经历了有限的裂谷作用，后期很快进入坳陷期，形成克拉通内坳陷盆地，如刚果盆地、卡拉哈里盆地等。非洲的古生代裂谷盆地发育在非洲的东南部及北部，尤以东南部的卡鲁盆地群最发育，其裂谷作用一直持续到中生代。

中生代裂谷体系主要分布在非洲中部和西部，分别称为中非裂谷系和西非裂谷系，两者合称为西非—中非裂谷系（WCARS）。裂谷系主要发育期为中生代的白垩纪，但裂谷作用一直延续到新生代，因此也称中、新生代裂谷体系。现今非洲板块的被动大陆边缘都是在中生代裂谷基础上，经白垩纪晚期到新生代逐渐发育起来的，但不同地段中生代裂谷开始的时间存在差异。

新生代裂谷体系主要发育在非洲东部，与阿拉伯裂谷带相连，合称为非洲—阿拉伯（红海—埃塞俄比亚—亚丁湾）裂谷带（图7-5），是大陆区延伸最长的现代裂谷带。此裂谷带从北面的地中海向南延伸至莫桑比克湾，长度超过6000km，在陆上部分又称为东非裂谷，分东支和西支，东支也称为埃塞俄比亚-肯尼亚裂谷，西支也称为坦噶尼喀裂谷。

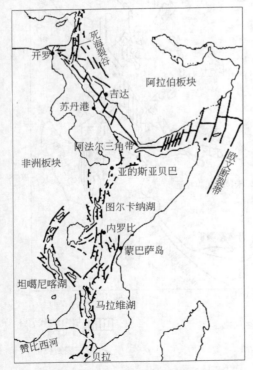

图7-5　非洲—阿拉伯裂谷系结构图

（三）褶皱带

非洲的褶皱带主要分布在南部和北部，分别为开普褶皱带和阿特拉斯褶皱带（图7-3）。开普褶皱带位于非洲大陆最南端，是古生代褶皱带。古生代早期，开普褶皱带位于冈瓦纳泛大陆南部被动大陆边缘，沉积了巨厚的开普超群（奥陶系—下石炭统），形成开普盆地（Flint等，2011）。晚石炭世有冰川沉积。其后受海西构造旋回多期构造运动的影响，发生褶皱作用，褶皱作用可能一直延续到中生代。早三叠世为浅海区的河流三角洲沉积。开普褶皱带北邻的卡鲁盆地由卡鲁超群（上石炭统—中侏罗统）组成。中侏罗统沉积后，盆地沉降减弱，变为区域性隆起剥蚀区。

阿特拉斯褶皱带位于阿尔卑斯褶皱带的南端，是非洲板块和欧洲板块于新生代碰撞后在前古生界褶皱带基础上形成的褶皱带，地质构造复杂，强烈的反转和走滑运动使其以向北倾斜的挠曲断层带与撒哈拉地台分开。它是在海西期褶皱带基础上发育的，主要形成于中—新生代，是非洲板块和欧洲板块碰撞作用的结果，它属于阿尔卑斯褶皱带的南部山链。褶皱带地质构造复杂，发育褶皱构造、反转构造和走滑构造，与其南边的撒哈拉地台的变形形成鲜明的对比，两者之间是北倾南冲的逆冲断层。在此褶皱带中，既有小型山间盆地，也有在较稳定地块上发育的相对较大的盆地，其中生代曾经历过裂谷作用。阿特拉斯褶皱带主体部分形成于中—新生代，前者在摩洛哥下阿特拉斯褶皱带有所表现，而后者表现为摩洛哥海西褶皱带。

（四）被动大陆边缘

中—新生代冈瓦纳大陆的破裂漂移在非洲形成了广阔的被动大陆边缘。按地理位置，可划分为西非被动大陆边缘、东非被动大陆边缘和东地中海残留被动大陆边缘（图7-3）。

西非被动大陆边缘可以划分为四段，即中大西洋段、几内亚湾赤道大西洋段、阿普特盐盆段和西南非海岸盆地段。东非被动大陆边缘北起索马里，南到莫桑比克，与南大西洋段的分界为莫桑比克脊。该段以科摩罗脊为界，分为南部的莫桑比克段和北部的索马里段。非洲北部边缘的东段，即东地中海的南部仍残留新特提斯洋的被动大陆边缘。非洲板块北东边的红海已经出现洋壳，其两边可以认为是幼年期的被动大陆边缘。

第三节　地层发育历史

非洲板块在36亿年的演化过程中经历了不同的演化阶段，因此，其地层划分也对应三个大的构造层系，即前寒武系、古生界和中新生界（图7-6）。

一、前寒武纪地层

非洲板块的前寒武纪地层主要包括太古宙地层和元古宙地层，经历了多期的构造、变质作用的影响，目前缺乏统一的划分标准。非洲板块的前寒武纪地层是地壳形成阶段的产物，非洲中南部是该地层岩石组合保存较好的地区。非洲板块的太古宙地层是复杂的古老地质体，岩石组合包括绿岩带、克拉通沉积物带、花岗岩岩石和层状火成岩杂岩体，岩性均遭受到不同程度的变质作用影响。非洲板块的古元古代德兰士瓦超群以巨厚的白云质灰岩为主。非洲板块的中元古代的瓦特堡超群是一套夹火山岩的陆相碎屑沉积。非洲板块的新元古代地层主要分布在中非和西非，为陆相和陆表海沉积，并有3期冰成岩沉积。非洲板块的前寒武纪地层主要作为盆地的基底。

二、古生代地层

非洲板块的古生界露头见于非洲的南、北两端（图7-6），在西非、中非和南非的内陆盆地中均有分布，从南向北含油层位逐渐变新，且均为海相沉积。非洲北部撒哈拉区为地台型海相沉积，在早古生代，海进由西向东，经泛非构造运动后变为由北向南。非洲南部的古生界主要分布在卡鲁盆地，其地层与非洲北部相差很大。非洲板块的古生界绝大部分是硅质碎屑岩，碳酸盐岩和蒸发岩仅在上石炭统中存在。沉积岩一般不具有复杂的构造，但具旋回性。一些岩相和层位横向伸延广泛，地层倾向一般与基底有关，变化不大。总之，在海平面变化较大的地区发育古生界沉积，其旋回性明显，在露头区可观察到旋回，特别是在板状岩层中。在向斜中古生界保存较好，剥蚀量较小。

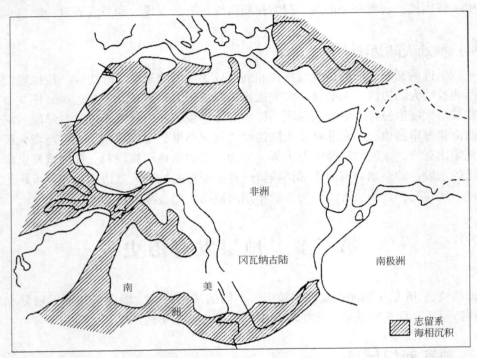

图7-6　非洲志留纪海相沉积岩分布图（据 Clifford，2007）

三、中—新生代地层

在中生代，非洲板块与美洲、澳洲、南极洲分裂，地层具有独特性，与其他各洲不尽相同。在非洲大陆分裂初期，晚三叠世地层开始在非洲板块沉积，侏罗系则不具冈瓦纳古陆的特点。但这两个时代的地层，在非洲的沉积区域和厚度均较小，不是非洲中生代地层的主要层系。非洲板块的三叠系主要分布在非洲北部。侏罗系在非洲西部、南部、东部和马达加斯加岛均有分布。非洲板块的白垩系是非洲中生代地层中沉积的主要层系，与冈瓦纳古陆其他部分地层不相连，而是独立沉积于非洲板块，具有独特的沉积体系。非洲板块的白垩系沉积主要由两部分组成，分别分布在板块被动边缘盆地和板块陆上裂谷盆地中，且白垩系发育盐岩层。非洲板块的古近系和新近系沉积也分两部分，分别分布在三角洲盆地（尼日尔三角洲、尼罗河三角洲盆地）和部分裂谷盆地（苏伊士盆地、红海盆地、利比亚的锡尔特盆地、加蓬的滨海盆地）和褶皱带盆地中，不少还和中生界有重叠。非洲板块的中—新生代地层层序中的生、储、盖层主要分布在白垩系、古近系和新近系（图7-7）。第四系主要分布于非洲中部和大陆边缘。

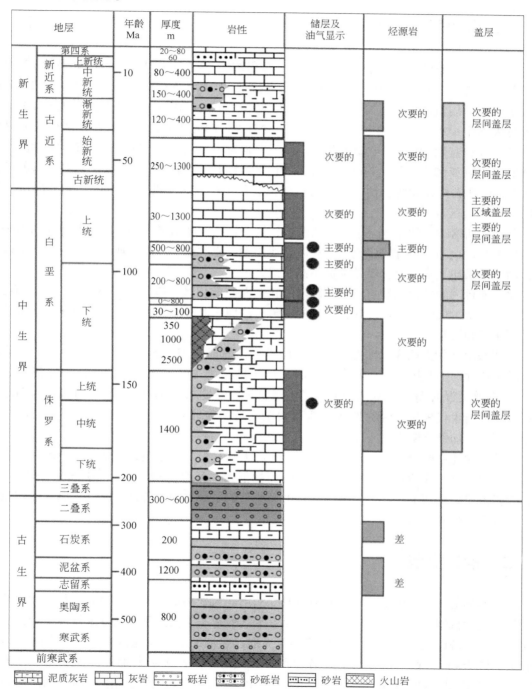

图 7-7　非洲中北部中、新生代地层柱状图（据 Boote，转引自关增森等，2007，有修改）

第四节 盆地类型及其分布

一、含油气盆地的分布

根据估计，非洲有油气前景的沉积盆地面积约为 $1302.8 \times 10^4 km^2$，占世界的 17.6%，占全部非洲总面积的 43.0%。其中陆上沉积盆地为 $1172.5 \times 10^4 km^2$，占世界的 22.9%，仅次于亚洲，居世界第二位。海上沉积盆地只有 $130.3 \times 10^4 km^2$，仅占世界的 5.7%，在世界各大洲中最小。非洲的陆上及大陆边缘发育 95 个沉积盆地，其中有 5 多个含油气盆地，其中大型盆地 30 个、中型盆地 36 个，其他为小型盆地。非洲的 10 个大型盆地中，西部的尼日利亚和安哥拉占有 4 个，北部的阿尔及利亚占有 3 个，利比亚、埃及与苏丹占 1 个。非洲已进行开发的含油气盆地可分为阿特拉斯褶皱区、北非地台区、非洲海岸区和内陆区四个大区。

阿特拉斯褶皱区的盆地位于非洲西北部，从突尼斯到摩洛哥，既有山间盆地如谢利夫盆地和拉尔勃盆地等，也有较稳定的克拉通盆地如大高原盆地。这类盆地虽然油苗多，构造明显，勘探结果却并不理想，仅见少量小油气田。

北非地台区的盆地包括阿特拉斯以南的整个撒哈拉地区，以古生界内陆坳陷盆地为主，其次为中—新生代的裂谷盆地和新生代的三角洲盆地。北部油气区内的主要国家是阿尔及利亚、利比亚和埃及。

非洲海岸（如大西洋、印度洋以及红海沿岸）都存在着分离大陆边缘盆地，但目前发现的具工业性的油气田不多，其中最著名的是尼日利亚海岸盆地（产储量约占非洲的三分之一），其次是从加蓬到安哥拉的大西洋沿岸盆地带（也发现油气）。该区的非洲西部海岸地区以中—新生代板块边缘的裂谷盆地和大型三角洲盆地为主，主要油气生产国是尼日利亚、安哥拉、加蓬、刚果。

内陆区盆地主要分布于大陆内部。虽然非洲大陆是前寒武系组成的地质区，却有不少上元古界和中生界组成的陆相沉降盆地，有的面积很大，可达 $(50 \sim 100) \times 10^4 km^2$，如刚果盆地、欧科范果盆地和卡拉哈里盆地等，其中最典型的是南非的卡鲁盆地，沉积厚度达 6000m 以上，也不乏油气显示。

二、盆地类型

由于非洲的沉积盆地形成于不同地质时期、不同大地构造背景下，因此，每个盆地的基底性质、成盆机制、沉积类型、构造特征及含油气性等有很大差别。从盆地规模上看，从形成时代上看，若以沉积盆地最初的形成时期为准，非洲的沉积盆地以中生代和古生代为主（分别为 45 个和 27 个）。根据勘探工作量的多少划分，非洲沉积盆地以勘探成熟盆地为主（38 个），其次是高勘探程度（22 个）和低勘探程度（20 个）。目前关于非洲沉积盆地的成因分类还存在颇多争议，许多学者都对非洲沉积盆地提出了各自的分类方案（Bally 等，

1980；Klemme，1980；Kingsyon 等，1983；Clifford，1986；Picha，1988；朱伟林等，2013）。综合前人研究成果，据地球动力学特征和构造位置等将非洲的沉积盆地分为四大类九亚类（表7-4；图7-8）。部分盆地的油气基本地质特征见表7-5。

表 7-4　非洲含油气盆地分类表

成因机制	盆地类型	盆地亚类	主要分布地区
拉张作用	张性盆地	中非、北非中生代裂谷盆地	北非锡尔特和东非穆格莱德
		东非新生代裂谷盆地	艾伯塔盆地
		三角洲盆地	尼日利亚、埃及、安哥拉
		被动大陆边缘盆地	西非和东非
走滑作用	走滑盆地	张扭盆地	几内亚湾
挤压作用	压性盆地	前陆盆地	北非和南非
		褶皱带山间盆地	北非
重力作用	重力盆地	克拉通内陆坳陷盆地	非洲东部和南部
		克拉通边缘坳陷盆地	非洲北部：古德米斯—伊利兹

表 7-5　主要盆地的基本特征表

盆地名称		尼日尔三角洲	锡尔特	穆格莱德	艾伯塔	科特迪瓦	古德米斯—伊利兹
类型		三角洲盆地	裂谷盆地	裂谷盆地	裂谷盆地	被动大陆边缘盆地	克拉通
基底	时代	前寒武系	前寒武系	前寒武系	前寒武系	前寒武系	前寒武系
	岩性	变质岩	花岗岩、火成岩盆地及变质岩等	变质岩	变质岩、岩浆侵入	变质岩	变质岩
烃源岩	时代	始新统—中新统	上白垩统	下白垩统	白垩系、古近—新近系	白垩系	志留系、上泥盆统
	岩性	页岩	海相页岩	泥岩	页岩	页岩、石灰岩	页岩
储集层	时代	新生界	上白垩统、下白垩统和古新统	白垩系	下白垩统—新近系	白垩系	三叠系、泥盆系
	岩性	砂岩	砂岩、碳酸盐岩储层、生物礁、生物碎屑岩	砂岩	砂岩、碳酸盐岩	砂岩	砂岩
盖层	时代	新生界	上白垩统—下始新统、上始新统—渐新统	白垩系、始新统	下白垩统	白垩系	三叠系—下侏罗统
	岩性	页岩	页岩、蒸发岩、灰质泥岩	泥岩	盐岩、页岩	页岩	膏岩、盐岩
石油储量，$10^8 m^3$		99.77	72.91	3.24	52.15	3.62	19.61

盆地名称	尼日尔三角洲	锡尔特	穆格莱德	艾伯塔	科特迪瓦	古德米斯—伊利兹
天然气储量, 10^{12}m^3	6.39	1.56	0.063	1.04	0.17	1.94
油气田数, 个	795	312	6	160	43	153

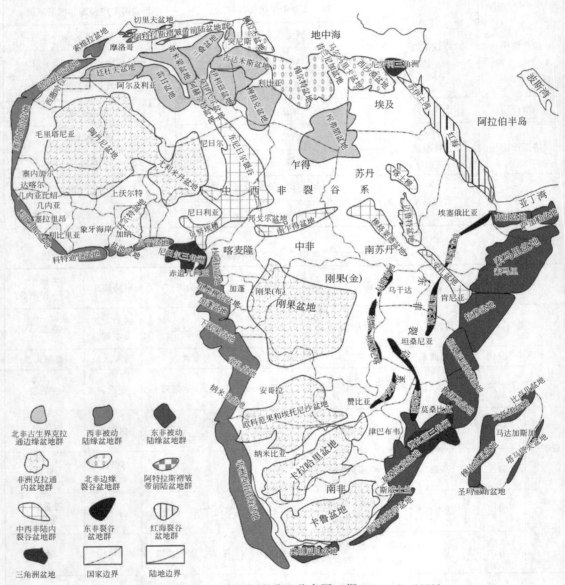

图 7-8　非洲地区主要沉积盆地分布图（据 Hemsted, 2003）

　　非洲不同地区和含油气盆地的含油气系统有一定差别（图 7-9）。北非克拉通盆地主要为古生界含油气系统，烃源岩以海相沉积为主，烃源岩既生油，也生气。被动大陆边缘与裂谷盆地以中生代含油气系统为主，以生油为主。三角洲盆地以新生界含油气系统为主，主要生油，也生少量天然气，如尼日尔三角洲盆地、尼罗河三角洲盆地等（图 7-9）。

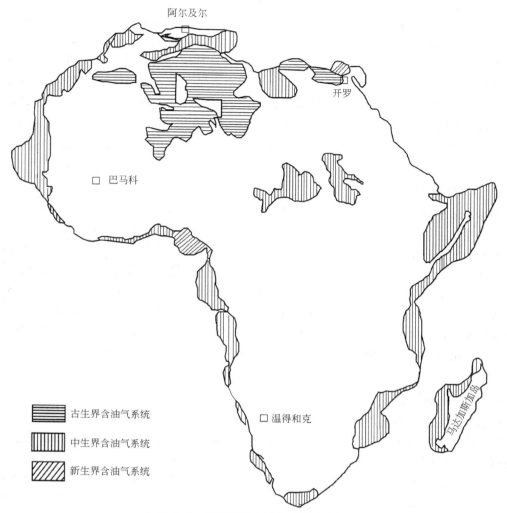

图 7-9 非洲主要含油气系统分布图

图例:
- 古生界含油气系统
- 中生界含油气系统
- 新生界含油气系统

地名标注:阿尔及尔、开罗、巴马科、温得和克、马达加斯加

第五节　典型盆地特征

非洲含油气盆地类型和特征复杂,烃源岩、生储盖、油气藏类型和油气成藏与分布规律在不同盆地分布有差异(表7-5)。本节主要通过以下2个典型盆地的基本地质条件、油气藏与油气分布特征说明非洲油气分布基本特征。

一、锡尔特盆地

锡尔特盆地地理上位于北非利比亚中北部陆上和近海区,构造上位于非洲大陆板块内部的北非克拉通。整体表现为东深西浅、南高北低的结构特征。盆地面积 51.9km^2,陆上 40.4km^2,海上 11.5km^2。盆地类型属于克拉通裂谷盆地。拥有全国80%以上的储量,目前已发现 292 个油田，其中 21 个大油田，占总储量的 77%。

盆地的油气勘探开始于 1958 年，大致经历了三个勘探阶段：第一阶段（1958—1961年）为勘探发现的高峰期，主要发现了泽勒坦油田、阿马勒油田、瓦哈油田、德法油田、霍夫拉油田、贾洛油田、萨里尔油田等；第二阶段（1965—1967 年）主要发现了奥季拉油田和因蒂萨尔三个生物礁油田；第三个阶段（1971 年前后）主要发现了梅斯拉等油田。三个阶段均没有较大的发现，最后几乎没有油气发现量，可采储量趋于稳定。截至 2011 年 9 月，锡尔特盆地共钻野猫井（Wildcat well）1374 口，获得油气发现 317 个。盆地累计发现油气储量 76.46×10^8 t 油当量，其中石油 63.79×10^8 t，资源类型以油为主。近年又开始新一轮的油气勘探。

（一）地质演化历史

锡尔特盆地演化分为基底形成期（前寒武纪）、前裂谷期（寒武纪—早白垩世）、裂谷期（晚白垩世（西诺曼期）—始新世末）、裂谷后坳陷期（渐新世—现今）四个阶段。盆地基底形成于前寒武纪，由花岗岩和其他侵入岩、火山岩和变质岩组成。盆地的形成是古隆起上发生地壳张裂的结果。前裂谷期的构造活动以断裂、塌陷、局部的火山活动及侵蚀活动为主。裂谷期是盆地发育的主要阶段，构造活动以拉张作用为主，正断层活动强烈，形成了北西—南东向的堑垒构造，控制着盆地的构造和沉积。晚白垩世早期，特提斯洋发生了大规模海侵海水向南侵入到锡尔特盆地，沉积了上白垩统锡尔特页岩。裂谷后坳陷期盆地发生区域沉降，古新世海侵覆盖了全盆地，沉积了巨厚的碳酸盐岩，几乎无断层发育，从而形成陆内坳陷盆地。

（二）构造特征

锡尔特盆地主要构造形成与白垩纪非洲大陆普遍的伸展作用有关，构造的走向一般为北西—南东向，与加里东和海西基地薄弱带有关。对油田有重要意义的构造几乎均与地垒、古地垒有关。盆地的基本构造单元是一系列相间排列的地垒（隆起）和地堑（槽地）（图 7-10）。盆地局部构造类型均受基底控制，因而盆地属于受基底控制的板内裂谷盆地。切割到基底的张性断裂为最基本的构造类型，它们的走向除以平行于区域构造北西—南东向走向线为主以外，还有呈多种走向的斜向断层。总体上，盆地北部垒—堑结构较为明显，构造走向完全平行于区域构造的走向，而南部垒—堑结构不太明显，主要由受早期断裂作用影响的较为稳定的基底隆起和坳陷组成。整个盆地的构造单元构造线走向从北向南逐渐由北西向转为近南北向，盆地东部的构造线逐渐转为近东西向。盆地中的断层主要是正断层，主要伴随地堑和地垒出现。盆地次级单元以北西—南东向白垩纪断层为边界，划分出 4 个隆起带和 5 个坳陷带，4 个隆起带自西向东为：沃登—哈雷隆起带、达赫拉侯夫拉—贝拉隆起带、纽菲连—扎哈马—宰勒坦—南部陆家隆起带、安特拉特—阿马勒—拉克波隆起带（图 7-10；图 7-11）。此外，盆地边缘及隆起带夹持 5 个坳陷带（图 7-10）。

（三）地层特征

锡尔特盆地基底由前寒武纪花岗岩、侵入岩、火成岩和变质岩组成。盆地沉积盖层具有总体向东倾斜的趋势，因此，形成了盆地沉积地层东厚西薄的格局。寒武—奥陶系分布局限主要为河流冲积环境沉积，岩性为页岩和砂岩，其中页岩可以作为烃源岩，砂岩可以作为储层。最大厚度 2700m。与上覆中生界和下伏基底地层均为不整合接触。由于遭受侵蚀，盆地中除局部有三叠系和侏罗系残留沉积外，缺失古生代和白垩纪以前的中生界大部分地层。上

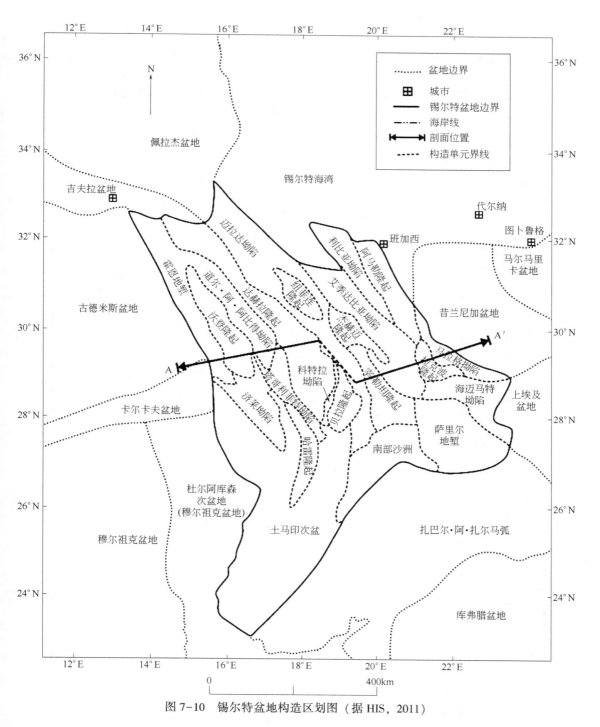

图 7-10　锡尔特盆地构造区划图（据 HIS，2011）

侏罗统—下白垩统主要为河流沉积到浅海沉积，岩性为页岩和砂岩。其中页岩可作为烃源岩和盖层。砂岩是盆地最主要的储层之一。最大厚度 1400m，与下伏基底和上覆地层均为不整合接触。下白垩统努比安组陆相砂岩和页岩是地堑开始沉积时充填的生物碎屑，在盆地东部尤为明显（图 7-12）。

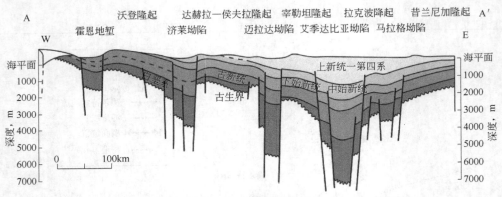

图 7-11　过锡尔特盆地的区域地质剖面图（据 HIS，2011）

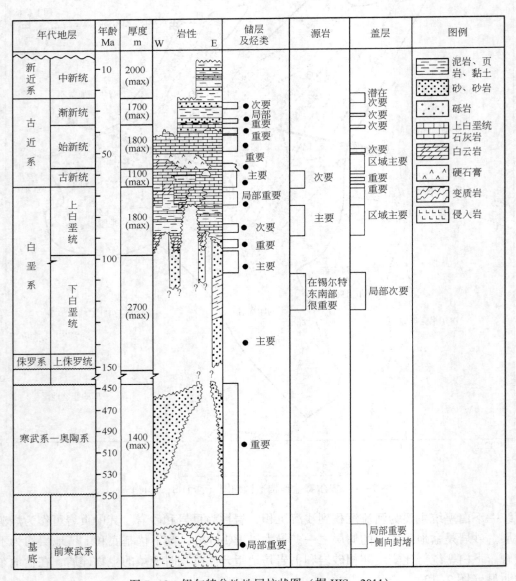

图 7-12　锡尔特盆地地层柱状图（据 HIS，2011）

锡尔特盆地上白垩统下部主要以浅海相砂岩沉积为主，中部主要为浅海沉积，岩性为页岩、砂岩、石灰岩和硬石膏层。其砂岩和石灰岩可作为储层，页岩可以作为烃源岩。上部为开阔浅海相沉积，岩性包括石灰岩、灰泥岩和页岩。其中灰泥岩可以作为储层，页岩可以作为盖层。上白垩统最大厚度1800m。与下伏下白垩统为不整合接触，与上覆古新统为整合接触。

锡尔特盆地古新统与下伏地层为整合接触，主要为一套厚层海相地层，隆起区上水相对较浅，以碳酸盐岩沉积为主，而坳陷内则水体相对较深，以页岩沉积为主。其中页岩可作为烃源岩，白云岩和石灰岩可作为储层，页岩和石灰岩还可以成为盖层。该统最大厚度为1100m，与上覆始新统为不整合接触。其始新统下部沉积环境为潮间带、潮上带、蒸发盆地和局部的深海，岩性为石灰岩、白云岩、硬石膏和页岩，其中白云岩可以作为储层，而硬石膏和页岩则可形成盖层。该组与上覆和下伏地层均为不整合接触。始新统中部岩性为浅海陆架灰岩，可以作为储层和盖层，与上覆和下伏地层均为不整合接触。始新统上部为浅海相石灰岩和砂岩，可作为储层，与上覆渐新统及下伏地层均为不整合接触（图7-12）。始新统最大厚度为1100m。渐新统由陆相、过渡相及海相沉积，岩性为页岩和砂岩，最大厚度为1100m，与下伏和上覆地层均为不整合接触。锡尔特盆地的中新统为潮坪、潟湖、三角洲、沙坝和浅滩相沉积，岩性为页岩、砂岩、硬石膏、石灰岩。页岩可作为盖层。中新统最大厚度为2000m，与下伏地层为不整合接触。

（四）生储盖组合

1. 烃源岩

锡尔特盆地发育下白垩统、上白垩统与古近系三套主要烃源岩。最主要的烃源岩为上白垩统锡尔特组海相页岩，该页岩分布广泛，厚度大，在Marada坳陷可达1500m；隆起区较薄，在Amal—Nafoora。隆起只有60m。干酪根类型以II型为主，TOC含量平均为7%，最高可达12%；R_o值为0.71%~1.62%（表7-6）。在艾季达比亚（Agedabia）坳陷及其北部，锡尔特页岩埋藏很深，已达生气阶段，是宰勒坦（Zelten）隆起以北气田的源岩。古近纪沉积的碳酸盐岩和页岩层系中，广泛发育的暗色页岩具有极为丰富的有机质，主要分布在隆起两侧的地堑、坳陷区，在这些区域厚度最大，向隆起区，厚度快速减小。古新统页岩在迈达拉地坳陷最厚超过1200m，而两侧隆起区的厚度仅150~300m。其有机碳含量介于0.5%~1.0%之间，有机质类型以II型或I型为主，仅在埋深较大的坳陷区才成熟（应维华等，1998）。

表7-6 锡尔特盆地主要烃源岩简表（据 IHS，2009）

烃源岩	岩性	时代	TOC含量，%	R_o，%	干酪根类型
Amal 组	页岩	早奥陶世 Tremadocian	最高4%		II型和III型
Nubian 砂岩组	页岩	晚侏罗世 Oxfordian—早白垩世 Albian	最高9%		II型为主，I型占少量
Sarir 砂岩组	页岩	晚侏罗世 Oxfordian—早白垩世 Albian			
Etel 组	页岩	晚白垩世 Turonian—Turonian	0.6%~6.5%		II型为主
Rachmat 组	页岩	晚白垩世 Coniacian—Campanian	最高1.5%	0.7	II型为主
Sirte 页岩组	页岩	晚白垩世 Santonian—Maastrichtian	平均7%最高12%	0.7~1.62	II型为主；边缘区为III型
Hagfa 页岩组	页岩	古新世 Danian 早中	最高2%	0.7	II型为主

2. 储层

锡尔特盆地从前寒武系基底到渐新统的地层都有储层分布（表7-7），其中下白垩统及其以下的陆相砂岩、上白垩统浅海砂岩和碳酸盐岩储层和古新统生物礁和生物碎屑岩储层是盆地的主要储层。前白垩系碎屑岩储层主要分布在盆地东南部，包括前寒武系基底花岗岩和岩浆岩风化壳及裂缝性储层、寒武—奥陶系和上侏罗统到下白垩统砂岩储层。上白垩统储层既有碳酸盐岩，也有碎屑岩。古新统以碳酸盐岩储层为主，尤其是生物礁储层物性好，孔隙度可达30%以上、渗透率为100mD以上，为高孔、高渗储层。碳酸盐岩储层主要受控于前白垩纪古地貌，其展布大体与北西—南东向构造带一致，古地理高部位和翼部可形成礁滩相等有利的储层。

表 7-7　锡尔特盆地主要储层物性表（据 HIS，2011）

时代	群/组	岩性	孔隙度，%	渗透率，mD
渐新世	阿里达	砂岩	15~25	1500
始新世	贾卢	石灰岩	8~22	1~250
	吉尔	白云岩	20	
古新世	哈赖什	碳酸盐岩	21~46	50~87
	宰勒坦	石灰岩	35	500
	达赫拉	礁灰岩	29	100
	贝达	礁灰岩	30	100
	德法	礁灰岩	38	900
晚白垩世	萨马哈	白云岩	4~20	169
	瓦哈	白云岩	10~26	1~2000
	卡拉什	泥质灰岩	10~25	10~500
	拉克波	石灰岩	25	2000
	利达姆	白云岩	20~35	9000
	巴希/马拉格	砂岩	28	980
晚侏罗世—早白垩世	努比亚/萨里尔	砂岩	4~27	1~4000
奥陶纪—晚白垩世	侯夫拉和阿马勒	砂岩	次生孔隙	较低
寒武—奥陶纪	加尔加夫	砂岩	5~14	1~10
前寒武纪	基底	花岗岩、火山岩	差	差

3. 盖层

锡尔特盆地的油气盖层分布于各层系中，盖层岩性包括页岩、灰质泥岩、泥质灰岩、蒸发岩（如硬石膏）等，其中页岩为主要盖层岩性。不同岩性盖层在不同层位分布有所差异。其上白垩统开阔海相页岩和局限海相的蒸发岩为基底与上白垩统下伏（加拉夫群和努比亚组）储集层的盖层。其上白垩统—下始新统海侵页岩、泥质灰岩和蒸发岩为海退碳酸盐岩储集层的盖层。其下始新统局限海相蒸发岩、页岩为法查段白云岩储集层的层内盖层，也是其他下伏储集层的区域性盖层。其上始新统—渐新统页岩和灰质泥岩是贾卢组灰岩油藏的局部盖层和浅部储集层的层内盖层。

4. 成藏组合

锡尔特盆地生储盖层发育，配置良好（图 7-12），由下到上共发育 5 种成藏组合：（1）基底—前白垩系砂岩成藏组合，下白垩统页岩既是烃源岩，也是盖层，运移通道为古生界顶底不整合面；（2）下白垩统努比亚—萨里尔砂岩成藏组合，下白垩统页岩是烃源岩，上白垩统泥质灰岩和页岩为盖层；（3）上白垩统海进底砂岩和灰岩成藏组合，上白垩统页岩为烃源岩，泥质灰岩和页岩为盖层；（4）古新统生物礁灰岩建造成藏组合，上白垩统页岩与古新统页岩为烃源岩，始新统泥质灰岩为盖层；（5）始新统、渐新统石灰岩、砂岩成藏组合，烃源岩主要为下伏各段烃源岩，盖层主要为相应层段的页岩和泥质灰岩。

（五）圈闭与油气藏类型

锡尔特盆地形成过程中的伸展与扭动作用形成了多种类型的圈闭，其中大多数构造圈闭与断层相关，构造圈闭中最主要的类型是与断块有关的背斜圈闭、断垒之上的披覆背斜圈闭、逆牵引背斜圈闭与断层遮挡圈闭。这些构造圈闭为裂谷盆地的典型圈闭，占整个盆地油田总数的 84%。古地貌圈闭大多分布于基底和古生界的断垒之上，长期的风化剥蚀和构造破坏使储层形成良好的裂隙和孔隙，不整合面之上覆盖上白垩统页岩盖层。地层圈闭主要包括地层尖灭圈闭（图 7-11）、生物礁圈闭（图 7-12）和各种类型的岩性圈闭，大多分布于斜坡带。

1. 布提夫勒油田

布提夫勒油田位于锡尔特盆地东南部的沙漠地区，发现于 1968 年，1972 年开发投产。油田位于裂谷盆地的地垒上，地垒由于转换型横切运动被错断，从晚白垩世到中新世一直伴随有正断层活动，为一被北西西—南东东走向的正断层控制的背斜，油田含油面积约为 55km^2。

布提夫勒油田东部的湖相页岩为烃源岩，下白垩统很厚的陆相沉积可划分为上努比安砂岩、中努比安杂色页岩、下努比安砂岩，努比安砂岩埋深 4000~4600m。油田主要产层为上努比安砂岩，平均埋深为 4200m，上努比安砂岩向上变细，孔隙度较低，为 8%~16%，渗透率变化较大，从几毫达西到超过 1mD。油田的可采储量为 $1.37×10^8$t，1980 年年产量为 $595×10^4$t，累计产量达到 $6562×10^4$t。

2. 梅斯拉油田

梅斯拉油田位于锡尔特盆地东南部，班加西以南 500km，平均海拔为 100m。梅斯拉油田于 1971 年经 HH1-65 井钻探发现。

梅斯拉油田为构造—地层复合圈闭，油田面积为 213km^2，地层超覆在向东平缓倾斜的基底隆起上，萨里尔砂岩储层向西尖灭，上部盖层为上白垩统页岩，底部为基底火成岩和变质岩。其主要储层为上侏罗统—下白垩统海退和陆相碎屑岩，阿拉伯石油公司将储层命名为萨里尔砂岩（图 7-13）。萨里尔砂岩厚度在 1000m 左右，分为 3 层，上部为上萨里尔砂岩，为油田主要产层，顶部为上白垩统海相层系不整合超覆；中部为红色页岩；下部为下萨里尔砂岩。

梅斯拉油田于 1973 年投入开发，至 1994 年，已钻了 104 口井。油层顶部平均深度为 2590m，上萨里尔层平均孔隙度为 17%，平均渗透率为 500mD，平均厚度为 41m，原始油水界面海拔为 -2640m。1993 年，梅斯拉油田平均日产 $1.37×10^4$t，油田为边水、底水驱动，含硫低。油田探明地质储量 $3.78×10^8$t，至 1994 年初累计产油 $8600×10^4$t。

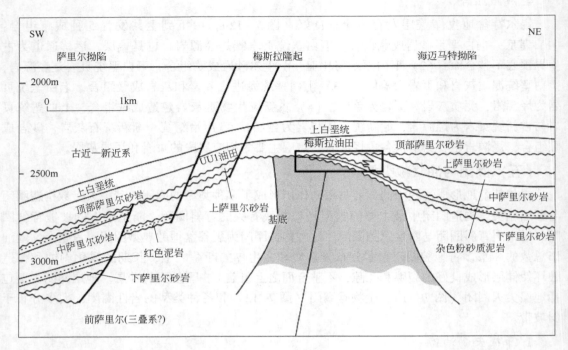

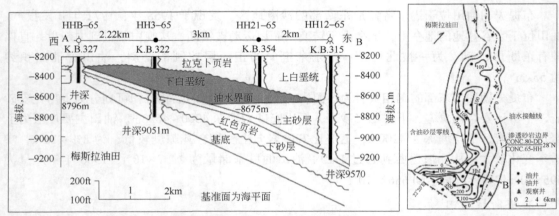

图 7-13　梅斯拉油田萨里尔砂岩纯油层等厚图与油层剖面图

3. 因提萨尔油田

因提萨尔油田位于锡尔特盆地中东部，班加西以南 355km，分为因提萨尔 A、因提萨尔 C、因提萨尔 D 三部分，其中因提萨尔 A 和因提萨尔 D 为大型油田，属构造圈闭，储层为上古新统生物礁灰岩；因提萨尔 C 油田面积很小。因提萨尔 A 油田发现于 1967 年 4 月，因提萨尔 D 油田发现于 1967 年 10 月。

因提萨尔 A 油田的储层为上古新统生物礁灰岩，礁体呈卵形（图 7-14），最大直径约 4.8km。在礁块最厚的地方，因提萨尔 A 油田总含油高度为 305m。礁体下面是灰质页岩，再往下是厚 609m 的、白云岩化的含水灰岩。盖层是厚 76~109m 的上盖尔层，为坚硬致密的生物微晶灰岩。礁的四周斜坡带为下盖尔页岩和生物微晶灰岩所封闭。

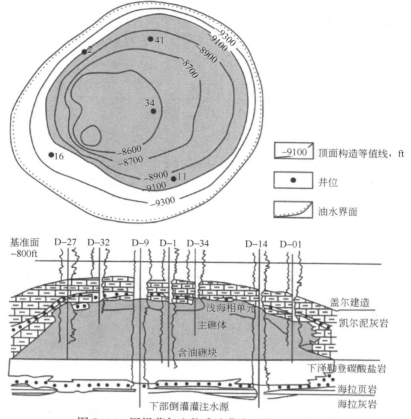

图 7-14 因提萨尔生物礁油藏含油范围与剖面图

因提萨尔 A 油田礁块储层主要由孔隙砂屑灰岩组成，可划分为 3 个主要层带。礁块的底部为藻类有孔虫层，厚约 152m，平均孔隙度为 26%；中部为珊瑚—生物微晶灰岩层，厚约 91m，孔隙度为 15%；顶部为珊瑚礁灰岩，孔隙度为 22%，在构造顶部厚约 122m。1967年，因提萨尔 D 油田的发现井—D1-103 井在 2726m 钻入古新统碳酸盐岩层油藏，日产石油 9996t。Dl-103 井测井曲线清楚表明这些储层的岩性均匀，由油水界面到礁顶整体含油。束缚水饱和度由油水界面至礁顶逐渐降低，在油水界面处含水饱和度约为 50%，在顶部含水饱和度小于 10%。因提萨尔 D 油田近似圆形，直径约 4.8km，油田地质储量为 2.6×10^8t。油田储层为上古新统多孔砂屑灰岩和一些分散的河屑灰岩以及低孔隙的生物微晶灰岩，生物礁下部为钙质页岩，其下面为厚 609m 的、白云岩化的含水灰岩，盖层为厚 76~109m 的页岩（图）。生物礁的四周斜坡为页岩和生物微晶灰岩互层所封闭。资料证明生物礁体一般都具有高渗透性，平均渗透率为 $87 \times 10^{-3} \mu m^2$。

（六）油气分布规律与控制因素

锡尔特盆地油气运移的总体特征是油气在构造坳陷中生成，沿断裂、不整合、岩性通道向构造高部位运移、聚集成藏。前裂谷阶段与裂谷充填阶段之间存在一区域性不整合面，所以，油气可以沿区域不整合进行较长距离运移进入前裂谷储层中聚集。在裂谷充填阶段，储集层与烃源岩层指状交错或互层接触，再加上大量张性断裂作用，油气短距离运移作用明显。由于源储配置关系与断裂沟通特征的差异，盆地东部油气运移主要以垂向和侧向组合为主，西部则以垂向为主（Pratsch，1991），东部的萨里尔砂岩和寒武系—奥陶系砂岩发育区存在长距离侧向运移的特征。锡尔特盆地的油气分布主要受烃源岩、不整合与构造因素控制，其中白垩系锡尔特组页岩分布是锡尔特盆地油气富集的主要因素，油气的分布及富集均围绕锡尔特组页岩形成的烃源灶中心（图7-15）。

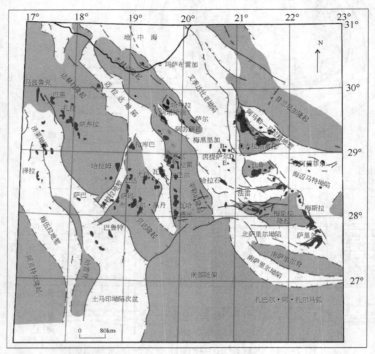

图7-15 锡尔特盆地构造单元及油田分布图（据C&C，2000）

锡尔特盆地油气分布的总体特征是东南西部主要富集石油，中北部主要富集天然气，显示油多气少特征（图7-15），这主要是由于地温梯度较低（平均地温梯度为25.5℃/km），下白垩统烃源岩主要处于生油窗阶段，仅仅有深部很少部分进入生气窗（>150℃）。所以，盆地烃类富集的主要控制因素是多套烃源岩层，烃源岩层与储层之间连通好，圈闭紧邻烃源灶，区域盖层发育，保存条件就好，此外，油气分布主要受储盖组合与断裂的控制。锡尔特盆地5种成藏组合均不同程度地富集油气（图7-16）。可见，盆地内石油探明储量以古新统（E_1）和下白垩统（K_1）成藏组合为主，其次是上白垩统（K_2）成藏组合；天然气在始新—渐新统（E_2-E_3）成藏组合中最丰富，其次是古新统和盆地基底—前白垩系（PreK）成藏组合中（图7-16）。据USGS（2001年）统计，42%的油气储集在碳酸盐岩中，58%的油气储集在碎屑岩中。从已探明的储量分布来看，构造圈闭的已探明储量占首位，其次是岩性—构造—不整合圈闭、构造—不整合圈闭和岩性—构造圈闭的已探明储量。

二、尼日尔三角洲盆地

尼日尔三角洲盆地位于非洲西部中段大陆边缘，盆地主体位于尼日利亚境内，南端延伸到喀麦隆西部和赤道几内亚的比奥科岛海域，北端延伸到贝宁、多哥海域的贝宁湾，盆地东部以尼日利亚陆上的安纳布拉次盆为界。盆地总面积为$30×10^4km^2$，其中陆地面积约为

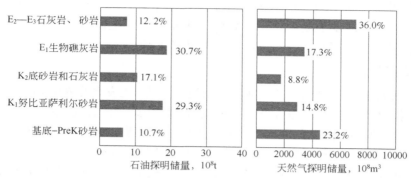

图7-16　锡尔特盆地成藏组合油气探明储量分布图

$8km^2$，海域面积为$22km^2$，是世界著名的含油气盆地之一。尼日尔三角洲盆地找油工作始于1908年，1951年与钻井中见到油砂，证实了尼日尔三角洲第三系的含油气性。1956年发现工业性油气流。1958年发现Bomu大油田，同年尼日利亚开始出口原油，尼日尔三角洲盆地开始进入大规模油气勘探开发阶段。尼日尔三角洲油气勘探的第一个发现高峰在1964年至1968年，于陆地和浅水区发现了大量油气田。第二个发现高峰在1995年至1996年，这主要与三维地震技术的广泛应用和深水区油气勘探开发技术的突破有关，在大陆架、大陆坡浅水和深水区发现了大量油气藏。至2006年底，尼日尔三角洲盆地累计完成钻井7661口，完成钻井进尺$2165×10^4m$，其中探井3649进尺$1121×10^4m$。共发现752个油气田，2253个油气藏，其中大油气田（最终可采储量超过$5×10^8bbl$油当量）29个，累计发现石油地质储量$290.36×10^8m^3$，天然气地质储量$59684.56×10^8m^3$，凝析油储量$12.46×10^8m^3$。

（一）地质演化历史

尼日尔三角洲盆地为被动大陆边缘盆地。尼日尔三角洲早期由一组向上变粗的海退碎屑岩层序组成，这组地层是中侏罗世—早白垩世南大西洋最初分裂时形成的。大陆分裂解体时，由3个裂谷相连形成了几内亚湾。北东—南西向的贝努埃槽地相当于一个断开的裂谷，现在的尼日尔河和贝努埃河的交会点是一个构造控制的地堑（图7-4）。其地质演化可以分为前白垩纪的前裂谷期、早白垩—晚白垩世早中期裂谷期和晚白垩世至今的后期裂谷漂移期，相应发育了裂陷期湖相、海相沉积和漂移期海相、海陆交互相沉积，盆地主体是新生代三角洲沉积，厚度达到12km以上。前裂谷期盆地所在区域主要处于隆起剥蚀时期。裂谷期出现于阿普特期—康尼亚克期，形成位于贝努埃地槽西南端的阿南布拉盆地，该盆地是一构造控制的地堑型盆地，以伸展正断层为主，裂谷初期有大量岩浆火山活动，后沉积一套湖相、三角洲相和浅海相地层，累计最大地层厚度4900m。晚白垩世桑顿期非洲板块和南美板块分离，从而使得贝努埃地槽区构造反转形成角度不整合面。后裂谷漂移期从晚白垩世坎潘期至今，晚白垩世坎潘期—古新世大规模海侵阶段，在尼日尔三角洲地区沉积一套海陆交互相和浅海深海相地层，厚度一般在2500m以上，形成阿南布拉、奥尼查、阿菲波和伊康四个地区四个沉积中心。古新世—始新世时，尼日尔三角洲略具雏形，保留了三个沉积中心，在大部分地区沉积了海相页岩。始新世时，沉积范围有所扩大，同时开始有生长断层出现。渐新世至中新世初，堆积了一套巨厚沉积物，使三角洲广泛发育。新近纪中新世三角洲东、西部合并，成为一个统一、高能、建设型的朵状三角洲体系。晚中新世至上新世时，在东部海上形成了一个大的沉积中心。

上新世至更新世时，在三角洲前缘区出现了短暂的平衡，泥底辟构造停止了发育。第四纪更新世晚期，由于海水上溢而导致了海侵，从此淹没了上新世至更新世的整个三角洲平原。全新世时，主要沉积了一套海退超覆式粗碎屑物。

（二）构造特征

尼日尔三角洲盆地是非洲板块与大西洋板块边缘三联点上发育的裂谷盆地，该三联点的东北支为贝努埃拗拉槽，延伸进入大陆内部；西支为达浩（贝宁）盆地；南支延伸进入大西洋，即尼日尔三角洲盆地的主体（图7-4）。沉积体主要由白垩系与新生界构成（图7-17）。区域构造在剖面上可以分为伸展构造区、底辟构造区和前缘逆冲构造区（图7-17）。在伸展构造区，发育阿格巴达组的三角洲前缘和贝宁组的三角洲平原沉积体系，主要储集层是三角洲前缘砂体，包括滨岸沙坝、点沙坝、曲流河、分流河道、河口坝、障壁沙坝等。在大陆坡下部底辟构造区和前缘逆冲推覆构造区，发育三角洲为主要补给源的重力流浊流沉积体系。尼日尔三角洲伸展构造区和底辟—逆冲构造区成藏特征有较大差别（图7-17），主要体现在它们的地层剖面及其组合特征、构造圈闭类型及其形成时间、烃源岩及其演化程度、储集层砂体类型以及成藏时间等方面。深水区的大型底辟—逆冲构造圈闭和陆地—浅海伸展构造区的深层大型断块圈闭、断鼻构造圈闭、构造翼部大型的岩性圈闭是尼日尔三角洲盆地今后寻找大油气田的主要地区。

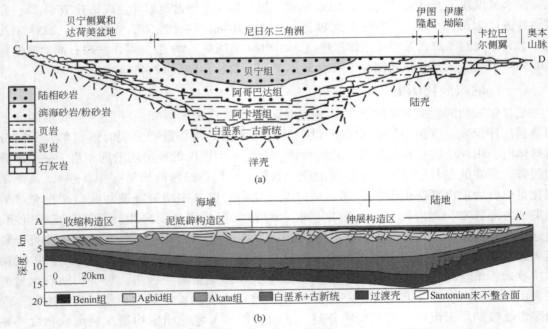

图7-17 尼日尔三角洲盆地构造剖面图（据 Petters，1991；邓荣敬，2008）

根据基底结构、区域构造特征和新生代的岩性、岩相等条件，可以将尼日尔三角洲盆地局部构造在平面上进一步划分为3个带（图7-18）。

（1）比较规则的滚动背斜带：生长断层发育，向海呈阶梯状分布，在其下降盘伴生有滚动背斜，主要位于现今三角洲陆地部分。

（2）"背对背"断层和顶部塌陷构造带：由背对背的同向生长断层及反向生长断层组成。当反向断层产生在构造顶部，岩层下陷时可形成顶部塌陷构造带，主要分布在滨岸区。

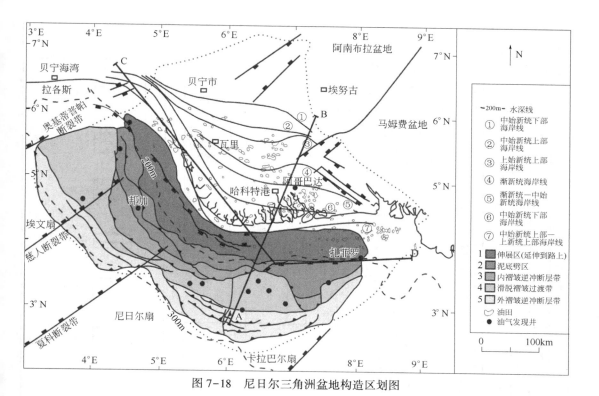

图 7-18　尼日尔三角洲盆地构造区划图

（3）黏土刺穿构造带：位于外大陆架和大陆坡上的深水区，由于黏土类发育，在地下深处受到高温、高压的影响，在重力作用下，可塑性泥岩上拱，可形成各种刺穿构造。

（三）地层与沉积特征

尼日尔三角洲盆地基底为元古宇火成岩及变质岩，岩性主要包括混合岩—片麻岩复合体、轻微混合岩化—未混合岩化副片岩和变质岩、紫苏花岗岩、较老的花岗岩和最年青未变质的粗玄岩脉。沉积盖层由下到上依次为中生界白垩系、新生界古近系、新近系，地表为第四系覆盖。

从白垩纪开始，在三角洲以北发育了一套海相碎屑岩沉积（图 7-19 至图 7-21）。新生代以来由于沉积不断向海推进（图 7-20；图 7-21），形成了跨时代分布的、从下到上的阿卡塔组、阿格巴达组和贝宁组（图 7-19；图 7-20）。阿卡塔组主要为三角洲前缘砂体和深海浊积扇砂泥互层，其中夹的砂层可能为浊流或大陆斜坡深谷沉积。贝宁（Benin）组在尼日尔三角洲全区均有分布，主要为陆相沉积，主体是三角洲平原相沉积物，其中砂层可能有沙坝、河道及天然堤等沉积；页岩可能有沼泽和牛轭湖等沉积。阿格巴达（Agbada）组为海、陆交互相沉积，并组成退覆式韵律，本组是尼日尔三角洲盆地的主要勘探目的层。

（四）生储盖组合与油气运移特征

1）烃源岩

尼日尔三角洲地区发育下白垩统、上白垩统—古新统和始新统—中新统三套烃源岩（图 7-19，表 7-8）。通常认为始新统—中新统阿卡塔组黏土岩是盆地的主要烃源岩，具有穿时性，在近海层序下的外大陆架、大陆坡以及进积大陆架层序中广泛存在。烃源岩总厚度大于 2500m，全区分布稳定，有机碳含量介于 0.12%～6.15% 之间，平均值为 2.16%，有机

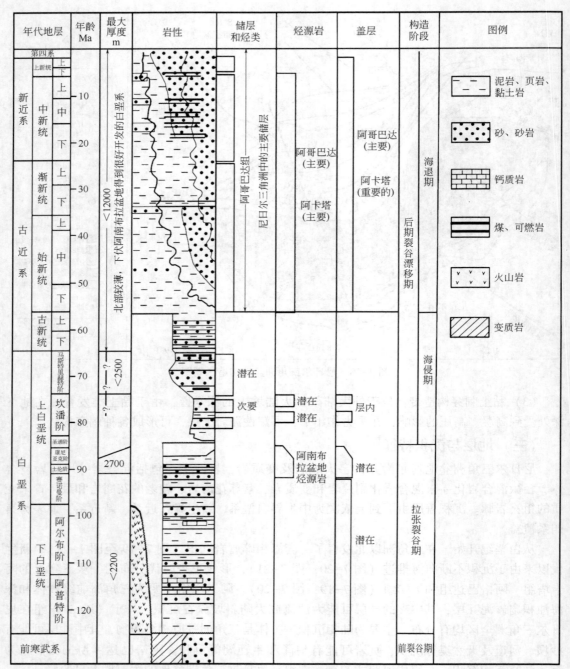

图 7-19　尼日尔三角洲盆地地层表（据 HIS, 2011）

质类型为 II 型。海陆交互相的始新统—中新统阿格巴达（Agbada）组下部的暗色页岩厚度在 1000m 以上，沉积环境为海湾、沼泽，有机质为 II 型和 III 型干酪根。下伏的上白垩统—古新统及下白垩统页岩为盆地的潜在烃源岩，存在于三角洲西北边缘的裂谷地堑中（Haack 等，2000），但现今除三角洲边缘外，其他地方都已经成熟。下白垩统是一套湖相烃源岩，位于尼日尔三角洲盆地的西北部，深水区 Chain 断裂带西北地区也有广泛分布。其有机碳含

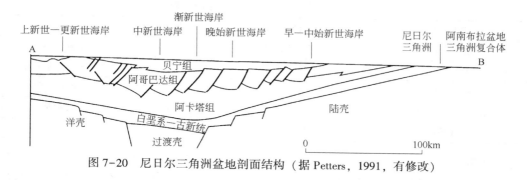

图 7-20　尼日尔三角洲盆地剖面结构（据 Petters，1991，有修改）

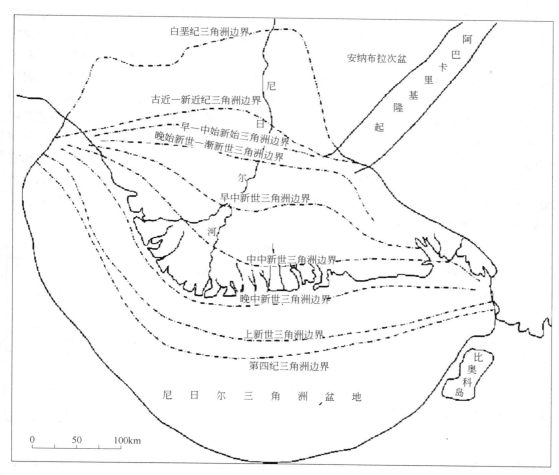

图 7-21　尼日尔三角洲盆地沉积演化图（据关增森等，2007）

量为 1%~4%，平均 2%，S_1+S_2 多在 2~20mg/g，平均 5mg/g，干酪根类型为 Ⅱ 与 Ⅲ 型，生烃潜力属低—中等，T_{max} 在 440℃左右，生烃门限深度为 2590m。上白垩统的埃泽阿库组黑色页岩和奥古组灰色页岩被认为是阿南部拉盆地的烃源岩。上白垩统—古新统烃源岩有机碳含量为 1%~5%，多在 2%左右，S_1+S_2 在 2~20mg/g，平均 5mg/g 左右，T_{max} 在 440℃左右，有机质类型为 Ⅱ 和 Ⅱ—Ⅲ 型，生油为主，生油门限深度在 2740m。

表 7-8　尼日尔三角洲盆地烃源岩表

年代地层	烃源岩层位	岩性	分布地区
始新统—全新统	阿哥巴达组	页岩	尼日利亚，喀麦隆
始新统—全新统	阿卡塔组	页岩	尼日利亚，喀麦隆
渐新统—中新统	阿卡塔组	页岩	赤道几内亚
土伦—T康尼亚克阶	奥古组	页岩	尼日利亚
下土伦阶	埃泽阿库组	页岩	尼日利亚

2）储集层

三角洲前缘相沉积的阿哥巴达组砂岩是尼日尔三角洲盆地的主要储集岩，阿哥巴达组的储层特征主要受沉积环境和埋藏深度等因素的控制，横向变化受控于生长断层。最主要的储层类型是分流河道的点沙坝、充填砂岩的河道间歇性切割的沿岸沙坝（Kulke，1995）（表 7-8），其次是河口坝、决口扇与天然堤细砂岩。砂岩岩石类型以石英砂岩为主，石英含量高达 90% 以上；偶尔很纯、欠压实的层状页岩也可以作为储集层。砂岩储层岩石胶结作用普遍较弱，属未固结或弱固结，为高孔、高渗透性储集层，孔隙度 22%～32%，平均25%，渗透率 500～1000mD。孔隙类型为原生粒间孔。随深度增加，孔隙度减小，即使是深度达 4000m，孔隙度也在 20% 左右。主力油层段砂体埋藏深度 350～4800m。尼日尔三角洲外侧的深水区发育深水浊积扇，沉积类型多样，低位砂岩体和近源浊积岩组成了潜力储集岩。沿陆坡边缘的局部断层活动控制了潜在储层砂岩向下倾方向的厚度和岩相。通过与其他大陆架边缘的对比推测，可识别出新的潜力储层（Smith-Rouch 等，1996，1998）（表 7-9）。上白垩统三冬-马斯特里赫特阶砂岩为潜在的储集层（表 7-9）。

表 7-9　尼日尔三角洲盆地主要储集层分布表（据 IHS，2011）

年代地层	储集层段	岩性	分布地区
始新—全新统	阿哥巴达组	砂岩	尼日利亚，喀麦隆
上新统	比夫拉段	砂岩	尼日利亚
中新—上新统	砾石段	砂岩	尼日利亚
中新—上新统	奎伊博段	砂岩	赤道几内亚
中新统	伊松加组	长石砂岩	赤道几内亚，喀麦隆
上白垩统圣通阶—马斯特里赫特阶	恩科波罗组	砂岩	尼日利亚

3）盖层

尼日尔三角洲盆地有多套盖层，阿哥巴达组和阿卡塔组页岩为盆地的主要盖层，白垩系页岩为盆地的潜在盖层（表 7-10）。

阿哥巴达组上部以砂岩为主，盖层不发育，向下页岩含量逐渐增加，组内的页岩夹层形成了盆地的主要盖层。页岩有三种封盖类型：沿断层的黏土涂抹，断层作用引起的砂岩储层与层间盖层的并置邻接以及页岩垂直封盖。在三角洲侧翼，早—中中新世的剥蚀事件形成的沟谷北黏土充填，为一些重要的海上油田提供了顶部封闭（Doust 等，1990）。阿哥巴达组由于强烈的穿时性，使得盖层向南向海方向时代变新。由于正断层的作用，作为主力储集层的阿哥巴达组砂岩，可能与阿卡塔组页岩邻接，此时阿卡塔组页岩起封闭作用。

表 7-10　尼日尔三角洲盆地主要盖层表（据 IHS，2011）

年代地层	盖层段	岩性	分布地区
始新—全新统	阿哥巴达组	页岩	尼日利亚，喀麦隆
始新—全新统	阿卡塔组	页岩	尼日利亚
中新统	伊松加组	页岩	赤道几内亚，喀麦隆
上白垩统圣通阶—早马斯特里赫特阶	恩科波罗组	页岩	尼日利亚

　　基于上述生储盖分布，纵向上可形成多套储盖组合：早—晚白垩世桑顿期储盖组合、晚白垩世坎潘期—古新世海进期储盖组合和古新世以来海退期储盖组合。其中海退期储盖组合是尼日尔三角洲盆地最主要的储盖组合，其下部阿卡塔组海相泥页岩是一套区域性烃源岩，上部贝宁组是三角洲平原相沉积，岩性为砂砾岩，缺少区域性的泥岩盖层，储盖组合条件差。阿格巴达组海陆交互相沉积砂泥比适中，储盖组合条件好，紧邻阿卡塔组区域性烃源岩，具有优先捕获油气的先天条件，是尼日尔三角洲主要的勘探目的层。

（五）圈闭与油气藏类型

　　尼日尔三角洲盆地圈闭的形成主要受断裂构造和岩性配置关系控制，已发现的圈闭主要为滚动背斜构造圈闭。已发现的油气藏绝大多数与生长断层及其伴生的滚动背斜有关，非背斜油气藏数量少，规模小。阿哥巴达组的圈闭最为发育，以生长断层伴生的滚动背斜构造圈闭为主，也发育点沙坝、沿岸沙坝、河口沙坝、天然堤，当与阿格巴达组下部海相泥岩或阿卡塔组前三角洲相泥岩接触，或通过断层遮挡，可形成各种类型的地层圈闭油气藏。伊松加组发育沉积尖灭圈闭、滚动背斜圈闭和逆冲断层圈闭。贝宁组和恩科波罗组以滚动背斜圈闭和断块圈闭为主。从三角洲平原伸展构造区到前三角洲逆冲挤压推覆构造区，圈闭类型从相变型及与正断层相关类型逐渐变为相变型和泥拱、泥底辟和挤压褶皱相关类型（图 7-22）。与圈闭类型相对应，盆地主要发育滚动背斜构造、塌陷构造型、穹窿构造型、断鼻—断块型和地层—岩性型 5 种油气藏。绝大部分油藏存在气顶，气藏包括干气藏、湿气藏和凝析气藏，以干气藏为主。

　　尼日尔三角洲盆地油层埋深一般为 350~4800m，原油性质变化复杂，包括中质油、普通轻质油和挥发油，以普通轻质油和挥发油为主。原油密度一般为 0.78~0.96g/cm^3，少数原油遭受不同程度的生物降解作用。多数原油为低硫低蜡轻质原油，含硫量一般为 0.1%~0.3%，含蜡量一般集中在 5% 左右，原油密度主要集中在 0.78~0.88g/cm^3，黏度多低于 1.0mPa·s，凝点范围为 -30~3℃，气油比大于 300m^3/t。油藏为自然能量驱动，单井日产量 290~500t，稳产周期可长达 10 年以上。油藏含油高度通常大于 30m，圈闭中油气充满程度大部分在 50% 以上，单井油层厚度大，通常为 22.2~163.5m，平均 75.26m。

1. 阿哥巴达油田

　　阿哥巴达油田是尼日尔三角洲盆地较早发现的油田之一，位于尼日尔三角洲盆地中部沼泽沉积带，距哈尔科特港以北 20km。该油田 1960 年 9 月由探井阿哥巴达-1 井发现，地质储量 1.30×10^{8}m^3，石油 2P 可采储量为 0.95×10^{8}m^3，天然气为 296.83×10^{8}m^3，凝析油为 0.08×10^{8}m^3，剩余可采储量为 60.69×10^{8}t（HIS，2011）。

　　阿哥巴达油田位于一东西向延伸的滚动背斜上，该滚动背斜位于南倾边界断层南部上盘（图 7-23）缓倾伏，由 4 个高点组成，各高点间以鞍状构造相间隔。高点随着深度增加向南迁移，储层分布在 144.8~304.8m（Oadapo，1991）。东部被主正断层的分支断层切割成断块。

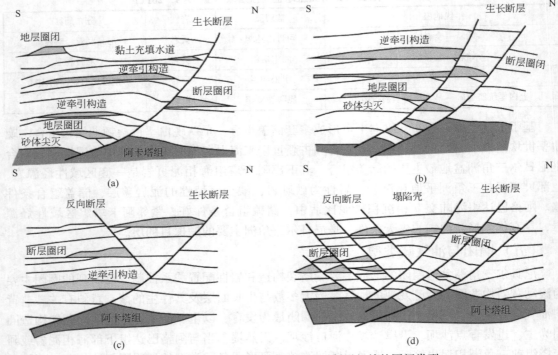

图 7-22　尼日尔三角洲盆地与生长正断层相关的圈闭类型

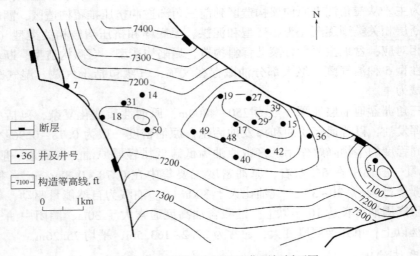

图 7-23　阿哥巴达油田油藏顶部剖面图

阿哥巴达油田开采始于 1965 年，1971 年达到顶峰（4502.05t/d），之后采油速度在 2319.24~3410.64t/d 间波动。至 2009 年，已累积生产石油 $0.53×10^8 m^3$，天然气 $74.69×10^8 m^3$。

2. 邦加油田

邦加油田位于几内亚湾，距尼日利亚海岸大约 120km，位于深水区尼日尔三角洲上斜坡（图 7-24）。该油田发现于 1996 年 3 月，主油田长 10km，宽 4~7km，面积 60km²，南翼倾角 5°，北翼倾角达到 10°，高点最浅为 190.49m。油田地质储量为 $1.70×10^8 m^3$，石油 2P 可采储量为 1.590×10⁸m³，天然气为 158.10×10⁸m³，剩余可采储量为 0.95×10⁸t。邦加油田位于 SE—NW 向的鼻状构造上，面积的 230km²，向 SE 倾伏，以活动性页岩为核，纵横向断层发育。该构造至少从早中新世就开始了发育，并影响了储集层的分布。圈闭为由倾斜地层、上倾断层和侧向尖灭储层组成的复合型圈闭（Chapin 等，2002）。邦加油田开采始于 2005 年，目前正处于开发阶段。日产原油大约 2.73×10⁴t，天然气 1.5×10⁸m³。截至 2010 年，已生产石油 0.53×10⁸t，天然气 79.22×10⁸m³。

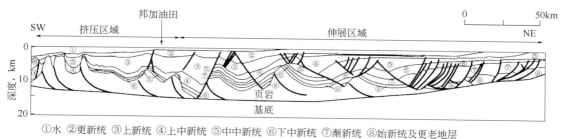

①水 ②更新统 ③上新统 ④上中新统 ⑤中中新统 ⑥下中新统 ⑦渐新统 ⑧始新统及更老地层

图 7-24　邦加油田剖面图（据 C&C，2003）

3. 扎菲罗油田

扎菲罗油田位于几内亚湾的尼日尔三角洲深水区下斜坡处，其首个油田发现于 1995 年 3 月，油田地质储量 2.68×10⁸m³，其中石油 2P 可采储量为 2.38×10⁸m³，天然气为 209×10⁸m³，剩余可采储量 1.09×10⁸t（HIS，2011）。扎菲罗油田组合由几个相关的油田组成，位于一宽缓背斜上（图 7-25）。该背斜为以坡脚挤压逆冲背斜，形成时间为上新世（Blundell 等，1997），由构造倾斜和侧向砂岩尖灭构成（Stephens 等，1996）。油田面积 90km²。该油田于 1996 年 8 月投产，截至 2009 年，已生产石油 1.25×10⁸m³，天然气 165.48×10⁸m³。

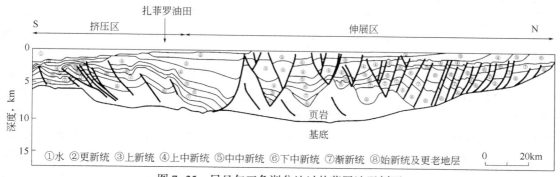

①水 ②更新统 ③上新统 ④上中新统 ⑤中中新统 ⑥下中新统 ⑦渐新统 ⑧始新统及更老地层

图 7-25　尼日尔三角洲盆地过扎菲罗油田剖面

4. 博穆油田

博穆油田位于尼日利亚近岸陆地，即尼日尔三角洲东侧。1958 年博穆-1 井（井深 3130m）发现 5 层含油砂岩、4 层含气砂岩，从而发现了博穆油田。博穆油田含油面积为 20km²，可采石油储量为 6.16×10⁸t。博穆油田为一穹窿背斜构造，背斜长 6km，宽 4km。由东、西两个高点组成，主体构造位于东部，核部有一条北西—南东向南倾的正断层将主体构造分割为南、北两块；南翼有一条北西—南东向南倾的正断层与鞍部断层相截。该构造是在南、北侧两条同生断层作用下伴生的滚动背斜（图 7-26）。博穆油田的储层主要为新近系阿哥巴达组,为分选好的细砂层,含极少钙质胶结物。5 个油层厚 50.3m,4 个气层厚 76.2m。油层顶部深度为 2178m,油层物性良好,孔隙度为 25%~35%,渗透率为(300~1200)mD。油田为层状油藏,气层为气顶,底水十分活跃(图 7-26)。

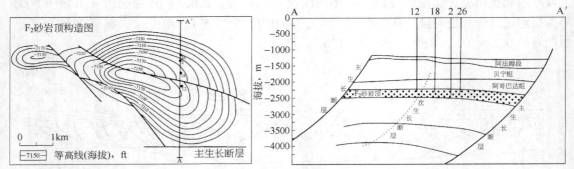

图 7-26　博穆油田综合图

(六) 油气分布规律与控制因素

尼日尔三角洲地区现已发现的油气藏具有明显的带状分布特征,以普通轻质油和挥发油油藏为主,绝大部分油藏存在气顶;气藏包括干气藏、湿气藏和凝析气藏,以干气藏为主。浅层以大型干气藏为主,也有部分中质油油藏,深层以挥发油油藏和凝析气藏为主,中部则以普通轻质油油藏为主(刘新福,2003)。油气藏主要受大型伸展断层带、逆冲断层带和底辟构造带控制,该盆地的油气层几乎全部集中分布在阿格巴达组砂岩储集层中。该组沉积厚度大,储层发育,储层物性好,是三角洲的主要储集岩。巨厚的阿卡塔组海相泥岩提供了丰富的油源。该组内发育多个滑脱面,向上变陡的断层切割阿哥巴达组,且在上升盘伴生褶皱,形成良好的运聚系统。这些滑脱断层的油气运移作用使得阿哥巴达组各砂组都含油气。由于从下到上,各砂组的砂岩比例越来越高,圈闭规模和油气藏规模越来越大。所以,阿格巴达组油气藏主要集中分布于上部砂组,其次是中部砂组。阿哥巴达组烃源岩的油气运移以组内储层为运载层,断层垂向沟通了指状穿插砂岩间的油气运移。

尼日尔三角洲盆地有 11 个油气成藏组合,但其中只有 3 个油气成藏组合对储量贡献较大,分别是阿哥巴达组岩性—构造成藏组合、构造成藏组合和构造—不整合成藏组合,其中的油气储量占尼日尔三角洲已发现油气总储量的 96%(图 7-27)。此外,伊松加(阿卡塔)组岩性—构造成藏组合对凝析油和天然气也有较大贡献。阿哥巴达组岩性—构造油气藏组合是尼日尔三角洲油气盆地最富集的成藏组合,占盆地油气总储量的 56% 以上,已发现油气田 403 个(截至 2011 年 5 月)。岩性圈闭要素与相变引起的砂体尖灭有关,构造要素为生长断层、滚动背斜和断块。阿哥巴达组构造成藏组合是盆地第二大含油气成藏组合,已发现油气田有 330 个。圈闭类型为断块或背斜构造,如滚动背斜、披覆背斜和挤压背斜。阿哥巴达组构造—不整合油气成藏组合的油藏多数位于不整合面之下、下盘滚动背斜顶部,以及不整合面与封闭断层相交切的地方。

前述分析表明,尼日尔三角洲盆地油气藏分布主要受生储盖发育特征和生长断层的控制。首先三角洲持续发展,沉积物厚度大,为油气富集奠定了雄厚的物质基础。其次是生、储、盖组合发育全,配套好。再次是生长断层的下降盘伴生的滚动背斜呈群呈带分布,具有良好的输导和圈闭条件。第四是由于海岸线从北向南持续推进,各类三角洲相的沉积物继承

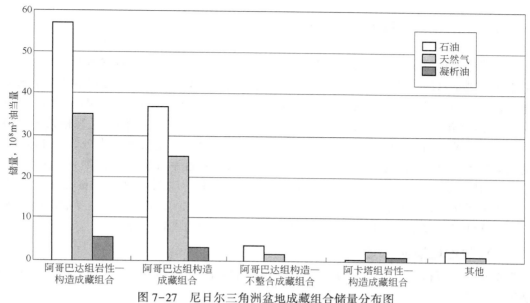

图 7-27　尼日尔三角洲盆地成藏组合储量分布图

性发育，尤其是三角洲前缘亚相及三角洲平原亚相中的河口沙坝砂、席状砂及点沙坝砂等砂体交织重叠分布，为该区地层、岩性油气藏的形成提供了广阔的领域。已发现的油气田可以划分为五个区带（图 7-28），第一富油带已发现各类油气田 50 个，主要是平行于海岸线分布的大型和特大型的滚动背斜油气藏。第二富油带已发现各类油气田 20 个，主要是中型和大型的窄条状滚动背斜油气藏，这些油气藏平行于海岸线、沿生长断层呈串珠状分布在三条带上。第三富油带已发现各类油气田约 30 个，以大型宽缓的滚动背斜油气藏为主。第四富油带已发现各类油气田 30 余个，主要是大型宽缓的滚动背斜油气藏。第五富油带已发现各类油气田约 50 个，主要是中型和大型油气田。由于盆地内油气藏圈闭闭合高度普遍较小，一般在 10~100m 之间，多数在 50m 以内，因此，尼日尔三角洲单个油气田规模普遍较小。

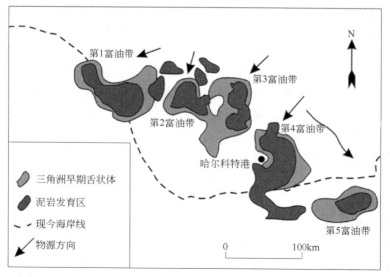

图 7-28　尼日尔三角洲五个富油带的分布状况（据刘新福，2003）

三、穆格莱德盆地

穆格莱德盆地位于非洲苏丹国南部，是苏丹境内北西—南东向裂谷盆地群中最大的大陆内部中生代裂谷盆地，位于中非断裂系东端南侧，走向 EW，平面形态北宽南窄，呈长楔形展布，长 1000km，宽 300km，面积约 $12 \times 10^4 km^2$（图 7-29）。该盆地油气勘探始于 20 世纪 70 年代，1980 年发现了 Unity 和 Sharaf 两个白垩系油田。其中 Unity 油田是穆格莱德盆地中已发现的最大油气田。1981 年至 1983 年继续开展钻井活动，完钻预探井 26 口，1982 年发现盆地第二大油气田 Heglig 白垩系油田，同年又首次在古近系首次发现了第一个油气田。20 世纪 80 年代至 90 年代是盆地进行大规模石油勘探的阶段，二维测网达 2km×2km，三维地震数百平方千米，钻井近百口，探明地质储量约 $4 \times 10^8 t$，分布在南区，主要油田已投入开发。目前在北区的福拉（Fula）凹陷已发现了新油田，勘探成效显著。

（一）盆地地质演化史

根据基底与沉积盖层沉积和构造发育特征，将穆格莱德盆地构造发育史分为 4 期（张亚敏等，2002）。

（1）第一裂谷期：早白垩世阿布加布拉期，随着非洲南美泛大陆裂开，产生了穆格莱德第一期伸展断陷盆地。区域 NE 向伸展运动的结果，形成了穆格莱德盆地 NW 向的构造系统（图 7-19），造成穆格莱德盆地主体部位诸断陷边界主断层以西倾为主，NW 走向，断陷均呈东断西超，导致下白垩统阿布加布拉组东厚西薄，下白垩统阿布加布拉（Abu Gabra）组厚达 6000m，是盆地唯一一套厚度巨大的半深湖—深湖相烃源岩层系。

（2）第二裂谷期：早白垩世晚期至晚白垩世，随着原始大西洋的产生，形成了第二期伸展断陷盆地，在许多早白垩世形成的东断西超断陷的缓侧，晚白垩世形成了新的东倾主断裂，使断陷由早白垩世的东断西超变为晚白垩世的西断东超，沉积地层由下白垩统的东厚西薄变为上白垩统的西厚东薄。在南区沉积了上白垩统优质的浅湖相的厚层泥岩，形成大油田的区域盖层。

（3）第三裂谷期：古近纪，此阶段裂陷不均一，只在局部地区有较大幅度的断陷，其他地区断裂沉降不显著，盆地转入伸展坳陷阶段，沉降中心位于南区的中、南部。

（4）后裂谷期：新近纪至第四纪，晚白垩世末和古近纪初，在穆格莱德盆地南部有明显挤压运动，形成构造反转，形成一系列的背斜或半背斜，成为油气富集的主要场所。走滑运动的改造结果使整个盆地的断陷形态自北而南表现出由北区的东断西超或东深西浅不对称地堑，至南区的标准地堑，再至南端的西断东超的变化规律；使穆格莱德盆地主要构造样式包括半地堑、半地垒（或地垒）、伸展断块、滚动背斜，反转形成的挤压背斜和走滑活动形成的负花状构造等。滚动背斜、挤压背斜、地垒等构造是油气富集的主要场所（张亚敏等，2002）。

（二）构造特征

穆格莱德盆地发育在前寒武系基底之上，其构造格局可分为近东西向和北西—南东向两大构造体系（图 7-29）。近东西向构造体系处于穆格莱德走滑断裂带之内，主要受走滑作用影响，表现为狭长而深的凹陷，规模小，沿断裂带呈"串珠"状分布，边界为陡直的走滑断层，构造圈闭不发育；北西—南东向构造体系处于中非断裂带以南，为穆格莱德盆地的主体构造，凹陷以拉张作用为主，同时伴有挤压扭动作用，断陷深度大，拉张幅度大，凹陷边界断层多呈斜列展布，凹陷内构造发育。

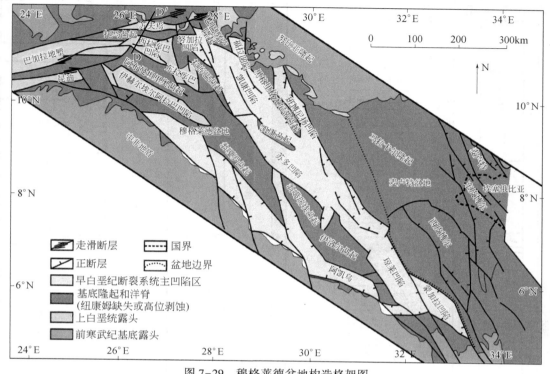

图 7-29　穆格莱德盆地构造格架图

盆地中的区域构造具有东西分带、凹凸相间、雁行排列和成带分布的特点（图 7-29），局部构造则有南北分块的特点。盆地由一系列互联的张扭性半地堑组成（图 7-30），早期形成的半地堑受后期裂谷作用的影响，滑脱作用使盆地中构造的几何形态变得更加复杂。

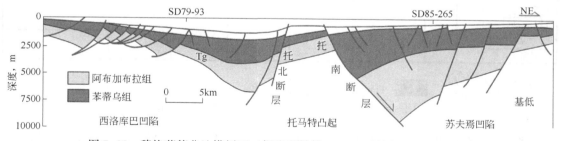

图 7-30　穆格莱德盆地横剖面（据张亚敏等，2007，见图 7-29 D-D′线）

（三）地层与沉积特征

穆格莱德盆地基底由前寒武系区域变质岩系组成，岩性主要为片麻岩、花岗片麻岩、花岗闪长片麻岩等，沉积盖层包括下白垩统、上白垩统、古近系、新近系和第四系，最大沉积厚度超过 15000m（图 7-31）。其白垩系为裂谷期的砂泥岩沉积、构造变形明显；新生代为拗陷期的砂泥岩沉积，几乎无构造变形，为水平层。其沉积最大厚度超过 15000m。

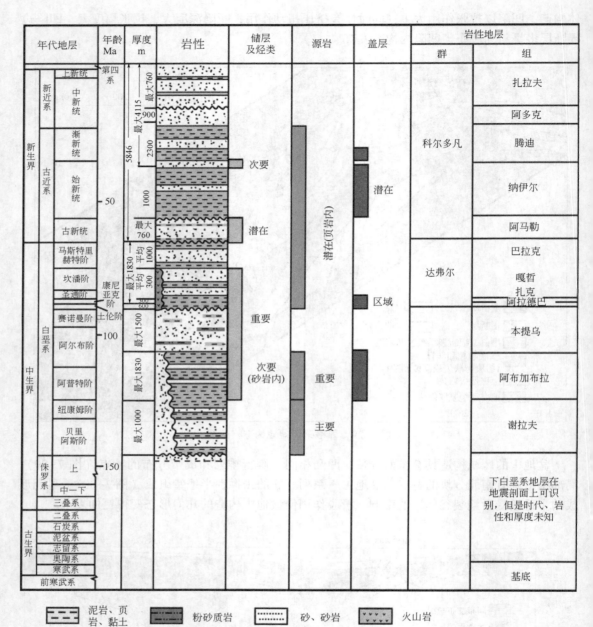

泥岩、页岩、黏土　　粉砂质岩　　砂、砂岩　　火山岩

图7-31　穆格莱德盆地地层柱状图（据 HIS，2011）

阿布加阿布拉组下部地层厚度小于 500m，下粗上细，河流相沉积。阿布加布拉组上部地层厚 2000m，底红上灰、下粗上细，暗色泥岩发育，砂泥岩互层，为河流—浅湖—深湖相。其中发育半深湖、深湖相主力生油层。本提乌组厚度 1300m，红色砂岩为主夹薄层泥岩，河流—浅湖相沉积，为主力储油层。达弗尔群厚度在穆格莱德盆地发育不均匀，岩性以暗色泥岩为主，夹砂岩，深湖相沉积为主，河流—泛滥平原相沉积。古近系—新近系发育在深凹陷中，其他地区普遍缺失，岩性以灰泥岩和泥质粉砂岩为主，向上有块状砂岩和砂砾岩，灰色泥岩为主夹砂岩，主要为泛滥平原相、湖相沉积。

（四）生储盖组合与油气运移特征

穆格莱德盆地油气储量丰富，烃源岩有机质含量高。其中，经证实的烃源岩有下白垩统谢拉夫组和阿布加布拉组。推测的烃源岩较多，如上白垩统达弗尔群、马斯特里赫特阶—古新统阿马勒组（下段）和始新统—渐新统伊尔组和腾迪组等。主要储集层有本提乌组、达弗尔群和阿马勒组。重要盖层为上白垩统达弗尔群阿拉德巴组湖相泥岩。

1. 烃源岩

穆格莱德盆地中最优质的烃源岩是下白垩统谢拉夫组和阿布加布拉组，这是在第一裂谷期的半地堑中沉积的富含有机质泥岩。烃源岩生成的非海相原油典型特征为含蜡、低硫。阿布加布拉组中下部烃源岩层厚 $1500 \sim 5000m$，TOC 含量为 $1.6\% \sim 2.23\%$，生油潜量（$S_1 + S_2$）为 $8 \sim 16.6mg/g$，干酪根类型主要为 I 型和 II$_1$ 型，T_{max} 为 $440℃$ 左右，R_o 大于 0.8%。裂谷初始期无火山岩，地温梯度较低，生油门限深度为 $2100 \sim 3000m$。在盆地西北部一些地方和凯康凹陷，上白垩统达弗尔群、马斯特里赫特统—古新统阿马勒组（下段）和始新统—渐新统纳伊尔组和腾迪组也可能是烃源岩，但这些地层埋藏浅，沉积物资料少，缺少相关研究。

2. 储集层

穆格莱德盆地的储集层沉积在多种环境中，储集砂体的分布和质量与沉积时代、深度和沉积环境密切相关。一般最好的储集层沉积在相对近源的湖泊和河流环境中。典型的白垩系储集层粒度好—中等，分选中等，磨圆度差。粗粒、分选较差的砂岩通常位于湖相夹层中。穆格莱德盆地在三次拗陷期形成了三套区域储集层，即本提乌组、达弗尔群和阿马勒组。其中第一拗陷期形成的本提乌组是勘探的主要目的层，并构成盆地的储层主体，主要为河流相砂岩，储集层孔隙度为 $20\% \sim 25\%$，泥质胶结为主，较疏松。

3. 盖层

在穆格莱德盆地，大部分盖层是与储集层同组的页岩。主要的白垩系盖层有阿布加布拉组、本提乌组、阿拉德巴组、扎克组和嘎哲组页岩以及少量的腾迪组层内盖层。始新统纳伊尔组页岩形成了部分的区域性盖层。

穆格莱德盆地最重要的区域盖层是上白垩统达弗尔群阿拉德巴组湖相泥岩。达弗尔群形成于晚白垩世裂谷期以浅水氧化为主的环境中，以泛滥平原、滨浅湖相泥岩、粉砂质泥岩和泥质粉砂岩为主，有机碳含量低。最下部的阿拉德巴组厚度一般为 $180 \sim 500m$，在凹陷中心超过了 $1000m$，单层最大厚度近 $100m$，以角度或平行不整合上覆于本提乌组砂岩之上，构成了全区最好的储、盖组合。盆地北区和南区发育程度不同，南区内分布稳定，北区变化大。阿拉德巴组分为上、下两段：上段为一大套泛滥平原相（局部为浅湖相）泥岩，颜色为各种红褐色、绿灰色、灰色等较强氧化色，局部含粉砂岩薄夹层，基本上不含砂岩，电性上为平直的低电阻，具齿状的低伽马；下段以红褐色、绿灰色、灰色泛滥平原泥岩为主，夹曲流河道和三角洲分流河道砂。

基于生储盖层发育特征，穆格莱德盆地主要划分出两套生储盖组合（据张亚敏等，2007）。第一套组合为阿布加布拉组自生、自储、自盖式组合，主要位于下部地层，地层厚度小，储层多为夹于烃源岩层中的薄砂岩，物性一般比较差，为层状油藏，油藏高度低，含油面积小，单井日产原油 $20 \sim 60t$。第二套为下白垩统阿布加布拉组生烃、本蒂乌组储集、上白垩统达尔富尔群底部泥岩封盖的生储盖组合，主要分布于上部地层，生、储、盖厚度大，储层为大套平原河流相块状砂岩，单层厚度大，物性好。下部生成的油气经过二次运移和富集，形成块状砂岩的层状油藏，油藏高度大于100m，单井日产原油200~900t。

（五）圈闭与油气藏类型

穆格莱德盆地以断块圈闭为主，其次为背斜圈闭。而断块圈闭主要是反向断层翘倾断块（或断鼻）。这主要是由于这种断层最容易形成主力油层本提乌组的侧向封堵（图7-32）。断层侧向封堵性较差，涂抹作用不明显，一般都要求对侧的岩性封堵。断距Δh和相邻一侧的地层岩性决定了圈闭的有效性和含油高度。同一条断层对不同地层的封堵作用不同。单个圈闭的规模以小型为主，但在一定的地质背景控制下，成带成群分布。穆格莱德盆地存在三个主要的成藏组合，下白垩统构造成藏组合、上白垩统构造成藏组合及新生界腾迪组/纳伊尔组构造成藏组合，以上白垩统构造成藏组合为主。穆格莱德盆地已证实的含油气系统为阿布加布拉/谢拉夫组—白垩系含油气系统，是穆格莱德盆地最重要的含油气系统，也是大部分油气的聚集体系。烃源岩为下白垩统阿布加布拉组，储集层为下白垩统阿布加布拉组、本提乌组和上白垩统达弗尔群。盖层以达弗尔群的阿拉德巴等组为主。此含油气系统是早期形成的原生含油气系统，生、储、盖条件配置良好，具有良好的保存条件。

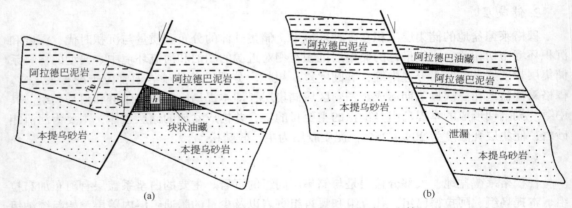

图7-32　穆格莱德盆地油气运聚主要模式（据童晓光等，2004）

（a）本提乌—阿拉德巴组反向断块油气藏；（b）本提乌—阿拉德巴组同向断块油藏

1.尤尼蒂油田

尤尼蒂油田位于苏丹中南部上尼罗河省，在穆格莱德盆地的东北翼（图7-33）。尤尼蒂油田位于隆起带南部，构造走向为北西向，共包括8个区块，共有40个油藏，其中断块油藏24个，背斜油藏10个，断层背斜油藏2个，断鼻油藏3个，构造—岩性复合油藏1个。

尤尼蒂油田埋深为1750~2700m，圈闭幅度为100~200m，含油高度一般为20~60m，最高为70m。含油层位为本提乌组和达弗尔群，大部分油层厚3~10m，只有在西本提乌块和本提乌8区块本提乌组油层厚度分别达23.8m和13.4m，尤尼蒂油田储层为高孔高渗，孔隙度为20%~30%，渗透率为100~5000mD。油藏压力为17~26MPa，地层压力系数为1.0~1.003。石油密度为0.82~0.96g/cm³，大部分在0.86~0.88g/cm³范围内。油田东部石油密度大于西部，平均单井日产量为50~150m³。

2.黑格里格油田

黑格里格油田位于穆格莱德盆地2B开发区，喀土穆西南部750km，是苏丹第二大商业

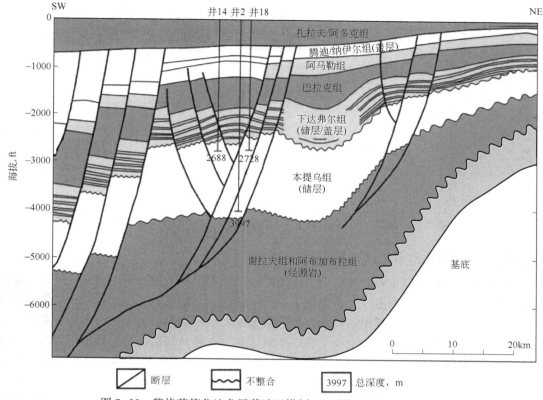

图 7-33　穆格莱德盆地尤尼蒂油田横剖面示意图（据 HIS，2011）

性油气发现，仅次于尤尼蒂油田。发现于 1982 年，石油地质储量 0.38×10^8t，加上附近的小油田，总石油可采储量超过 0.27×10^8t。

该油田位于黑格里格尤尼蒂凸起中部，为北西向的长轴背斜，被一组西倾的断层复杂化，地层倾角平缓。油田由 10 个含油断块组成，共有 13 个油藏，油藏类型包括背斜、断块和断鼻。油田主体位于黑格里格构造的中央部分，是油田的主要含油区块。储层为上白垩统达弗尔组和下白垩统本提乌组，其中本提乌组是主要含油层，本提乌组 I 砂岩是最富集的油层。储层为高孔高渗，孔隙率为 20%～30%，渗透率为 100～5000mD。油藏埋深为 1600～2700m，油藏压力为 16.1～20.3MPa，地层压力系数为 1～1.03。大多数油井日产量为 50～250m³，石油密度较大，一般为 0.9g/cm³，最高达 0.99g/cm³。

3. 富北油田

富北油田是到目前为止在富拉凹陷发现的最大的油田，在白垩系阿拉德巴组和本提乌组发现了近亿吨重油储量。富北油田位于富拉凹陷中央隆起带南段，为基底隆起背景上发育的断背斜构造油藏，当断盘沿断面下降时，在断层上升盘形成圈闭（图 7-34）。阿拉德巴组泥岩的侧向封堵是形成本提乌组油藏的关键控制因素，下降盘泥岩厚度和断层断距决定着油藏的规模和质量。富北油田的油藏含油面积为 7.5km²，含油高度 80m，圈闭幅度 100m。油源对比证实，烃源岩为阿布加布拉组暗色湖相泥岩，厚约 240m；主要储集层为下白垩统本提乌组河流相块状砂岩和上白垩统阿拉德巴组三角洲和扇三角洲相砂岩。

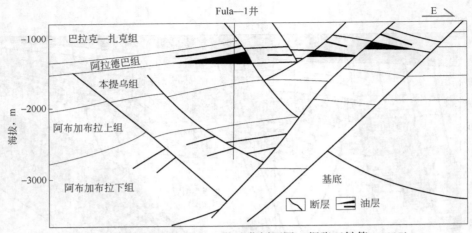

图 7-34　富北油田过 Fula—1 井油藏剖面图（据张亚敏等，2007）

（六）油气分布规律与控制因素

穆格莱德盆地的油气主要分布在上白垩统砂岩油藏中，少量发现于下白垩统阿布加布拉组。上白垩统以正常原油为主，但也发现了少量稠油油藏。穆格莱德盆地的油气主要受烃源岩、断层、储集层、盖层与圈闭条件的多种因素控制。烃源岩是控制油气分布的主要因素之一。阿布加布拉组烃源岩生成的油气沿断裂垂向运移，直接从深层运移至浅层。主断裂往往向上分叉成马尾状、羽毛状和丫字形的断层呈分支状，是油气向前部储集层运移的重要通道，与此有关的断块成为油气勘探的有利目标（图 7-35）。上白垩统阿拉德巴组的湖相泥岩是穆格莱德盆地最重要的区域盖层，其发育程度控制油气藏的规模和富集。该组沉积厚度大于 200m，单层最大厚度近 100m，盆地北区和南区发育程度不同，南区分布稳定、北区变化大，厚度稳定分布区域利于油气富集。盆地多物源、近物源、有利相带窄、岩性变化快的沉积特点，导致三角洲前缘亚相的砂岩控制油气的富集。三角洲前缘水下分流主河道砂体厚度大，一般为 30~100m，物性好，当其与构造吻合时易形成富集。阿布加布拉组自生自储自盖组合由于砂体薄、分布范围小、油气未经长距离运移分异聚集，目前发现的油气较少，但保存、封盖好以及近距离运移损失少，也应是重要的勘探层位。

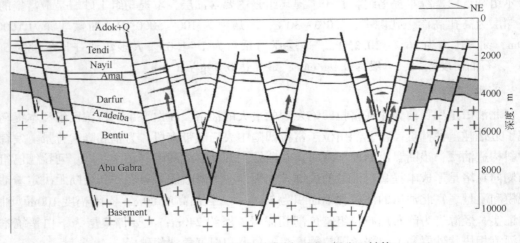

图 7-35　富北油田过 Fula-1 井油藏剖面图（据张亚敏等，2007）

第六节　非洲已发现油气资源和资源潜力

一、剩余探明油气可采资源分布

非洲的石油剩余探明可采储量变化趋势是持续增加的，1980年为72.9×10^{8}t，1995年之前较缓慢地增加到98.1×10^{8}t，之后直到2010年前后是增加快速的时期，从2010年的169.9×10^{8}t至2020年缓慢增加到170.9×10^{8}t（图7-36）。非洲石油剩余探明可采储量在全球占比呈波动变化，在7%~12%之间（图7-36），20世纪90年代占比明显较低主要与中东这一时期的储量快速增长有关。非洲的天然气剩余探明可采储量呈波动式，由1980年的5.7×10^{12}m^{3}增加到2018年的14.4×10^{12}m^3，其在全球的占比变化在7%~9%之间，近年占比在7.2%~7.5%之间（图7-37）。

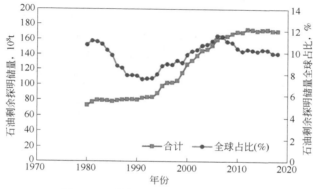

图7-36　非洲石油剩余探明可采储量变化图

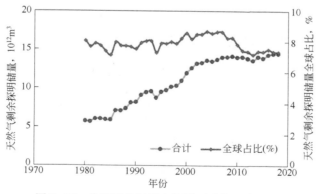

图7-37　非洲天然气剩余探明可采储量变化图

非洲石油剩余探明可采储量较多的国家主要有利比亚、阿尔及利亚、阿尔及利亚与安哥拉。它们的剩余探明储量总体均显示了增加趋势，尤其从20世纪末到21世纪初期普遍增加比较明显（图7-38、表7-11）。非洲的天然气剩余探明可采储量较多的国家主要包括尼日利亚和阿尔及利亚，其次有埃及、利比亚等，其储量增加的变化趋势与石油相近（图7-39、表7-12）。

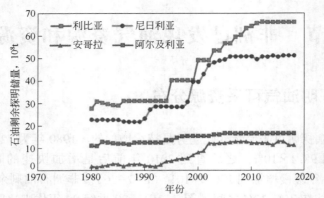

图 7-38　非洲主要国家油剩余探明可采储量图

表 7-11　非洲主要国家石油剩余探明可采储量统计表　　　　单位：10^8t

国家	年份								
	1980	1985	1990	1995	2000	2005	2010	2015	2018
利比亚	27.73	29.05	31.10	40.24	49.10	56.56	64.24	65.97	65.97
尼日利亚	22.78	22.64	23.32	28.41	39.56	49.40	50.74	50.55	51.09
阿尔及利亚	11.18	12.03	12.55	13.61	15.43	16.74	16.64	16.64	16.64
安哥拉	1.88	2.75	2.22	4.26	8.15	12.34	12.35	12.99	11.44
南苏丹	—	—	—	—	—	—	—	4.77	4.77
埃及	3.98	5.18	4.72	5.19	4.95	5.07	6.14	4.74	4.54
加蓬	0.64	0.90	1.17	2.01	3.30	2.93	2.73	2.73	2.73
刚果共和国	0.96	1.03	1.03	1.84	2.25	2.05	2.18	2.18	2.18
苏丹	—	0.41	0.41	0.41	0.36	0.77	6.82	2.05	2.05
乍得	—	—	—	—	1.23	2.05	2.05	2.05	2.05
赤道几内亚	—	—	—	0.76	1.09	2.46	2.33	1.50	1.50
突尼斯	2.97	2.43	2.37	0.51	0.58	0.76	0.58	0.58	0.58
其他	0.76	1.37	1.21	0.91	0.93	0.74	3.09	5.47	5.36
合计	72.89	77.80	80.10	98.14	126.92	151.88	169.88	172.21	170.88
全球占比，%	10.66	9.70	7.80	8.72	9.76	11.03	10.35	10.22	9.88

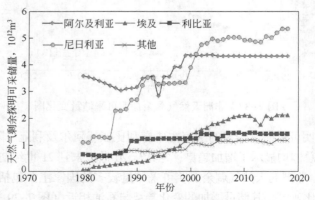

图 7-39　非洲主要国家气剩余探明可采储量图

表 7-12　非洲主要国家天然气剩余探明可采储量统计表　　　　单位：$10^{12} m^3$

国家	年份								
	1980	1985	1990	1995	2000	2005	2010	2015	2018
阿尔及利亚	3.6	3.2	3.2	3.6	4.4	4.3	4.3	4.3	4.3
埃及	0.1	0.2	0.4	0.6	1.4	1.8	2.1	2.0	2.1
利比亚	0.7	0.6	1.1	1.2	1.2	1.3	1.4	1.4	1.4
尼日利亚	1.1	1.3	2.7	3.3	3.9	4.9	4.9	5.0	5.3
其他	0.3	0.6	0.8	0.8	1.1	1.1	1.2	1.1	1.2
合计	5.7	5.9	8.2	9.5	11.9	13.5	14.0	13.9	14.4
全球占比，%	62.3	54.5	38.8	37.4	36.5	32.2	31.0	31.3	30.0

二、已发现油气资源分布

非洲油气分布总体上呈现出油多气少、北多南少、西多东少的特点。多数盆地以石油为主（刚果扇三角洲盆地、苏伊士盆地、加蓬盆地、锡尔特盆地等），它们的石油资源比例都超过85%；少数盆地（蒂勒赫姆特盆地、尼罗河三角洲盆地、佩拉杰盆地等）以天然气为主；有的盆地（如尼罗河三角洲盆地天然气所占比例超过89%）基本上全是天然气。非洲已发现和开发的油气田主要分布在非洲西部和大西洋海域，非洲东部和印度洋海域发现和开发的油气田相对较少。在不同类型盆地中，以三角洲盆地最丰富，离散型次之、拉分型最少，其油气储量分别占非洲被动大陆边缘含油气盆地油气总可采储量的68.71%、29.40%和1.89%，离散型被动大陆边缘盆地中又以南大西洋含盐盆地最丰富，油气总可采储量达$316.81 \times 10^8 m^3$油当量，占非洲含油气盆地油气总可采储量的56.33%。非洲共有18个裂谷盆地，面积占非洲盆地总面积的17%。除苏丹西北部的利万特和中非与乍得边界上的萨拉迈特盆地尚未获得油气发现，东非裂谷东支获得的1个油气发现，油气可采储量（2P）小于$0.01 \times 10^8 m^3$油当量外，其余15个含油气盆地已发现油气田744个，共获得油气可采储量（2P）$123.09 \times 10^8 m^3$油当量，占非洲含油气盆地已发现油气资源量的21.89%。从油气地区分布看，油气储量主要分布在尼日利亚至安哥拉一带、埃及北部及莫桑比克。

非洲的克拉通坳陷盆地主要发育古生界，其上的中—新生界沉积盖层较薄。北非克拉通边缘坳陷盆地的油气主要分布在古生界（寒武系5%、奥陶系2%、泥盆系10%），裂谷盆地和被动大陆边缘盆地的油气主要分布在中—新生界（三叠系10%、白垩系15%、新生界15%）。按储层岩性类别，77%是砂岩储层，其他的是碳酸盐岩储层。非洲克拉通盆地主要分布在非洲大陆的北部和中部，其次分布在非洲大陆的南部，中部只有一个。从全球范围来看，克拉通盆地的油气约占全球油气总量的1/4以上。在非洲的18个克拉通坳陷盆地中的10个含油气盆地中发现油气田662个，油气总量约为$122.41 \times 10^8 m^3$油当量，约占非洲油气总量的21.76%，其中石油占总量的17%，天然气占总量的39%。所发现油田绝大部分分布在西北非克拉通边缘坳陷盆地内，克拉通内陆坳陷盆地中只有陶丹尼和上埃及盆地中有少量油气发现。非洲的褶皱带与山间盆地中只发现3个含油气盆地，油气储量合计只有$0.13 \times 10^8 m^3$油当量，总量仅占非洲油气资源的一小部分。

三、待发现的油气资源

美国地质联邦调查局（USGS，2012）评价认为，非洲撒哈拉以南待发现的常规石油资源量有 $1150×10^8$ bbl，天然气有 $1340×10^8$ bbl 油当量，分布占到全球的 20.4% 和 13.3%。北非亦有相当数量的待发现常规油气资源。除常规油气资源外，非洲也相当数量的非常规油气资源。据美国联邦地质调查局、美国能源部等的评估，非洲拥有致密油、重质油与沥青/油砂分别为 $58.5×10^8$ t、$10.9×10^8$ t 与 $70.5×10^8$ t。另外还有 $77.7×10^8$ t 的油页岩油资源。另据油气杂志（2007）估算，非洲撒哈拉以南拥有煤层气、页岩气与致密砂岩气分别为 $1.1×10^{12}$ m^3、$7.8×10^{12}$ m^3 与 $22.2×10^{12}$ m^3，分别占全球的 0.43%、1.71% 与 10.59%。

非洲中部、东部和南部地区油气勘探程度相对较低。近年来，非洲海域已成为世界油气勘探的热点。安哥拉和尼日利亚近海是备受勘探业界关注的世界深海油区，其中的几内亚湾深海油区（包括尼日利亚、赤道几内亚、喀麦隆和安哥拉）是目前油气勘探最活跃的海区。非洲陆上 5 类沉积盆地，除褶皱带内盆地勘探前景较差，前陆盆地勘探前景尚未确定外，其他盆地均有较大的油气资源潜力。三角洲型盆地中的尼日尔三角洲盆地和尼罗河三角洲盆地两大盆地是非洲目前油气产量最高的盆地，这两大盆地勘探前景依然很大。除此之外，还有一些小三角洲盆地尚未重视，其前景也需研究。北非北部的内陆坳陷型盆地全都已有油田投入开发，虽然北非南部的此类盆地已发现了油田，但尚未开发，而非洲中南部的此类盆地勘探程度很低，勘探前景良好。非洲的离散大陆边缘型盆地在非洲西部、东部和南部边缘均尚未勘探，也应具有良好的勘探前景。非洲的裂谷型盆地面积较小，但油气产量很高，中非裂谷盆地和东非裂谷西支盆地均有油田投入开发，新近纪形成的东非裂谷东支盆地尚未勘探，可能也有勘探前景。位于印度洋海域的深海盆地面积较大，但勘探程度低，其勘探前景有待进一步确定。非洲海域已发现油气田的盆地，以陆壳盆地为主，多数油气田位于浅水区，少数位于深水区。非洲的洋壳盆地中也有一些油气发现，但由于超深水区（最深处为 3300m）勘探开发的成本很高，尚处于低勘探阶段，地质资料也较少。20 世纪末世界深水区发现的 8 个巨型油田（储量大于 $1.4×10^8$ t）有 5 个油田位于非洲西部。

复 习 题

1. 简述非洲含油气盆地类型。
2. 简述非洲已发现油气的分布特征。
3. 查阅资料，绘制非洲几个含油气盆地的生储盖组合对比图，分析其油气层分布特征。
4. 简述一个非洲含油气盆地的油气地质特征与油气分布规律。
5. 简述非洲主要产油国、产气国和剩余油气探明储量较多的国家有哪些？

参 考 文 献

关增森，李剑，2007. 非洲油气资源与勘探. 北京：石油工业出版社：251.

邓荣敬，邓运华，于水，侯读杰，2008. 尼日尔三角洲盆地油气地质与成藏特征. 石油勘探与开发，35（6）：
755-762.

刘新福，2003. 尼日尔三角洲油气分布特征. 河南石油，17（增刊）：1-3.

童晓光，窦立荣，田作基，等，2004. 苏丹穆格莱德盆地的地质模式和成藏模拟. 石油学报，25（1）：19~24.

应维华，潘校华，1998. 非洲苏尔特盆地和尼日尔三角洲盆地. 北京：石油工业出版社.

张亚敏，陈发景. 2002. 穆格莱德盆地形成特点与勘探潜力. 石油与天然气地质，23（3）：236~240.

张亚敏，漆家福. 穆格莱德盆地构造地质特征与油气富集. 石油与天然气地质，2007，28（5）：669-674.

朱伟林，陈书评，王春修，等，2013. 非洲含油气盆地. 北京：科学出版社.

BALLY A, SENLSON S, 1980. Facts and principles of word petroleum occurrence：realms of subsidence. Canadian Society of Petroleum Geologists, Memoir, 6：9-94.

BYMBY A J, UUIRAUD R, 2005. The geodynamic setting of the Phanerozoic basins of Africa. Journal of African Earth Sciences, 43：1-12.

BOOTE D R D, CLARK-LOWES D D, Traut M W, 1998. Palaeozoic petroleum systems of North America. Geological Society, 132：7-68.

CLIFFORD A C, 1986. African oli-past, present, and future//Halbouty M T. Future petroleum provinces of the world. AAPG Memoir, 40：339-373.

GUIRAUD R, BOSWORTH W, THIERRY J, et al. , 2005. Phanerozoic geological evolution of Northern and Central Africa：An overview. Journal of African Earth Sciences, 43：83-143.

HEMSTED T, 2003. Second and third millennium reserves development geology in African basins//Arthur T J. Petroleum of Africa：new themes and developing technologies. London：Special Publications.

KLEMME H D, ULMISHEK G F, 1991. Effective petroleum source rocks of the Word：stratigraphic distribution and controlling depositional factors. AAPG Bulletin, 75：1809-1851.

KINGSYON D R, DISHROOM C P, WILLIAMS P A, 1983. Global basin classification system. AAPG Bulletin, 67：2175-2193.

PETTERS S W, 1991. Lecture Notes in Earth Science：Regional Geology of Africa. New York：Springer-Verlag.

PICHA F J, 1988. Sedimentary provinces of Africa, Middle East, and South America：classification and hydrocarbon potentional. AAPG Bulletin, 72（2）：236.

PRATSCH J C, 1991. Vertical hydrocarbon migration：a maior exploration parameter. Journal of Petroleum Geology, 149（4）：429-444.

第八章
世界油气分布特征

油气总资源主要包括已采出的、已发现而未采出的、未发现的三部分。已探明但未开采出来的油气资源为剩余探明储量，与已采出的部分合起来为已发现的资源。未发现的油气资源代表油气资源的勘探潜力，是目前进行探寻的对象。按照油气富集特征、开发条件等差异，又将油气分为常规油气资源与非常规油气资源。

第一节　世界油气总资源分布

油气资源储存于地下，受成因、来源、运移、聚集、保存和认识等多种因素影响，这些因素都存在很大的不确定性，所以，要想搞清楚全球到底有多少油气资源量并非易事。尽管如此，不同学者也都在不断探索，估算的油气总资源量一直也都是变化的，但总趋势是不断增加的。

全球到底有多少油气资源，不同单位、学者依据的资料不同、估算的方法有差异，估算的结果有所不同（Laherrere，2010）。早期估算的主要是油气总资源，近年逐渐将常规与非常油气资源分开估算。早在 1940 年，就有人估算过全球有 $500×10^8 t$ 的石油。美国地质勘探局（USGS）专门成立了世界能源资源项目组从事世界油气资源评价工作，它被认为是目前世界上从事全球油气资源评价工作的最权威机构。自 20 世纪 80 年代末到 21 世纪初，USGS 先后开展了多轮世界油气资源评价工作（表 8-1）。据其评价结果，世界油气总资源量的估算值是持续增加的，并且呈缓慢台阶式增加（表 8-1）。世界石油资源量从 1983 年在伦敦召开第 11 届世界石油大会预测的 $2460×10^8 t$ 上升到 2000 年在加拿大召开第 16 届世界石油大会上 USGS 公布评价结果的 $4138.5×10^8 t$，增长了 68.21%。根据美国地质勘探局（USGS）最新报告和近年来的勘探结果，2010 年全球常规石油技术可采资源总量达到 $5321×10^8 t$，天然气资源总量达到 $525×10^{12} m^3$，分别较 2000 年 USGS 的评价结果增长 19% 和 20%。

表 8-1　USGS 对世界油气总资源评价结果变化对比

资源量	年份								
	1980	1983	1984	1989	1992	1994	1995	2000	2010
总油资源量 $10^8 t$	2338	2460	2372	2953	3091	3113	4109	4138.5	5321
总气资源量 $10^8 t$ 油当量	—	—	2104	2383	2622	$310×10^{12} m^3$	3535	3633 （$436×10^{12} m^3$）	$525×10^{12} m^3$

俄罗斯学者 Ю. И. Корчагина（1999）估算的全球石油原地资源量在 $(1.4\sim1.7)\times10^{12}$ t 之间，初始可采储量为 $(4200\sim5100)\times10^8$ t。也有的学者估算全球石油原地资源量在 $(1.5\sim2.0)\times10^{12}$ t 之间，初始可采储量为 $(3300\sim4000)\times10^8$ t。《石油与天然气杂志》（2004）初步估算全球大概有 1.27×10^{12} bbl 可采石油储量和 172.75×10^{12} m³ 天然气可采储量，油气估算分别比前一年高出了 530×10^8 bbl 和 16.28×10^{12} m³，这反映了新的发现、技术的改进对油气储量估算的影响。另据《世界油气投资环境数据库》资料预计，全球石油最终可采资源量 5031×10^8 t（表 8-2）。不同大区石油资源分布有较大差异，中东地区石油资源占到全球的 36.6%，其次为北美洲和俄罗斯+中亚地区，分别占 17.1% 和 16.4%，其他大区所占份额都比较低。全球常规天然气最终可采资源量为 488×10^{12} m³（4067×10^8 t 油当量），其中俄罗斯+中亚地区和中东地区天然气资源分别占到全球的 28.8% 和 26.2%，其次为北美洲和亚太地区，分别占 13.5% 和 13.1%，其他大区所占份额都比较低（表 8-2）。从国家来看，常规石油可采资源量超过 100×10^8 t 的国家有 13 个，其资源总量占全球常规石油资源量的 75% 以上，主要包括沙特阿拉伯、俄罗斯和美国等；天然气可采资源量超过 5×10^{12} m³ 的国家共有 21 个，资源总量约占全球天然气资源量的 85%，前 10 位主要包括俄罗斯、美国、伊朗、沙特阿拉伯和卡塔尔等（表 8-3）。

表 8-2　全球最终可采油气资源量地区分布表（据中国石油经济技术研究院，2011）

地区	石油		天然气	
	10^8 t	占全世界比例,%	10^{12} m³	占世界比例,%
北非	195	3.9	17	3.5
北美	859	17.1	66	13.5
俄罗斯+中亚	826	16.4	139	28.5
南美	519	10.3	30	6.1
欧洲	183	3.6	31	6.4
亚太	395	7.9	64	13.1
中东	1840	36.6	128	26.2
中南非	214	4.3	13	2.7
全球合计	5031	100	488	100

表 8-3　最终油气资源量前 10 国家（据中国石油经济技术研究院，2011）

名次	国家	石油, 10^8 t	名次	国家	天然气, 10^{12} m³
1	沙特阿拉伯	769	1	俄罗斯	109
2	俄罗斯	614	2	美国	58
3	美国	496	3	伊朗	38
4	伊朗	304	4	沙特阿拉伯	34
5	加拿大	292	5	卡塔尔	32
6	伊拉克	265	6	中国	22
7	阿联酋	211	7	印度尼西亚	13
8	中国	200	8	土库曼斯坦	13
9	科威特	195	9	挪威	10
10	委内瑞拉	182	10	委内瑞拉	10

邹才能等（2015）据调研成果与 USGS、IEA、BP 等机构公报的数据指出，全球常规石油可采资源总量为 $4879×10^8t$，常规天然气可采资源总量为 $470.5×10^{12}m^3$（表 8-4）。非常规石油可采资源量为 $4119.7×10^8$，非常规天然气可采资源量为 $921.9×10^{12}m^3$（表 8-5）。

表 8-4　全球常规石油与天然气可采资源总量统计表（据邹才能等，2015）

地区	石油，10^8t				天然气，$10^{12}m^3$			
	累计产量	剩余探明可采	待发现	可采总量	累计产量	剩余探明可采	待发现	可采总量
中东	503	1094	377	1974	4.8	80.3	49.7	134.8
俄罗斯	273	179	316	768	18.9	52.9	79.9	151.7
北美	444	77	141	662	40.9	11.7	16.2	68.8
拉丁美洲	159	157	204	520	2.9	7.7	13.9	24.5
非洲	166	173	113	452	2.2	14.2	13.4	29.8
亚太	141	56	88	285	5.5	15.2	13.2	33.9
欧洲	87	20	111	218	7.1	3.7	16.2	27
合计	1773	1756	1350	4879	82.3	185.7	202.5	470.5

表 8-5　全球非常规石油与天然气可采资源总量统计表（据邹才能等，2015）

地区	石油，10^8t					地区	天然气，$10^{12}m^3$			
	致密油	重质油	沥青/油砂	油页岩油	总和		致密气	煤层气	页岩气	总和
北美	109.1	53.5	870.3	1011.1	2044	北美	38.8	85.4	108.8	233
南美	81.4	823.5	0.2	39.1	944.2	拉丁美洲	36.6	1.1	59.9	97.6
非洲	58.5	10.9	70.5	77.7	217.6	撒哈拉以南非洲	22.2	1.1	7.8	31.1
欧洲	19.5	7.4	0.3	56.3	83.5	欧洲	12.2	7.7	15.5	35.4
中东	0.1	118.5	0	46.8	165.4	中东+北非	23.3	0	72.2	95.5
亚洲	100.8	44.8	70.2	152.1	367.9	亚太	51	48.8	174.3	274.1
俄罗斯	103.4	20.3	55.2	118.2	297.1	俄罗斯	25.5	112	17.7	155.2
合计	472.8	1078.9	1066.7	1501.3	4119.7	合计	209.6	256.1	456.2	921.9

童晓光等（2018）估算的全球常规油气可采资源总量为 $10727.9×10^8t$ 油当量，石油可采资源主要集中在中东、中亚—俄罗斯和中南美地区，为 $3853.9×10^8t$，占比为 72.0%；凝析油主要集中在中东和北美地区，为 $265.8×10^8t$，占比 53.6%。天然气主要集中在中亚—俄罗斯和中东地区，为 $354.4×10^{12}m^3$，占比 60.2%。最新的资料显示，全球石油可采资源量为 $9559.4×10^8t$，天然气可采资源量为 $783.8×10^{12}m^3$，其中，常规油气可采资源总量为 $107×10^{12}t$ 油当量，石油可采资源量为 $5350×10^8t$，天然气可采资源量为 $588.4×10^{12}m^3$。

可见，全球油气资源总量并没有一个确定的数量，不同研究机构和研究者估算的总资源量的内涵也不尽相同，有的是可采资源量，有的是原地资源量。有的估算的是常规油气资源，有的分别估算了常规与非常规油气资源。随着时间的推移、资源发现程度的提高、勘探技术的改进以及资料掌握程度的不同，油气资源量估算值会不断变化，但总体的趋势是估算值会逐渐增加。

第二节　已发现油气资源分布特征

世界油气资源的分布从总体上是极不平衡的。从东、西半球来看，约3/4的油气资源集中于东半球，西半球占1/4。从南北半球看，油气资源主要集中于北半球。从纬度分布看，主要集中在北纬20°~40°和50°~70°两个纬度带内。波斯湾及墨西哥湾两大油气区和北非油气田均处于北纬20°~40°内，该带集中了51.3%的世界油气储量；50°~70°纬度带内有著名的北海油气田、俄罗斯伏尔加及西伯利亚油气田和阿拉斯加湾油气区。

一、深度分布特征

从全球大油气田的数量统计来看，已探明油藏的最大深度是5800m，气藏为8088m，其中埋深小于1500m的大油气田有310个，占总数的30.4%，主要分布于中国、北美、东南亚、东欧、中亚及俄罗斯地区；埋深1500~3000m之间的大油气田有466个，占总数的45.6%，主要分布于中东、西西伯利亚和北美；埋深大于3000m的大油气田有167个，占总数的16.4%，主要分布于墨西哥湾、中南美和非洲位于大西洋两岸的地区、澳洲西北海岸地区以及中东和西西伯利亚。

从全球大油气田的储量深度统计来看（表8-6），大油田埋藏深度小于1220m的分布较少，占大约5.1%；大多数大油田的埋藏深度为1220~3050m，其储量占全部大油田储量的79%；3050m深度之下，大油田储量分布也逐渐减少；到大于4270m深度范围，大油田储量仅占0.2%。大气田储量分布与石油不同，主要集中分布在深度浅于3660m部位，但以1220~3050m深度段最丰富，占46.1%；浅于1220m深度范围储量分布也较多，占25.7%；3050~3660m深度段储量分布相近，占25%；大于3660m深度范围，大气田储量明显减少。上述油气的分布除了受烃源岩的演化阶段、运移特征、压力等因素控制外，还和勘探程度有密切关系。随着勘探程度的加强，近年来深部发现的储量已显著增加。

表8-6　全球不同深度大油气田储量分布表（据张厚福，2009）

埋藏深度，m	<1220	1220~3050	3050~3660	3660~4270	>4270
大油田所占储量，%	5.1	79.0	8.1	7.6	0.2
大气田所占储量，%	25.7	46.1	25.0	1.9	1.3

中国石油资源49.57%分布在埋深2000~3500m的范围；其次为3500~4500m范围，占23.26%；其余主要分布在浅于2000m深度的范围。应当指出的是，新疆南北区资源埋深一般多在3500~4500m，塔里木盆地有40.45×10^{8}t的石油资源量埋藏深度大于4500m。天然气埋藏深度与石油基本不同，中国中部和海域的天然气资源多在2000~3500m深度范围内。

二、层位分布特征

目前全球几乎在所有地质时代的地层中都发现了油气田，但分布很不均匀。石油多数集中在中—新生界，占全部储量的92%~94.88%，只有8%~5.13%分布在古生界。天然气则以中—古生界为主，占总储量的90%，古生界所占比例明显高于新生界（古近—新近）。中生界和古近—新近系是石油和天然气均丰富的层系，其中中生界石油储量占54%，天然气储量占44%；古近—新近系石油储量占32%，天然气储量占27%。全球前寒武系大油气田主要分布在俄罗斯境内。下古生界大油气田主要分布在美国、北非及阿曼等国家和地区。上古生界大油气田主要分布在西西伯利亚、北海、中东、美国、加拿大和澳洲等国家和地区。中生界大油气田主要分布在中东和西西伯利亚地区，其他地区也有分布。新生界大油气田主要分布在墨西哥湾、中东和东南亚地区。根据对大油气田的资料统计结果，其储层主要富集于中生界，有493个大油气田，占全球大油气田的48.3%；其他分别富集于新生界（296个）、上古生界（132个）、下古生界（19个）、前寒武系（12个）。根据中国石油资源量在地层时代上的分布统计结果来看，新生界为 $466.05 \times 10^8 t$，占总资源量的一半（50.1%）；中生界为 $336.63 \times 10^8 t$，占总资源量的36.2%；晚古生界为 $82.49 \times 10^8 t$，占总资源量的8.9%；早古生界及前寒武系为 $45.15 \times 10^8 t$，占总资源量的4.8%。这些数据显示了时代越新资源量越大的基本趋势。天然气在新生界为 $11.26 \times 10^{12} m^3$，占总资源量的29.7%；中生界为 $7.39 \times 10^{12} m^3$，占总资源的19.5%；晚古生界为 $11.29 \times 10^{12} m^3$，占总资源的29.8%；早古生界及前寒武系为 $7.98 \times 10^{12} m^3$，占总资源的21.0%。这些数据说明，天然气资源主要在新近系、古近系、石炭系、奥陶系，其他各时代地层中的资源量大体呈均势分布。

三、圈闭类型分布特征

从圈闭类型看，全球油气田的圈闭主要分为构造圈闭、地层复合圈闭和礁型圈闭3种。主要为构造圈闭，尤以背斜、断背斜为主，占大油气田总数的85%，占总储量的91%，而岩性地层圈闭的大油气田仅占总数的2%，占总储量的1.1%，分布于东欧、中亚及俄罗斯地区，西欧、北美和中南美东海岸地区。有29个大油气田属于礁型圈闭，占总数的2.8%，主要分布于东南亚、北美和中亚地区。

四、储量规模分布特征

截至2020年全球已探明的油气田约有70000，94%的石油探明可采储量赋存在1500个大的油气田中。自1853年至2007年，全球发现的油气储量超过 $5 \times 10^8 bbl$ 油当量的大油气田为945个，约占全球40%的石油储量，分布在全球27个国家或地区，主要分布在中东波斯湾和俄罗斯西西伯利亚。

全球石油可采储量超过 $100 \times 10^8 bbl$ 的特大型油田有34个（表8-7）。居于前10位的大油田中，有6个位于波斯湾盆地，巴西2个，墨西哥和委内瑞拉各1个。全球可采储量最大的油田为沙特阿拉伯的加瓦尔油田，其可采储量为 $(750 \sim 830) \times 10^8 bbl$；第二大油田为科威特的布尔甘油田，可采储量 $(660 \sim 720) \times 10^8 bbl$（表8-7）。

全球天然气可采储量超过 $1000 \times 10^8 m^3$ 的气田有138个；储量超过 $1 \times 10^{12} m^3$ 的超巨型气田有41个（表8-8）。可采储量居于前10位的超巨型气田有5个在俄罗斯，2个在美国，荷兰与土库曼斯坦各1个，另一个最大的北方—南帕斯气田横跨卡塔尔和伊朗。

表 8-7　2020 年全球石油可采储量超过 100×10⁸ bbl 的大油田

序号	油田	所在国家	发现年份	投产年份	石油储量 10^8 bbl	石油日产量 10^4 bbl
1	加瓦尔（Ghawar）	沙特阿拉伯	1984	1951	750~830	500
2	布尔甘（Bulgan）	科威特	1938	1948	660~720	170
3	费尔杜斯（Ferdows）	伊朗	2003		380	
4	塔糖（Sugar Loaf）	巴西	2007		250~400	
5	坎佩切（Cantarell）	墨西哥	1976	1981	350（可采储量 180）	180
6	玻利瓦尔滨海（Bolivar Coastal）	委内瑞拉	1917		300~320	260~300
7	艾扎德干（Azadegan）	伊朗	2004		260	
8	图皮（Tupi）	巴西	2007		50~80	
9	埃斯凡迪亚尔（Esfandiar）	伊朗			300	
10	鲁迈拉（Rumaila）	伊拉克	1953		170	130
11	田吉兹（Tengiz）	哈萨克斯坦	1979		150~260	53
12	阿瓦士（Ahvaz）	伊朗	1958		101	70
13	基尔库克（Kirkuk）	伊拉克	1927	1934	85	48
14	谢巴（Shaybah）	沙特阿拉伯	1968		150	
15	阿加查利（Agha Jari）	伊朗	1937		87	20
16	马吉努（Majnoon）	伊拉克			110~200	50
17	萨莫特洛尔（Samotlor）	俄罗斯	1965	1969	140~160	97.4
18	阿尔莫什基诺（Rmoashkino）	俄罗斯	1948	1949	160~170	29.5
19	普鲁德霍湾（Prudhoe Bay）	美国	1969		130	90
20	卡沙甘（Kashagan）	哈萨克斯坦	2000		130	
21	石漠（Serir）	利比亚	1961		120	
22	普里亚布斯克（Priobskoye）	俄罗斯	1982	2000	130	40
23	梁托尔科（Lyantorsko）	俄罗斯	1966	1979	130	16.8
24	布盖格（Abqaiq）	沙特阿拉伯			120	43
25	希翁坦皮科（Chiontepec）	墨西哥	1926		65	
26	贝利（Berri）	沙特阿拉伯	1946	1967	120	
27	扎库姆（Zakum）	阿联酋	1965	1967	120	
28	西库尔纳（West Quma）	伊拉克			150~210	18~25
29	玛尼法（Manifa）	沙特阿拉伯	1957		110	
30	费奥多罗夫斯科（Fyodorovsko）	俄罗斯	1971	1974	110	190
31	东巴格达（East Baghdad）	伊拉克		1989	80	5
32	法鲁赞-玛尔詹（Faroozan-Marjan）	沙特阿拉伯			100	
33	马利姆（Marlim）	巴西			100~140	
34	萨法尼亚-卡夫基（Safaniya-Khafji）	沙特阿拉伯	1951		300	

表 8-8 2020 年全球超巨型气田数据表

序号	气田名称	所在国家或地区	天然气储量 $10^{12}\,m^3$	序号	气田名称	所在国家或地区	天然气储量 $10^{12}\,m^3$
1	北方-南帕斯（North-South Pars）	卡塔尔-伊朗	>38	22	Juptier	巴西	1~1.6
2	乌连戈伊（Urengoy）	俄罗斯	10.2	23	Kish	伊朗	1.56
3	马塞勒斯（Marcellus）	美国	4.45~13.67	24	Slochteren	荷兰	1.5
4	奥洛坦（Iolotan）	土库曼斯坦	7	25	Chawar Field	沙特阿拉伯	1.5
5	亚姆堡（Yamburg）	俄罗斯	5.24	26	Kyzyloi Field	哈萨克斯坦	1.42
6	博瓦年科夫斯科（Bovanen kovskoe）	俄罗斯	4.4	27	Pazanum	伊朗	1.42
7	扎波利亚诺耶（Zapolyarnoye）	俄罗斯	3.5	28	Elsuort	加拿大	1.4
8	施托克曼（Shtokman）	俄罗斯	3.2	29	Pars gas field	伊朗	1.326
9	格罗宁根（Groningen）	荷兰	2.85	30	Troll	挪威	1.325
10	北极（Arctic）	美国	2.76	31	Sakhalin-Ⅲ	俄罗斯	1.3
11	阿斯特拉罕斯科耶（Astrakhanskoye）	俄罗斯	2.71	32	Chayandinskoye	俄罗斯	1.24
12	阿纳达科（Anadarko）	美国	2.65	33	Angaro-Lenskoye	俄罗斯	1.22
13	纳西梅尔（Hassi R'mel）	阿尔及利亚	2.55	34	Shah Deniz gas field	阿塞拜疆	1.2
14	梅德韦韦耶（Medvezhye）	俄罗斯	2.2	35	Central-Astrakhan	俄罗斯	1.2
15	尤鲁布琴（Yurubchen）	俄罗斯	2.1	36	Shatlyk gas field	土库曼斯坦	1.2
16	胡果顿（Hugoton）	美国	2.04	37	Chicontepec Field	墨西哥	1.1
17	哈拉索维斯科耶（Kharasoveiskoye）	俄罗斯	1.9	38	Greater Gorgon	澳大利亚	1.1
18	奥伦维斯科（Orenburgskoe）	俄罗斯	1.9	39	Dorra	吉布斯	1
19	科维克塔（Kovykta）	俄罗斯	1.9	40	Yuzhno-Russkoyefield	俄罗斯	1
20	甘纳克（Karachaganak）	哈萨克斯坦	1.8	41	South-Tambey field	俄罗斯	1
21	道勒塔巴德（Dauletabad）	土库曼斯坦	1.6				

五、岩性分布特征

全球大油气田的岩性主要为砂岩、碳酸盐岩和浊积岩三类。分布最广泛的是砂岩，有616个大油气田，占总数的 60.3%；其次是碳酸盐岩，有 321 个大油气田，占总数的31.4%；最后是浊积岩，有 24 个大油气田，占总数的 2.4%；还有 60 个大油气田资料不详。砂岩储层在全球各地区都有分布，碳酸盐岩主要分布于中东、北美和西西伯利亚地区，浊积岩主要分布于大西洋两岸。虽然砂岩储层广泛发育，但是油气储量在碳酸盐岩中更加富集。据统计，世界碳酸盐岩储层的油气产量约占油气总产量的 60%，其油气储量占油气总储量的 47%。波斯湾盆地的石油产量约占世界产量的 2/3，其中约 80% 的石油储量和 95% 的天然气储量主要分布在碳酸盐岩储层，其余储量分布在以砂岩为主的碎屑岩储层。

六、盖层分布特征

常见的盖层有泥岩、页岩、蒸发岩（石膏、盐岩）和致密灰岩，其中以蒸发岩为最好。据统计，大油气田的盖层以泥页岩为主的占盖层总数的 66.7%，以蒸发岩为主的占盖层总数的 19.8%，其余主要为其他岩性盖层。

七、烃源岩时代与类型特征

按烃源岩时代分，新元古界和下古生界油气占 10.2%，上古生界占 16.7%，中生界占57.8%，新生界占 15.3%，其中新生界中以白垩系为源岩的大油气田达 40%。世界大油气田烃源岩以泥页岩为主，占大油气田总数的 68.1%，有 27.7% 的大油气田源岩为碳酸盐岩，仅有 3.7% 来源于煤源岩。

第三节　全球已生产的油气分布

虽然自 1857 年罗马尼亚就开始有石油产量记录，但要确切知道全球目前已经生产了多少石油依然是困难的，况且 1936 年才有天然气产量记录，所以，要确切知道全球已经生产了多少天然气更是不可能的。由于地质条件的复杂性、开采技术的提高、经济条件、政治变动、自然灾害、地理环境等多种因素的影响，油气的产量是不断变化的，不同地区、国家的油气产量每年都有所不同。据粗略统计，截至 2019 年底，全球累计生产石油 $1980.51 \times 10^8 t$，天然气 $77.98 \times 10^{12} m^3$。

2018 年全球石油产量为 $44.74 \times 10^8 t$（表 8-1），其中中东地区石油产量最高，达到 $14.9 \times 10^8 t$，占全球的 33.3%；北美洲石油产量为 $10.27 \times 10^8 t$，占全球的 23.0%；俄罗斯产量为 $7.09 \times 10^8 t$，占全球的 15.8%；非洲、亚太与中南美洲的产量依次为 $3.89 \times 10^8 t$、$3.62 \times 10^8 t$ 和 $3.35 \times 10^8 t$，分别占全球的 8.7%、8.1% 和 7.5%；欧洲产量最低，为 $1.63 \times 10^8 t$，占全球的 3.6%（表 8-9）。2018 年全球石油年产量超过 $1000 \times 10^4 t$ 的国家或地区共 34 个，年产量居于前 10 位的国家依次是美国、沙特阿拉伯、独联体、加拿大、伊拉克、伊朗、中国、

阿联酋、科威特和巴西，其中前三位的美国、沙特阿拉伯和独联体石油产量依次为 $6.69 \times 10^8 t$、$5.78 \times 10^8 t$ 和 $5.63 \times 10^8 t$，产量 $(2 \sim 3) \times 10^8 t$ 的国家依次是加拿大、伊拉克和伊朗，$(1 \sim 2) \times 10^8 t$ 的国家依次包括中国、阿拉伯联合酋长国、科威特、巴西和墨西哥。中国产量居第七位，为 $1.89 \times 10^8 t$（表 8-10）。

表 8-9　各大区 2018 年末石油年产量统计表（据 BP，2019）

大区/组织	年产量，$10^8 t$	全球产量占比，%
北美	10.27	23.0
中南美	3.35	7.5
西欧	1.63	3.6
独联体	7.09	15.8
中东	14.90	33.3
非洲	3.89	8.7
亚太	3.62	8.1
全球	44.74	100.0

表 8-10　全球 2018 年石油年产量超过千万吨的国家和地区列表（据 BP，2019）

序号	国家或地区	年产量 $10^8 t$	全球占比 %	序号	国家或地区	年产量 $10^8 t$	全球占比 %
1	美国	6.69	14.96	18	阿尔及利亚	0.65	1.46
2	沙特阿拉伯	5.78	12.93	19	英国	0.51	1.13
3	独联体	5.63	12.59	20	阿曼	0.48	1.07
4	加拿大	2.55	5.71	21	利比亚	0.48	1.06
5	伊拉克	2.26	5.05	22	哥伦比亚	0.46	1.02
6	伊朗	2.20	4.93	23	印度	0.40	0.88
7	中国	1.89	4.23	24	印度尼西亚	0.40	0.88
8	阿联酋	1.78	3.97	25	阿塞拜疆	0.39	0.88
9	科威特	1.47	3.28	26	埃及	0.33	0.73
10	巴西	1.40	3.14	27	马来西亚	0.31	0.70
11	墨西哥	1.02	2.29	28	厄瓜多尔	0.28	0.62
12	尼日利亚	0.98	2.20	29	阿根廷	0.28	0.62
13	哈萨克斯坦	0.91	2.04	30	泰国	0.17	0.39
14	挪威	0.83	1.86	31	刚果（布）	0.17	0.38
15	卡塔尔	0.78	1.75	32	澳大利亚	0.15	0.34
16	委内瑞拉	0.77	1.73	33	越南	0.13	0.29
17	安哥拉	0.75	1.67	34	土库曼斯坦	0.11	0.24

2018 年底全球天然气总产量为 $38678.6 \times 10^8 m^3$（表 8-11）。北美洲和独联体产量最高，分别为 $10538.66 \times 10^8 m^3$ 和 $8310.73 \times 10^8 m^3$，分别占世界的 27.2% 和 21.5%；中东和亚太地区产量较高，分别占世界的 17.8% 和 16.3%；欧洲、非洲和中南美洲天然气产量依次为 $2506.70 \times 10^8 m^3$、$2365.67 \times 10^8 m^3$ 和 $1766.81 \times 10^8 m^3$，分别占世界的 6.5%、6.1% 和 4.6%。

表 8-11　世界各大区 2018 年天然气产量统计表（据 BP 公司，2019）

国家或地区	年产量，$10^8 m^3$	全球产量占比，%
北美	10538.7	27.2
中南美	1766.8	4.6
西欧	2506.7	6.5
独联体	8310.7	21.5
中东	6872.7	17.8
非洲	2365.7	6.1
亚太	6317.4	16.3
世界	38678.6	100.0

从 2018 年底各国家或地区天然气产量统计（表 8-12）来看，天然气年产量前 10 位的国家依次是美国、独联体、伊朗、加拿大、卡塔尔、中国、澳大利亚、挪威、沙特阿拉伯和阿尔及利亚。年产量超过 $1 \times 10^{11} m^3$ 的国家有 9 个，其中超过 $6000 \times 10^8 m^3$ 的是美国和俄罗斯，年产量分别为 $8317.8 \times 10^8 m^3$ 和 $6694.8 \times 10^8 m^3$；$(2000 \sim 5000) \times 10^8 m^3$ 的只有伊朗，为 $2394.9 \times 10^8 m^3$；另外 6 个在 $(1000 \sim 2000) \times 10^8 m^3$ 之间。中国年产量居第六位，为 $1615.3 \times 10^8 m^3$。$(500 \sim 1000) \times 10^8 m^3$ 的国家为 7 个，$(100 \sim 500) \times 10^8 m^3$ 的国家为 24 个，$(35 \sim 100) \times 10^8 m^3$ 的国家为 8 个，其余均低于 $35 \times 10^8 m^3$（表 8-12）。

表 8-12　世界 2018 年不同国家或地区天然气产量统计表（据 BP 公司，2019）

序号	国家或地区	年产量 $10^8 m^3$	世界产量占比，%	序号	国家或地区	年产量 $10^8 m^3$	世界产量占比，%	序号	国家或地区	年产量 $10^8 m^3$	世界产量占比，%
1	美国	8317.8	21.5	17	尼日利亚	492.4	1.3	33	缅甸	178.0	0.5
2	独联体	6694.8	17.3	18	大不列颠联合王国	405.8	1.1	34	科威特	174.8	0.5
3	伊朗	2394.9	6.2	19	阿根廷	394.3	1.0	35	玻利维亚	159.6	0.4
4	加拿大	1847.2	4.8	20	泰国	377.0	1.0	36	巴林	148.4	0.4
5	卡塔尔	1754.7	4.5	21	墨西哥	373.7	1.0	37	伊拉克	129.9	0.3
6	中国	1615.3	4.2	22	阿曼	359.5	0.9	38	哥伦比亚	128.6	0.3
7	澳大利亚	1301.0	3.4	23	巴基斯坦	341.9	0.9	39	秘鲁	127.9	0.3
8	挪威	1206.5	3.1	24	特立尼达和多巴哥	339.6	0.9	40	文莱	125.7	0.3
9	沙特阿拉伯	1121.2	2.9	25	委内瑞拉	332.3	0.9	41	利比亚	98.0	0.3
10	阿尔及利亚	923.0	2.4	26	荷兰	322.7	0.8	42	越南	96.4	0.3
11	印度尼西亚	731.7	1.9	27	孟加拉国	275.2	0.7	43	罗马尼亚	95.5	0.3
12	马来西亚	725.0	1.9	28	印度	274.9	0.7	44	德国	55.4	0.1
13	阿拉伯联合酋长国	646.8	1.7	29	巴西	251.6	0.7	45	意大利	51.9	0.1
14	土库曼斯坦	615.2	1.6	30	哈萨克斯坦	243.7	0.6	46	丹麦	42.9	0.1
15	埃及	585.6	1.5	31	乌克兰	198.8	0.5	47	波兰	39.8	0.1
16	乌兹别克斯坦	566.4	1.5	32	阿塞拜疆	187.6	0.5	48	叙利亚	35.6	0.1

全球及不同地区累计生产的气油当量比是不断变化的（图8-1）。欧洲的气油当量比在20世纪70年代大于1，最高达到3.7，之后到21世纪初，气油当量比在0.5~1之间变化，近十多年来大于1。独联体的气油当量比在20世纪90年代到21世纪初大于1，最高达到1.5，今年略低于1。北美洲地区的气油当量比主要在0.6~1之间波动式变化，近年在0.85~0.88之间变化。澳大利亚气油当量比一直都低于0.1，但一直呈上升趋势。其他地区的气油比也主要呈增加的态势（图8-1）。从油气生成的模式、聚集特征和勘探的不断加大等方面推测，与石油相比，未来天然气应该具有比石油更大的勘探与开发潜力。

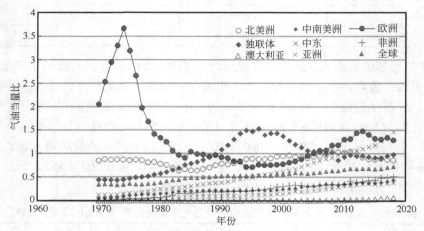

图8-1　全球不同地区生产气油当量比变化图

第四节　全球油气剩余探明可采储量分布

全球石油与天然气的剩余探明可采储量总体都是在不断增加的（图8-2）。20世纪80年代后期、21世纪初至2010年以及近年全球剩余探明可采储量都有明显增加。1980年全球剩余探明石油可采储量为932.8×10^{12}m^3，1990年达到1400.8×10^8t，10年增加468×10^8t，2000年达到1772.9×10^8t，10年又增加了372.1×10^8t，从2000年到2010年的10年间再次增加了466.1×10^8t，到2018年又再增加了120.3×10^8t。除1998和2015年有较为明显的减少外，其他各年份都以增加为主，波动式增加特点明显。全球天然气剩余探明可采储量的增加特点与石油类似（图8-2）。20世纪各年度天然气剩余探明可采储量均表现为增加趋势，进入21世纪，除2011年度和2015年度天然气探明可采储量略有降低之外，其他年份均增加为主。照此变化趋势推测，近几十年内，油气的剩余探明可采储量应仍以增加为主要特征。

从2018年度各大区的油气剩余探明可采储量分布来看（图8-3），中东地区是石油与天然气剩余探明可采储量最多的地区。中南美洲与北美洲的剩余探明石油可采储量分别居于第二位和第三位，独联体和非洲居于第四和第五位，亚太地区与欧洲的剩余探明石油可采储量明显较低，分别居于第六位和第七位。除中东地区外，独联体是天然气丰富的地区，其他地区的天然气剩余探明可采储量明显低一个台阶。亚太地区、非洲与北美地区处于相近台阶，中南美洲居于第三台阶，欧洲处于第四台阶（图 8-3）。

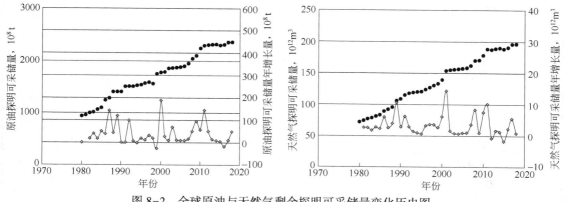

图 8-2　全球原油与天然气剩余探明可采储量变化历史图

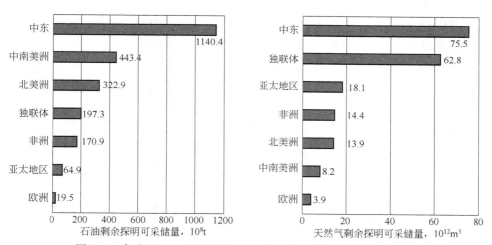

图 8-3　各大区 2018 年底石油与天然气剩余探明可采储量对比图

2018 年底，全球不同国家的原油探明可采储量位于前 10 位的依次为：委内瑞拉（413.69×10⁸t）、沙特阿拉伯（406.02t）、加拿大（228.90×10⁸t）、伊朗（212.24×10⁸t）、伊拉克（200.81×10⁸t）、俄罗斯（144.89×10⁸t）、科威特（133.40×10⁸t）、阿联酋（133.40×10⁸t）、美国（83.52×10⁸t）、利比亚（65.97×10⁸t）（表 8-13）。中国（35.39×10⁸t）排名第十三位。居于前 5 位的国家有 3 个在中东，其中委内瑞拉超过沙特阿拉伯居第一位。前 5 位国家的总原油探明可采储量占全球的 60% 以上，位于前 10 位的国家总剩余探明石油可采储量占全球的 80% 以上。从人均拥有的石油剩余探明可采储量来看，委内瑞拉和沙特阿拉伯均超过 8500t/人，加拿大、伊朗和伊拉克均超过 4000t/人，科威特为 2506.6t/人，另外介于 1100~1550t/人的是美国和利比亚，介于 200~1000t/人的主要是尼日利亚、卡塔尔、俄罗斯、阿联酋、哈萨克斯坦与挪威。其余国家主要都在 100t/人以下。中国人均仅有 2.5t。按国土面积估算的探明石油储量丰度来看，科威特最高（777000.8t/km²）、其次是卡塔尔和阿联酋，分别为 297193.3t/km² 和 159568.4t/km²，这几个国家都在中东波斯湾盆地范围。另外较高的国家还有委内瑞拉、伊拉克、沙特阿拉伯、伊朗、阿塞拜疆等，中国仅有 364.6t/km²（表 8-13）。

表 8-13　2018 年末全球主要国家人均剩余探明石油可采储量统计表（据 BP，2019）

序号	国家/地区	剩余探明可采储量 10^8 t	人数 人	国土面积 km²	人均储量 t	面积丰度 t/km²
1	委内瑞拉	413.69	4761657	916445	8687.9	45140.6
2	沙特阿拉伯	406.02	4761657	2149690	8526.9	18887.5
3	加拿大	228.90	5523231	9984670	4144.3	2292.5
4	伊朗	212.24	4705818	1648195	4510.1	12877.0
5	伊拉克	200.81	4705818	438317	4267.3	45814.4
6	俄罗斯	144.89	35530081	17098242	407.8	847.4
7	科威特	138.45	5523231	17818	2506.6	777000.8
8	阿拉伯联合酋长国	133.40	35530081	83600	375.5	159568.4
9	美国	83.52	5523231	9372610	1512.2	891.1
10	利比亚	65.97	5523231	1759540	1194.4	3749.1
11	尼日利亚	51.09	5523231	923768	924.9	5530.2
12	哈萨克斯坦	40.92	18204499	2724900	224.8	1501.7
13	中国	35.39	1415045928	9706961	2.5	364.6
14	卡塔尔	34.43	5523231	11586	623.4	297193.3
15	巴西	18.33	35530081	8515767	51.6	215.2
16	阿尔及利亚	16.64	42008054	2381741	39.6	698.7
17	挪威	11.79	5305383	323802	222.2	3641.5
18	安哥拉	11.44	35530081	1246700	32.2	917.3
19	墨西哥	10.50	5523231	1964375	190.0	534.3
20	阿塞拜疆	9.55	35530081	86600	26.9	11025.4
21	阿曼	7.33	35530081	309500	20.6	2367.9
22	印度	6.11	4705818	3287590	129.8	185.7
23	越南	6.00	4705818	331212	127.5	1812.0
24	澳大利亚	5.45	35530081	7692024	15.3	70.9
25	南苏丹	4.77	5523231	619745	86.4	770.3
26	埃及	4.54	35530081	1002450	12.8	452.4
27	印度尼西亚	4.30	4705818	1904569	91.4	225.9
28	马来西亚	4.12	5523231	330803	74.5	1244.4
29	也门	4.09	4705818	527968	87.0	775.0
30	厄瓜多尔	3.80	35530081	276841	10.7	1373.5
31	英国	3.41	4705818	242900	72.5	1403.9
32	利比亚	3.41	5523231	1759540	61.7	193.8
33	阿根廷	2.75	44271041	2780400	6.2	98.9
34	加蓬	2.73	5523231	267668	49.4	1019.2
35	哥伦比亚	2.43	35530081	1141748	6.8	212.9
36	刚果	2.18	35530081	342000	6.1	638.1

序号	国家/地区	剩余探明可采储量 10^8 t	人数 人	国土面积 km^2	人均储量 t	面积丰度 t/km^2
37	乍得	2.05	4705818	1284000	43.5	159.3
38	苏丹	2.05	4761657	1886068	43.0	108.5
39	赤道几内亚	1.50	35530081	28051	4.2	5348.8
40	布隆迪	1.50	35530081	27834	4.2	5390.5
41	秘鲁	1.34	5523231	1285216	24.3	104.5
42	罗马尼亚	0.82	5523231	238391	14.8	343.3
43	土库曼斯坦	0.82	4761657	488100	17.2	167.7
44	乌兹别克斯坦	0.81	4761657	447400	17.0	181.1
45	意大利	0.78	4705818	301336	16.6	259.8
46	丹麦	0.58	35530081	43094	1.6	1353.8
47	突尼斯	0.58	4761657	163610	12.2	354.3
48	泰国	0.44	4761657	513120	9.2	85.7
49	特立尼达和多巴哥	0.33	35530081	5130	0.9	6460.6

2018 年底，天然气剩余探明可采储量超过 $30 \times 10^{12} m^3$ 的分别是俄罗斯和伊朗，其中俄罗斯的天然气剩余探明可采储量高达 $38.9 \times 10^{12} m^3$，占全球总储量的 19.8%，伊朗有 $31.9 \times 10^{12} m^3$，占全球的 15.2%。剩余探明可采储量介于 $(10 \sim 25) \times 10^{12} m^3$ 的国家有卡塔尔、土库曼斯坦和美国，分别占全球的 12.5%、9.9% 和 6.0%。剩余探明可采储量介于 $(5 \sim 10) \times 10^{12} m^3$ 的国家有委内瑞拉、中国、阿拉伯联合酋长国、沙特阿拉伯和尼日利亚，共占全球的 15%，其中中国为 $6.07 \times 10^{12} m^3$，占全球的 3.1%。前十位国家的剩余天然气探明可采储量占全球的 76.8%。按人口平均来看，人均最高的是卡塔尔，为 $916.4 \times 10^4 m^3$。第二位的是土库曼斯坦，人均 $333 \times 10^4 m^3$。居于第三位的是阿拉伯联合酋长国，为 $62.2 \times 10^4 m^3$。接下来依次是伊朗、科威特、挪威，人均分别为 $38.9 \times 10^4 m^3$、$40.4 \times 10^4 m^3$ 和 $30.1 \times 10^4 m^3$。利比亚、阿塞拜疆、委内瑞拉、沙特阿拉伯、特立尼达和多巴哥、阿尔及利亚、阿曼和巴林人均在 $(10 \sim 30) \times 10^4 m^3$ 之间。其余国家人均探明可采储量多在 $5 \times 10^4 m^3$/以下。

从国土面积估算的探明油储量丰度来看（表 8-14），卡塔尔面积丰度最高，达到 $21.3 \times 10^8 m^3/km^2$。然后是科威特、阿联酋、特立尼达和多巴哥、土库曼斯坦与巴林，面积丰度依次为 $9511.73 \times 10^4 m^3/km^2$、$7103.74 \times 10^4 m^3/km^2$、$6033.70 \times 10^4 m^3/km^2$、$3992.15 \times 10^4 m^3/km^2$ 与 $23852.23 \times 10^4 m^3/km^2$。其余国家的面积丰度都少于 $2000 \times 10^4/km^2$，大多数在 $1000 \times 10^4 m^3/km^2$ 以下。

表 8-14　2018 年全球主要国家人均剩余天然气探明可采储量统计表（据 BP，2019）

序号	国家/地区	剩余探明可采储量 10^8 m^3	人数 人	人均储量 10^4 m^3	国土面积 km^2	面积丰度 $10^4 m^3/km^2$
1	俄罗斯	389361.1	143964709	27.0	17098242	227.72
2	伊朗	319335.5	82011735	38.9	1648195	1937.49
3	卡塔尔	246961.4	2694849	916.4	11586	213154.97

序号	国家/地区	剩余探明可采储量 $10^8 m^3$	人数 人	人均储量 $10^4 m^3$	国土面积 km^2	面积丰度 $10^4 m^3/km^2$
4	土库曼斯坦	194856.9	5851466	333.0	488100	3992.15
5	美国	118881.3	326766748	3.6	9372610	126.84
6	委内瑞拉	63364.1	32381221	19.6	916445	691.41
7	中国	60703.0	1415045928	0.4	9706961	62.54
8	阿拉伯联合酋长国	59387.3	9541615	62.2	83600	7103.74
9	沙特阿拉伯	58927.6	33554343	17.6	2149690	274.12
10	尼日利亚	53455.3	195875237	2.7	923768	578.67
11	阿尔及利亚	43351.0	42008054	10.3	2381741	182.01
12	伊拉克	35569.1	39339753	9.0	438317	811.49
13	印度尼西亚	27609.2	266794980	1.0	1904569	144.96
14	马来西亚	23919.8	32042458	7.5	330803	723.08
15	澳大利亚	23896.0	24772247	9.6	7692024	31.07
16	埃及	21377.1	99375741	2.2	1002450	213.25
17	阿塞拜疆	21305.1	9923914	21.5	86600	2460.17
18	加拿大	18511.2	36953765	5.0	9984670	18.54
19	科威特	16948.0	4197128	40.4	17818	9511.73
20	挪威	16093.1	5353363	30.1	323802	497.00
21	利比亚	14296.5	6470956	22.1	1759540	81.25
22	印度	12893.4	1354051854	0.1	3287590	39.22
23	乌兹别克斯坦	12105.4	32364996	3.7	447400	270.57
24	缅甸	11680.8	53855735	2.2	676578	172.64
25	乌克兰	10912.1	44009214	2.5	603500	180.81
26	哈萨克斯坦	9912.6	18403860	5.4	2724900	36.38
27	阿曼	6644.6	4829946	13.8	309500	214.69
28	越南	6459.3	96491146	0.7	331212	195.02
29	荷兰	5869.0	17084459	3.4	41850	1402.38
30	以色列	4123.6	8452841	4.9	20770	1985.38
31	巴西	3803.5	210867954	0.2	8515767	4.47
32	巴基斯坦	3658.3	200813818	0.2	881912	41.48
33	秘鲁	3509.1	32551815	1.1	1285216	27.30
34	阿根廷	3456.8	44688864	0.8	2780400	12.43
35	特立尼达和多巴哥	3095.3	1372598	22.6	5130	6033.70
36	玻利维亚	2923.9	11215674	2.6	1098581	26.61
37	布隆迪	2691.0	11216450	2.4	27834	966.80
38	利比亚	2686.1	6470956	4.2	1759540	15.27
39	也门	2669.4	28915284	0.9	527968	50.56

序号	国家/地区	剩余探明可采储量 $10^8 m^3$	人数 人	人均储量 $10^4 m^3$	国土面积 km^2	面积丰度 $10^4 m^3/km^2$
40	泰国	1878.6	69183173	0.3	513120	36.61
41	英国	1869.8	66573504	0.3	242900	76.98
42	墨西哥	1848.3	130759074	0.1	1964375	9.41
43	巴林	1824.7	1566993	11.6	765	23852.23
44	巴布亚新几内亚	1822.5	8418346	2.2	462840	39.38
45	孟加拉国	1623.6	166368149	0.1	147570	110.02
46	哥伦比亚	1061.9	49464683	0.2	1141748	9.30
47	罗马尼亚	1025.0	19580634	0.5	238391	43.00
48	波兰	637.0	38104832	0.5	312679	20.37
49	意大利	461.8	59290969	0.1	301336	15.32
50	丹麦	281.5	5754356	0.5	43094	65.32
51	德国	266.4	82293457	0.0	357114	7.46

第五节 全球油气储产比分布

储量/产量比（储产比；储采比）是指任何一年年底的剩余可采储量除以该年度的产量的比值，表明剩余可采储量以该年度的生产水平可供开采的年限。各大区的石油与天然气储产比都是不断变化的（表8-15和表8-16）。2018年底石油储产比最低的是欧洲（不含俄罗斯）（11.1）；最高的为中南美洲（136.2），其次是中东地区较高（72.1）；非洲为41.9，亚洲为16.4，原苏联地区、北美洲与大洋洲介于27与31之间（表8-15）。2018年天然气储产比最高的为中东地区（109.9），原苏联地区与非洲较高，分别为75.6和61，北美洲、欧洲（不含俄罗斯）和大洋洲较低，分别为13.2、15.5和18.4（表8-16）。

近30年来全球的石油储产比整体呈波动式增加的趋势，近10年一直维持在50以上。全球天然气储产比从1980年到2001年一直波动式增加到62.5，但之后波动式降低到2019年的51（表8-15，表8-16和图8-4）。这预示了即使按照当前的储量与产量来保守估算，油气生产也可以持续50年以上。从全球油气探明可采储量持续增加的趋势来看，油气生产持续的时间肯定要长得多。

表8-15 世界大区石油储产比统计表

大区	年份								
	1980	1985	1990	1995	2000	2005	2010	2015	2018
欧洲（不含俄罗斯）	15.2	9.8	10.3	8.3	8.2	8.3	8.7	10.7	11.1
亚洲	19.7	18.6	14.7	14.0	13.2	14.7	16.0	15.3	16.4
原苏联地区	15.1	14.5	14.0	46.3	41.4	28.5	29.5	27.7	27.4
北美洲	24.0	23.8	24.9	25.2	45.8	44.7	43.8	31.6	28.7
大洋洲	12.6	10.3	13.4	18.0	16.8	17.9	19.2	28.4	30.8

大区	年份								
	1980	1985	1990	1995	2000	2005	2010	2015	2018
非洲	23.5	29.1	24.1	28.0	32.7	31.2	33.4	42.5	41.9
中东	52.6	111.6	104.8	90.2	81.9	81.2	81.9	73.3	72.1
中南美洲	19.6	46.3	43.5	39.7	40.1	38.6	118.9	114.5	136.2
世界	29.8	38.3	43.3	45.4	47.8	46.1	54.0	50.4	50.0

表 8-16　世界大区天然气储产比统计表

大区	年份								
	1980	1985	1990	1995	2000	2005	2010	2015	2018
北美洲	15.4	18.1	15.0	12.0	9.9	10.5	13.5	11.2	13.2
中南美洲	79.3	71.7	91.4	80.4	66.9	48.4	50.5	46.4	46.3
欧洲（不含俄罗斯）	18.6	15.6	21.3	19.3	17.6	18.8	16.6	16.3	15.5
原苏联地区	49.7	46.1	47.7	60.6	61.2	55.5	66.9	78.0	75.6
中东地区	701.7	469.4	365.4	317.6	281.5	230.2	161.8	128.2	109.9
非洲	231.4	116.9	113.5	108.9	88.3	78.6	69.1	68.1	61.0
亚洲（不含中东和前苏联范围）	72.4	68.3	64.7	48.5	38.1	30.9	27.4	28.8	31.4
大洋洲（主要为澳大利亚）	12.8	41.3	35.1	33.3	55.1	48.0	52.9	31.4	18.4
世界	50.0	50.5	55.2	57.8	58.0	57.1	56.7	53.8	50.9

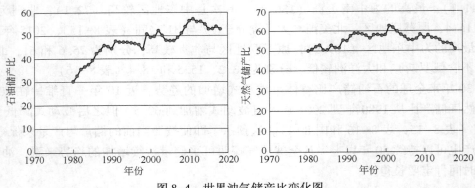

图 8-4　世界油气储产比变化图

　　从不同国家的油气储产比来看，2018 年石油储产比最高的是委内瑞拉（548.9）；石油储产比超过 50 的 12 个国家中，中东就有 8 个，其中叙利亚石油储产比高达 284.8，最低的沙特阿拉伯石油储产比也高达 66.4；北美洲的加拿大石油储产比为 88.3，非洲的南苏丹和尼日利亚的石油储产比分别为 73.4 和 50（表 8-17）。近年天然气储产比超过 50 的国家有 18 个之多，2018 年天然气储产比超过 100 的国家有 9 个，其中 5 个在中东，最高的是也门（480.7），其次为中亚的土库曼斯坦（316.8）。天然气储量丰富的俄罗斯天然气储产比为 58.2，这与其较高的产量有关。石油资源丰富的沙特阿拉伯天然气储产比也高达 52.6（表 8-18）。

表 8-17　世界前 12 位国家石油储产比统计表

序号	国家	年份								
		1980	1985	1990	1995	2000	2005	2010	2015	2018
1	委内瑞拉	24.0	85.5	73.3	61.4	67.7	66.4	285.9	313.3	548.9
2	叙利亚	25.2	26.5	12.7	11.8	11.1	18.3	17.8	253.7	284.8
3	利比亚	29.9	56.9	43.9	56.2	66.9	65.1	71.7	303.5	131.3
4	也门	—	—	30.1	15.5	15.1	19.0	26.8	129.8	121.4
5	科威特	105.9	224.8	275.7	124.1	117.8	104.3	108.8	90.9	91.2
6	伊朗	108.0	73.3	77.8	68.6	70.8	89.3	93.7	112.6	90.4
7	加拿大	61.4	61.9	56.1	55.2	183.9	162.2	143.8	107.1	88.3
8	伊拉克	30.9	124.9	127.5	516.7	118.0	171.9	127.6	97.9	87.4
9	南苏丹	—	—	—	—	—	—	—	64.9	73.4
10	阿联酋	48.0	74.6	135.4	110.0	103.1	91.0	91.2	68.7	68.0
11	沙特阿拉伯	44.8	130.5	100.4	79.8	78.9	66.8	73.5	60.8	66.4
12	尼日利亚	22.2	30.3	26.2	29.3	36.5	40.0	40.2	46.1	50.0

表 8-18　世界前 12 位国家天然气储产比统计表

序号	大区	年份								
		1980	1985	1990	1995	2000	2005	2010	2015	2018
1	也门	—	—	—	—	—	—	50.5	93.5	480.7
2	土库曼斯坦	—	—	—	61.3	45.7	282.4	295.8	316.8	
3	伊拉克	606.9	966.1	780.7	1059.9	987.0	2186.2	422.3	410.9	273.8
4	委内瑞拉	85.3	100.1	156.1	147.8	148.7	157.2	201.4	175.5	190.7
5	利比亚	132.5	120.4	194.8	207.1	223.5	116.5	88.9	129.7	145.9
6	卡塔尔	590.6	813.2	732.5	945.1	580.0	559.7	210.5	143.7	140.7
7	伊朗	2936.5	1363.7	649.7	573.5	435.9	269.6	217.2	172.4	133.3
8	阿塞拜疆	—	—	—	—	192.5	177.2	62.8	70.2	113.6
9	尼日利亚	697.2	507.6	702.8	718.8	348.1	212.9	159.1	104.6	108.6
10	科威特	258.9	246.8	362.3	161.0	162.2	127.8	152.0	105.5	97.0
11	阿联酋	315.2	237.9	279.6	187.1	156.2	128.0	118.8	101.2	91.8
12	叙利亚	1813.5	779.1	107.7	85.2	42.3	47.5	31.9	66.3	75.4
13	越南	—	—	375.0	1010.3	106.3	34.2	71.2	62.8	67.0
14	老挝	265.7	291.3	311.8	163.4	84.4	44.1	17.8	27.0	65.6
15	俄罗斯	—	—	—	62.3	61.7	57.3	57.0	59.8	58.2
16	乌克兰	—	—	—	—	49.7	39.5	37.6	56.8	54.9
17	沙特阿拉伯	327.4	196.1	155.8	129.2	126.5	95.8	90.1	80.7	52.6
18	阿尔及利亚	232.4	86.3	61.5	57.8	47.4	51.1	56.0	53.2	47.0

第六节 非常规油气资源分布

随着全球经济的持续快速发展，能源需求逐年大幅度增加，常规油气资源量已难以能满足社会发展的需求。非常规油气资源已经在能源结构中发挥重要作用。非常规油气资源是指不能用常规的方法和技术手段进行勘探开发的一类资源，其埋藏特征、赋存状态、开发方法等都与常规油气资源有明显的不同，其典型特点就是开发难度大、采收率低、成本高。非常规油气资源主要是指致密砂岩油气、页岩油气、煤层气、重油/油砂、天然气水合物、水溶气、油页岩油等类型，其中的天然气水合物目前还未进入工业开发阶段。不同研究机构或研究者对不同类型的非常规油气资源从不同角度进行过研究，提出的资源量大小也有一定变化，但总体看非常规油气资源量远大于常规油气资源。周总瑛（2010）估算全球非常规油气可采资源总量为 $5833.5×10^8t$，其中非常规石油为 $4209.4×10^8t$（占 72.2%），非常规天然气为 $195.4×10^{12}m^3$（占 27.8%）。宋岩等（2013）认为非常规天然气资源量为 $(188～196)×10^{12}m^3$，可采资源量为 $45×10^{12}m^3$ 以上。邹才能等（2015）估算了全球常规与非常规油气资源量（表8-4和表8-5），可见，全球非常规天然气储量远大于常规天然气。全球油气当量排名前十位的非常规油气田有 5 个在美国，3 个在中国，另 2 个在加拿大和委内瑞拉（表8-19）。

表8-19 全球十大典型非常规油气田（区）主要地质参数（据邹才能等，2015）

国家	名称	盆地类型	面积 km²	油气类型	可采油储量 10⁸t	可采气储量 10⁸m³	时代	岩性
美国	巴奈特	前陆	7500	页岩气		12273	C	页岩
美国	巴肯	克拉通	285000	致密油	5.6		D	砂岩
美国	马塞勒斯	前陆	180000	页岩气		74000	D	页岩
美国	尤因塔	克拉通	17066	致密气		4740	K	砂岩
加拿大	阿萨巴斯卡	前陆	34000	沥青	273		K	油砂
委内瑞拉	奥里诺科	前陆	54000	重油	354		N	砂岩
美国	圣胡安	前陆	4144	煤层气		3679	K	煤层
中国	龙马溪	克拉通陆棚区	20000	页岩气		30000	S	页岩
中国	长7—长6	坳陷斜坡	4769	致密油	7.5		Tc_6-Tc_7	砂岩
中国	苏里格	坳陷斜坡	9167	致密气		30000	P_1, P_2	砂岩

中国非常规天然气总资源量达 $190×10^{12}m^3$，其中煤层气 $37×10^{12}m^3$，页岩气资源量达 $100×10^{12}m^3$，致密气资源量约为 $12×10^{12}m^3$。

一、致密砂岩气

致密砂岩气，顾名思义，就是储集于致密砂岩中的天然气，也就是储存在致密砂岩孔隙空间中的天然气，其典型特征就是储集层孔隙度低（<12%）、渗透率低（<1mD）、含气饱

和度低（<60%）、含水饱和度高（>40%），天然气在储存孔隙中流动速度缓慢。致密砂岩气作为非常规能源的一种，对世界常规能源的接替起了至关重要的作用。目前其产量占世界各类非常规能源的比例很大，而且还有巨大的储量未开发出来。致密砂岩气勘探从 20 世纪 50 年代始于圣胡安盆地，后在加拿大艾伯塔盆地、美国科罗拉多州东南部和新墨西哥州东北部的拉顿（Raton）盆地进行勘探与开发工作。目前致密气已成为全球非常规天然气勘探的重点领域。据 Kawata 等（2001）估算，全球致密砂岩气资源量超过 $198×10^{12} m^3$。据粗略估计，中国致密砂岩气现实可采资源量超过 $11.54×10^{12} m^3$（张杰等，2004）。Raymond 等（2007）在世界石油委员会报告中指出，全球致密砂岩气资源量约为 $114×10^{12} m^3$。另据《油气杂志》（2007）估算，全球已发现或推测发育致密砂岩气的盆地有 70 个左右，资源量约为 $210×10^{12} m^3$，其中北美洲和中南美洲分别为 $38.8×10^{12} m^3$ 和 $36.6×10^{12} m^3$，合计 $75.4×10^{12} m^3$，占全球的 36%；亚太地区为 $51×10^{12} m^3$，占全球的 24.3%；苏联、中东和北非、撒哈拉以南地区分别为 $25.5×10^{12} m^3$、$23.3×10^{12} m^3$、$22.2×10^{12} m^3$，分别占全球的 12.2%、11.1% 与 10.6%；欧洲最低，为 $12.2×10^{12} m^3$，占全球的 5.8%。2008 年全球致密砂岩气产量就有约 $432×10^8 m^3$，大约已占全球天然气总产量的七分之一。可见致密砂岩气主要分布在北美、欧洲和亚太地区，是未来重要的勘探增储领域（IEA，2009）。宋岩等（2013）认为致密气藏资源量为 $(75~100)×10^{12} m^3$，仅次于天然气水合物。邹才能等（2015）估算的全球致密砂岩气可采部分为 $209.6×10^{12} m^3$，其中亚太、北美和中南美洲量多，占全球 60%。联合国贸易和发展会议（UNCTAD）2018 年 5 月发布的全球致密气资源量为 $566×10^{12} m^3$。这一总储量相当于目前情况下全球天然气 61 年的总消费量，在各国储量方面，中国排名世界第一（$31.6×10^{12} m^3$）。阿根廷（$22.7×10^{12} m^3$）、阿尔及利亚（$20×10^{12} m^3$）、美国（$17.7×10^{12} m^3$）和加拿大（$16.2×10^{12} m^3$）分别排名二至五名。

就不同类型盆地来说，前陆盆地致密砂岩气最多，占总量的近 60%，其次为克拉通与裂谷盆地，各占接近 20%，大陆边缘盆地较少。就致密气烃源岩的地质时代来说，40%致密砂岩气的烃源岩分布在白垩系，侏罗系和古近—新近系超过 12%，石炭系占 10%左右，奥陶系、志留系、泥盆系与二叠系介于 5%~7%之间；烃源岩的岩性主要为页岩，其次为煤岩，碳酸盐岩很少；烃源岩的母质类型主要为倾气型的腐殖型和混合型。致密气分布的储集层时代与烃源岩的地质时代分布接近。

目前，致密气勘探与开发较成熟的国家主要有美国、加拿大、中国、澳大利亚等。北美洲至少有 23 个盆地具有致密砂岩气资源，美国致密气分布在美国大部分地区，一些气田与加拿大和墨西哥共有。美国近十年来的致密砂岩气产量处于波动状态，略有降低趋势，2009 年产量为 $1812.8×10^8 m^3$，2015 年为 $1315.5×10^8 m^3$，2019 年为 $1707.6×10^8 m^3$（图 8-5）。加拿大致密气主要储集在艾伯塔盆地深盆区，2010 年致密气产量约 $500×10^8 m^3$，2011 年底，加拿大剩余可采致密砂岩气储量约为 $2×10^{12} m^3$，占非常规天然气的 11%。澳大利亚是少数几个已经生产商业数量非常规天然气的国家，其剩余可采致密气资源量估计为 $8×10^{12} m^3$。

二、致密油

致密油就是储存于致密地层中的石油，一般是指储集在覆压基质渗透率小于/等于 0.1mD（空气渗透率小于 1mD）的致密砂岩、致密碳酸盐岩等储集层中的石油。致密油与致密气的区别主要在于油气相态的不同。一般腐殖型和偏腐殖型的混合型母质或高过成熟的

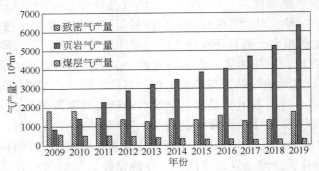

图 8-5 美国 2009 年至 2019 年非常规天然气产量变化图

母质有利于致密气的形成和聚集，而腐泥型和偏腐泥型的混合型母质在生油阶段利于致密油的形成和聚集。致密油勘探从 20 世纪后期就已开始了。21 世纪致密油已成为全球非常规领域紧跟页岩气勘探开发的又一热点领域。邹才能等（2015）估算的全球致密油可采资源量为 $472.8×10^8t$，其中北美洲最多，为 $109.1×10^8t$，之后是俄罗斯、亚洲与南美洲，依次为 $103.4×10^8t$、$100.8×10^8t$ 和 $81.4×10^8t$，其他地区较少（表 8-5）。联合国贸易和发展会议（UNCTAD）2018 年 5 月发布的报告显示，致密油可采资源量为 $566×10^8t$（表 8-20）。致密油资源主要分布在北美、东欧+欧亚、亚太和南美地区。致密油资源丰富的国家有美国、俄罗斯、中国、阿根廷、利比亚、阿联酋、乍得、澳大利亚、委内瑞拉、加拿大和哈萨克斯坦等，这 11 个国家致密油技术可采资源量都超过 $100×10^8bbl$，合计占世界总量的 78.7%（周庆凡，2017）。

表 8-20 全球致密油可采资源评价结果（据 UNCTAD，2018） 单位：10^8t

序号	国家	致密油	序号	国家	致密油	序号	国家	致密油
1	美国	105.7	14	印度尼西亚	10.7	27	突尼斯	2.0
2	俄罗斯	100.8	15	哥伦比亚	9.2	28	立陶宛	1.9
3	中国	43.5	16	阿曼	8.4	29	乌克兰	1.5
4	阿根廷	36.5	17	阿尔及利亚	7.7	30	德国	0.9
5	利比亚	35.3	18	巴西	7.2	31	英国	0.9
6	阿联酋	30.5	19	土耳其	6.4	32	玻利维亚	0.8
7	乍得	21.9	20	法国	6.4	33	乌拉圭	0.8
8	澳大利亚	21.1	21	埃及	6.2	34	罗马尼亚	0.4
9	委内瑞拉	18.1	22	印度	5.1	35	保加利亚	0.3
10	墨西哥	17.7	23	巴拉圭	5.0	36	西撒哈拉	0.3
11	哈萨克斯坦	14.3	24	蒙古	4.6	37	西班牙	0.1
12	巴基斯坦	12.3	25	智利	3.1	38	约旦	0.1
13	加拿大	11.9	26	波兰	2.4			

美国作为致密油重要产区，近十年处于快速发展时期，2009 年美国致密油产量不足 $1300 \times 10^4 t$，2012 年为 $1 \times 10^8 t$，2014 年超 $2 \times 10^8 t$，2018 年超 $3 \times 10^8 t$，2019 年为 $3.99 \times 10^8 t$，超过当年原油总产量的 65%。中国致密油远景资源量为 $(70 \sim 90) \times 10^8 t$，分布范围广、类型多。主要分布在松辽盆地青山口组、鄂尔多斯盆地三叠系延长组、四川盆地侏罗系大安寨组、渤海湾盆地沙河街组等，显示了巨大开采潜力，具有良好的发展前景。

三、页岩气

页岩气，顾名思义，就是页岩地层聚集的天然气，是聚集于有机质富集的暗色泥页岩或高碳泥页岩（包括黏土及致密砂岩）中、以热解气或生物甲烷气为主、以游离气形式赋存于孔隙和裂缝中或者以吸附气形式聚集于有机质或黏土中的连续的自生自储的非常规油气资源。其实页岩既可以生气，也可以生油，当页岩处于生油为主的阶段时即形成页岩油。页岩气储层具有低孔隙率和低渗透率，页岩气丰度低，采收率较低，开采难度大，需要高水平的钻井和完井技术。目前，多采用水平井技术和水基液压裂技术提高页岩气采收率。可有效开采的页岩气主要分布在海相地层中。一般认为，第一口页岩气井于 1821 年在美国纽约州肖托夸（Chautauqua）县加拿大道溪旁发现，在阿巴拉契亚盆地泥盆系黑色页岩 27ft 井深处采出了能够用于照明的天然气。这比一般认为世界石油工业起源时间 1859 年早了 35 年。从全世界范围看，泥岩、页岩约占全部沉积岩的 60% 左右，其中蕴藏的页岩气资源量巨大。《油气杂志》（2007）估算的全球页岩气可采资源量达 $456.2 \times 10^{12} m^3$（表 8-5），约占非常规天然气资源量的 50%；亚太和北美分别为 $174.3 \times 10^{12} m^3$ 和 $108.8 \times 10^{12} m^3$，占世界总量的 62%；中东、北非及中南美洲也有较多页岩气资源，占世界总量的 29% 左右；欧洲、俄罗斯、撒哈拉以南非洲也有页岩气资源分布（邹才能等，2015）。

联合国贸易和发展会议（UNCTAD）2018 年 5 月发布的报告指出，中国的页岩气储量排名全球第一，排第二到第五位的依次是阿根廷、阿尔及利亚、美国和加拿大（表 8-21）。截至 2018 年，全球可开采的页岩气总储量预计达到 $214.5 \times 10^{12} m^3$，这一总储量相当于目前情况下全球天然气 61 年的总消费量。已实现对页岩气商业开发的国家有美国和加拿大，其中美国已实现大规模商业化生产。页岩气的商业性开采最早（1621 年）始于美国东部，20 世纪 20 年代步入规模生产。20 世纪 70 年代以来，由于对天然气需求的快速增加和勘探技术的进步，页岩气勘探开发区扩大到美国中、西部，层位也更多（志留系—白垩系），产量快速提高。20 世纪 70 年代中期，美国页岩气年产量为 $19.6 \times 10^8 m^3$，到 1999 年达 $107.5 \times 10^8 m^3$。2000 年以来美国页岩气产量的增长速度（图 8-4）、产量明显高于煤层气与致密砂岩气，2004 年已近 $200 \times 10^8 m^3$，2007 年达到 $500 \times 10^8 m^3$，2011 年达到 $1700 \times 10^8 m^3$，2019 年达到 $6321.2 \times 10^8 m^3$，超过了当年天然气总产量的 66%（图 8-4）。中国页岩气资源也很丰富。根据国土资源部发布的《全国页岩气资源潜力调查评价及有利区优选》报告显示，中国页岩气地质资源潜力为 $134.42 \times 10^{12} m^3$（不含青藏区），可采资源潜力为 $25 \times 10^{12} m^3$（不含青藏区）。中国页岩气资源开发潜力大，分布面积广，但中国的页岩气开发还处于起始阶段，目前页岩气开发区主要集中在南方扬子地台的古生界页岩发育区。据美国能源信息署（EIA）预测，未来 10 多年，页岩气产量还会大幅上涨，到 2035 年，页岩气产量将占到美国天然气总产量的 24.3%。

表 8-21　全球页岩气可采资源评价结果（据 UNCTAD，2018）　单位：$10^{12}\,m^3$

序号	国家	页岩气	序号	国家	页岩气	序号	国家	页岩气
1	中国	31.6	15	乌克兰	3.6	29	哈萨克斯坦	0.8
2	阿根廷	22.7	16	利比亚	3.4	30	英国	0.7
3	阿尔及利亚	20.0	17	巴基斯坦	3.0	31	土耳其	0.7
4	美国	17.6	18	埃及	2.8	32	突尼斯	0.6
5	加拿大	16.2	19	印度	2.7	33	德国	0.5
6	墨西哥	15.4	20	巴拉圭	2.1	34	保加利亚	0.5
7	澳大利亚	12.2	21	哥伦比亚	1.5	35	摩洛哥	0.3
8	南非	11.0	22	罗马尼亚	1.4	36	瑞典	0.3
9	俄罗斯	8.1	23	智利	1.4	37	西撒哈拉	0.2
10	巴西	6.9	24	阿曼	1.4	38	西班牙	0.2
11	阿联酋	5.8	25	印度尼西亚	1.3	39	约旦	0.2
12	委内瑞拉	4.7	26	乍得	1.3	40	泰国	0.2
13	波兰	4.1	27	玻利维亚	1.0	41	乌拉圭	0.1
14	法国	3.9	28	丹麦	0.9	42	蒙古	0.1

四、煤层气

煤层气俗称煤层瓦斯，是指赋存于煤层中以甲烷为主要成分、以吸附在煤基质颗粒表面为主并部分游离于煤孔隙中的烃类气体。煤层气主要分布在煤层中，所以，煤炭丰富的国家即富集煤层气。全球已有近 30 个国家实施了煤层气的勘探开发，截至 2014 年底，全球已有 14 个国家获得煤层气商业性产量。据 IEA（2003）估算结果，俄罗斯、加拿大、中国、美国与澳大利亚都是煤炭资源丰富的国家。90% 的煤层气资源量分布在 12 个主要产煤国，其中俄罗斯、加拿大、中国、美国和澳大利亚的煤层气资源量均超过 $10\times10^{12}\,m^3$。全球煤层气可采资源量为 $260\times10^{12}\,m^3$ 左右（表 8-22）。《油气杂志》（2007）估算的全球煤层气可采资源量为 $256.1\times10^{12}\,m^3$，其中俄罗斯最多，为 $112\times10^{12}\,m^3$；其次是北美洲，为 $85.4\times10^{12}\,m^3$；第三是亚太地区，为 $51\times10^{12}\,m^3$；其余地区较少。

美国是开发煤层气最早最成功、产业化规模最大的国家。其煤层气工业起步于 20 世纪 70 年代，大规模开发始于 20 世纪 80 年代。1989 年美国煤层气产量为 $26\times10^8\,m^3$，1991 年为 $100\times10^8\,m^3$ 左右，2008 年达到高峰值 $556\times10^8\,m^3$，2009 年开始下降为 $542\times10^8\,m^3$，2015 年为 $359\times10^8\,m^3$，2019 年下降到 $280.9\times10^8\,m^3$（图 8-5）。加拿大、澳大利亚初步实现了煤层气产业化生产，2010 年产量规模分别达到 $50.2\times10^8\,m^3$ 和 $84\times10^8\,m^3$。其他国家都还没有形成大规模的商业化开发，大部分处于探索和研究阶段（王淑玲等，2013）。

表 8-22　世界主要产煤国煤炭和煤层气地质资源量表（据 IEA，2003）

序号	国家	煤炭 10^{12} t	煤层气 10^{12} m^3	序号	国家	煤炭 10^{12} t	煤层气 10^{12} m^3
1	俄罗斯	6.5	113	8	英国	0.19	2
2	加拿大	7	76	9	乌克兰	0.117	2
3	中国	5.95	36.8	10	哈萨克斯坦	0.17	1
4	美国	3.97	19	11	印度	0.16	0.8
5	澳大利亚	1.7	14.16	12	南非（包括南非、津巴布韦、博茨瓦纳）	0.15	0.8
6	德国	0.32	3		合计	24.46	260
7	波兰	0.16	3				

　　煤层气可以有不同的埋藏深度，深度太浅一般会出现溢散，储量不足，深度太深会增加开采难度，一般认为 2000m 以内是煤层气开采的有利深度。在世界范围内有超过 $47.6 \times 10^{12} m^3$ 的煤层气资源赋存在深部煤层中。据国土资源部新一轮全国油气资源评价成果，我国 2000m 以浅的煤层气资源量为 $30.05 \times 10^{12} m^3$，其中 1000~2000m 资源量为 $18.87 \times 10^{12} m^3$，占 62.8%。煤层气的开发会受到埋藏深度的影响。目前中国的煤层气开发主要集中在浅部与中部深度，深部煤层气勘探开发整体处于起步阶段，主因在于该部位储层地应力高、压力高、压裂工艺复杂，煤储层的非均质性更加明显。由于针对性的开发技术致使深部煤层气储量动用程度低、单井低产、稳产周期短等问题，形成规模化商业开发尚待时日。中国煤层气资源主要分布在东部、中部、西部及南方四个大区。东部区地质资源量 $11.32 \times 10^{12} m^3$、可采资源量 $4.32 \times 10^{12} m^3$，分别占全国的 30.8% 和 39.7%，是煤层气资源最为丰富的大区。中部区煤层气地质资源量 $10.47 \times 10^{12} m^3$、可采资源量 $2.00 \times 10^{12} m^3$，分别占全国的 28.4% 和 18.4%。西部区煤层气地质资源量 $10.36 \times 10^{12} m^3$、可采资源量 $2.86 \times 10^{12} m^3$，分别占全国的 28.1% 和 26.3%。南方区煤层气地质资源量 $4.66 \times 10^{12} m^3$、可采资源量 $1.70 \times 10^{12} m^3$，分别占全国的 1213% 和 15.6%。2019 年中国煤层气产量为 $88.8 \times 10^8 m^3$（表 8-23）。

表 8-23　全国煤层气资源大区分布表

大区	煤炭量 10^8 t	评价面积 km^2	地质资源量 $10^8 m^3$	资源丰度 $10^8 m^3/km^2$	可采资源量 $10^8 m^3$	可采资源占比 %
东部	16702.87	100434.93	113183.70	1.13	43176.69	39.72
中部	20627.95	128530.41	104676.36	0.81	19981.32	18.38
西部	18622.33	101334.21	103592.06	1.02	28583.20	26.29
南方	3568.1	44052.89	46621.85	1.06	16963.68	15.61
青藏	2.26	601.00	44.34	0.07	0.00	0.00
合计	59523.58	374953.44	368118.32	0.98	108704.88	100.00

五、稠油/沥青

　　世界各国对重油/稠油资源的定义上存在差异。参考联合国培训研究署标准，重油（稠油）的定义是在原始油气层温度下脱气原油黏度为 $100 \sim 10000 \text{mPa} \cdot \text{s}$ 或者 15.6℃ 及 0.1MPa 下密度为 $0.934 \sim 1.000 \text{g/cm}^3$ 的原油。沥青/油砂油的定义则是黏度大于 $10000 \text{mPa} \cdot \text{s}$ 或者在 15.6℃ 及 0.1MPa 下密度大于 1.000g/cm^3 的天然沥青（表 8-24）。两者的特征都是沥青质和胶质含量较高、黏度较大、轻馏分少。

表 8-24　原油的物理性质分类

原油密度分类			原油黏度分类	
原油类别	密度（15.6℃），g/cm³	API 度	原油类别	黏度，mPa·s
凝析油	<0.706	≥68.92	特低黏度油	<1
挥发油	0.706~0.805	68.92~44.28	低黏度油	1~5
轻质油	0.805~0.870	44.28~31.14	中黏度油	>5~10
中质油	0.870~0.934	31.14~20.00	高黏度油	>10~100
重质油	0.934~1.000	20~10	稠油	100~10000
沥青	>1.0000	>10	天然沥青	>10000

全球重油和沥青砂的资源分布非常不均匀，主要沿环太平洋带和阿尔卑斯带展布，西半球占据世界重油可采储量的 69% 和沥青砂可采储量的 82%（表 8-25）。稠油在世界油气资源中占有较大的比例，据统计，世界稠油、超稠油和天然沥青的可采资源量约为 $1450 \times 10^8 \text{t}$。稠油资源丰富的国家有加拿大、委内瑞纳、美国、苏联、中国、印度尼西亚等，其重油及沥青砂资源约为 $(4000 \sim 6000) \times 10^8 \text{m}^3$（含预测资源量），稠油年产量高达 $1.27 \times 10^8 \text{t}$ 以上。全球约 90% 以上的超黏度重油分布在委内瑞拉奥里诺科重油带，约 81% 可采天然沥青分布在加拿大的艾伯塔省。从目前各国已知的重油及沥青砂可采剩余储量来看，委内瑞拉以 $365 \times 10^8 \text{t}$ 位居第一，加拿大以 $235 \times 10^8 \text{t}$ 位居其次，之后是俄罗斯和伊朗。中国重油资源比较丰富，陆上重油和沥青资源约占石油总资源量的 20% 以上，预测资源量为 $198 \times 10^8 \text{t}$，其中最终探明地质资源量为 $79.5 \times 10^8 \text{t}$，可采资源量为 $19.1 \times 10^8 \text{t}$。沥青砂远景资源量为 $61.4 \times 10^8 \text{t}$，可采资源量超过 $30 \times 10^8 \text{t}$。沥青砂与稠油资源主要分布在准噶尔盆地、塔里木盆地、渤海湾盆地、羌塘盆地、鄂尔多斯盆地、柴达木盆地、松辽盆地、四川盆地、南襄盆地和二连盆地等，合计占全国重油资源量的 80% 以上。可见，稠油资源为中国巨大的潜在资源，它将在今后的能源结构中起着至关重要的作用。

表 8-25　全球重油和沥青砂资源分布（据世界石油大会，2006）

地区	重油和天然沥青地质储量 10⁸t	重油			天然沥青		
		技术可采储量 10⁸t	地质储量 10⁸t	可采储量占比，%	技术可采储量 10⁸t	地质储量 10⁸t	可采储量占比 %
北美	2493.3824	47.7080	251.1087	8.1	717.5114	2242.2740	81.6
南美	2763.6824	359.0936	2762.1960	61.2			
非洲	635.2050	9.7308	54.0600	1.7	0.1352	1.4867	6.6
欧洲	46.0862	6.6224	44.1941	1.1	58.1145	581.1450	
中东	880.7726	105.6873	880.7726	18.0	0.2703	1.8921	9.0
亚洲	647.2334	40.0044	285.7071	6.8	57.8442	361.5263	6.6
俄罗斯	489.6485	18.1101	139.3397	3.1	45.5456	350.3088	5.2
全球	7956.0102	586.9565	4417.3780		879.4211	3538.6320	

六、油页岩

油页岩是一个具有工业意义的名词，又称油母页岩，是一种高灰分、可燃的有机岩石，由多种无机矿物和有机质组成，外观类似泥质页岩。油页岩通过人工加热干馏而有机质热分解时得到类似天然石油的产物，称为油页岩油。应注意油页岩、油页岩油与页岩油概念的不同。油页岩是岩石，油页岩油是油页岩通过人工热解油页岩得到石油，所以，油页岩主要是指天然母质成熟度较低的富含有机质的页岩。当页岩演化程度比较高时就会通过地下自然的热降解或热裂解作用形成大量油气排出页岩形成源外的各种常规与非常规油气聚集，此时的页岩严格来说就不能称为油页岩了，而是石油地质学概念中的烃源岩。页岩油是指以页岩为主的页岩层系中所含的石油资源，包括泥页岩孔隙和裂缝和泥页岩层系中致密碳酸岩或邻层碎屑岩和夹层中的石油资源。

油页岩沉积环境从海相到陆相都有分布，国外以海相为主，国内以陆相为主。油页岩广泛产于寒武系至古近系，其中以古生代油页岩为主，含油页岩地层以海相油页岩与碳酸盐岩共生，中生代油页岩资源则以湖相沉积于煤共生为主，常与火山碎屑岩半生，分布面积小，厚度薄，但产油率较高。油页岩的开发利用可追溯到 17 世纪。到 19 世纪时，油页岩矿石的年开采规模达百万吨。20 世纪 70 年代，随着第一次、第二次石油危机的发生，油页岩开采量急剧增加，1980 年达到 $4540 \times 10^4 t$ 的历史高峰。但随着油价下跌，油页岩逐渐失去竞争力，开采量一路下滑。自 2000 年后，油页岩开采量又逐步增加，目前每年的矿石开采量达到 $3500 \times 10^4 t$

世界油页岩资源很丰富，其矿藏遍布于各地，但分布并不均衡。根据美国能源信息署（EIA）对全球 37 个国家油页岩资源统计，折算成油页岩油约 $4400 \times 10^8 t$。油页岩油资源主要分布于美国、俄罗斯、加拿大、中国、扎伊尔、巴西、爱沙尼亚、澳大利亚等国家，其中美国、俄罗斯、扎伊尔和巴分别为 $3035 \times 10^8 t$、$387 \times 10^8 t$、$143 \times 10^8 t$ 和 $117 \times 10^8 t$，合计为 $3683.81 \times 10^8 t$，占整个世界的 90%。据中国国土资源部 2011 年的评价结果，中国油页岩资源量约 $9700 \times 10^8 t$，折算成可利用的油页岩油为 $165 \times 10^8 t$。中国油页岩探明可采储量约为 $311 \times 10^8 t$，预测储量约为 $4520 \times 10^8 t$，合计储量 $4831 \times 10^8 t$，约 85% 以上分布在吉林、辽宁和广东省，其中吉林省已探明可采储量为 $174.297 \times 10^8 t$，约占中国油页岩探明总量的 55.5%；广东已探明可采储量超过 $55.15 \times 10^8 t$，居中国第二位；辽宁省截至 2004 年累计探明可采储量为 $41.3 \times 10^8 t$。

七、天然气水合物

天然气水合物是由水分子和气体分子在低温（0~10℃）、高压（>10MPa）条件下形成的固态类冰的、非化学计量的笼型结晶化合物。因其中的气体多以甲烷为主（>90%）并可以燃烧，故也被称为甲烷水合物或"可燃冰"。在标准温度压力下，每立方米水合物约含标准状态甲烷 $60 \sim 172 m^3$，比游离态能储集更多气体，所以，固态气体水合物是一种含气丰度极大的天然气资源，具有分布广、密度高、资源潜力巨大等特点。天然气水合物广泛分布、聚合于被动大陆边缘大陆坡、海山、内陆海，并分布于边缘海深水盆地和海底扩张盆地水深大于 300~500m 的海洋底部和大陆永久冻土带。据调查，世界天然气水合物矿藏的面积可达全部海洋面积的 30% 以上。目前已发现的天然气水合物主要分布在水深为 300~4000m 的海洋、高纬度大陆地区永久冻土带及水深 100m 之下的极地陆架海。

天然气水合物是 20 世纪发现的一种新型后备能源，将成为 21 世纪石油、天然气的理想替代资源，是目前地球上尚未开发的最大能源库。全球天然气水合物资源分布明显呈现受地理格局控制的特点，目前已调查发现并圈定有天然气水合物的地区主要分布在西太平洋海域的白令海、鄂霍次克海、千岛海沟、冲绳海槽、日本海、四国海槽、南海海槽、苏拉威西海、新西兰北岛，东太平洋海域中的中美海槽、北加利福尼亚—俄勒冈滨外、秘鲁海槽，大西洋海域的美国东海岸外布莱克海台、墨西哥湾、加勒比海、南美东海岸外陆缘、非洲西西海岸海域；印度洋的阿曼海湾，北极的巴伦之海和波弗特海，南极的罗斯海和威德尔海，黑海和里海也有分布（图 8-6）。天然气水合物资源在 20 世纪 90 年代晚期估算值（地质储量值）差别较大，在 $(0.1~2.1) \times 10^{16} m^3$（标准状态）之间。目前，各国科学家对天然气水合物资源量的一致看法为 2 万 $\times 10^{16} m^3$，相当于当前已探明化石燃料（煤、石油和天然气）总含碳量的两倍，约为剩余天然气储量（$156 \times 10^{12} m^3$）的 128 倍。陆地上水合物地质储量大约为 $530 \times 10^8 t$，主要贮存在永久冻土带中；海洋中的天然气水合物最大地质储量约 $161 \times 10^{12} t$（油当量），主要分布在大陆坡、海沟附近的增生楔和海岭等区域（特罗费姆克，1979）。

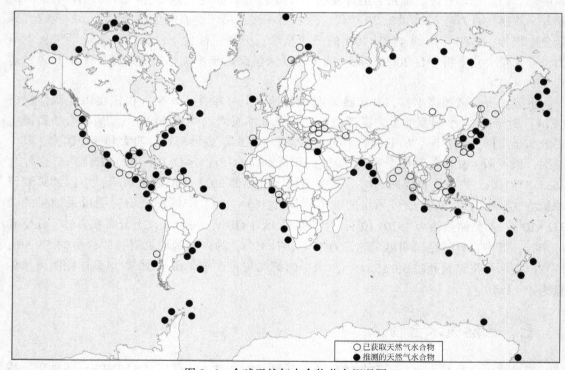

图 8-6　全球天然气水合物分布概况图

早在 1810 年，人们就在实验室里发现了天然气水合物。目前，至少有 30 多个国家和地区进行了天然气水合物的研究与调查勘探，如美国、日本、印度、俄罗斯、德国、加拿大、中国、挪威、巴基斯坦、荷兰等。

中国天然气水合物研究工作始于 20 世纪 90 年代初，比美国、俄罗斯、加拿大、日本、德国等发达国家晚了近 20 年。1998 年，国土资源部把天然气水合物勘探目标锁定在南海北部陆坡。1999 年，南海首次发现天然气水合物存在的各项重要标志，初步确认天然气水合物的存在。2002 年起，由中国地质调查局主持开展了中国海域天然气水合物调查。2007 年 5 月，中国在南海北部成功钻获天然气水合物实物样品，从而成为继美国、日本、印度之后第四个通过国家级研发计划采到水合物实物样品的国家。2008 年 11 月，国土资源部在青海省祁连山南缘永久冻土带（青海省天峻县木里镇，海拔 4062m）成功钻获天然气水合物（可燃冰）实物样品，由此成为世界上首个在中低纬度地区发现天然气水合物的国家（人民网，2009）。研究表明，在南海海域、东海冲绳海槽、青藏高原冻土带等主要区域分布。据粗略估算，南海海域天然气水合物资源总量约为 $64.97×10^{12}m^3$；东海海域天然气水合物资源量约为 $3.38×10^{12}m^3$；陆上青藏高原和东北冻土带天然气水合物资源量分别为 $12.50×10^{12}m^3$ 和 $2.80×10^{12}m^3$。

八、水溶气

水溶气是指在一定条件下水中溶解的天然气，水溶气藏则是溶于水中的可燃气体被圈闭形成的气藏。水溶气成分中甲烷含量一般为 90% 以上，有少量的二氧化碳、氮气，有时还有乙烷、丙烷等重烃组分。1908 年，日本最早开始水溶气的研究。1948 年日本最先正式确认水溶气为一种新的非常规天然气资源。之后，世界各国才相继开展水溶气的勘探、研究工作，而我国的水溶气的勘探仍基本处于空白。全世界水溶气资源丰富，美国、意大利、匈牙利、菲律宾、伊朗和日本等国家都发现有水溶气藏。据科尔钦施坦金的研究表明，含油气盆地中地层水溶解的天然气资源量为 $33837×10^{12}m^3$。其中欧洲为 $4799×10^{12}m^3$，北美和中美洲为 $6422×10^{12}m^3$，南美洲为 $5017×10^{12}m^3$，非洲为 $3874×10^{12}m^3$，大洋洲为 $5008×10^{12}m^3$，亚洲为 $8717×10^{12}m^3$，这比常规天然气资源量（$293×10^{12}m^3$）高两个数量级（图 8-6）。另据诺沃西列茨基估计，全球水溶气资源量在几万万亿立方米至几百万万亿立方米之间，比常规天然气的总储量大数十到上百倍，比常规天然气资源量（$378×10^{12}m^3$）高 2~4 个数量级。

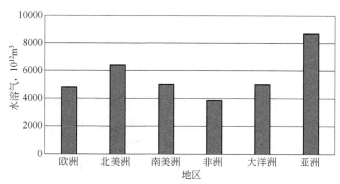

图 8-7　全球水溶气资源量对比图（据科尔钦施坦金，2009）

世界上许多著名的含油气盆地水溶气资源量也很丰富，如西西伯利亚盆地为 $1000×10^{12}m^3$，伏尔加—乌拉尔盆地为 $140×10^{12}m^3$，滨里海（北里海）盆地为 $980×10^{12}m^3$，南里海盆地为 $259×10^{12}m^3$，亚速夫—库班盆地为 $180×10^{12}m^3$，美国的墨西哥湾沿岸盆地的水溶气资源量达 $2699×10^{12}m^3$，美国仅得克萨斯州和路易斯安那州的水溶气原始资源量就有 $6.17×10^{12}m^3$，日本的水溶气资源量约为 $0.739×10^{12}m^3 ~ 0.887×10^{12}m^3$。中国有各类沉积盆地超过

500 个，沉积岩面积达 $670×10^4 km^2$，在沉积圈内地层水中，蕴藏着非常巨大的水溶气资源，资源总量达 $12×10^{12} m^3$ 至 $65×10^{12} m^3$ 以上，与常规天然气的资源总量相当。中国也曾按盆地类比法估算了水溶气的地质储量，对国内 43 个盆地的水溶气的地质资源量进行估算，水溶气的地质资源量达 $19×10^{12} m^3$，其中四川盆地水溶气地质储量估计值为 $2.38×10^{12} m^3$（张子枢，1995）。川西地区上三叠统地层水中溶解了大量天然气，溶解度在 $20~80 m^3$，初步计算水溶气资源达到 $0.9×10^{12} m^3$；大庆长垣及其以西地区萨尔图、葡萄花和高台子组储层的水溶气资源量达 $45×10^{10} m^3$；柴达木盆地仅三湖地区 $6300 km^2$ 的水溶气和低产气层有利区域内，水溶气和低产气层资源量规模约为 $1×10^{12} m^3$（周文等，2010）。

第七节　世界待发现油气资源分布

油气资源潜力是指地壳中存在而未发现的油气资源，是潜在的后续可以获得的资源。与各种油气资源一样，待发现油气资源量的多少与人们对资源的认识程度、勘探与开发技术的进步等因素有关，是不断变化的（表 8-26）。USGS 于 2000 年评估了全球 8 个大区 149 个含油气系统的 246 个评价单元的待发现油气资源。2012 年主要对 171 个地质区的 313 个评价单元进行了评估。这些评估中未包含重油、油页岩、沥青砂、页岩气等非常规油气资源（单胜召等，2014）。根据待发现油气资源评价结果，待发现的油气资源量总体趋势是增加的（表 8-27）。

表 8-26　全球待发现油资源量统计（据 USGS，2015）　　　　单位：10^8bbl

年份 油气性质	1994	2000	2012	2014
石油	5905	7320	5650	8237.5（$1113.3×10^8$t）
天然气凝析液	900	2070	1667	
天然气	9150	7780	10090	10906（$173.4×10^{12} m^3$）

USGS（2012）对各大区待发现油气资源量的评估结果显示，全球超过 77% 的待发现资源量都集中在四大区域：南美和加勒比地区（22.3%）、撒哈拉以南非洲（22.4%）、中东和北非（19.67%）与北美地区（14.7%）。欧洲与南亚地区待发现的石油资源较少。待发现的天然气资源有 28.9% 分布在苏联与北冰洋地区，其次是中东和北非、亚太、南美与加勒比海地区、撒哈拉以南非洲相当，待发现天然气资源较少的仍然是欧洲和南亚。待发现的油气资源中，苏联与北冰洋地区、南亚明显以天然气占优势，其次是亚洲与欧洲天然气较多，北美、南美与加勒比海地区、撒哈拉以南非洲油气资源量相当。全球平均来看，待发现油气资源中，天然气几乎是石油的两倍（表 8-27）。

表 8-27　全球待发现油气资源量统计（据 USGS，2012）

地区	石油，10^8bbl	石油占比，%	天然气，10^8bbl 油当量	天然气占比，%	气油比（当量比）
苏联及北冰洋地区	660	11.7	2920	28.9	4.4
中东和北非	1110	19.6	1690	16.7	1.5
亚太	480	8.5	1330	13.2	2.8

地区	石油，10^8bbl	石油占比，%	天然气，10^8bbl油当量	天然气占比，%	气油比（当量比）
欧洲	100	1.8	270	2.7	2.7
北美	830	14.7	1030	10.2	1.2
南美和加勒比海	1260	22.3	1220	12.1	1.0
撒哈拉以南非洲	1150	20.4	1340	13.3	1.2
南亚	60	1.1	290	2.9	4.8
合计	5650	100.0	10090	100.0	1.8

　　截至 2017 年底，中国石油累计探明地质储量 $389.65×10^8$t，剩余技术可采储量 $35.42×10^8$t，剩余经济可采储量 $25.33×10^8$t；累计探明天然气地质储量 $14.22×10^{12}$m³，剩余技术可采储量 $5.52×10^{12}$m³，剩余经济可采储量 $3.91×10^{12}$m³。全国已探明油气田 1009 个，其中，油田 734 个，气田 275 个；累计生产石油 $67.67×10^8$t，累计生产天然气 $1.94×10^{12}$m³。中国的待发现资源量主要集中在准噶尔、渤海湾、鄂尔多斯、四川、松辽和塔里木六大盆地，按现有技术水平估算，只发现了 30% 的石油和 15% 的天然气，也就是还有 70% 的石油和 85% 的天然气有待今后发现。

复 习 题

　　1. 查阅近年文献资料，谈谈你对全球页岩油、页岩气油气资源及其分布的认识。

　　2. 查阅近年文献资料，谈谈你对全球致密油、致密气油气资源及其分布的认识。

　　3. 通过网络查阅全球油气产量、剩余探明可采油气储量、消费量等资料，分析全球油气产量、可采储量、消费量的变化及其分布特点。

参 考 文 献

白国平，秦养珍，2010. 南美洲含油气盆地和油气分布综述. 现代地质，26（4）：1102-1111.

江怀友，等，2008. 世界页岩气资源与勘探开发技术综述. 天然气技术，2（6）：26-30.

江怀友，等，2008. 世界天然气水合物资源勘探开发现状与展望. 中外能源，13（6）：19-25.

科尔钦施坦金 H B，1991. 地下水圈中溶解天然气资源. 刘成吉，译. 地质科技动态，1991（10）：9-11.

单胜召，黎斌林，肖荣阁，2014. 美国地质调查局对全球石油待发现资源量的评估. 中国矿业，增刊（2）：70-83.

王红军，马锋，童晓光，等，2016. 全球非常规油气资源评价. 石油勘探与开发，43（6）：850-863.

王淑玲，张炜，张桂平，孙张涛，2013. 非常规能源开发利用现状及趋势. 中国矿业，22（2）：5-8.

于连东，2001. 世界稠油资源的分布及其开采技术的现状与展望. 特种油气藏，8（2）：98-103.

张杰，金之钧，张金川，2004. 中国非常规油气资源潜力及分布. 当代石油石化，12（10）：17-19.

张子枢，1995. 水溶气浅论. 天然气地球科学，5（6）：29-34.

周庆凡，2001. 美国地质调查所新一轮世界油气资源评价. 海洋石油，1：1-7.

周文，等，2011. 世界水溶气资源分布、现状及问题. 矿物岩石，31（2）：73-78.

周总瑛，2010. 世界油气资源变化特征和潜力分析. 资源科学，32（9）：1704-1709.

邹才能，翟光明，张光亚，等，2015. 全球常规—非常规油气形成分布、资源潜力及趋势预测. 石油勘探与开发，42（1）：13-25.